[2022년도 출제기준 적용]
SolidCAM을 활용한

컴퓨터응용가공 산업기사 실기

(주)솔리드캠코리아 편저

이 책의 특징

- ✓ 자격증에 대한 예제 문제 제공
- ✓ 예제 문제 모델링 파일 및 도면 제공
- ✓ 유튜브를 통한 예제 문제 모델링 및 CAM 작업 따라 하기 동영상 제공

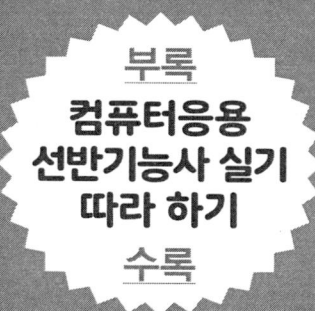

부록
컴퓨터응용
선반기능사 실기
따라 하기
수록

www.kkwbooks.com

솔리드캠 홈페이지(http://solidcamkorea.com) 접속

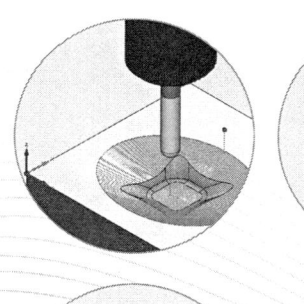
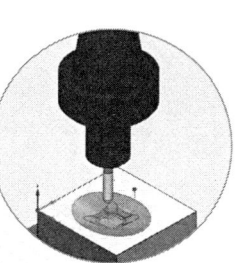

→ 상단 메뉴바 클릭
→ SolidCAM 유튜브
  (동영상 제공)
→ SolidCAM 이러닝
  (온라인 학습 제공)

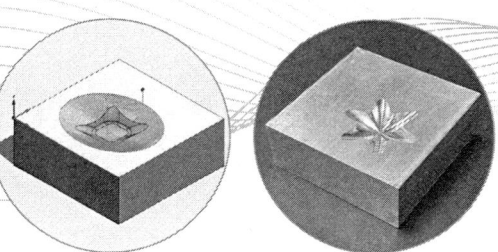

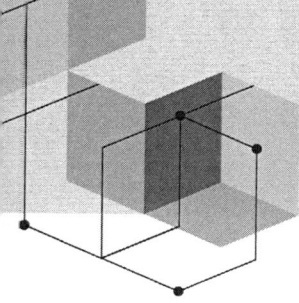

Preface

　컴퓨터응용가공산업기사는 실제 산업현장에 필요한 컴퓨터응용가공 분야의 기초지식과 기술을 공부하고 제조사업 분야에서 사용이 가능한 기술이기 때문에 많은 사람이 응시하는 과목 중 하나입니다.

　현재 컴퓨터응용가공산업기사는 필기시험과 실기시험을 나누어 자격시험을 하고 있습니다. 실기시험에는 수기로 작성한 2.5D 모델링 가공과 프로그램을 활용한 3D 모델링, CAM 작업, 실제 기계 가공까지 수행하는 능력을 평가하고 있습니다.

　최근 시험은 CAM 프로그램을 활용한 공구경로 및 G코드 생성과 실제 가공작업이 추가되면서 해당 자격증을 취득하기 위해서 CAM 프로그램을 사용하게 되었습니다.

　해당 교재는 최신 국가공인자격증 조건에 맞추어 제작되었으며, SolidCAM을 직접적으로 다루면서 쉽고 빠른 이해가 가능하게 예제를 보고 따라 해 볼 수 있는 핵심 예제를 제공하며, SolidCAM을 활용하여 빠르고 정확한 코드를 얻어 낼 수 있는 방법을 제시합니다.

　해당 교재를 선택하여 주신 것에 감사드리며, SolidCAM KOREA는 지속적으로 수정 보완할 것을 약속드립니다. 그리고 이 책을 보고 자격증 시험에 응시한 모두의 합격을 기원합니다.

저자 올림

이 책의 특징

❶ 자격증에 대한 예제 문제 제공

❷ 예제 문제 모델링 파일 및 도면 제공

❸ 예제 문제 모델링 및 CAM 작업 따라 하기 동영상 제공

솔리드캠 홈페이지(http://solidcamkorea.com) 접속
➡ 상단 메뉴바 클릭 ➡ SolidCAM 유튜브(동영상 볼 수 있는 곳)
　　　　　　　　➡ SolidCAM 이러닝(자격증 파일 제공하는 곳)

Contents

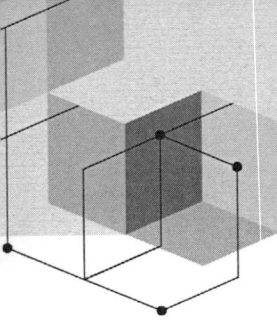

CHAPTER 01 컴퓨터응용가공산업기사 · 7

* 출제기준(실기) ·· 8
* 작업지시서 ·· 16

01 컴퓨터응용가공산업기사 따라 하기
1. 도면 ··· 17
2. 추천절삭조건 ·· 18
3. 모델링 ··· 19
4. CAM ·· 36

02 컴퓨터응용가공산업기사 따라 하기
1. 도면 ··· 55
2. 추천절삭조건 ·· 56
3. 모델링 ··· 57
4. CAM ·· 72

03 컴퓨터응용가공산업기사 따라 하기
1. 도면 ··· 91
2. 추천절삭조건 ·· 92
3. 모델링 ··· 93
4. CAM ·· 112

04 컴퓨터응용가공산업기사 따라 하기
1. 도면 ··· 135
2. 추천절삭조건 ·· 136
3. CAM ·· 137

05 컴퓨터응용가공산업기사 따라 하기
1. 도면 ··· 156
2. 추천절삭조건 ·· 157
3. CAM ·· 158

06 컴퓨터응용가공산업기사 따라 하기
    1. 도면 · 177
    2. 추천절삭조건 · 178
    3. CAM · 179

07 컴퓨터응용가공산업기사 따라 하기
    1. 도면 · 198
    2. 추천절삭조건 · 199
    3. CAM · 200

08 컴퓨터응용가공산업기사 따라 하기
    1. 도면 · 219
    2. 추천절삭조건 · 220
    3. CAM · 221

09 컴퓨터응용가공산업기사 따라 하기
    1. 도면 · 240
    2. 추천절삭조건 · 241
    3. CAM · 242

10 컴퓨터응용가공산업기사 따라 하기
    1. 도면 · 261
    2. 추천절삭조건 · 262
    3. CAM · 263

예제 도면 : 컴퓨터응용가공산업기사 1~10 · 287

Contents

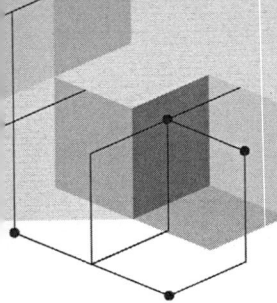

CHAPTER 02 수동프로그램 가공 · 309

01 밀링 수동프로그램
  1. CNC밀링 G-코드 일람표 ·········· 310
  2. M-코드 일람표 ·········· 312
  3. 도면 ·········· 313
  4. NC 프로그램 해석 ·········· 314

02 선반 수동프로그램
  1. CNC선반 G-코드 일람표 ·········· 317
  2. M-코드 일람표 ·········· 319
  3. 도면 ·········· 320
  4. NC 프로그램 해석(1차 : 뒷면 가공) ·········· 321
  5. NC 프로그램 해석(2차 : 앞면 가공) ·········· 322

부록 컴퓨터응용선반기능사 · 325

  ✽ 출제기준(실기) ·········· 326
  ✽ 작업지시서 ·········· 332

01 컴퓨터응용선반기능사 따라 하기
  1. 도면 ·········· 333
  2. 모델링 ·········· 334
  3. CAM ·········· 344

02 컴퓨터응용선반기능사 따라 하기
  1. 도면 ·········· 393
  2. 모델링 ·········· 394
  3. CAM ·········· 401
  ▷ 예제 도면 : 컴퓨터응용선반기능사 1~5 ·········· 447

컴퓨터응용가공산업기사

- 컴퓨터응용가공산업기사 따라 하기 1~10
- 컴퓨터응용가공산업기사 예제 도면

출제기준(실기)

▶ 적용기간: 2022. 1. 1 ~ 2026. 12. 31

직무분야	기계	중직무분야	기계제작	자격종목	컴퓨터응용가공산업기사

○ **직무내용**: CNC선반, CNC밀링(머시닝센터) 기계를 이용하여 제품을 가공하기 위해 CNC 프로그램을 작성 및 생성하고, 공정별 절삭가공에 맞는 공구 선정 및 절삭조건을 설정하여 가공, 측정, 유지·보수하는 직무 수행

○ **수행준거**:
1. 요소부품의 기능에 최적한 형상, 치수 및 주요 공차를 파악하고, 조립도와 부품도에서 설계 방법, 재질, 작업 설비 및 방법을 결정할 수 있다.
2. CNC선반 장비의 조작법을 익히고 절삭공구를 사용하여 부품의 제작과 측정을 할 수 있다.
3. 도면을 보고 작업공정을 설정하고 G코드와 보조기능을 이용한 CNC선반 프로그램을 작성할 수 있다.
4. CNC밀링(머시닝센터) 장비의 조작법을 익히고 절삭공구를 사용하여 부품의 제작과 측정을 할 수 있다.
5. 도면을 보고 작업공정을 설정하고 수동으로 윤곽과 구멍가공 공정에 대한 CNC밀링(머시닝센터) 가공 프로그램을 작성할 수 있다.
6. 도면을 보고 작업공정을 설정하고 CAM 시스템에서 CNC밀링(머시닝센터) 가공 프로그램을 작성할 수 있다.
7. CAD 프로그램을 사용자 작업 환경에 맞도록 설정하고, 모델링할 수 있다.
8. 선반가공에서 제품의 형상 특성에 따른 기준면을 선정하고 편심가공, 나사작업을 수행할 수 있다.
9. 밀링가공에서 제품의 형상, 특성에 따른 기준면을 선정하고 탭, 드릴, 보링 작업을 수행할 수 있다.
10. 사용할 측정기기가 충분한 신뢰성을 가지면서 항상 사용될 수 있도록 유지·관리할 수 있다.
11. 기계가공 전후의 결과를 정밀 측정기를 이용하여 정량적으로 나타낼 수 있다.

실기과목명	CNC가공 실무	실기검정방법	작업형	시험시간	5시간 정도

주요항목	세부항목	세세항목
1. 도면검토	1. 주요치수 및 공차 검토하기	1. KS 및 ISO 제도통칙에서 치수기입방법 및 공차를 확인할 수 있다. 2. 조립도에서 요소부품들의 조립 관계를 파악하고 주요 치수 및 공차를 검토할 수 있다. 3. 요소부품의 가공정밀도를 파악하고 표면거칠기 및 공차를 검토할 수 있다. 4. 도면에서 요소부품과 표준부품의 호환성을 파악하고 표준부품의 편람을 참조하여 공차를 결정할 수 있다.

주요항목	세부항목	세세항목
	2. 도면해독 검토하기	1. 조립도에서 요소부품의 주요 기능을 파악하고 특이사항을 정의하여 설계방법을 결정할 수 있다. 2. 조립도 및 부품도에서 품명, 설계계산, 제작을 고려하여 재질을 결정할 수 있다. 3. 도면을 파악하여 개략적인 설계시간을 산정하고 예상되는 작업방법을 검토할 수 있다. 4. 요소부품의 가공정밀도와 열처리를 고려하여 작업 설비 및 방법을 결정할 수 있다.
2. CNC선반 조작	1. CNC선반 조작 준비하기	1. CNC선반 장비의 취급설명서를 숙지하고 장비를 조작할 수 있다. 2. CNC선반 장비의 안전운전 준수사항을 숙지하고 안전하게 장비를 조작할 수 있다. 3. 소재를 적절한 압력으로 척에 고정할 수 있다. 4. 소프트조(Soft jaw)를 장착할 수 있다. 5. 작업공정 순으로 절삭공구를 공구대(Turret)에 설치할 수 있다. 6. CNC선반 장비의 유지보수 설명서를 숙지하고 장비를 유지관리할 수 있다. 7. CNC선반 컨트롤러의 주요 알람 메시지에 관한 정보를 이해할 수 있다.
	2. CNC선반 조작하기	1. 공작물 좌표계 설정을 할 수 있다. 2. 작업공정에서 선정된 각 공구의 공구 보정(Tool offset)을 할 수 있다. 3. CNC 프로그램을 전송 매체를 활용하거나 수동 입력을 통해 CNC선반 컨트롤러에 가공 프로그램을 등록할 수 있다. 4. 자동운전모드에서 안전하게 시제품을 가공할 수 있다. 5. 가공부품을 확인하고 공작물 좌표계 보정량 및 공구 보정량을 수정할 수 있다. 6. 생산성을 높이기 위하여 절삭조건 수정 및 프로그램을 수정할 수 있다. 7. 공구 수명이 완료되었거나 손상된 공구를 확인하고 교체할 수 있다.
	3. 측정·검사하기	1. 부품의 형상과 측정위치 공차 범위를 고려하여 측정기를 선정할 수 있다. 2. 도면사양에 일치하게 부품을 제작하고 측정기 사용법을 준수하여 측정 및 검사를 할 수 있다. 3. 불량 발생 시 원인을 규명하고 수정할 수 있다. 4. 부품의 검사기준을 정하고 검사 성적서를 작성하고 보고할 수 있다.

출제기준(실기)

주요항목	세부항목	세세항목
3. CNC선반 가공 매뉴얼 프로그래밍	1. CNC선반 가공 프로그램 작성 준비하기	1. 작업도면에 준하여 CNC선반기계의 사양을 확인하고 가공 가능한 기계를 선택할 수 있다. 2. 작업공정에 알맞은 CNC선반 공구를 선택하고 작업공정을 순서대로 시트에 작성할 수 있다. 3. 작업 공정에 준하여 재료와 사용 공구의 조건에 따라 각 공정별 절삭 조건을 파악할 수 있다. 4. 도면 사양에 부합되는 부품을 제작하기 위하여 관련 기술 자료를 참고할 수 있다.
	2. CNC선반 가공 프로그램 작성하기	1. 작성된 시트의 작업공정을 보고 CNC선반 프로그램을 G코드와 보조기능을 사용하여 수동으로 작성할 수 있다. 2. 프로그램 작성 시 공작물 회전수, 공구 이송속도, 절삭공구의 절입깊이, 재료 물림량 등의 절삭조건을 결정할 수 있다. 3. 가공형상에 적합한 CNC선반 공구를 선택하고 결정된 절삭조건으로 프로그램을 작성할 수 있다.
	3. CNC선반 프로그램 확인하기	1. 작성된 CNC 프로그램을 컨트롤러나 컴퓨터에 입력할 수 있다. 2. 입력된 CNC 프로그램을 머신록 상태 또는 컴퓨터에서 그래픽으로 공구경로의 이상 유무를 확인할 수 있다. 3. 프로그램 알람 발생 시 알람조치와 잘못된 공구경로의 프로그램을 수정할 수 있다.
4. CNC밀링 (머시닝센터) 조작	1. CNC밀링(머시닝센터) 조작 준비하기	1. CNC밀링(머시닝센터) 장비의 취급설명서를 숙지하고 장비를 조작할 수 있다. 2. CNC밀링(머시닝센터) 장비의 안전운전 준수사항을 숙지하고 안전하게 장비를 조작할 수 있다. 3. 소재를 바이스에 정확하게 고정할 수 있다. 4. 작업공정 순으로 절삭공구를 설치할 수 있다. 5. CNC밀링(머시닝센터) 장비의 유지보수 설명서를 숙지하고 장비를 유지 관리할 수 있다. 6. CNC밀링(머시닝센터) 컨트롤러의 주요 알람 메시지에 관한 정보를 이해할 수 있다.
	2. CNC밀링(머시닝센터) 조작하기	1. 공작물 좌표계 설정을 할 수 있다. 2. 작업공정에서 선정된 공구의 공구 보정(Tool offset)을 할 수 있다. 3. CNC 프로그램을 수동으로 입력하거나 전송 매체를 이용하여 CNC밀링(머시닝센터)에서 안전하게 시제품을 가공할 수 있다. 4. 가공부품을 확인하고 공작물 좌표계 보정량 및 공구 보정량을 수정할 수 있다. 5. 생산성을 높이기 위하여 절삭조건 수정 및 프로그램을 수정할 수 있다 6. 공구 수명이 완료되었거나 손상된 공구를 확인하고 교체할 수 있다.

주요항목	세부항목	세세항목
	3. 측정·검사하기	1. 부품의 형상과 측정위치 공차 범위를 고려하여 측정기를 선정할 수 있다. 2. 도면사양에 일치하게 부품을 제작하고 측정기 사용법을 준수하여 측정 및 검사를 할 수 있다. 3. 불량 발생 시 원인을 규명하고 수정할 수 있다. 4. 부품의 검사기준을 정하고 검사 성적서를 작성하여 보고할 수 있다.
5. CNC밀링(머시닝센터) 가공 매뉴얼 프로그래밍	1. CNC밀링(머시닝센터) 가공 프로그램 작성 준비하기	1. 작업도면에 준하여 CNC밀링(머시닝센터) 기계의 사양을 확인하고 가공 가능한 기계를 선택할 수 있다. 2. 작업공정에 알맞은 CNC밀링(머시닝센터) 공구를 선택하고 작업공정을 순서대로 시트에 작성할 수 있다. 3. 작업공정에 준하여 재료와 사용공구의 조건에 따라 각 공정별 절삭조건을 파악할 수 있다. 4. 도면 사양에 부합되는 부품을 제작하기 위하여 관련 기술 자료를 참고할 수 있다.
	2. CNC밀링(머시닝센터) 가공 프로그램 작성하기	1. 작성된 시트의 작업공정을 보고 윤곽과 구멍가공 CNC밀링(머시닝센터) 가공 프로그램을 준비기능과 보조기능을 사용하여 수동으로 작성할 수 있다. 2. 프로그램 작성 시 공구 회전수, 이송속도, 절삭공구의 절입깊이, 재료 물림량 등의 절삭조건을 참고하여 절삭조건을 결정할 수 있다. 3. 가공형상에 적합한 CNC밀링(머시닝센터) 공구를 선택하고 결정된 절삭조건으로 공구 경로를 결정하면서 공정 순서대로 프로그램을 작성할 수 있다.
	3. CNC밀링(머시닝센터) 가공 프로그램 확인하기	1. 작성된 CNC 프로그램을 컨트롤러 또는 컴퓨터에 입력할 수 있다. 2. 입력된 CNC 프로그램을 CNC밀링(머시닝센터) 또는 컴퓨터에서 그래픽으로 공구 경로의 이상 유무를 확인할 수 있다. 3. 프로그램 알람 발생 시 알람 조치와 잘못된 공구경로의 프로그램을 수정할 수 있다.
6. CNC밀링(머시닝센터) 가공 CAM 프로그래밍	1. CNC밀링(머시닝센터) 가공 프로그램 작성 준비하기	1. 작업도면에 준하여 CNC밀링(머시닝센터)의 사양을 확인하고 가공 가능한 기계를 선택할 수 있다. 2. 작업공정에 알맞은 CNC밀링(머시닝센터) 공구를 선택하고 작업공정을 순서대로 작업지시서에 작성할 수 있다. 3. 작업공정에 준하여 재료와 사용공구의 조건에 따라 각 공정별 절삭 조건을 설정할 수 있다. 4. 도면 사양에 부합되는 부품을 제작하기 위하여 관련 기술 자료를 참고할 수 있다.

출제기준(실기)

주요항목	세부항목	세세항목
	2. CNC밀링(머시닝센터) 가공 프로그램 작성하기	1. 작업도면에 준하여 CNC밀링(머시닝센터)의 사양을 확인하고 가공 가능한 기계를 선택할 수 있다. 2. 작업공정에 알맞은 CNC밀링(머시닝센터) 공구를 선택하고 작업공정을 순서대로 작업지시서에 작성할 수 있다. 3. 작업공정에 준하여 재료와 사용공구의 조건에 따라 각 공정별 절삭 조건을 설정할 수 있다. 4. 도면 사양에 부합되는 부품을 제작하기 위하여 관련 기술 자료를 참고할 수 있다.
	3. CNC밀링(머시닝센터) 가공 프로그램 확인하기	1. CAM 시스템에서 시뮬레이션 기능을 활용하여 공구경로의 이상 유무를 확인할 수 있다. 2. 프로그램 이상이 확인되면 잘못된 가공데이터를 수정할 수 있다.
7. 3D형상모델링 작업	1. 3D형상모델링 작업 준비하기	1. 명령어를 이용하여 3D CAD 프로그램을 사용자 환경에 맞도록 설정할 수 있다. 2. 3D형상모델링에 필요한 부가 명령을 설정할 수 있다. 3. 작업 환경에 적합한 템플릿을 제작하여 도면의 형식을 균일화 시킬 수 있다.
	2. 3D형상모델링 작업하기	1. KS 및 ISO 관련 규격을 준수하여 형상을 모델링할 수 있다. 2. 스케치 도구를 이용하여 디자인을 형상화할 수 있다. 3. 디자인에 치수를 기입하여 치수에 맞게 형상을 수정할 수 있다. 4. 기하학적 형상을 구속하여 원하는 형상을 유지시키거나 선택되는 요소에 다양한 구속 조건을 설정할 수 있다. 5. 특징형상 설계를 이용하여 요구되어지는 3D형상모델링을 완성할 수 있다. 6. 연관복사 기능을 이용하여 원하는 형상으로 편집하고 변환할 수 있다. 7. 요구되어지는 형상과 비교, 검토하여 오류를 확인하고 발견되는 오류를 즉시 수정할 수 있다.
8. 편심 · 나사 작업	1. 작업 준비하기	1. 제품의 형상에 적합한 공구를 선택할 수 있다. 2. 공작물의 설치방법에 따라 공작물을 설치할 수 있다. 3. 절삭공구를 작업 순서 및 사용빈도를 고려하여 공구대에 설치할 수 있다. 4. 도면에 의해서 제품의 형상, 특성에 따른 기준면을 설정할 수 있다. 5. 적정한 편심가공 방법을 결정하고 편심량을 측정할 수 있다 6. 도면에 의한 나사가공 방법을 결정하고 기계를 조작할 수 있다.

주요항목	세부항목	세세항목
	2. 본 가공 수행하기	1. 작업요구사항과 작업표준서에 의거하여 장비를 설정할 수 있다. 2. 수동작업 시 가공조건을 충족할 수 있도록 이송속도, 이송범위, 절삭깊이를 조절할 수 있다. 3. 이상 발생 시 작업표준서에 의거하여 조치를 취하고 보고할 수 있다. 4. 가공조건이 부적합할 경우 수정할 수 있다. 5. 센터 게이지에 의한 나사바이트를 설치하고 바이트 날끝 높이가 중심축선과 일치되도록 작업할 수 있다. 6. 편심작업 시 가공 상에 떨림이 발생하지 않도록 가공할 수 있다. 7. 편심가공 시 가공물의 위치펀치로 인해 공작물이 척에서 이탈되는 것을 방지할 수 있다. 8. 나사절삭 시 안전을 위해 심압대 센터로 지지하여 가공할 수 있다.
	3. 검사·수정하기	1. 편심가공 시 절삭력에 의한 편심량이 변하지 않도록 하고, 가공 도중에도 수시로 측정하여 수정할 수 있다. 2. 측정 대상별 측정방법과 측정기의 종류를 파악하여 측정오차가 생기지 않도록 측정할 수 있다. 3. 공구수명 단축원인 및 가공치수 불량의 원인을 파악하고 적절한 대처방안을 강구할 수 있다. 4. 측정 후 불량부위 발생 시 수정 여부를 결정할 수 있다. 5. 도면에 표시되지 않은 지시 없는 모떼기와 표면 거칠기의 정밀도를 파악하여 작업할 수 있다.
9. 탭·드릴· 보링 가공	1. 작업 준비하기	1. 제품의 형상에 적합한 공구를 선택할 수 있다. 2. 공작물의 설치방법에 따라 공작물을 설치할 수 있다. 3. 작업순서를 고려하여 절삭공구를 설치할 수 있다. 4. 도면에 의해서 제품의 형상, 특성에 따른 기준면을 설정할 수 있다. 5. 필요시 보링바를 도면과 작업 지시서에 따라 설정할 수 있다.
	2. 본가공 수행하기	1. 작업요구사항과 작업표준서에 따라 장비를 설정하고, 가공작업을 수행할 수 있다. 2. 수동작업 시 절삭조건을 충족할 수 있도록 이송속도, 이송범위, 절삭 깊이를 조절할 수 있다. 3. 이상 발생 시 작업표준서에 따라 조치를 취하고, 보고할 수 있다. 4. 절삭조건이 부적합한 경우 수정할 수 있다.

출제기준(실기)

주요항목	세부항목	세세항목
	2. 본가공 수행하기	5. 절삭칩으로 인한 안전사고, 공구의 파손, 제품의 불량을 방지할 수 있다. 6. 보링작업 시 열, 진동에 의한 치수 변화를 최소화할 수 있다. 7. 도면에 따른 가공을 하기 위해 각 좌표축의 기준점을 설정할 수 있다.
	3. 검사·수정하기	1. 측정 대상별 측정방법과 측정기의 종류를 파악하여 측정오차가 생기지 않도록 측정할 수 있다. 2. 공구수명 단축원인과 가공치수 불량의 원인을 파악하고 적절한 대처방안을 강구할 수 있다. 3. 측정 후 불량부위 발생 시 수정 여부를 결정할 수 있다.
10. 측정기 유지관리	1. 측정기 관리하기	1. 외부환경요인으로 인한 측정기의 손상을 방지할 수 있다. 2. 적절한 온도와 습도를 유지하여 측정기를 보관할 수 있다. 3. 필요에 따라 오염과의 접촉을 방지하기 위한 간이 보관함을 제작할 수 있다. 4. 측정기 세척 도구를 준비하여 측정기를 세척할 수 있다. 5. 측정기의 보관장소를 지정할 수 있다. 6. 측정기의 점검요령을 설정할 수 있다.
	2. 측정기취급 주의하기	1. 작업표준이나 사용법을 준수하여 측정기를 사용할 수 있다. 2. 측정기를 청결하게 취급할 수 있다. 3. 측정기의 변형을 방지하기 위해 허용 부하 내에서 사용할 수 있다. 4. 측정기에 충격이 가해지지 않도록 신중하게 취급할 수 있다. 5. 체온에 의한 영향을 최소화하여 측정할 수 있다.
	3. 측정기 교정하기	1. 사용 빈도를 고려하여 측정기의 검·교정 주기를 설정할 수 있다. 2. 설정된 주기에 따라 검·교정을 주기적으로 수행할 수 있다. 3. 검·교정 결과에 따라 적합한 조치를 취할 수 있다. 4. 측정기의 검사기록을 유지·관리할 수 있다.
11. 정밀측정	1. 측정방법 결정하기	1. 측정하고자 하는 부분을 결정할 수 있다. 2. 도면을 해독하여 적용할 측정원리를 결정할 수 있다. 3. 피측정물의 특징을 고려하여 측정기를 선정할 수 있다. 4. 측정에 필요한 보조기구를 선정할 수 있다. 5. 측정원리를 적용하여 측정작업 순서를 결정할 수 있다. 6. 필요에 따라 측정 시 주의사항을 결정할 수 있다.
	2. 정밀측정 준비하기	1. 측정 전 측정기를 점검할 수 있다. 2. 측정 전 환경오차요인을 제거할 수 있다. 3. 측정에 적합하도록 측정물을 설치할 수 있다. 4. 측정기의 0점 세팅을 수행할 수 있다.

	3. 정밀 측정하기	1. 측정오차요인이 측정기나 공작물에 영향을 주지 않도록 조치할 수 있다. 2. 작업표준 또는 측정기의 사용법을 준수하여 측정할 수 있다. 3. 측정기 지시값을 읽을 수 있다. 4. 측정된 결과가 도면의 요구사항에 부합하는지 판단할 수 있다. 5. 측정 전후에 측정환경을 기록하고 필요하다면 이에 대한 조치를 취할 수 있다.

※ 자세한 출제기준은 한국산업인력공단(http://www.q-net.or.kr/)에서 확인하실 수 있습니다.

작업지시서

1. 작업 순서는 수동 프로그램 작업 후 CAM 프로그램 작업한다.

2. 안전높이는 수험자가 결정하여 CNC 프로그램을 작성한다.

3. 황삭 가공의 Z 방향 시작 높이는 수험자가 결정하여 CNC 프로그램을 작성한다.

4. 프로그램의 원점은 수험자가 결정하여 CNC 프로그램을 작성한다.

5. 공구는 평엔드밀(∅10)(황삭)과 볼엔드밀(∅6)(정삭)을 사용한다.

6. 회전수, 이송속도 등 가공조건은 수험자가 결정하여 CNC 프로그램을 작성한다.

7. 머시닝센터 CAM 프로그램 작업은 40분 이내로 완료한다.

8. 머시닝센터 가공작업 시간은 1시간 30분이다.

※ 제출 자료 및 작업지시서는 시험장에 따라 달라질 수 있습니다.

01 컴퓨터응용가공산업기사 따라 하기

1 도면

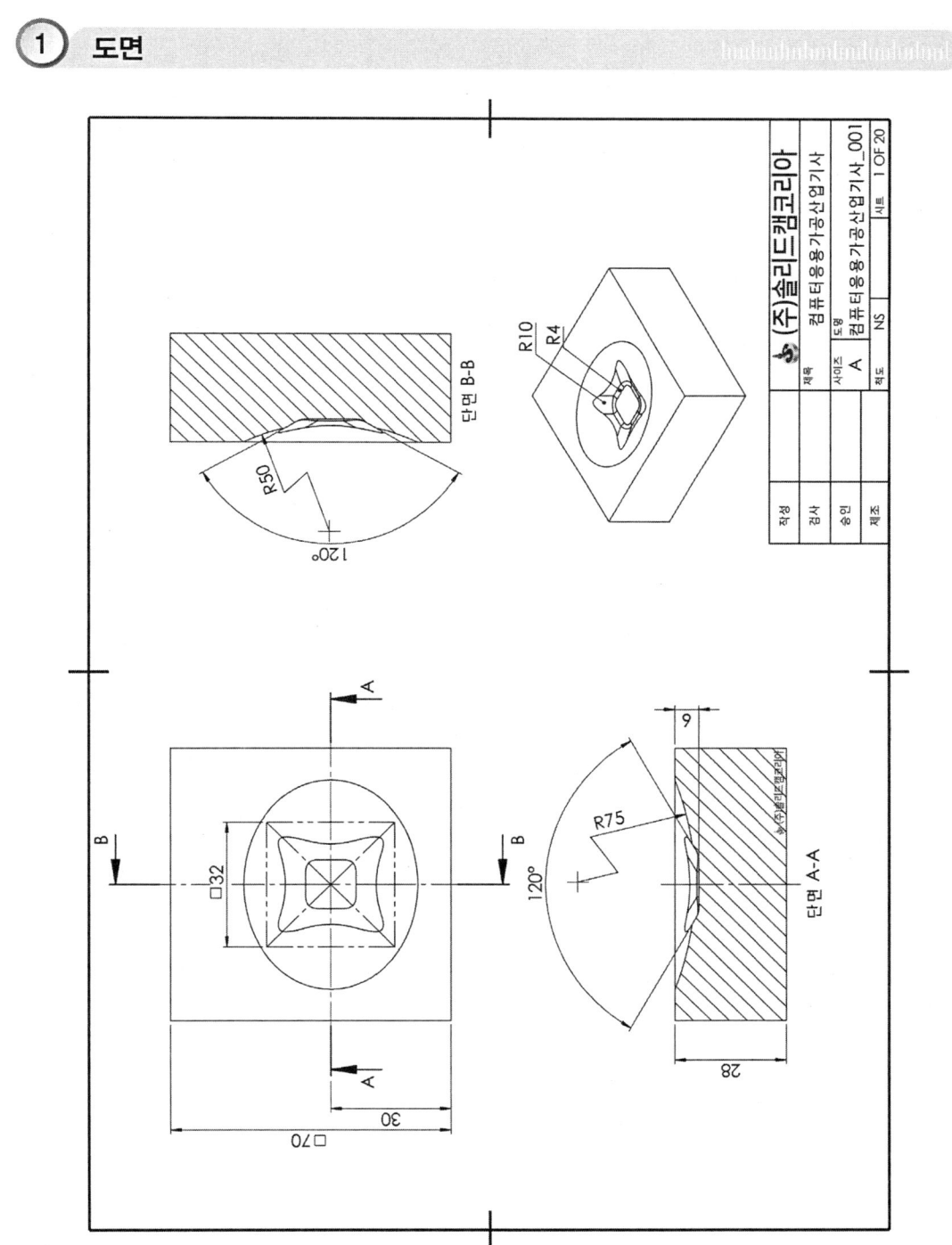

② 추천절삭조건

공구번호	작업내용	공구조건		경로간격	절삭조건				비고
		종류	직경		회전수 (rpm)	이송 (mm/min)	절입량 (mm)	잔량 (mm)	
1	황삭	평E/M	10	5	2500	300	2	0.2	
2	정삭	볼E/M	6	1	3500	200			

1. 수기 가공 도면의 드릴 위치 표시와 비교하여 원점 위치를 작업자가 결정하여 CNC 프로그램을 작업한다.

2. 안전높이는 원점에서 25mm 높은 곳으로 지정한다.

3. 공구번호, 작업내용, 공구조건, 공구경로 간격, 절삭조건 등은 절삭지시서에 준하여 작업한다.

4. 도면의 형상과 같이 포켓 가공을 할 수 있도록 CAM 소프트웨어를 사용하여 작업을 생성하여 NC 데이터를 저장장치에 저장하여 제출한다.

5. 가공 작업의 수는 도면 형상에 맞추어 작업한다.

6. 위 추천 절삭조건은 SolidCAM 프로그램의 기준으로 다른 프로그램일 경우 절삭조건은 변경될 수 있다.

7. 40분 이내로 가공 시간을 맞추어 작업한다.

※ 절삭조건은 시험장에 따라 달라질 수 있다.

③ 모델링

(1) 스케치 평면 선택

❶ [주메뉴 바 → 새 문서 → 파트]를 선택하고 확인을 클릭한다.

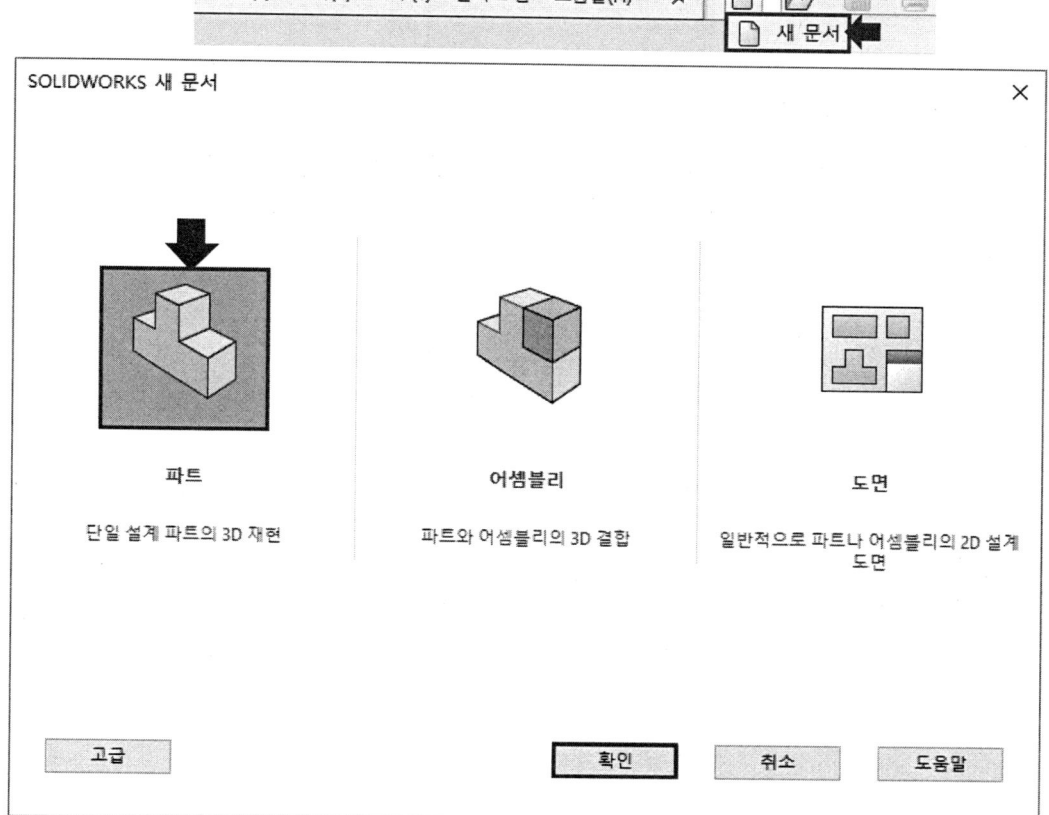

❷ 좌측의 [디자인 트리 – 윗면]을 클릭한다.

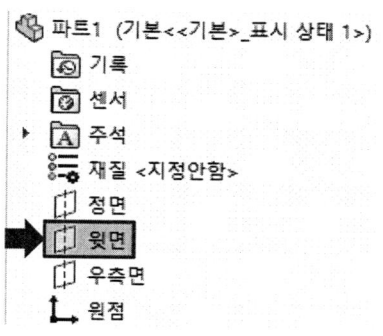

❸ 상단 커맨드 매니저에서 [스케치]를 클릭한다.

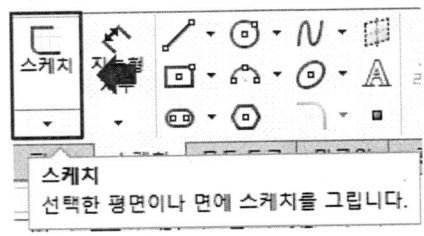

(2) 사각형 스케치

❶ [커맨드 매니저 → 스케치 탭 → 사각형 → 중심 사각형]을 클릭한다.

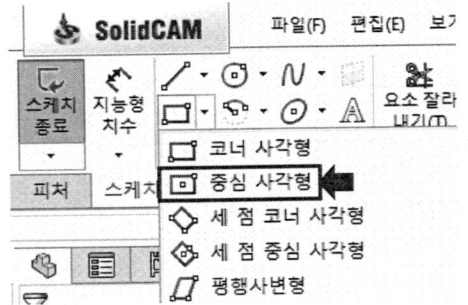

❷ 화면 가운데 있는 원점을 클릭하고 사각형의 모서리 점을 이동하여 중심 사각형의 크기를 지정한다.

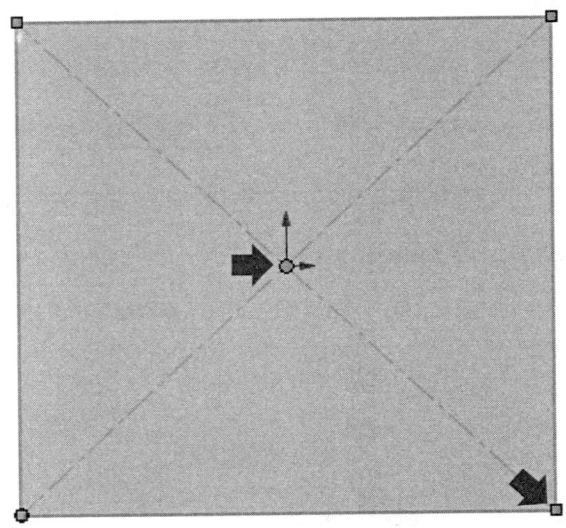

❸ 상단 커맨드 매니저에서 [지능형 치수]를 클릭한다.

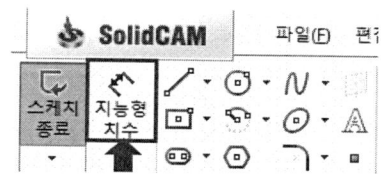

❹ 화살표가 가리키는 사각형의 가로, 세로 선을 지정한 후 치수 값 [70]을 입력한다.

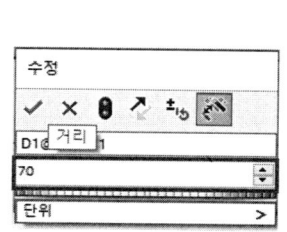
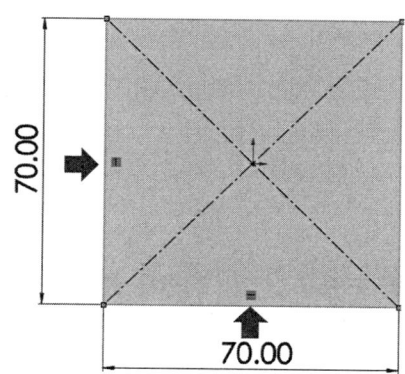

(3) 보스-돌출

❶ [커맨드 매니저 → 피처 탭 → 돌출 보스/베이스]를 클릭하고, [방향 1 → 블라인드 형태]로 설정 후 거리값 [28]을 입력 후 확인을 클릭한다.

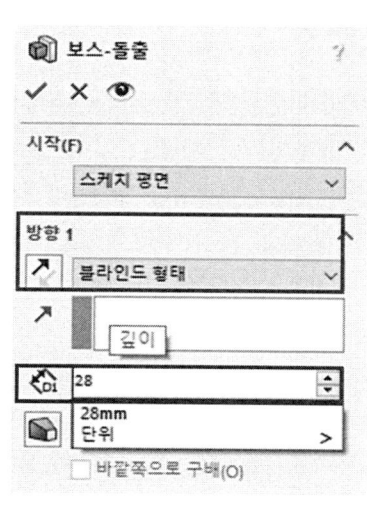
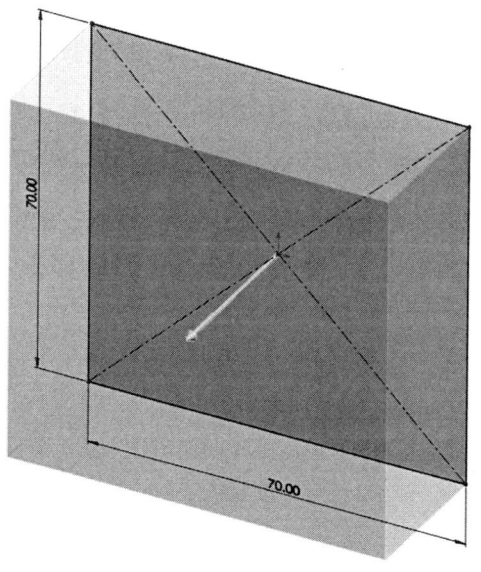

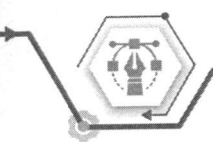

(4) 스케치 작업 새 평면 생성

❶ [커맨드 매니저 → 피처 탭 → 참조 형상 → 기준면]을 클릭한다.

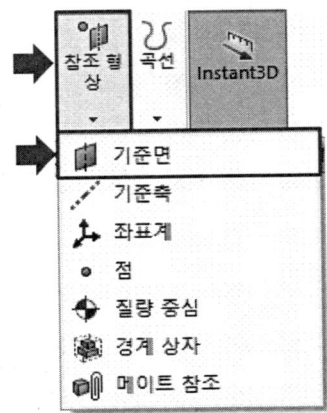

❷ 모델링 형상의 정면을 클릭하여 기준면을 생성하고, 값 [30]을 입력하고 오프셋 뒤집기를 클릭한다.

 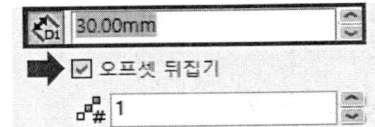

(5) 스케치 작업 평면 선택

❶ [새 평면]을 선택하고 상단 커맨드에서 [스케치]를 클릭한다.

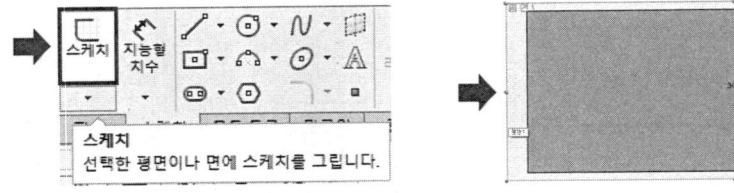

(6) 스윕 컷에 필요한 스케치 작업

❶ [커맨드 매니저 → 스케치 탭 → 3점호 → 3점호]를 클릭한다.

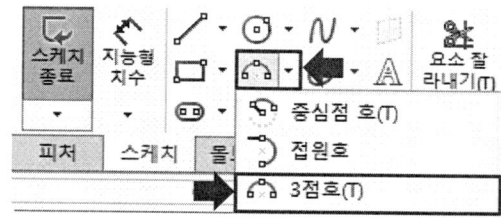

❷ 아래 그림과 같은 위치의 3점호를 사용하여 스케치를 작업한다.

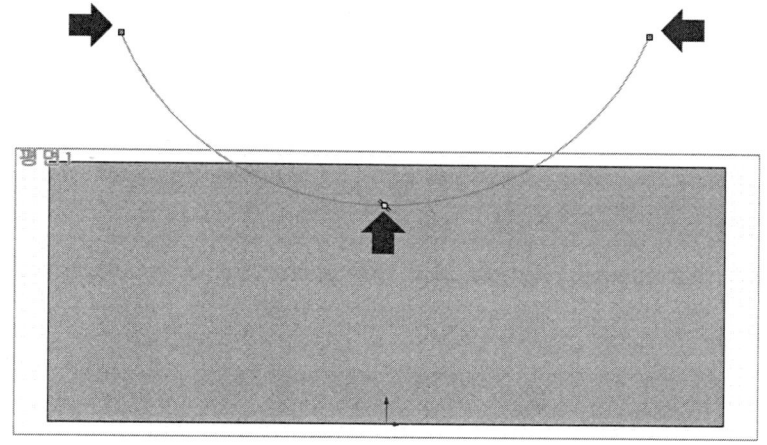

❸ 화살표가 가리키는 두 점을 클릭하고 좌측의 [속성 창 → 구속조건 부가 → 수평]을 클릭한다.

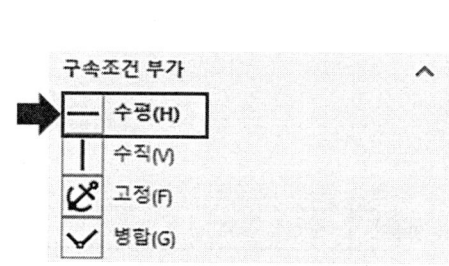 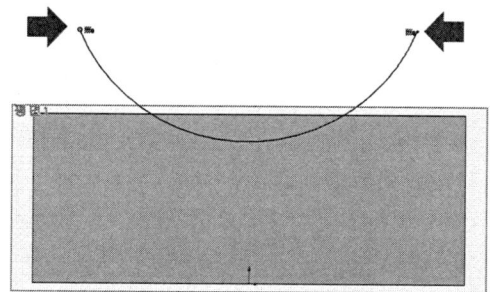

❹ 화살표가 가리키는 두 점을 클릭하고 좌측의 [속성 창 → 구속조건 부가 → 수직]을 클릭한다.

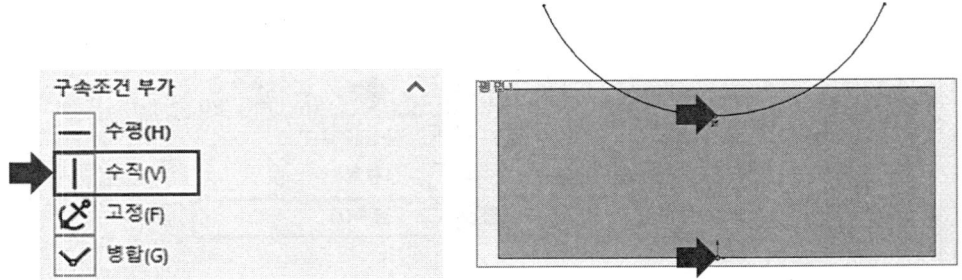

❺ [커맨드 매니저 → 스케치 탭 → 지능형 치수]를 클릭한다.

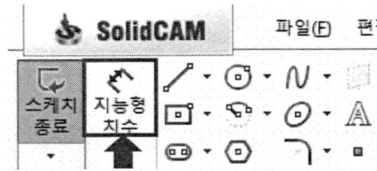

❻ 원호를 우클릭하여 중간점 선택 후 위 선을 클릭하고, 치수 값 [6]을 입력한다.

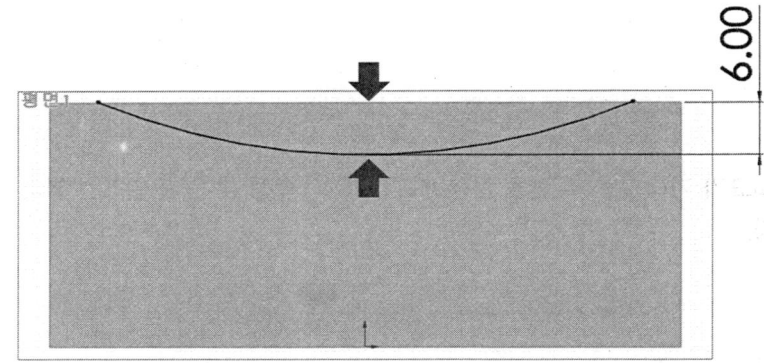

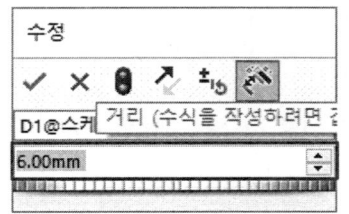
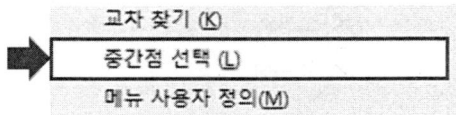

❼ 원호를 클릭하고 원호의 반지름값 [75]를 입력한다.

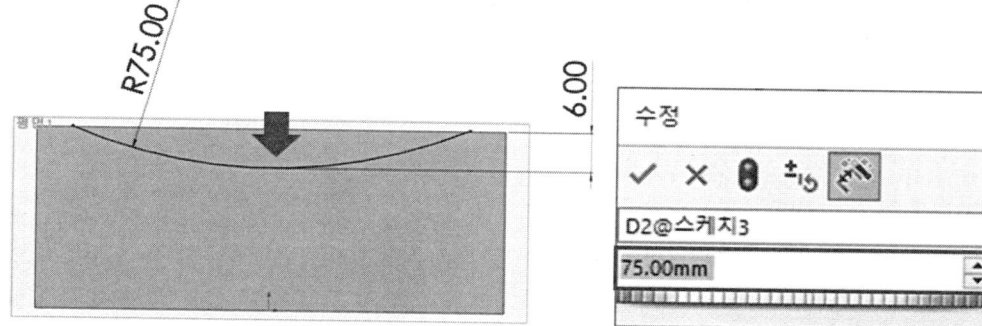

(7) 스케치 작업 새 평면 생성

❶ [커맨드 매니저 → 피처 탭 → 참조 형상 → 기준면]을 클릭한다.

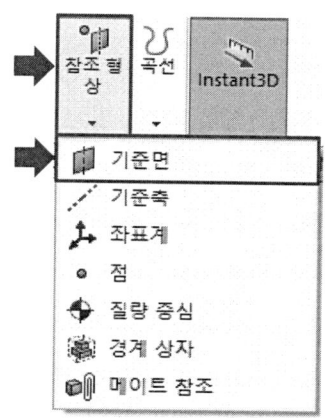

❷ 원호의 좌측 끝점을 클릭하고 원호의 선을 클릭하여 기준면을 생성한다.

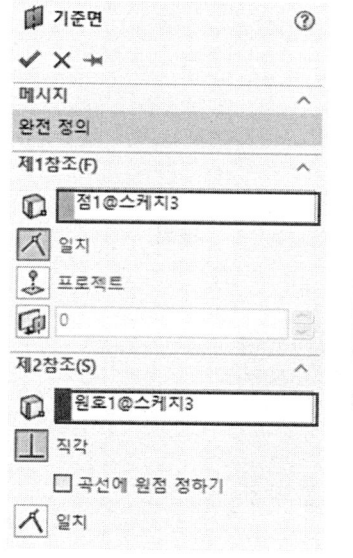
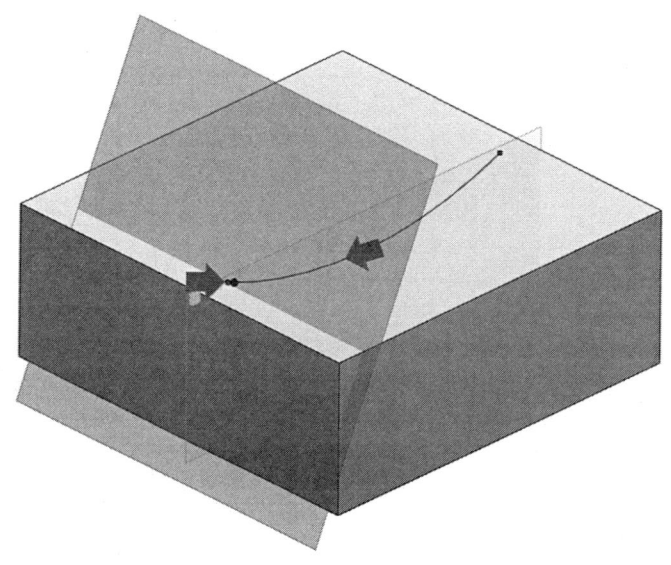

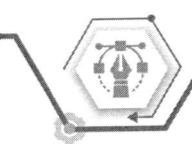

(8) 스케치 작업 평면 선택

❶ [새 평면]을 선택하고 상단 커맨드에서 [스케치]를 클릭한다.

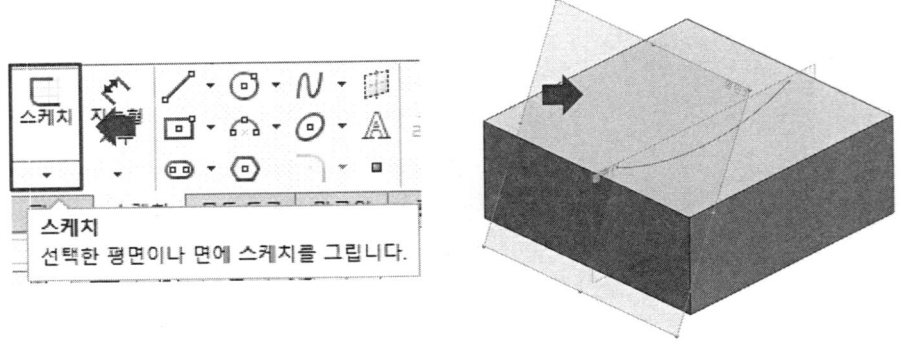

(9) 스윕 컷에 필요한 스케치 작업

❶ [커맨드 매니저 → 스케치 탭 → 3점호 → 3점호]를 클릭한다.

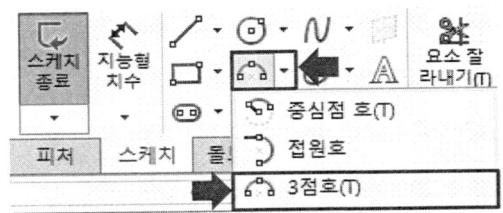

❷ 아래 그림과 같은 위치의 3점호를 사용하여 스케치를 작업한다.

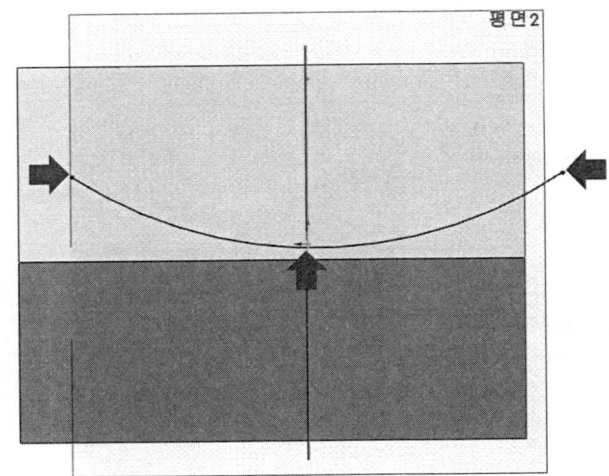

❸ 화살표가 가리키는 두 점을 클릭하고, 좌측의 [속성 창 → 구속조건 부가 → 수평]을 클릭한다.

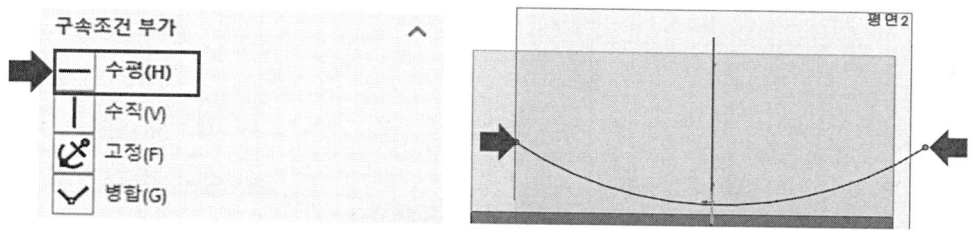

❹ 3번 스케치의 끝점과 4번 스케치를 클릭하고, 좌측의 [속성 창 → 구속조건 부가 → 중간점]을 클릭한다.

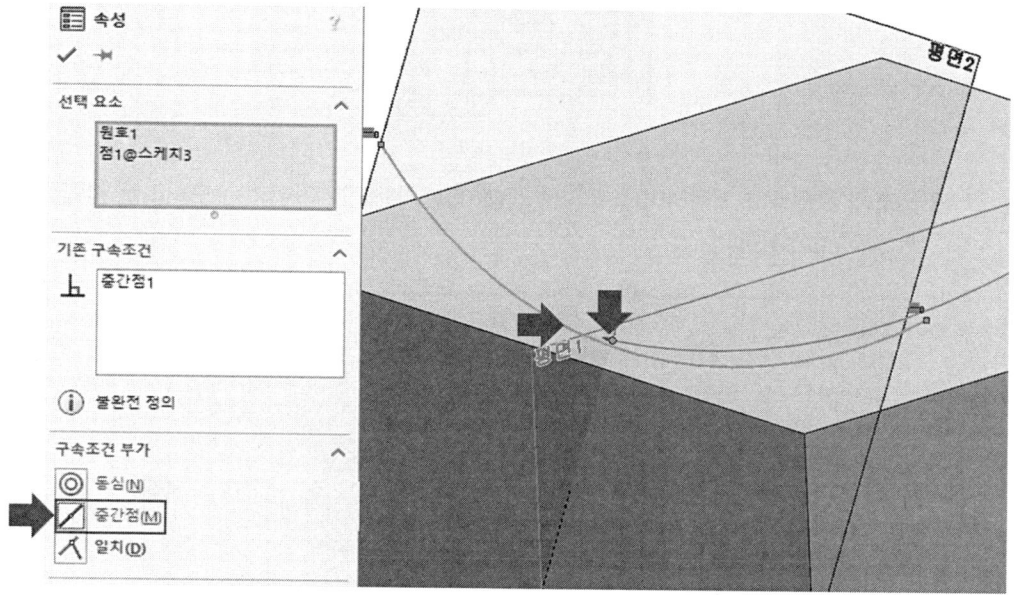

❺ [커맨드 매니저 → 스케치 탭 → 지능형 치수]를 클릭한다.

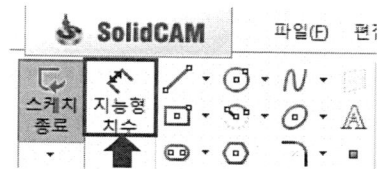

❻ 원호를 클릭하고 반경 값 [50]을 입력한다.

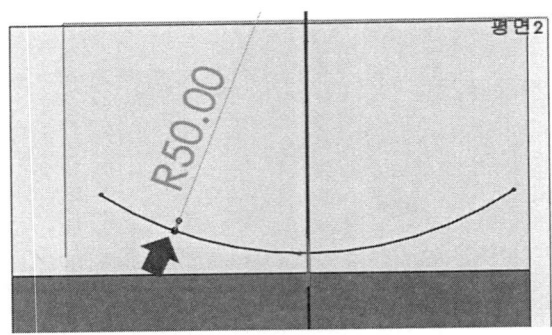
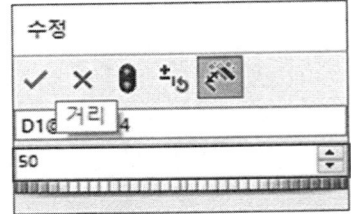

❼ [커맨드 매니저 → 스케치 탭 → 선]을 클릭한다.

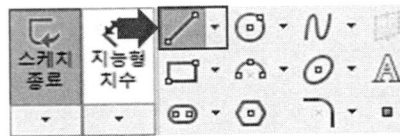

❽ 원호의 끝점부터 시작하여 스케치를 진행하고, 화살표가 가리키는 모서리를 클릭하여 아래와 같이 스케치한다.

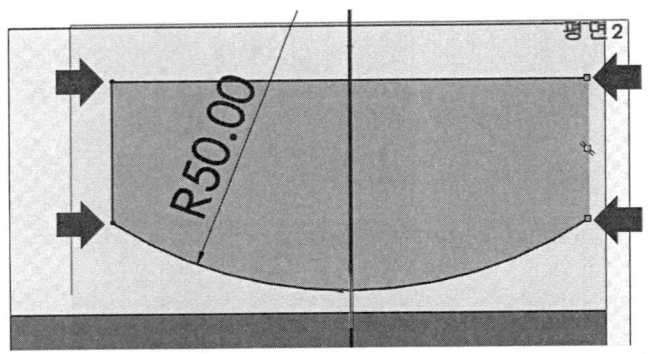

❾ 상단 커맨드에서 스케치 종료를 클릭한다.

컴퓨터응용가공산업기사 실기

(10) 스윕 컷

❶ [커맨드 매니저 → 피처 탭 → 스윕 컷]을 클릭한다.

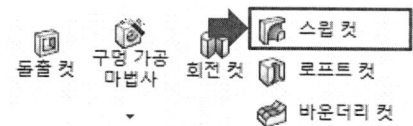

❷ 화살표가 가리키는 프로파일 스케치와 경로 스케치를 순서대로 클릭하고, 확인을 클릭한다.

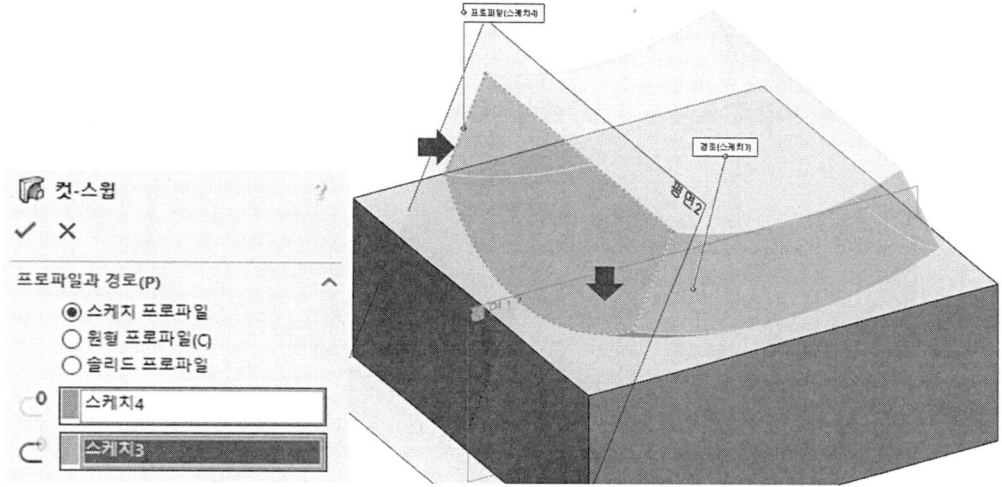

(11) 스케치 작업 평면 선택

❶ 모델링의 윗면을 선택하고, 상단 커맨드에서 [스케치]를 클릭한다.

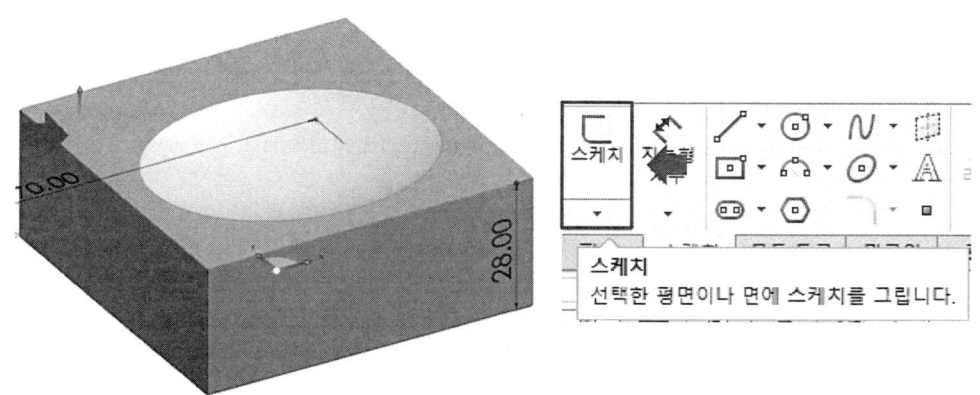

01. 컴퓨터응용가공산업기사 따라 하기

(12) 돌출 컷에 필요한 스케치

❶ [커맨드 매니저 → 스케치 탭 → 코너 사각형 → 중심 사각형]을 클릭한다.

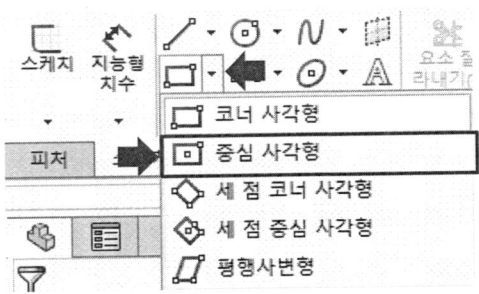

❷ 원점 기준 아래로 중심 사각형의 중심점을 클릭하고, 마우스를 움직여 모서리를 클릭한다.

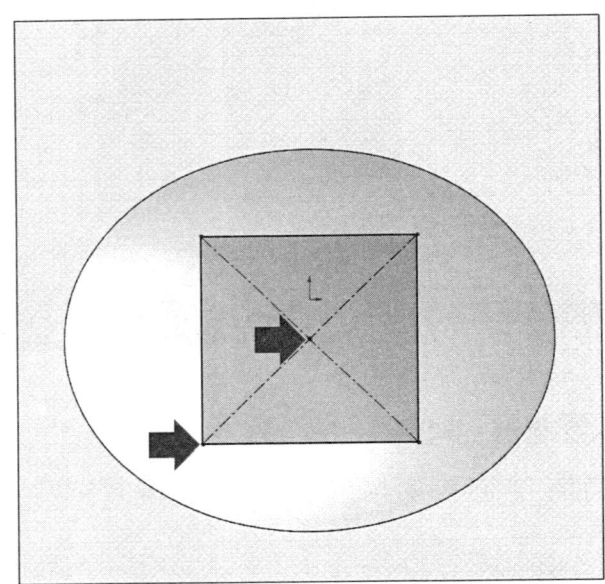

❸ [커맨드 매니저 → 스케치 탭 → 지능형 치수]를 클릭한다.

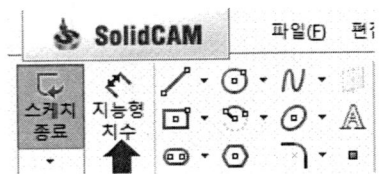

❹ 화살표가 가리키는 사각형의 선을 클릭하고, 치수 값 [32]를 입력한다.

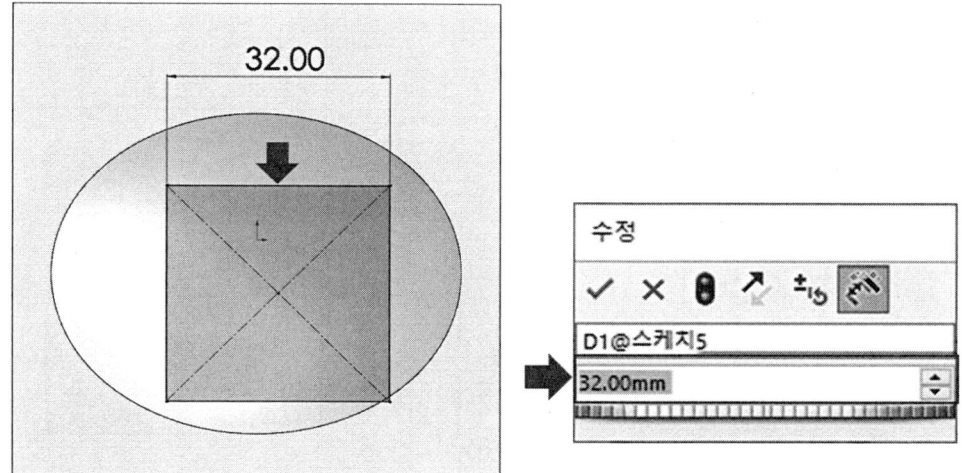

❺ 중심 사각형의 중심점과 아래 선을 클릭하고, 치수 값 [30]을 입력한다.

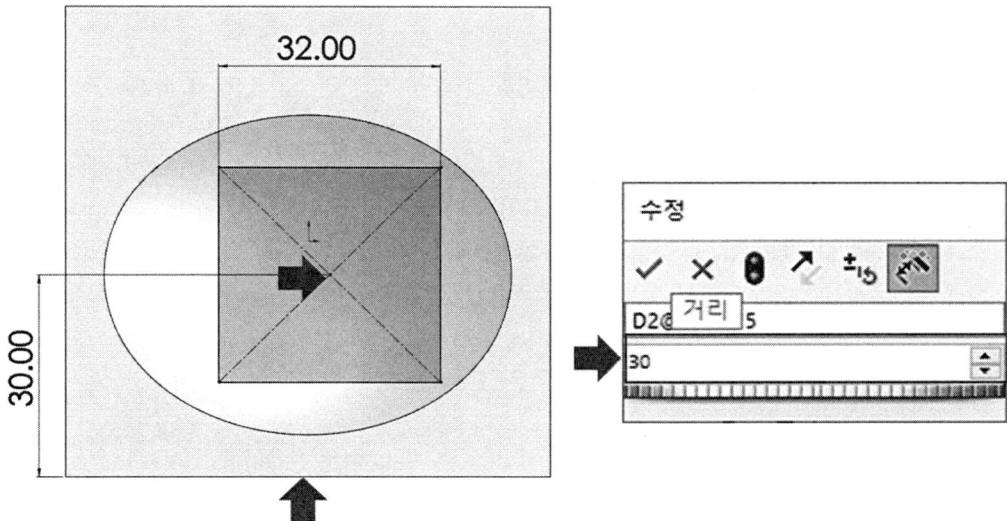

❻ 원점과 중심 사각형의 중심점을 클릭하고, 좌측의 [속성 창 → 구속조건 부가 → 수직]을 클릭한다.

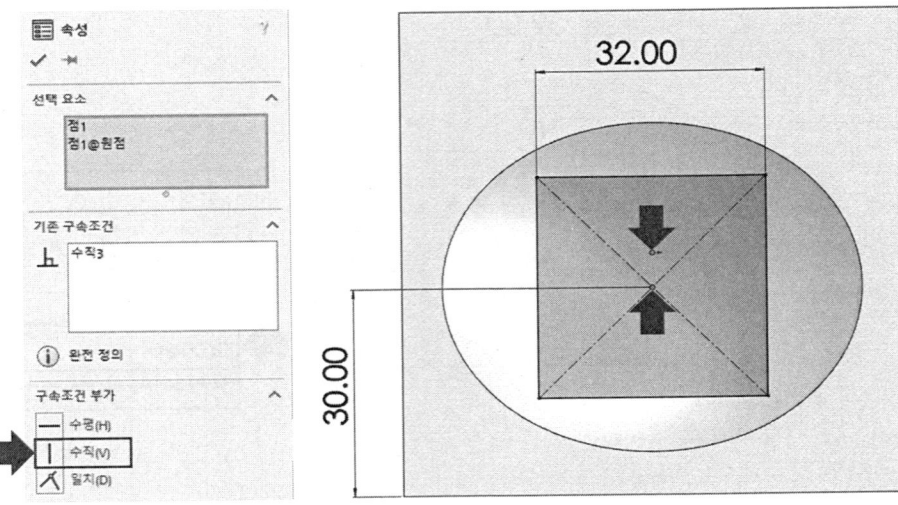

(13) 돌출 컷

❶ [커맨드 매니저 → 피처 탭 → 돌출 컷]을 클릭한다.

❷ 좌측의 컷-돌출1 값을 다음과 같이 설정한다.

▶ 오프셋 : 2mm   ▶ 방향 1 : 6mm   ▶ 구배 각도 : 60°

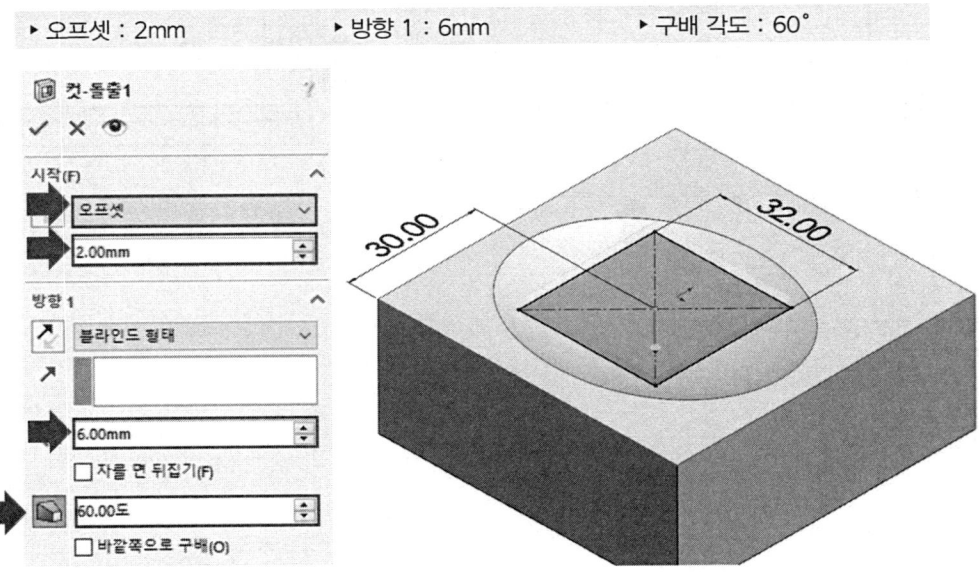

(14) 필렛

❶ [커맨드 매니저 → 피처 탭 → 필렛]을 클릭한다.

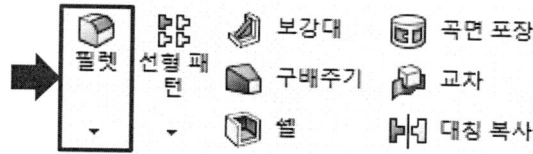

❷ 화살표가 가리키는 모서리를 클릭하고, 필렛 값 [10]를 입력한다.

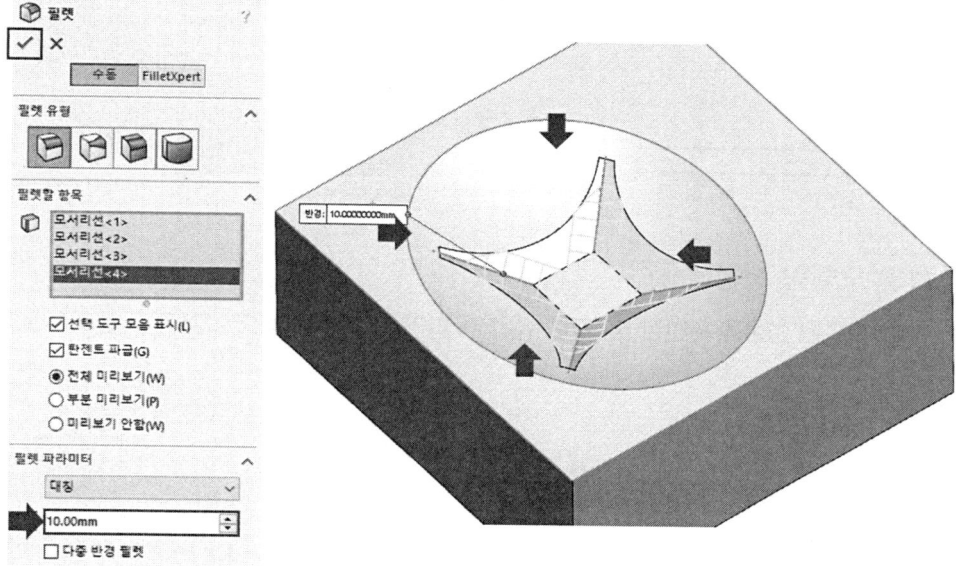

❸ [커맨드 매니저 → 피처 탭 → 필렛]을 클릭한다.

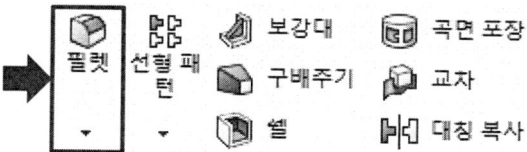

❹ 화살표가 가리키는 모서리를 클릭하고, 필렛 값 [4]를 입력한다.

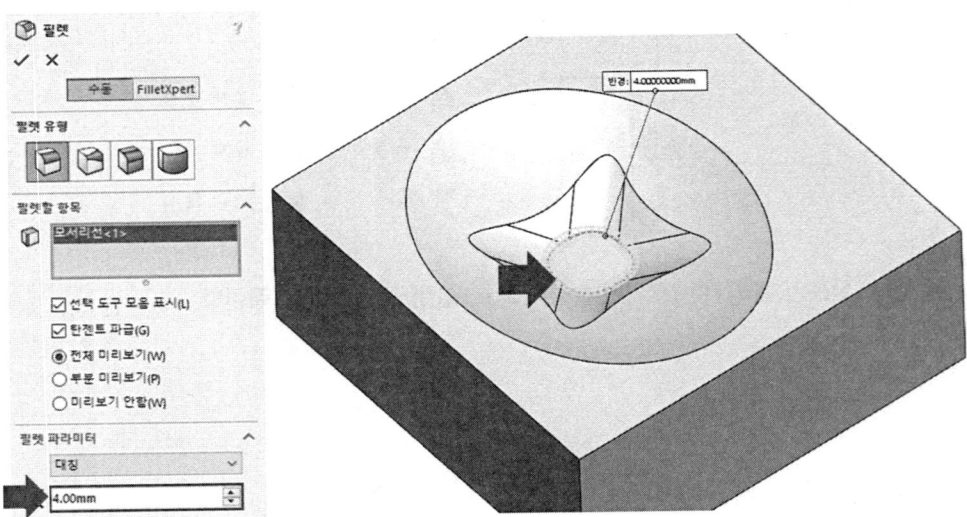

(15) 모델링 저장

❶ 완료된 형상을 확인한 후 [주메뉴 바 → 파일 → 다른 이름으로 저장]을 선택하여 저장한다.

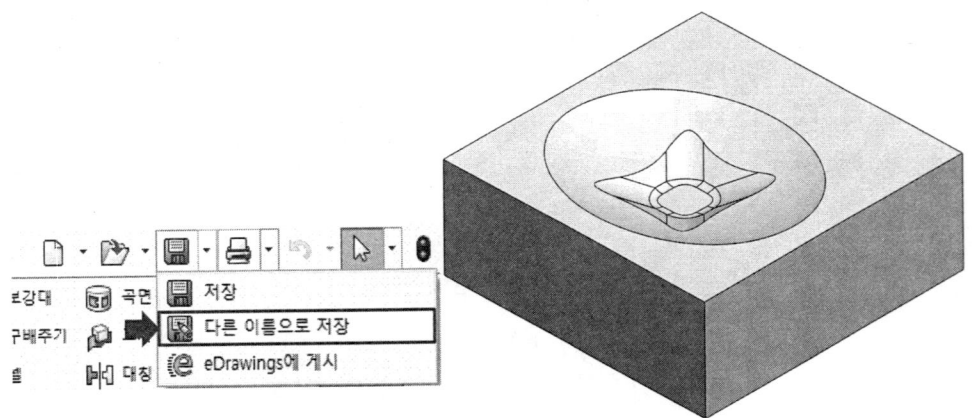

❷ 저장 위치를 결정하고 파일 이름을 입력 후 저장을 클릭한다.

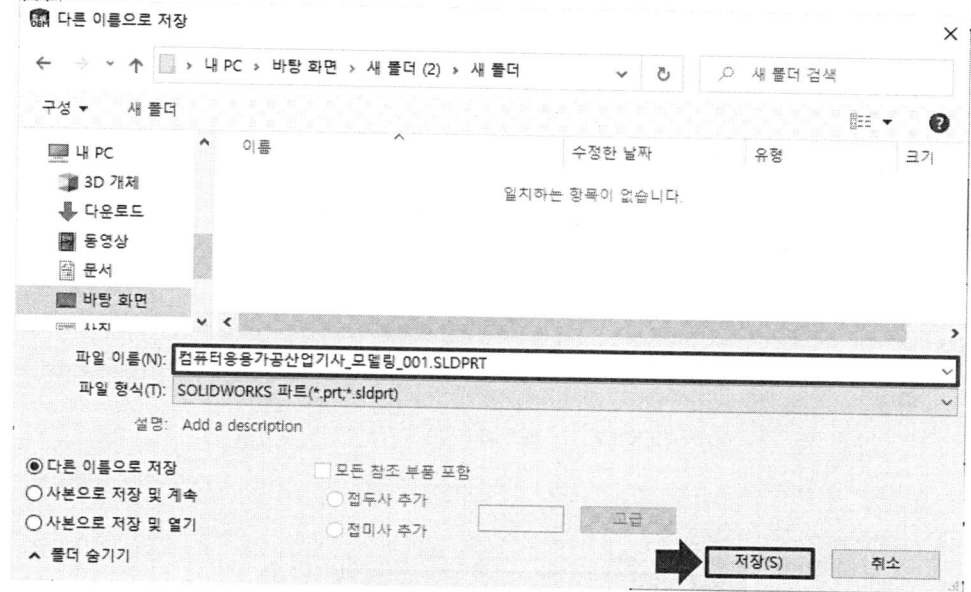

01. 컴퓨터응용가공산업기사 따라 하기

④ CAM

(1) SolidCAM 원점, 소재 정의

❶ [주메뉴 바 → 열기]를 통해 파일을 불러온다.

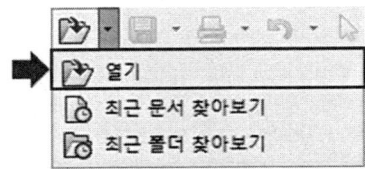

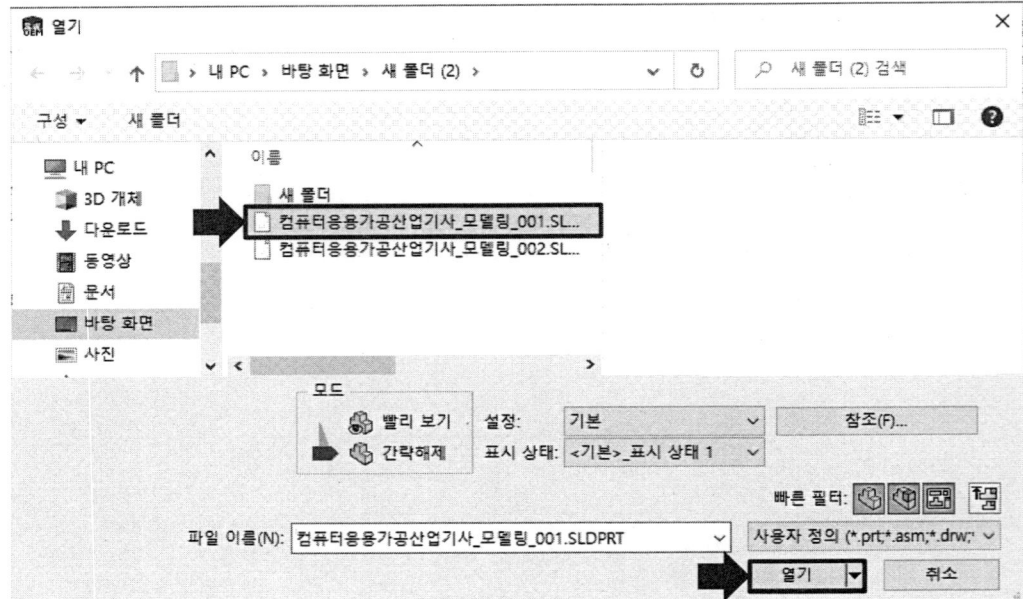

> **Tip** 이미 모델링 파일이 열려있다면 해당 과정은 생략한다.

❷ [커맨드 매니저 → SolidCAM 파트 설정 탭 → 신규 → 밀링]을 클릭한다.

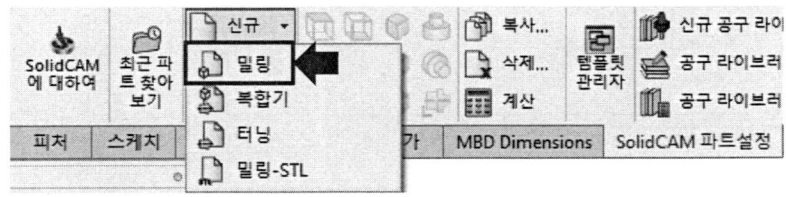

❸ [신규 밀링파트 → 캠-파트 생성방법 → 솔리드캠의 파일로 저장 → 단위 → 미터]를 클릭하고 확인을 클릭한다.

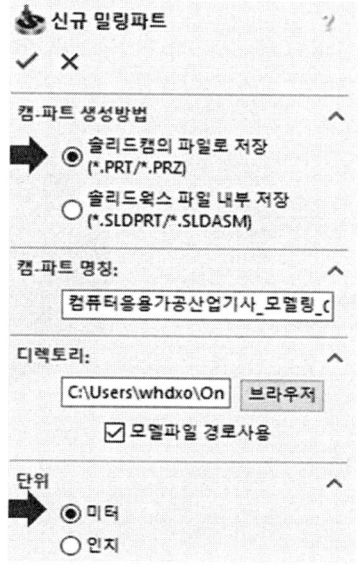

❹ [밀링파트 데이터 → CNC-컨트롤러 → gMilling_3x]를 설정한 후 [정의 → 원점]을 클릭한다.

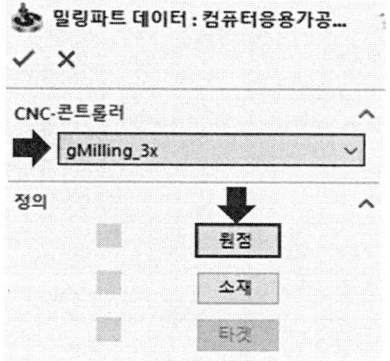

❺ [원점 → 평면원점 → 모델박스의 코너]를 설정하고, 모델링의 윗면을 클릭한 후 확인을 클릭한다.

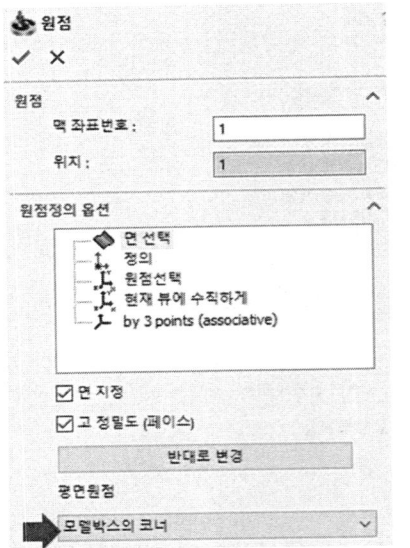
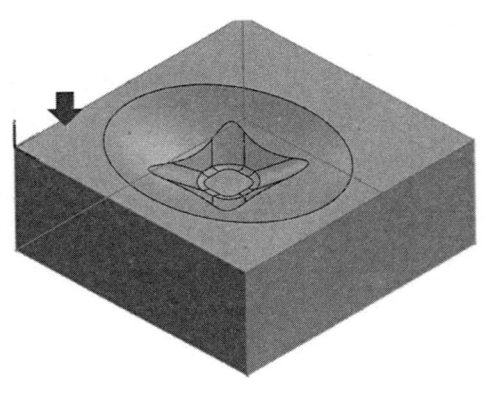

❻ 솔리드캠 관리자에서 [원점 데이터 → 안전 높이 : 25]를 입력하고 확인을 클릭한다.

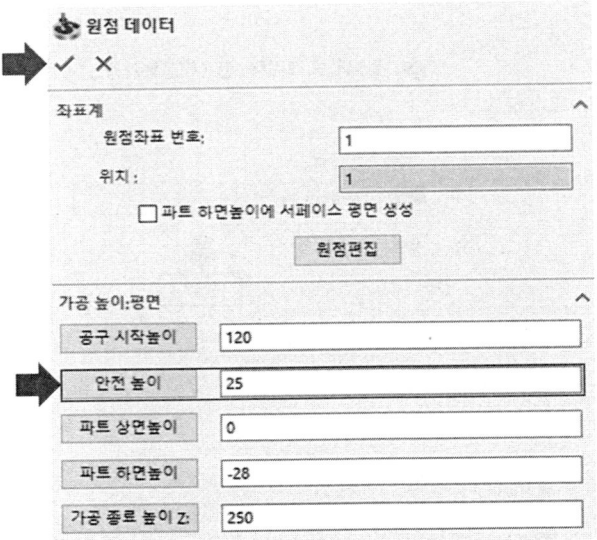

❼ [원점 관리자 → 확인]을 눌러 [밀링파트 데이터] 창에서 [소재]를 클릭한다.

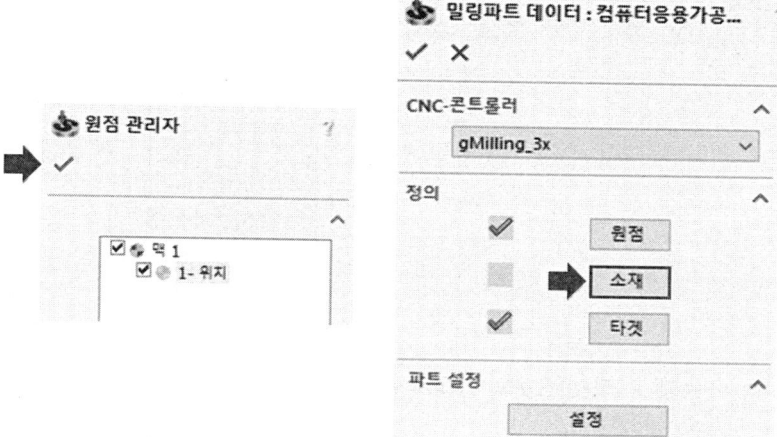

❽ [소재 → 정의 기준 → 박스]를 선택하고 모델링 윗면을 클릭한다.

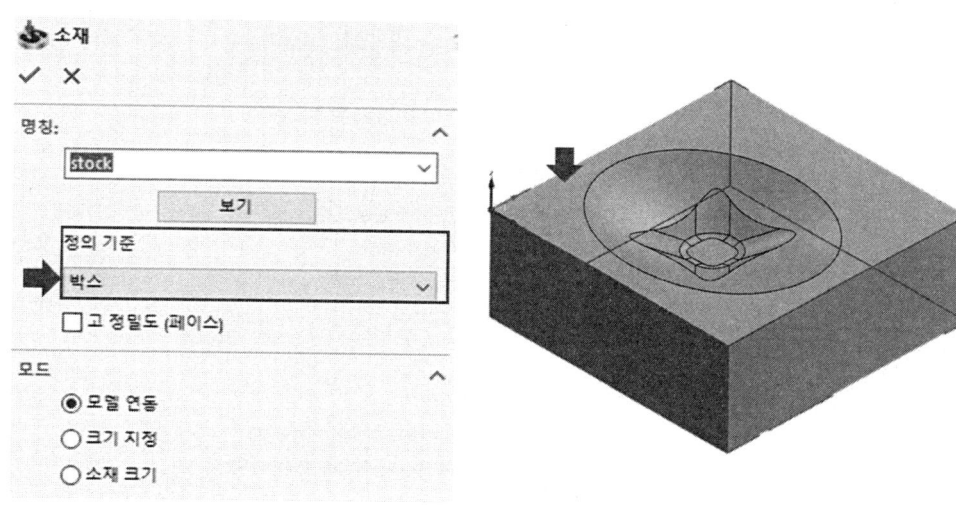

❾ 소재를 정의하고, [박스확장]에서 모든 확장을 0으로 한 후 확인을 클릭하여 소재 정의를 마친다.

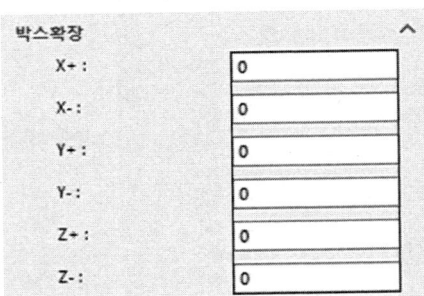

❿ [원점 – 소재 – 타겟] 3곳의 정의가 완료되면 [확인] 버튼을 클릭하여 파트 정의를 마친다.

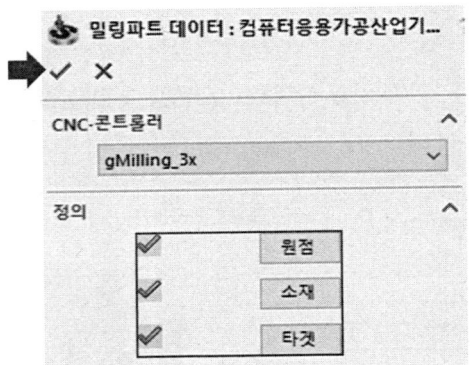

(2) 밀링 공구 작업

❶ [솔리드캠 관리자 → 공구]를 더블클릭한다.

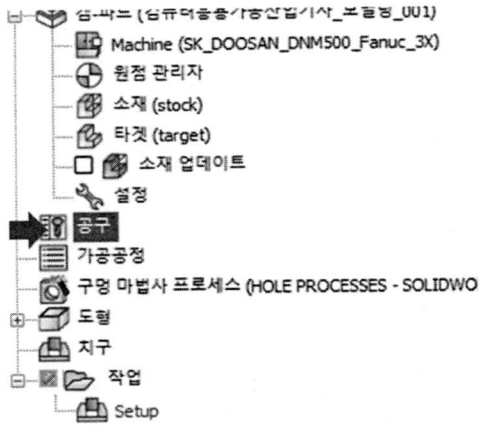

❷ [밀링 공구 추가 → 평 엔드밀]을 클릭한다.

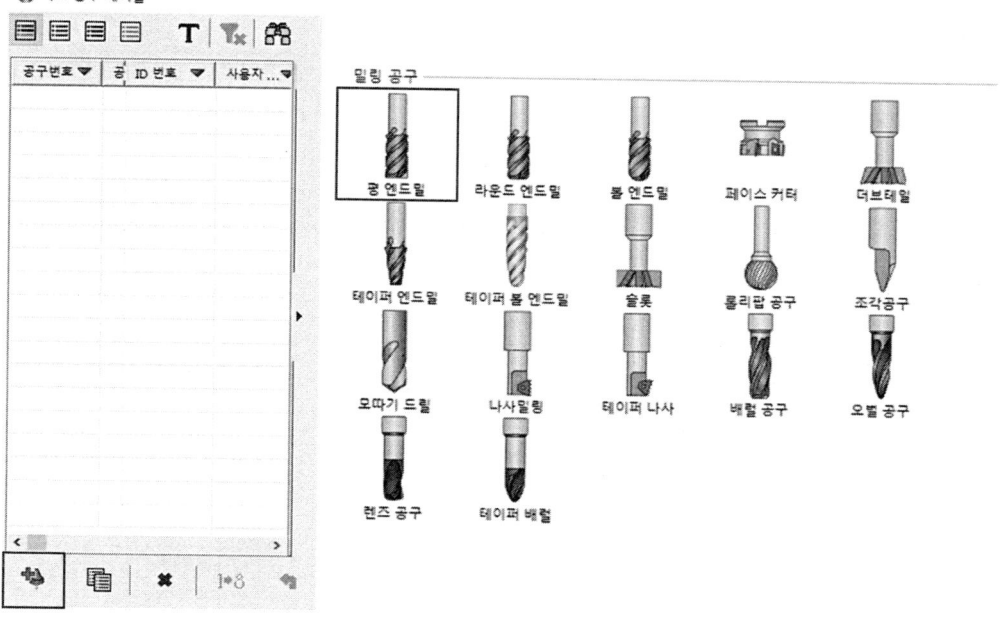

❸ [직경 : 10 → 숄더 및 아버직경 : 10]을 입력하고, [디폴트 공구 데이터]로 넘어간다.

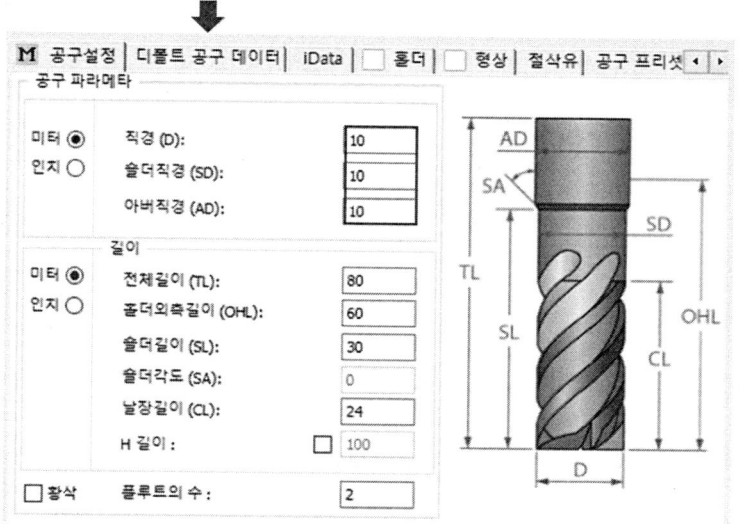

❹ [XY피드 : 300 → Z피드 : 150 → 회전율 : 2500]을 입력하고, [밀링 공구 추가] 버튼을 클릭한다.

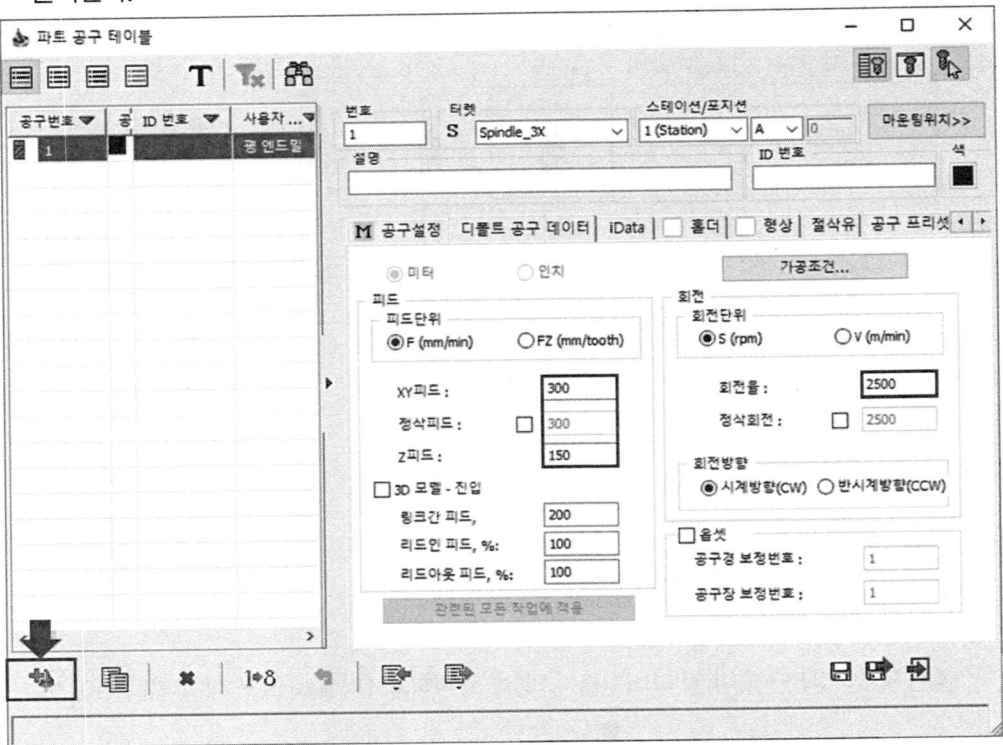

❺ [볼 엔드밀 → 직경 : 6 → 코너반경 : 3 → 숄더 및 아버직경 : 6]을 입력하고, [디폴트 공구 데이터]로 넘어간다.

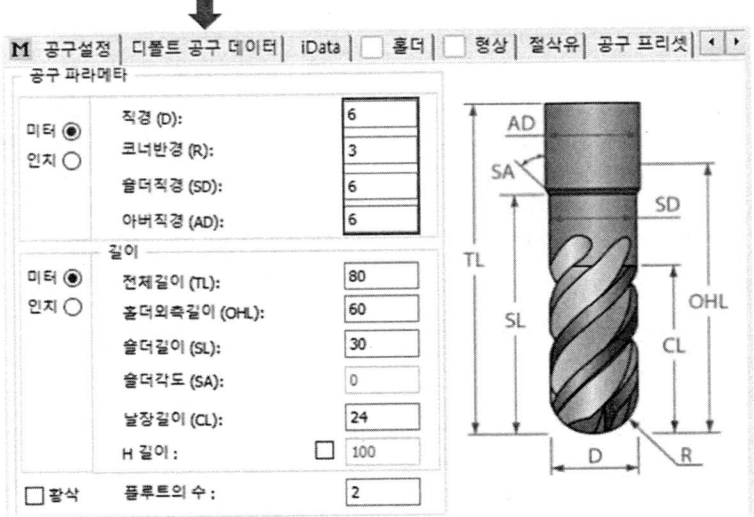

❻ [XY피드 : 200 → Z피드 : 100 → 회전율 : 3500]을 입력하고, 우측 하단의 [저장&나가기]를 클릭한다.

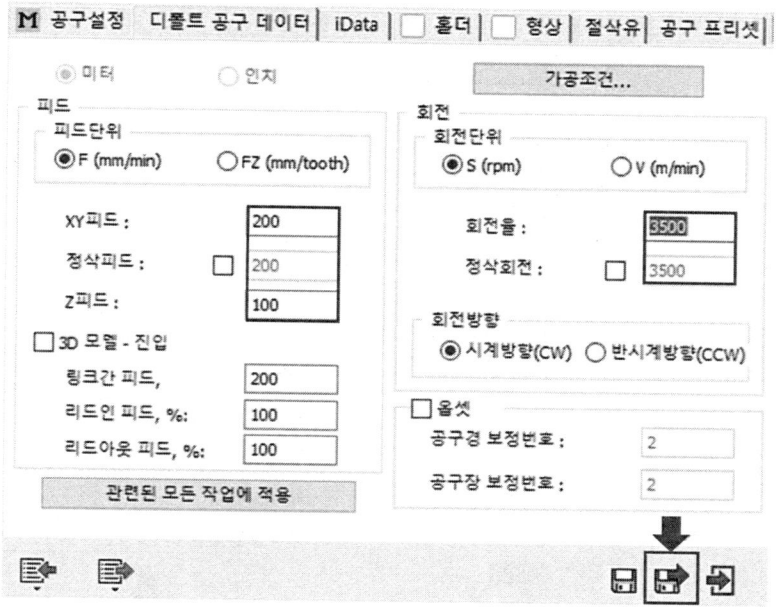

(3) HSR - HM 황삭 밀링작업

❶ [커맨드 매니저 → SolidCAM 3D 탭 → 3D HSR → HM 황삭]을 클릭한다.

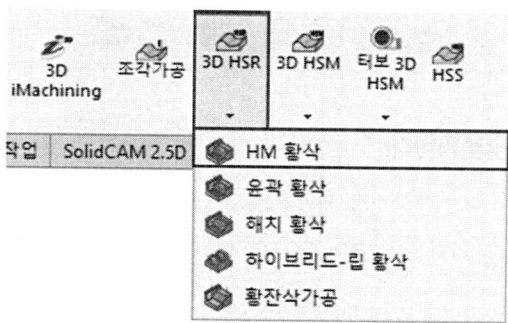

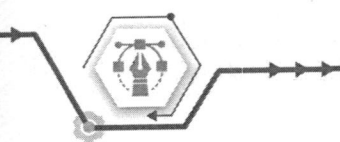

❷ 공구로 이동하여 선택을 클릭한다.

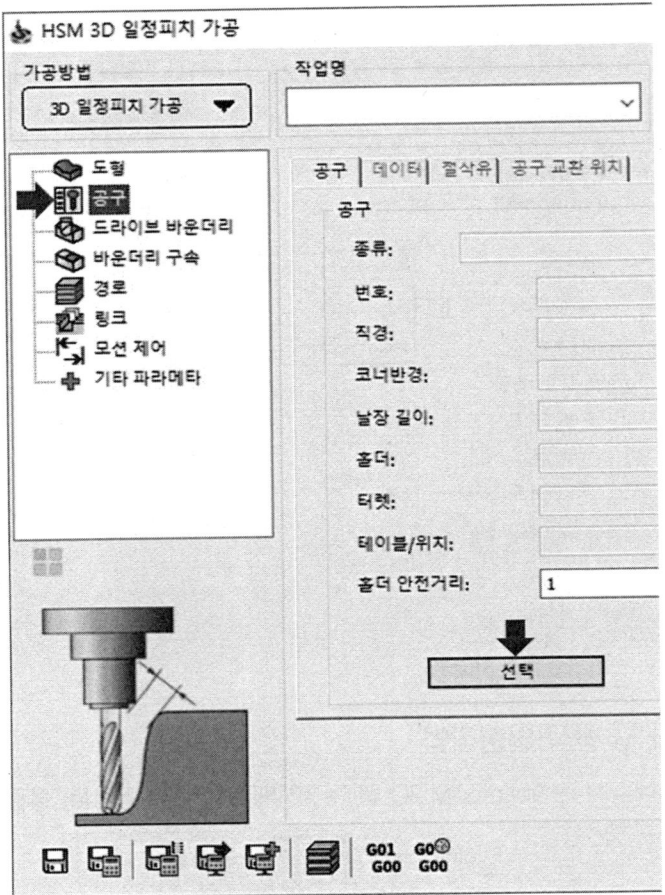

❸ 평 엔드밀을 더블클릭한다.

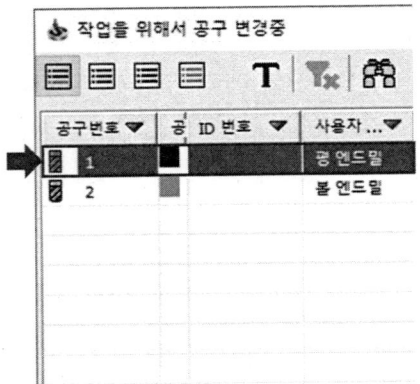

❹ [바운더리 구속 → 바운더리 종류 → 자동생성]을 선택한다.

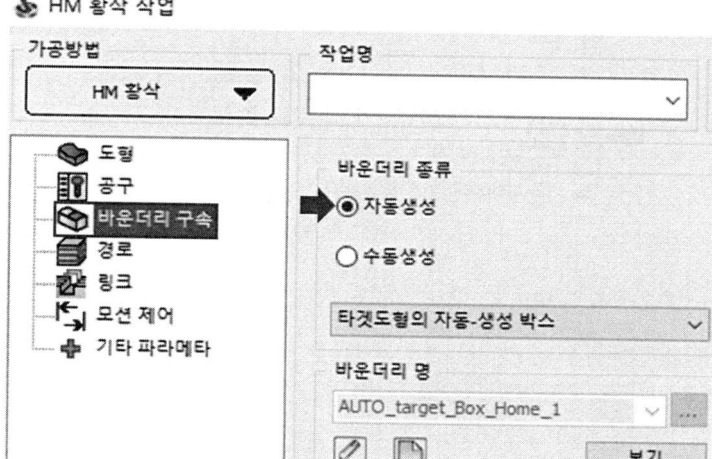

❺ [경로]를 클릭하여 다음과 같이 설정한다.

- 측벽 옵셋 : 0.2
- 바닥 옵셋 : 0.2
- 공차 : 0.04
- 절입량 : 1

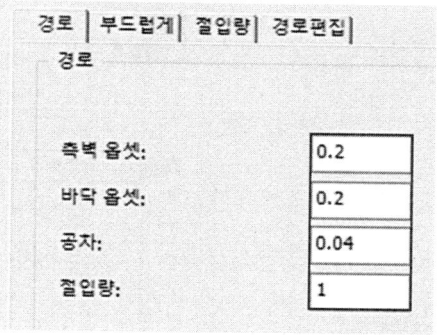

❻ [XY피치 가공방법]의 종류는 캐비티를 사용한다.

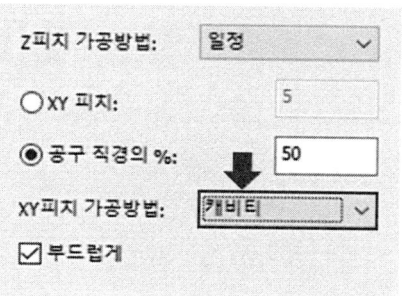

❼ [링크 → 최소 윤곽직경 : 1]를 입력한다.

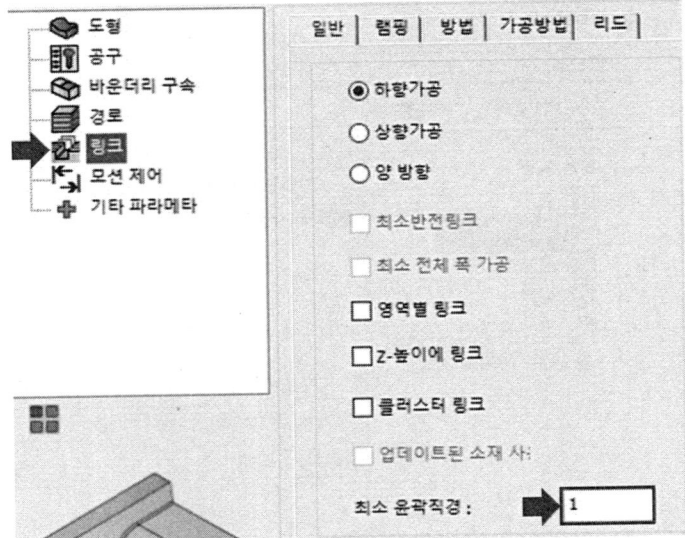

❽ [가공높이 → 파트 안전높이]를 선택한다.

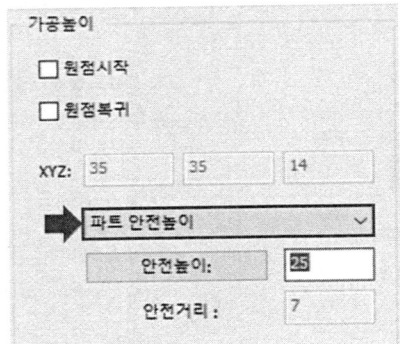

❾ [저장&계산] 버튼을 눌러 공구경로를 생성한다.

❿ 솔리드캠 관리자에는 생성한 작업이 나열된다. 다음 작업을 위해 체크박스를 해제하여 툴패스를 숨긴다.

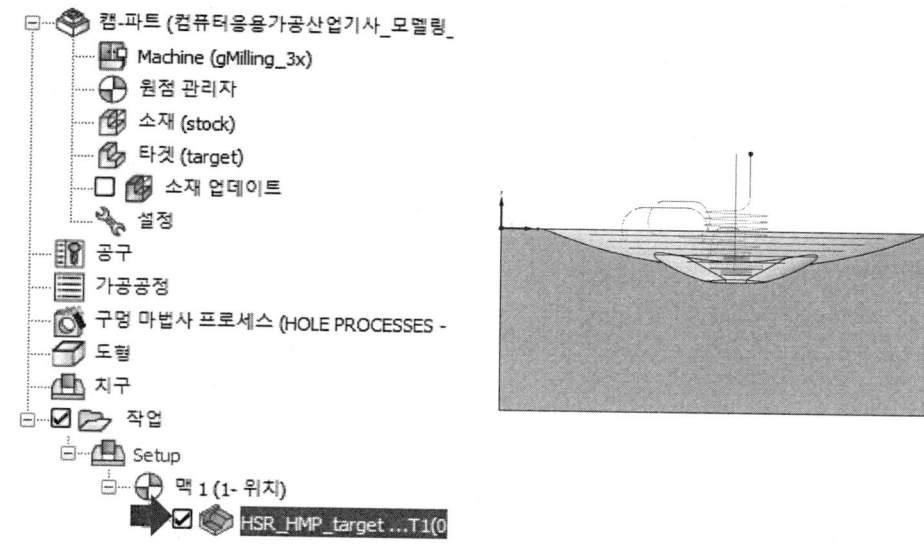

(4) 3D HSM - 3D 일정 피치 가공

❶ [커맨드 매니저 → SolidCAM 3D 탭 → 3D HSM → 3D 일정 피치]를 클릭한다.

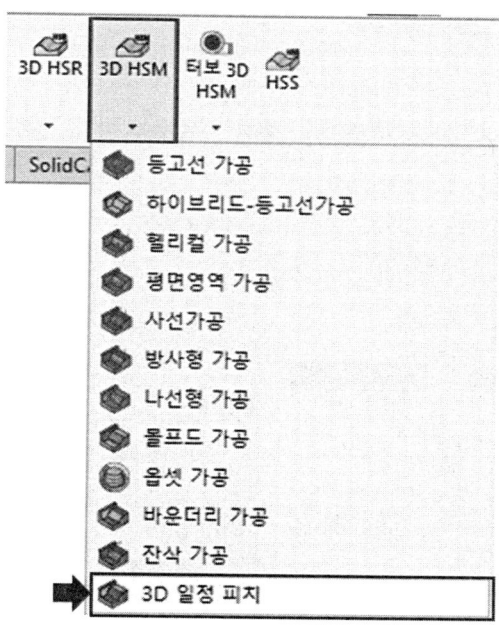

❷ [공구 → 선택 → 볼 엔드밀] 순으로 클릭한다.

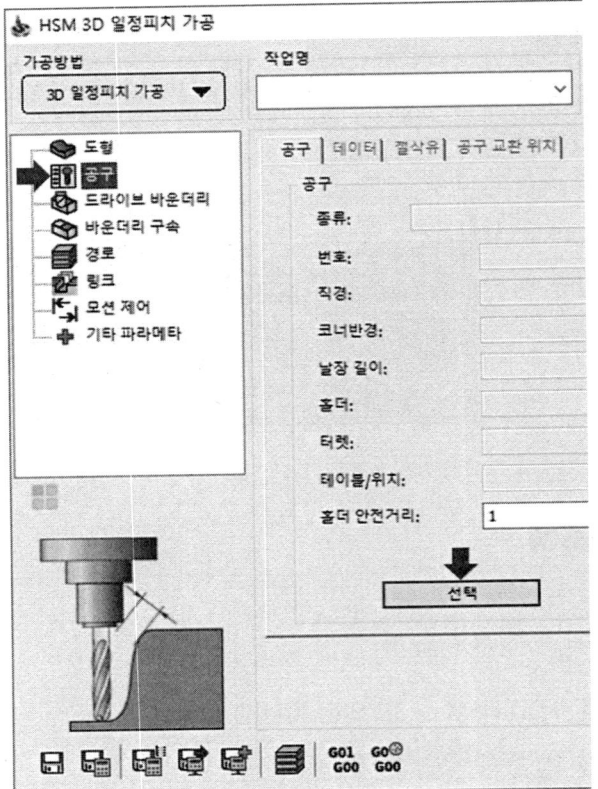
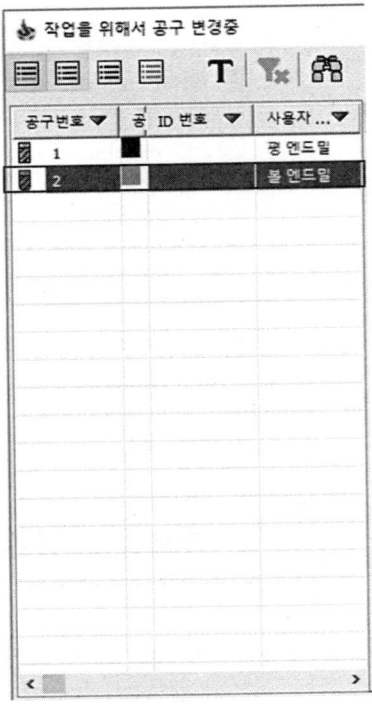

❸ [드라이브 바운더리]에서 [바운더리 종류 → 수동생성 → 신규]를 순서대로 클릭한다.

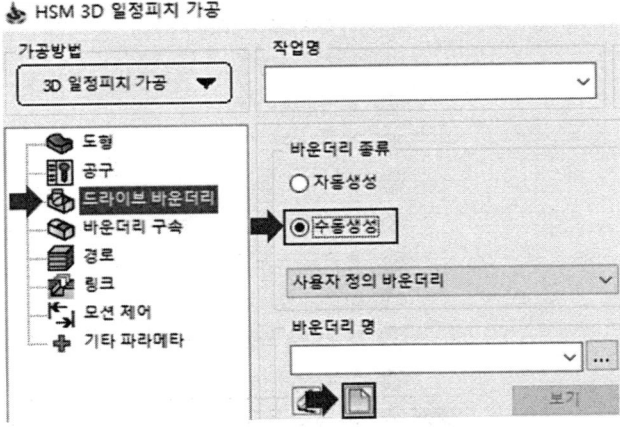

❹ 화살표가 가리키는 선을 클릭하여 체인을 생성한다.

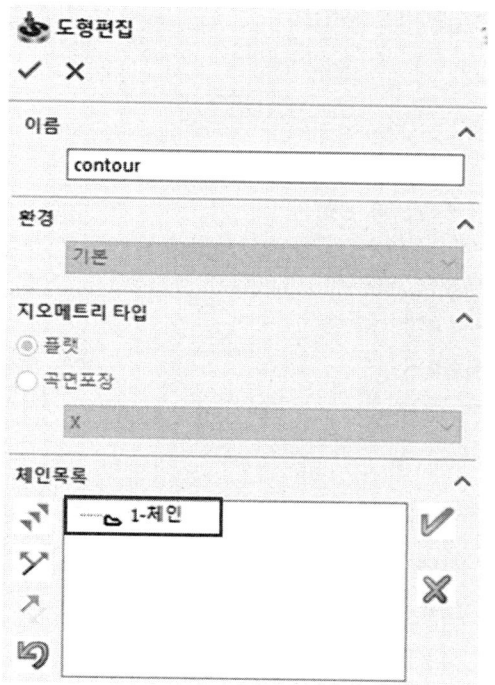
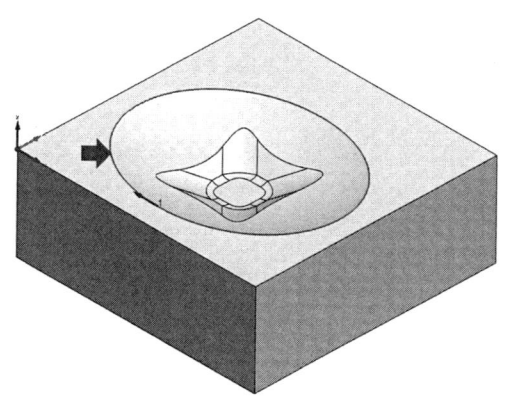

❺ [바운더리 구속]에서 [바운더리 종류 → 수동생성 → 바운더리 명 → 목록 → contour]를 순서대로 클릭한다.

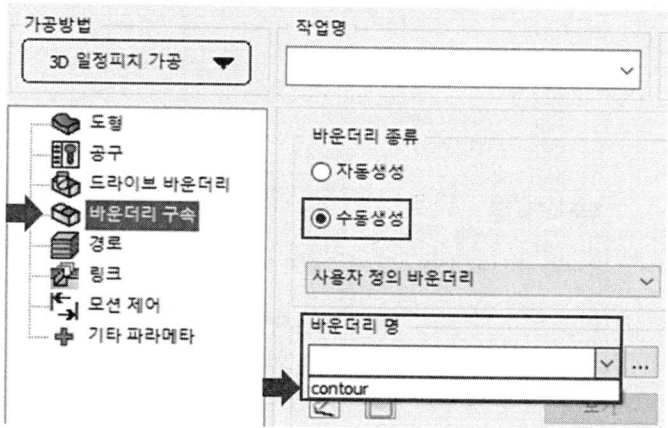

❻ [경로]를 클릭하여 다음과 같이 설정한다.

▸ 수평 가공피치 : 0.3   ▸ 수직 가공피치 : 0.3

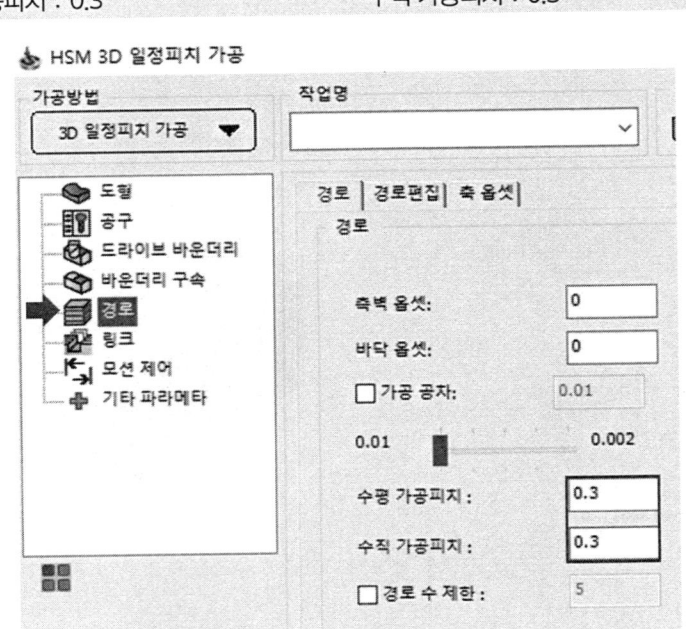

❼ [링크 → 경로순서 → 첫 번째 경로]를 체크한다.

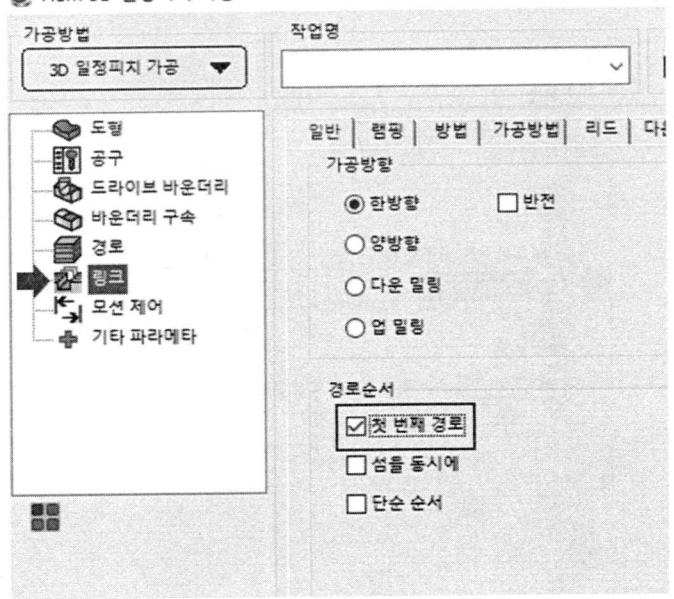

❽ [가공높이 → 파트 안전높이]를 선택한다.

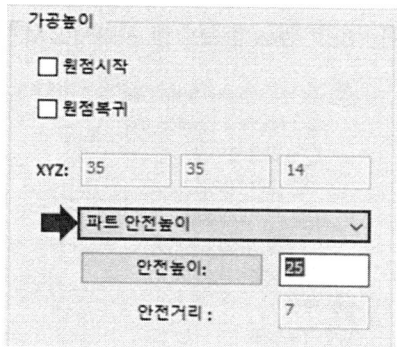

❾ [저장&계산] 버튼을 눌러 공구경로를 확인하고 작업을 종료한다.

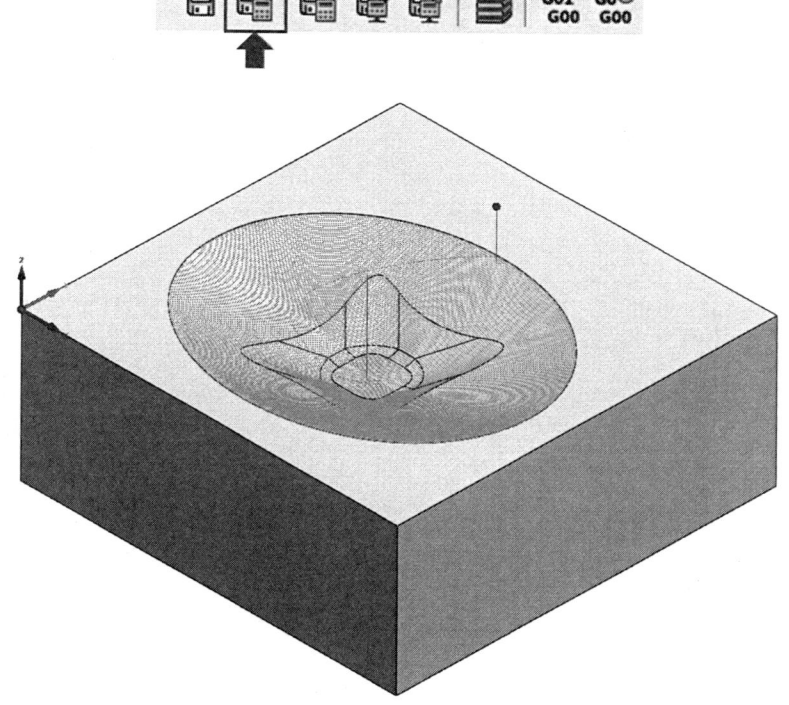

(5) 시뮬레이션 및 G코드 생성

❶ 전체 시뮬레이션을 확인하기 위해 솔리드캠 관리자에서 [작업]을 클릭한다.

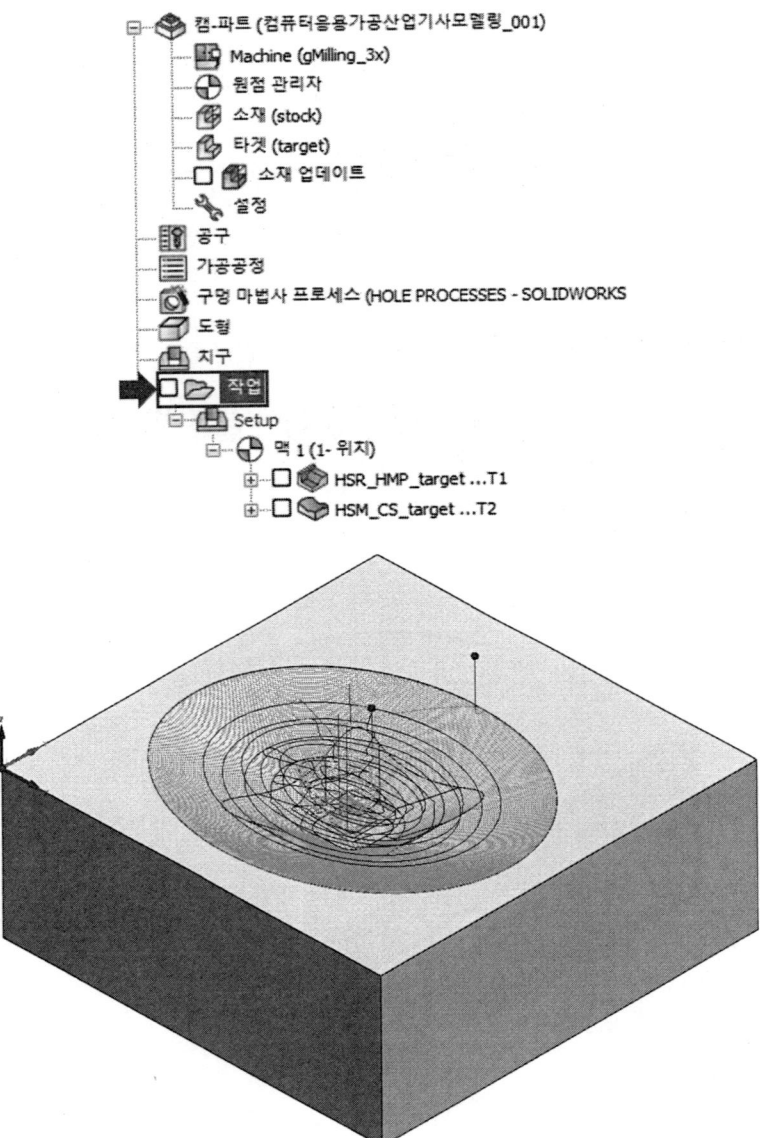

❷ 커맨드 매니저에서 [시뮬레이션]을 클릭한다.

❸ [SolidVerify]를 클릭하고, [재생] 버튼을 클릭하여 시뮬레이션을 확인한다.

 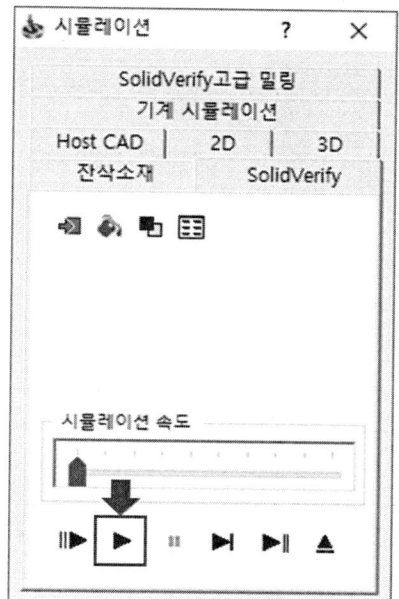

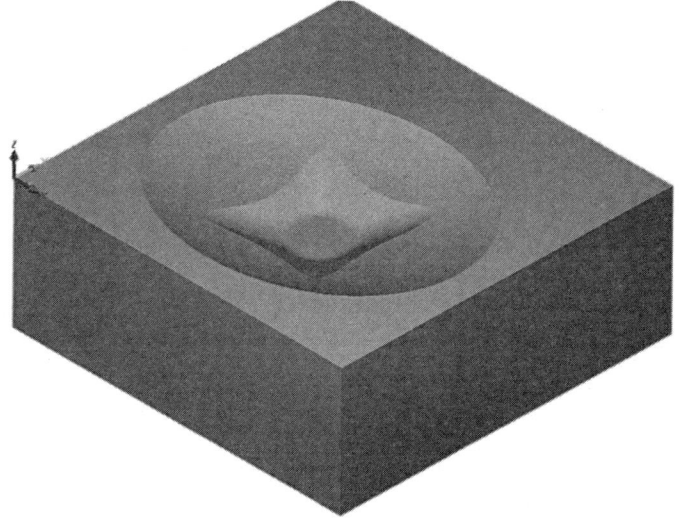

❹ 시뮬레이션을 종료하고, [커맨드 매니저 → G코드 생성]을 클릭한 후 G코드를 확인한다.

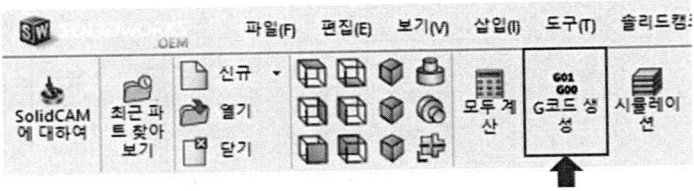

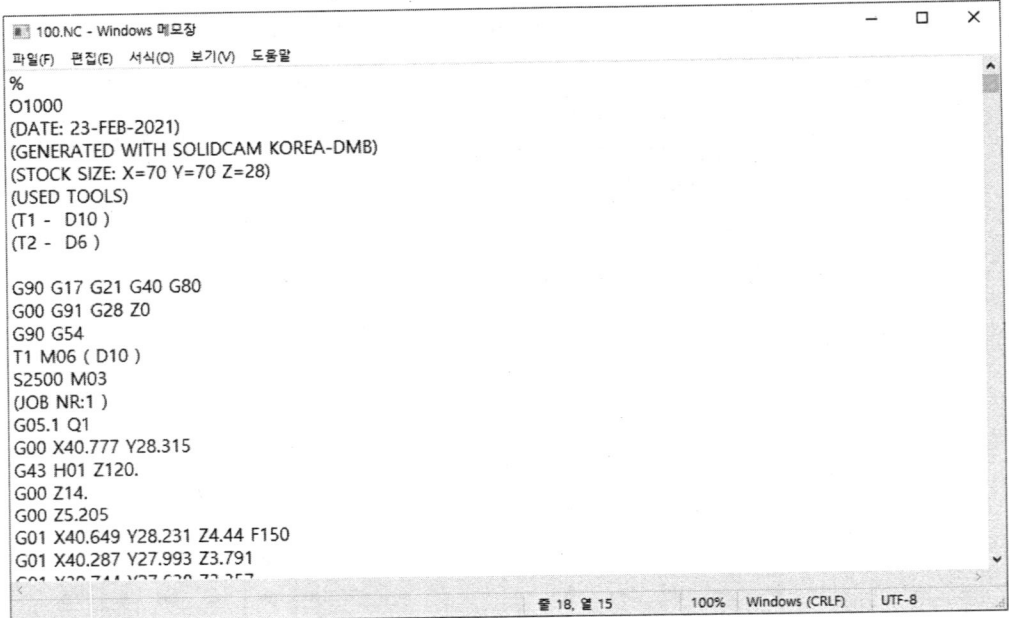

02 컴퓨터응용가공산업기사 따라 하기

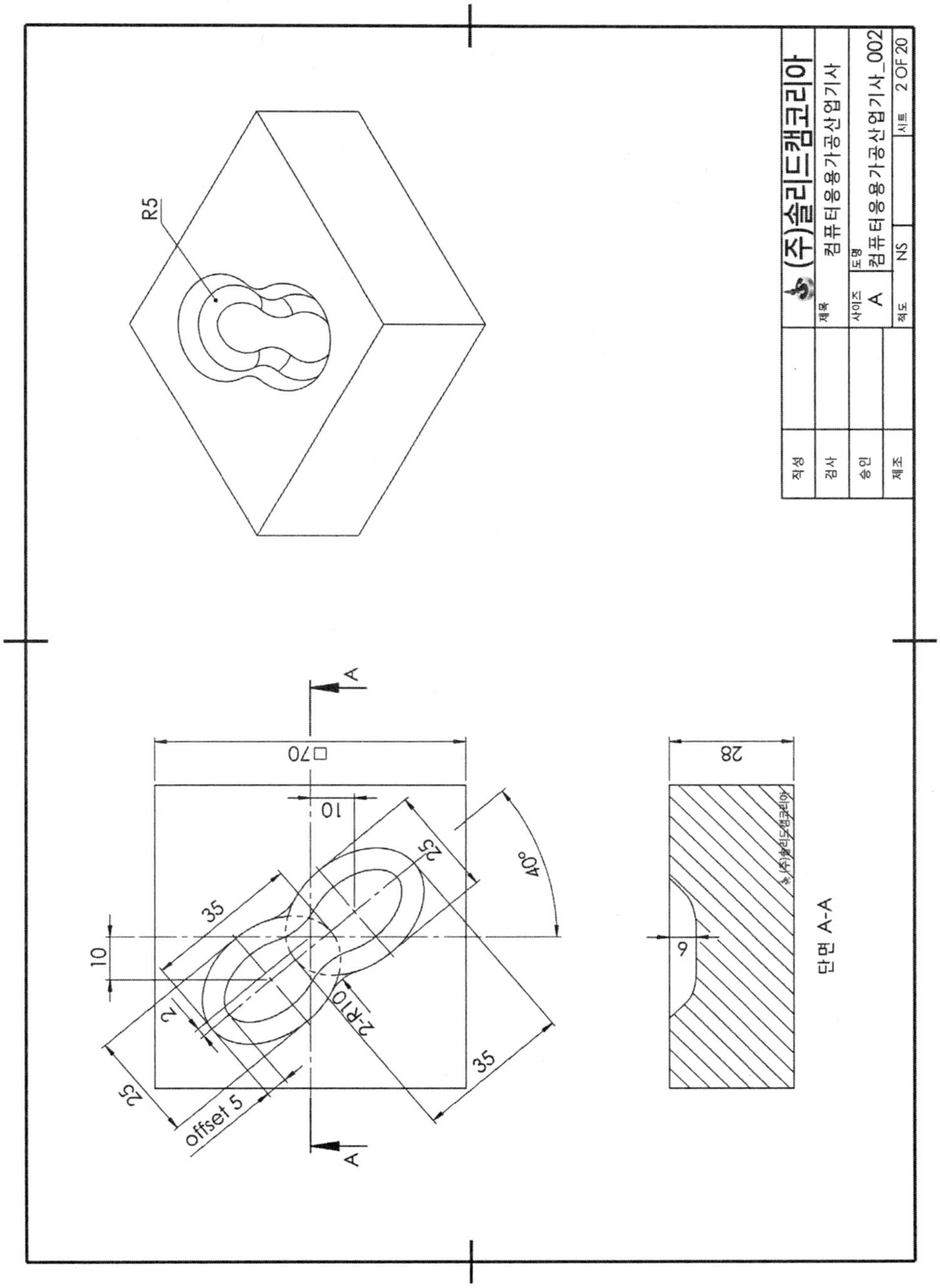

1 도면

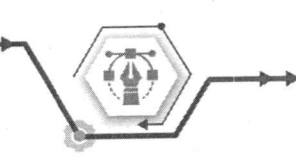

② 추천절삭조건

공구번호	작업내용	공구조건		경로간격	절삭조건				비고
		종류	직경		회전수 (rpm)	이송 (mm/min)	절입량 (mm)	잔량 (mm)	
1	황삭	평E/M	10	5	2500	300	2	0.2	
2	정삭	볼E/M	6	1	3500	200			

1. 수기 가공 도면의 드릴 위치 표시와 비교하여 원점 위치를 작업자가 결정하여 CNC 프로그램을 작업한다.

2. 안전높이는 원점에서 25mm 높은 곳으로 지정한다.

3. 공구번호, 작업내용, 공구조건, 공구경로 간격, 절삭조건 등은 절삭지시서에 준하여 작업한다.

4. 도면의 형상과 같이 포켓 가공을 할 수 있도록 CAM 소프트웨어를 사용하여 작업을 생성하여 NC 데이터를 저장장치에 저장하여 제출한다.

5. 가공 작업의 수는 도면 형상에 맞추어 작업한다.

6. 위 추천 절삭조건은 SolidCAM 프로그램의 기준으로 다른 프로그램일 경우 절삭조건은 변경될 수 있다.

7. 40분 이내로 가공 시간을 맞추어 작업한다.

※ 절삭조건은 시험장에 따라 달라질 수 있다.

③ 모델링

(1) 스케치 평면 선택

❶ [주메뉴 바 → 새 문서 → 파트]를 선택하고 확인을 클릭한다.

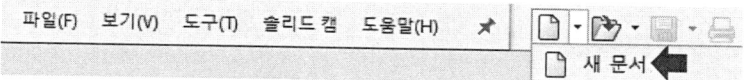

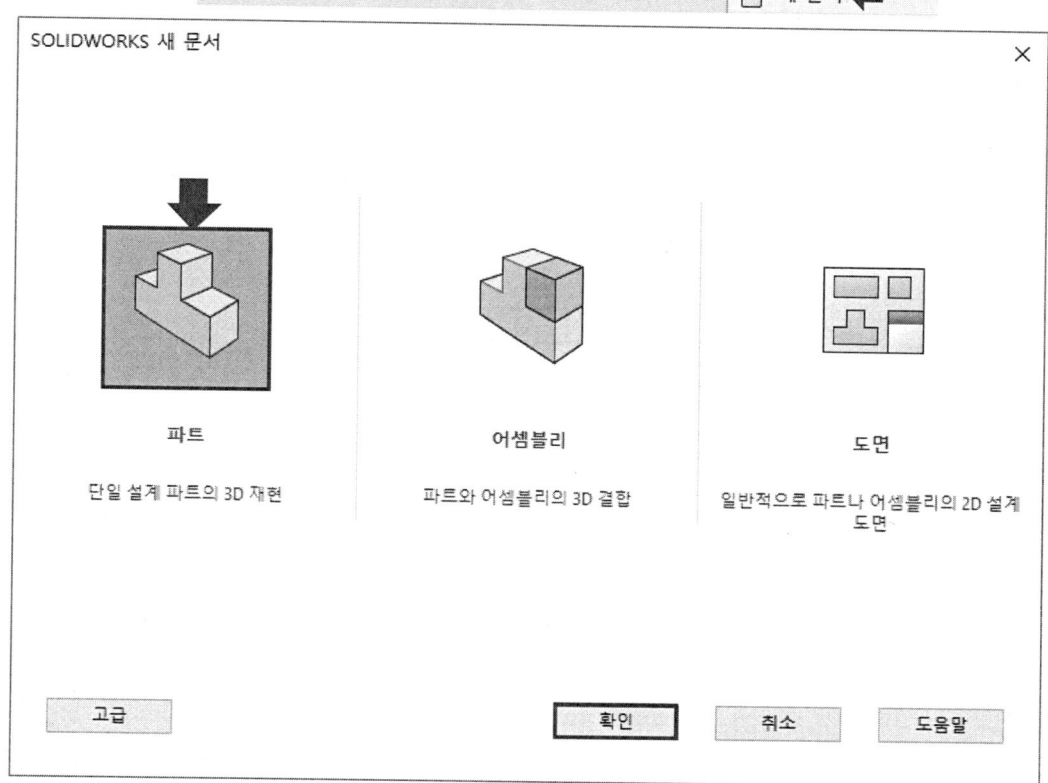

❷ 좌측의 [디자인 트리 - 윗면]을 클릭한다.

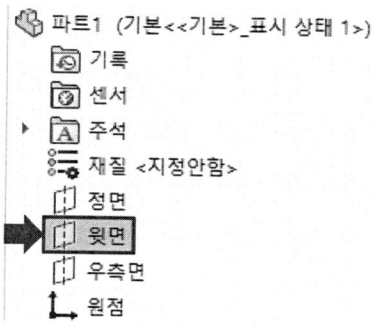

❸ 상단 커맨드 매니저에서 [스케치]를 클릭한다.

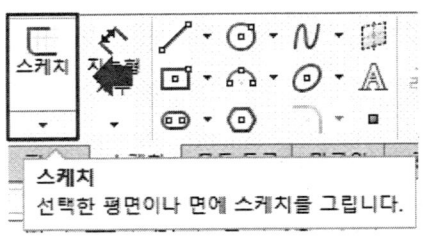

(2) 사각형 스케치

❶ [커맨드 매니저 → 스케치 탭 → 사각형 → 중심 사각형]을 클릭한다.

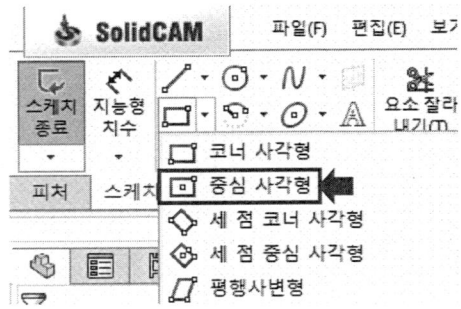

❷ 화면 가운데 있는 원점을 클릭하고 사각형의 모서리 점을 이동하여 중심 사각형의 크기를 지정한다.

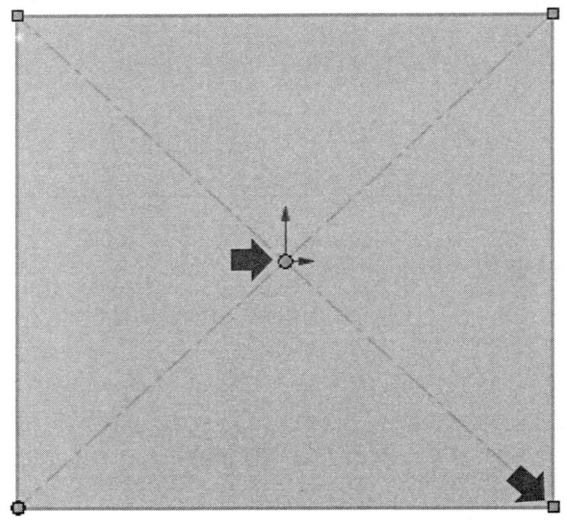

❸ 상단 커맨드 매니저에서 [지능형 치수]를 클릭한다.

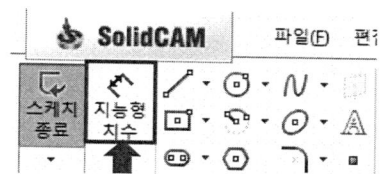

❹ 화살표가 가리키는 사각형의 가로, 세로 선을 지정한 후 치수 값 [70]을 입력한다.

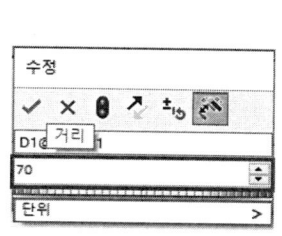
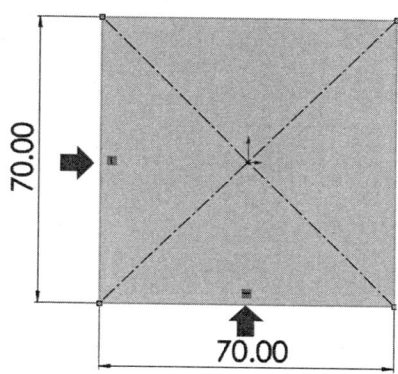

(3) 보스-돌출

❶ [커맨드 매니저 → 피처 탭 → 돌출 보스/베이스]를 클릭하고, [방향 1 → 블라인드 형태]로 설정 후 거리값 [28]을 입력 후 확인을 클릭한다.

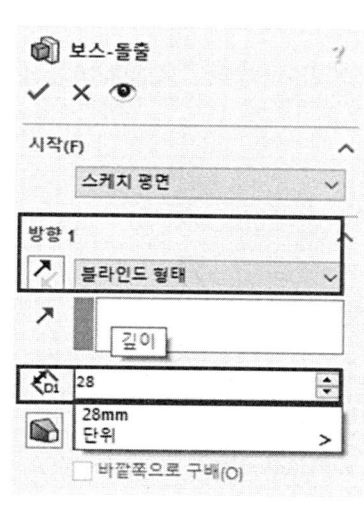
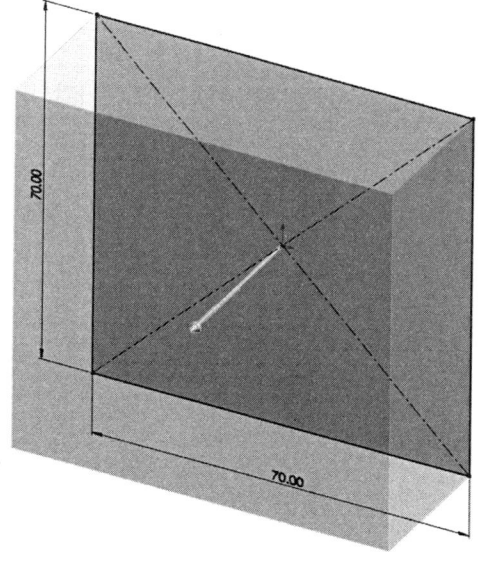

(4) 스케치 작업 평면 선택

❶ 돌출시킨 물체의 [윗면]을 선택하고 상단 커맨드 매니저에서 [스케치]를 클릭한다.

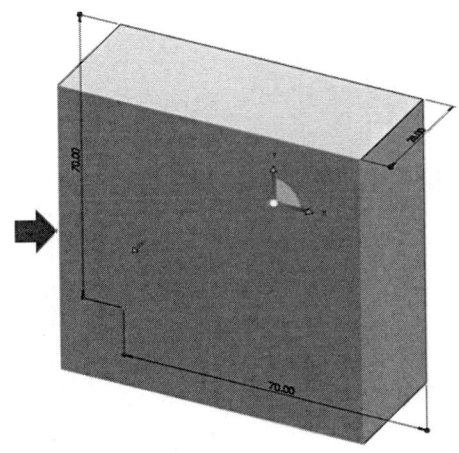
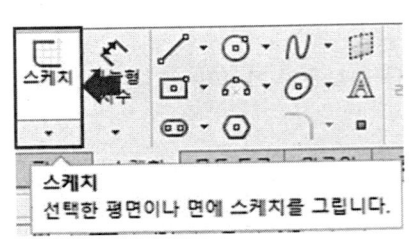

(5) 로프트 컷에 필요한 스케치 작업

❶ 커맨드 매니저에서 [선 → 하위항목 → 중심선]을 클릭한다.

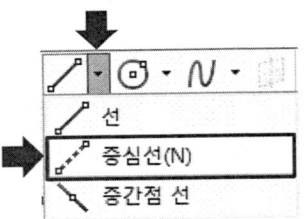

❷ 중심선을 이용하여 화살표가 가리키는 위치를 클릭하여 아래 그림과 같이 스케치한다.

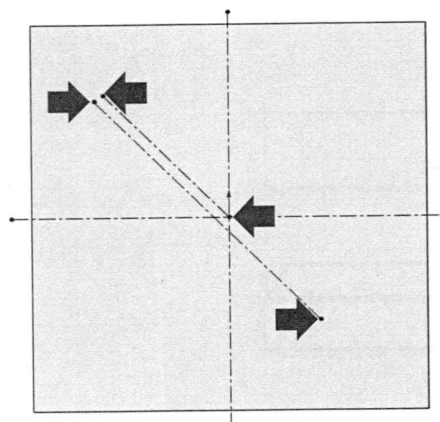

❸ [커맨드 매니저 → 지능형 치수]를 클릭한다.

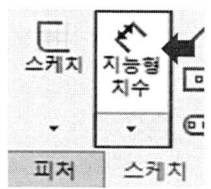

❹ 두 개의 중심선을 클릭하여 거리값 [2]를 입력한다.

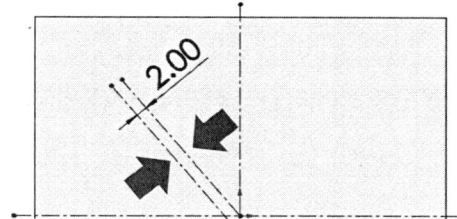 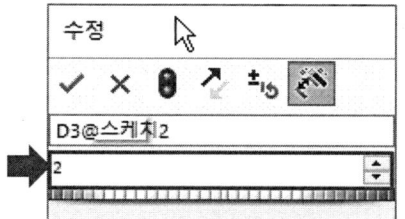

❺ 수직 중심선과 대각 중심선을 클릭하여 각도 값 [40°]를 입력한다.

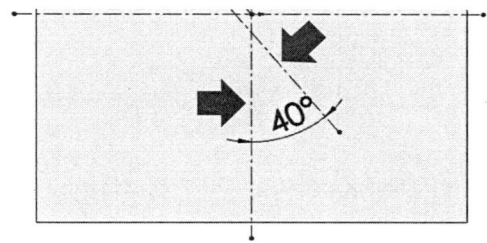 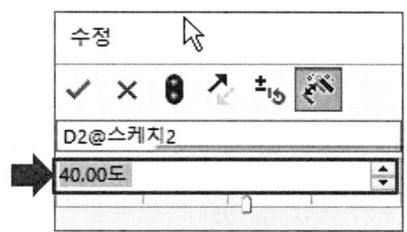

❻ [커맨드 매니저 → 스케치 탭 → 타원]을 클릭한다.

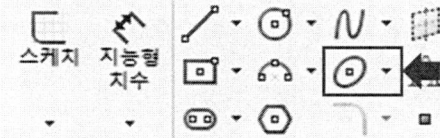

❼ 아래 그림과 같이 화살표가 가리키는 중심선을 클릭하여 타원의 중심을 지정한다.

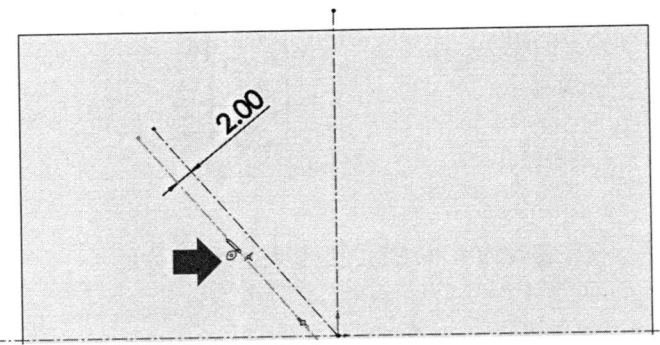

❽ 아래 그림과 같이 화살표가 가리키는 위치를 클릭하여 타원의 장반경을 지정한다.

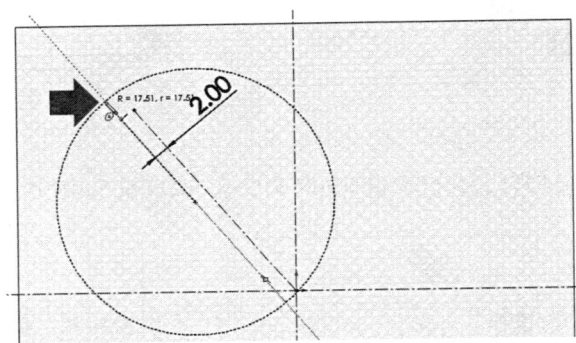

❾ 아래 그림과 같이 화살표가 가리키는 위치를 클릭하여 타원의 단반경을 지정한다.

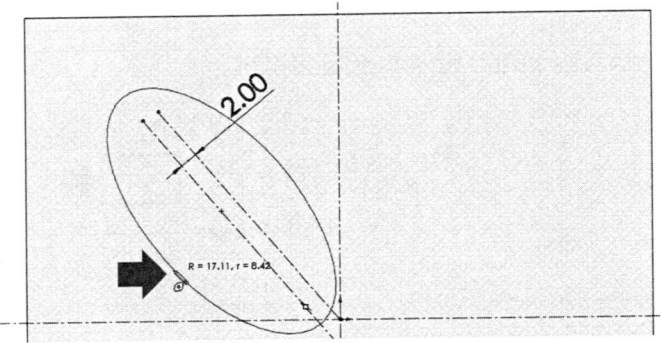

❿ 아래 그림과 같이 화살표가 가리키는 중심선을 클릭하여 타원의 중심을 지정한다.

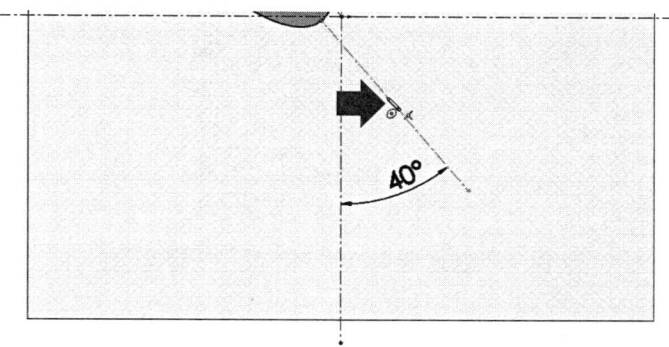

⓫ 아래 그림과 같이 화살표가 가리키는 위치를 클릭하여 타원의 장반경을 지정한다.

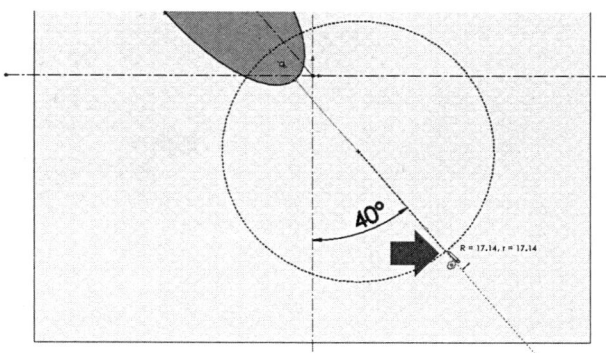

⓬ 아래 그림과 같이 화살표가 가리키는 위치를 클릭하여 타원의 단반경을 지정한다.

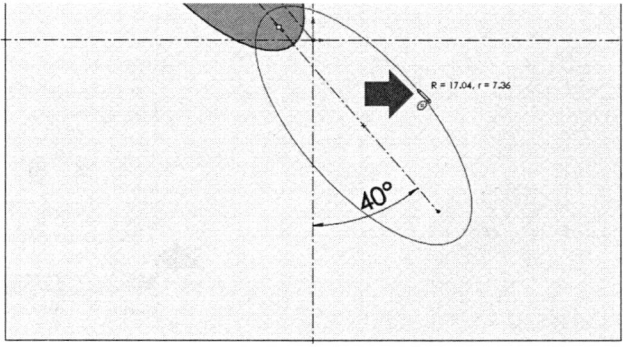

⓭ [커맨드 매니저 → 지능형 치수]를 클릭한다.

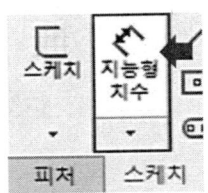

⓮ 타원의 단반경 양 끝 꼭짓점을 클릭하여 거리값 [25]를 입력한다.

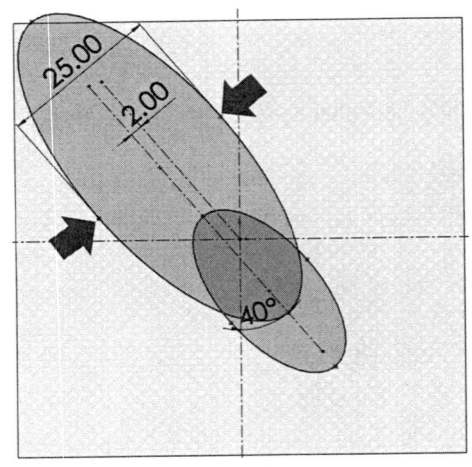 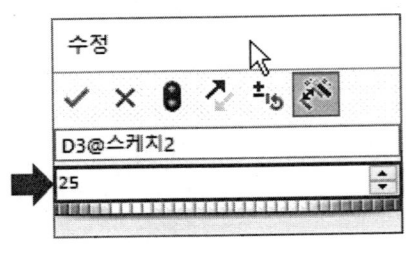

⓯ 타원의 장반경 양 끝 꼭짓점을 클릭하여 거리값 [35]를 입력한다.

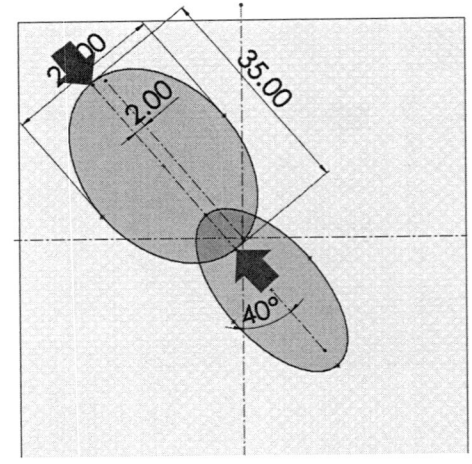 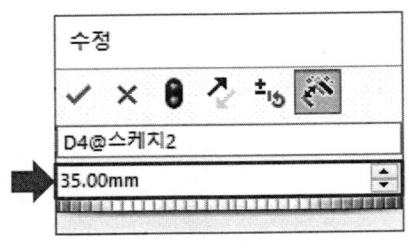

⓰ 좌측 상단 타원의 중심점과 수직 중심선을 클릭하여 거리값 [10]를 입력한다.

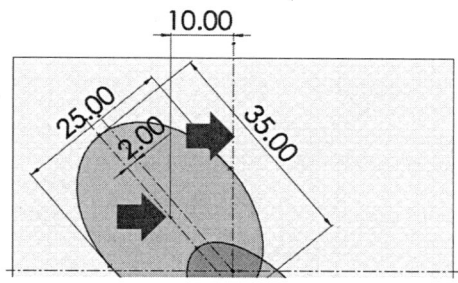 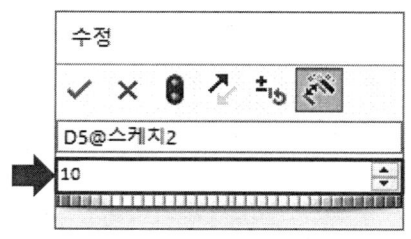

⓱ 타원의 단반경 양 끝 꼭짓점을 클릭하여 거리값 [25]를 입력한다.

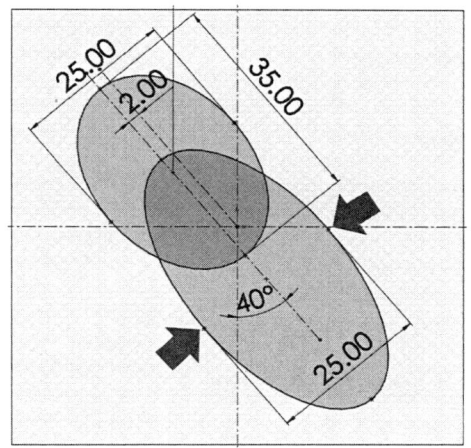 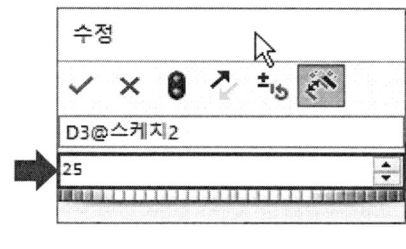

⓲ 타원의 장반경 양 끝 꼭짓점을 클릭하여 거리값 [35]를 입력한다.

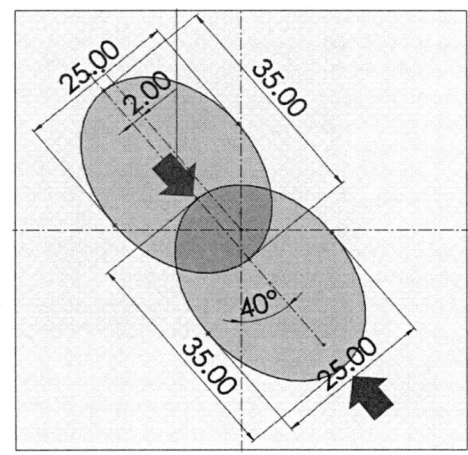 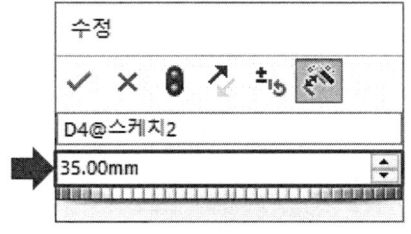

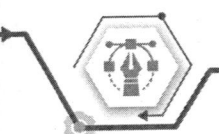

⑲ 우측 하단 타원의 중심점과 수평 중심선을 클릭하여 거리값 [10]을 입력한다.

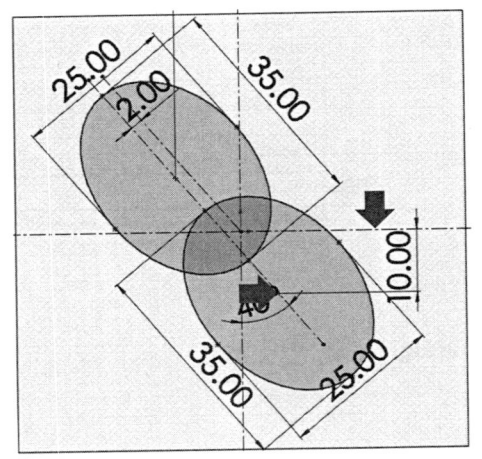
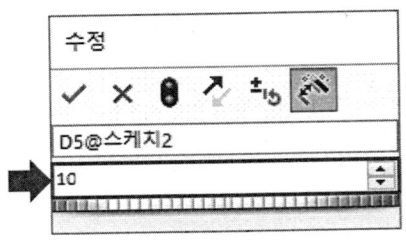

⑳ [커맨드 매니저 → 요소 잘라내기]를 선택한다.

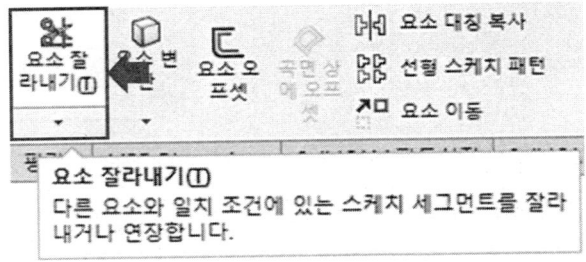

㉑ 자르고자 하는 위치를 클릭하여 모두 잘라낸다.

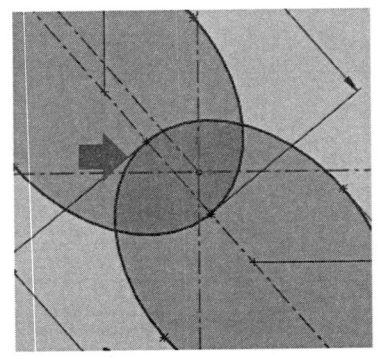
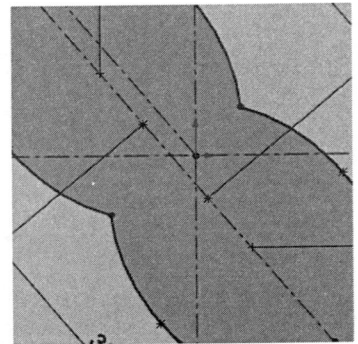

㉒ [커맨드 매니저 → 스케치 탭 → 필렛]을 선택한다.

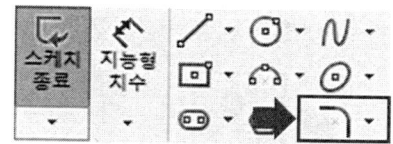

㉓ 필렛 값 [10]을 입력하고 필렛 하고자 하는 위치 두 곳을 선택한다.

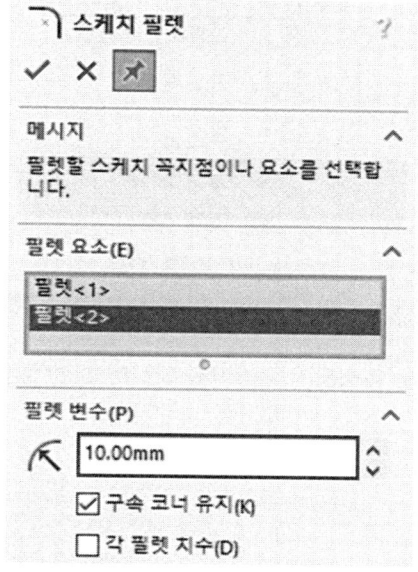

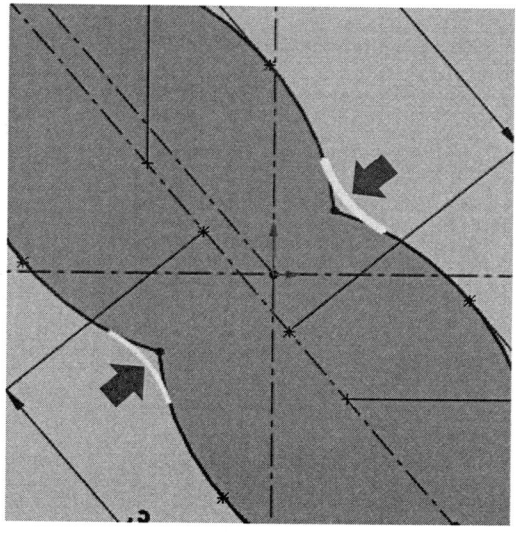

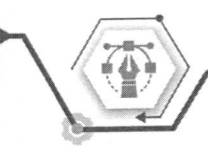

(6) 스케치 작업 새 평면 생성

❶ [커맨드 매니저 → 피처 탭 → 참조 형상 → 기준면]을 클릭한다.

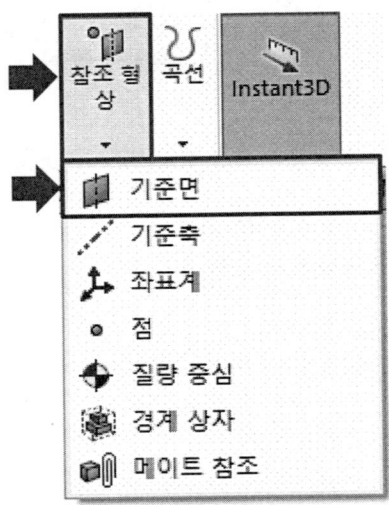

❷ 모델링 형상의 윗면을 클릭하여 기준면을 생성하고, 값 [6]을 입력하고 오프셋 뒤집기를 클릭한다.

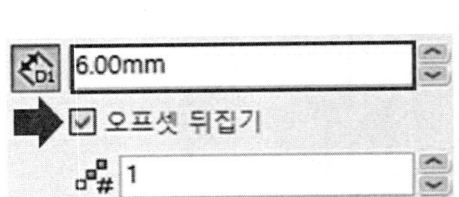

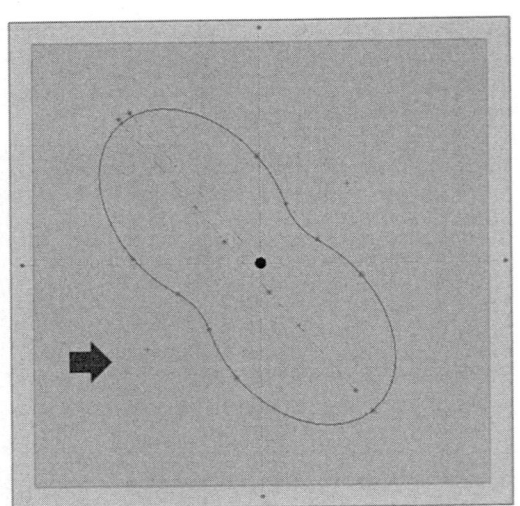

(7) 스케치 작업 평면 선택

❶ [평면 1]을 선택하고 [스케치]를 클릭한다.

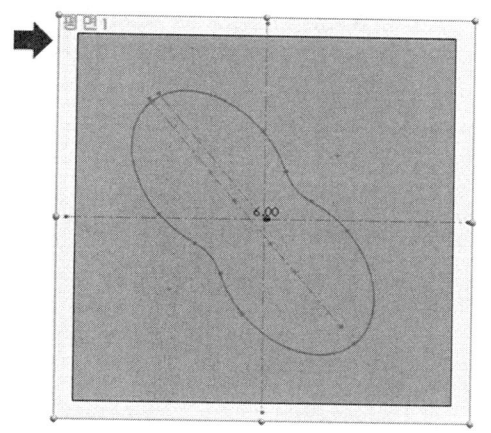
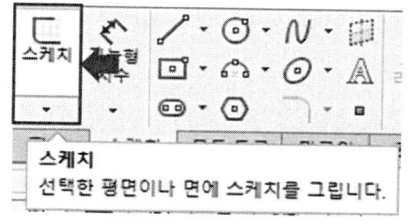

(8) 로프트 컷에 필요한 스케치 작업

❶ [커맨드 매니저 → 요소 오프셋]을 클릭한다.

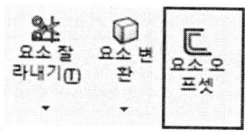

❷ [요소 오프셋] 거리값 [5]를 주고 화살표가 가리키는 선을 클릭한다.

> Tip 선택한 요소의 바깥쪽으로 미리보기 선이 나타나면 반대 방향 옵션을 체크한다.

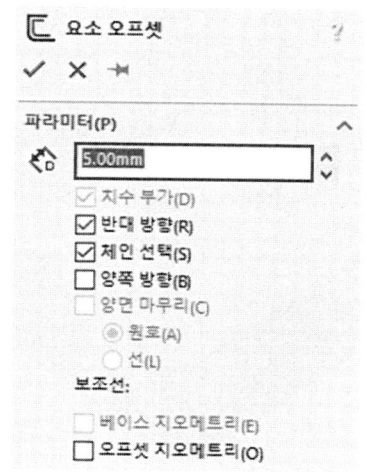
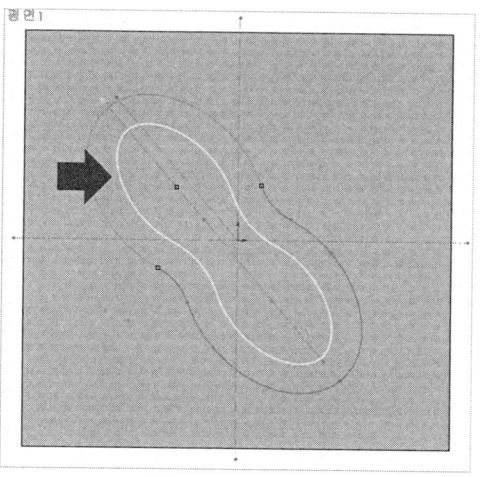

(9) 스케치 로프트 컷

❶ [커맨드 매니저 → 피처 탭 → 로프트 컷]을 클릭한다.

❷ 작업한 스케치를 클릭하고 확인을 클릭하여 로프트 컷 시킨다.

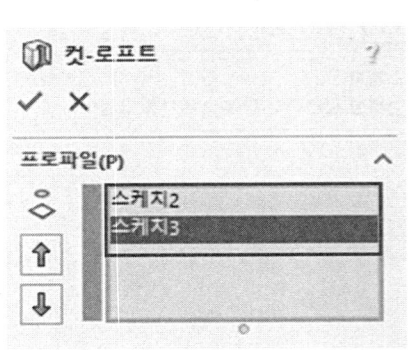
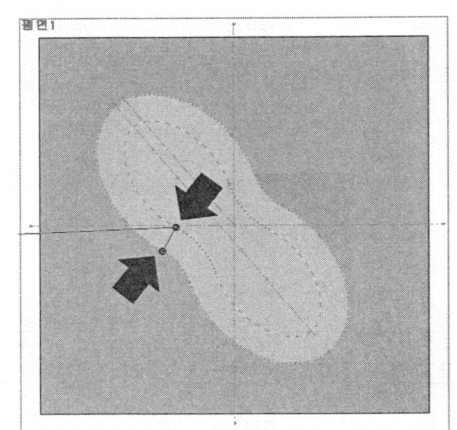

❸ [커맨드 매니저 → 피처 탭 → 필렛]을 클릭한다.

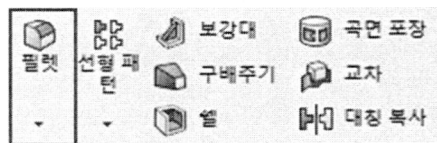

❹ 반경 [5]를 입력하고 화살표 위치 모서리를 클릭하고 확인을 눌러 적용한다.

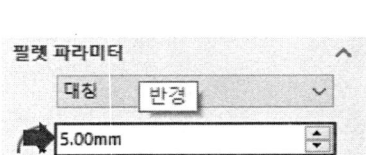
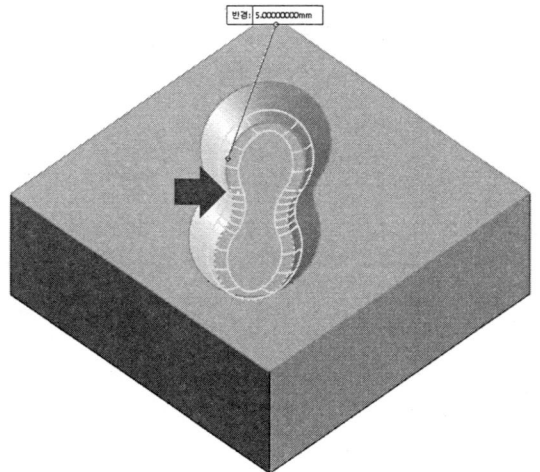

(10) 모델링 저장

❶ 완료된 형상을 확인한 후 [주메뉴 바 → 파일 → 다른 이름으로 저장]을 선택하여 저장한다.

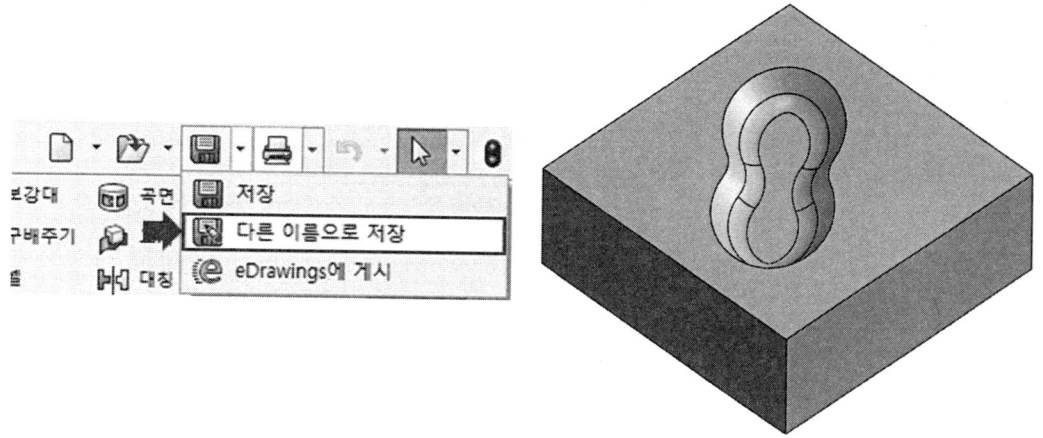

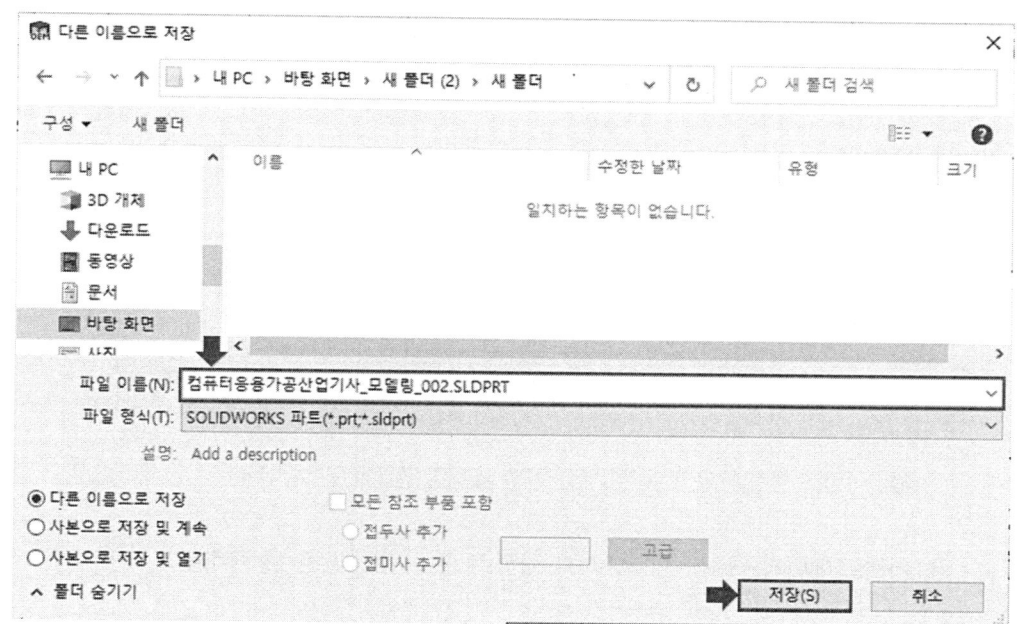

④ CAM

(1) SolidCAM 원점, 소재 정의

❶ [주메뉴 바 → 열기]를 통해 파일을 불러온다.

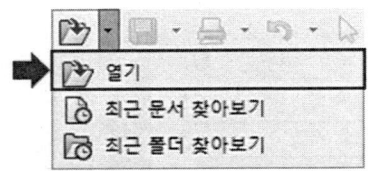

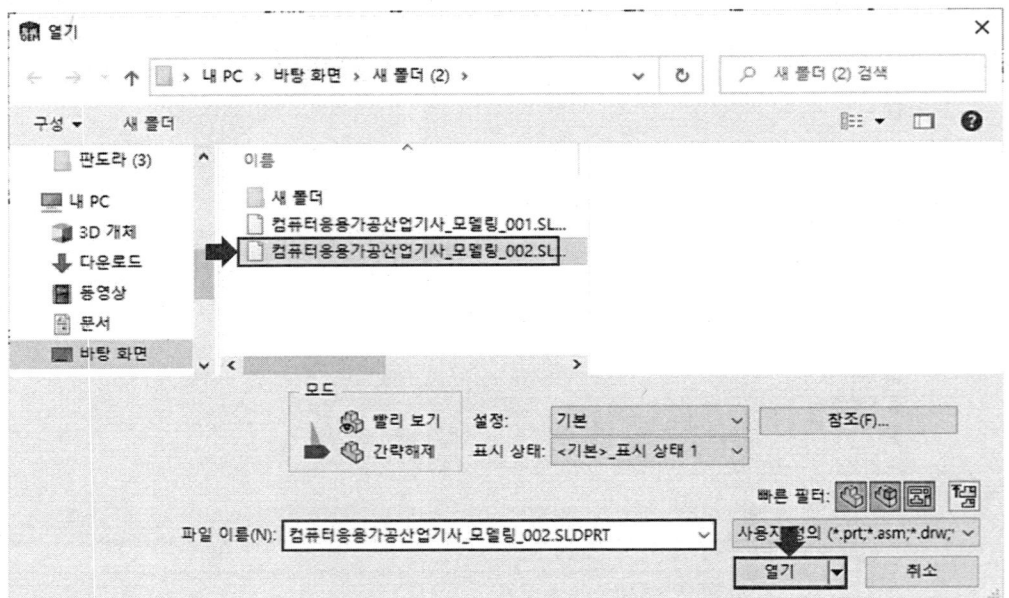

Tip 이미 모델링 파일이 열려있다면 해당 과정은 생략한다.

❷ [커맨드 매니저 → SolidCAM 파트 설정 탭 → 신규 → 밀링]을 클릭한다.

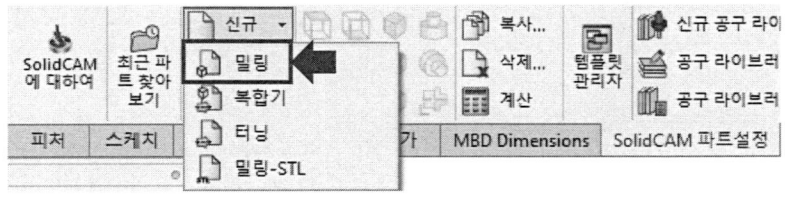

❸ [신규 밀링파트 → 캠-파트 생성방법 → 솔리드캠의 파일로 저장 → 단위 → 미터]를 클릭하고 확인을 클릭한다.

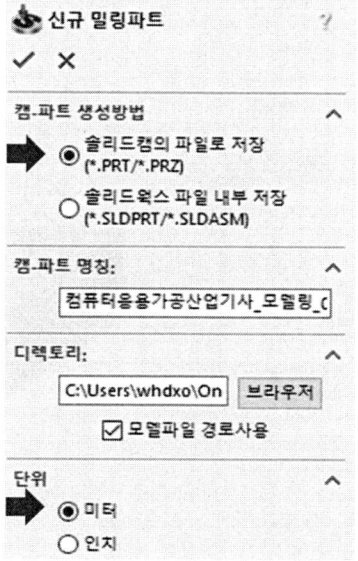

❹ [밀링파트 데이터 → CNC-컨트롤러 → gMilling_3x]를 설정한 후 [정의 → 원점]을 클릭한다.

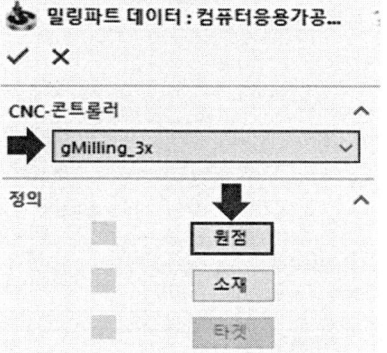

❺ [원점 → 평면원점 → 모델박스의 코너]를 설정하고, 모델링의 윗면을 클릭한 후 확인을 클릭한다.

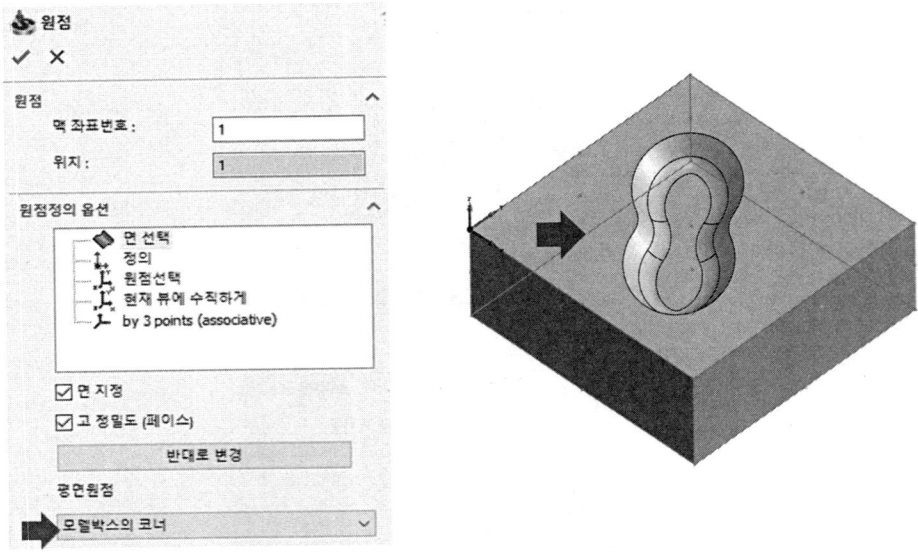

❻ 솔리드캠 관리자에서 [원점 데이터 → 안전 높이 : 25]를 입력하고 확인을 클릭한다.

❼ [원점 관리자 → 확인]을 눌러 [밀링파트 데이터] 창에서 [소재]를 클릭한다.

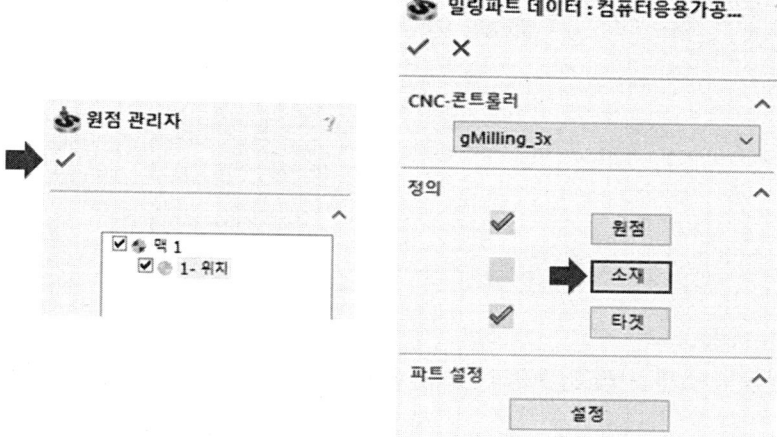

❽ [소재 → 정의 기준 → 박스]를 확인하고 모델링 윗면을 클릭한다.

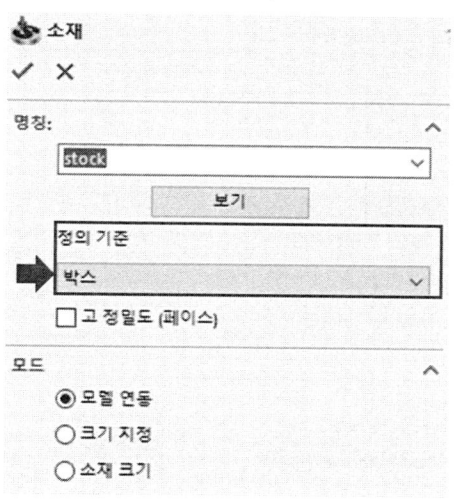
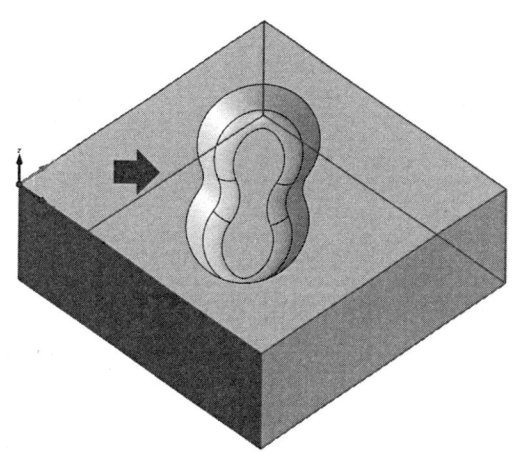

❾ 소재를 정의하고, [박스확장]에서 모든 확장을 0으로 한 후 확인을 클릭하여 소재 정의를 마친다.

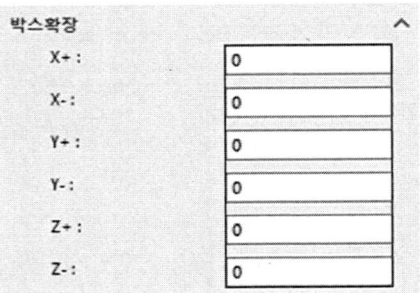

❿ [원점 - 소재 - 타겟] 3곳의 정의가 완료되면 [확인] 버튼을 클릭하여 파트 정의를 마친다.

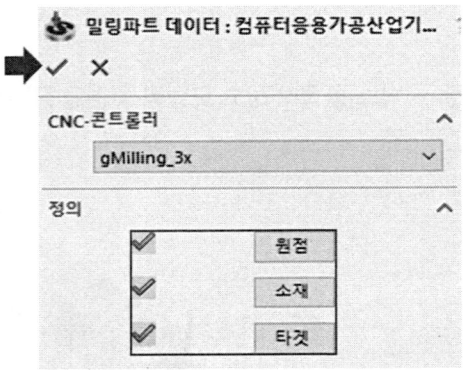

(2) 밀링 공구 작업

❶ [솔리드캠 관리자 → 공구]를 더블클릭한다.

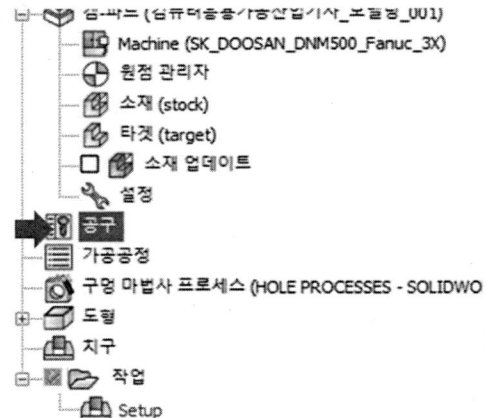

❷ [밀링 공구 추가 → 평 엔드밀]을 클릭한다.

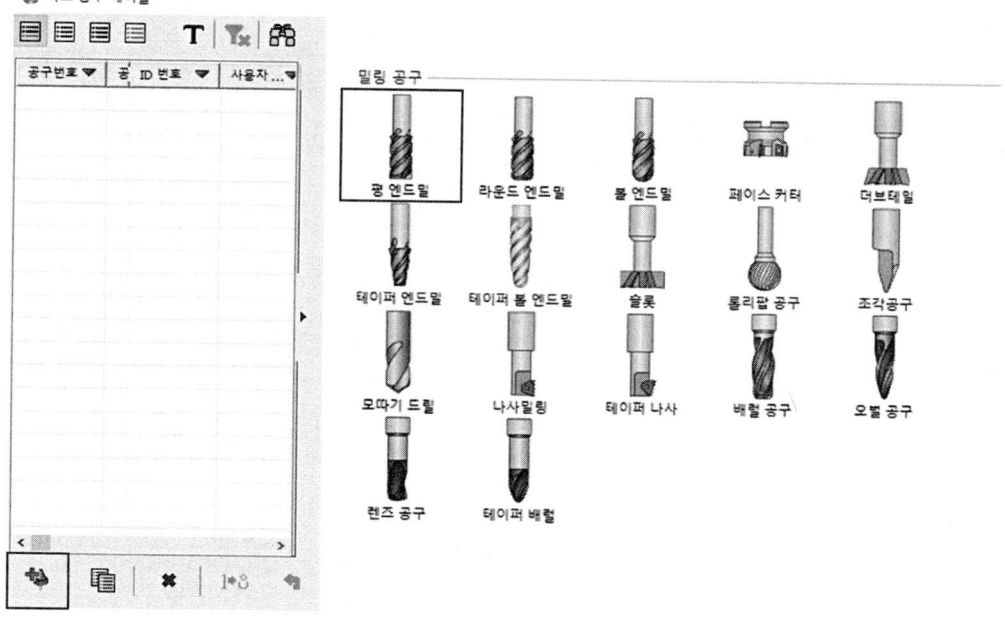

❸ [직경 : 10 → 숄더 및 아버직경 : 10]을 입력하고, [디폴트 공구 데이터]로 넘어간다.

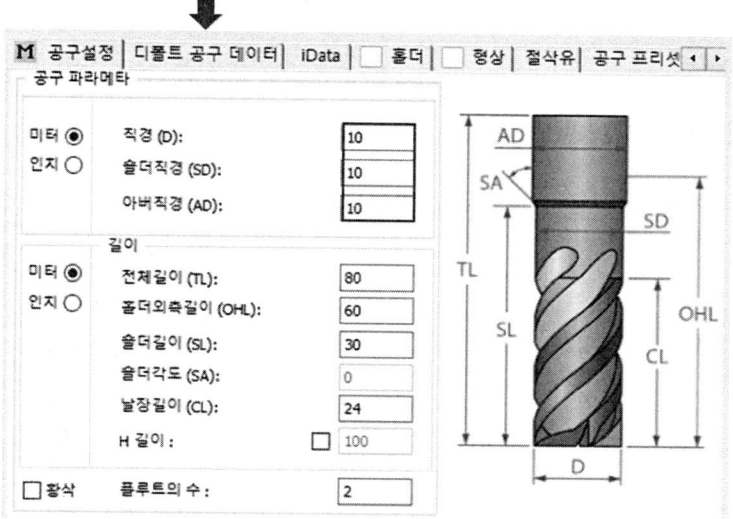

❹ [XY피드 : 300 → Z피드 : 150 → 회전율 : 2500]을 입력하고, [밀링 공구 추가] 버튼을 클릭한다.

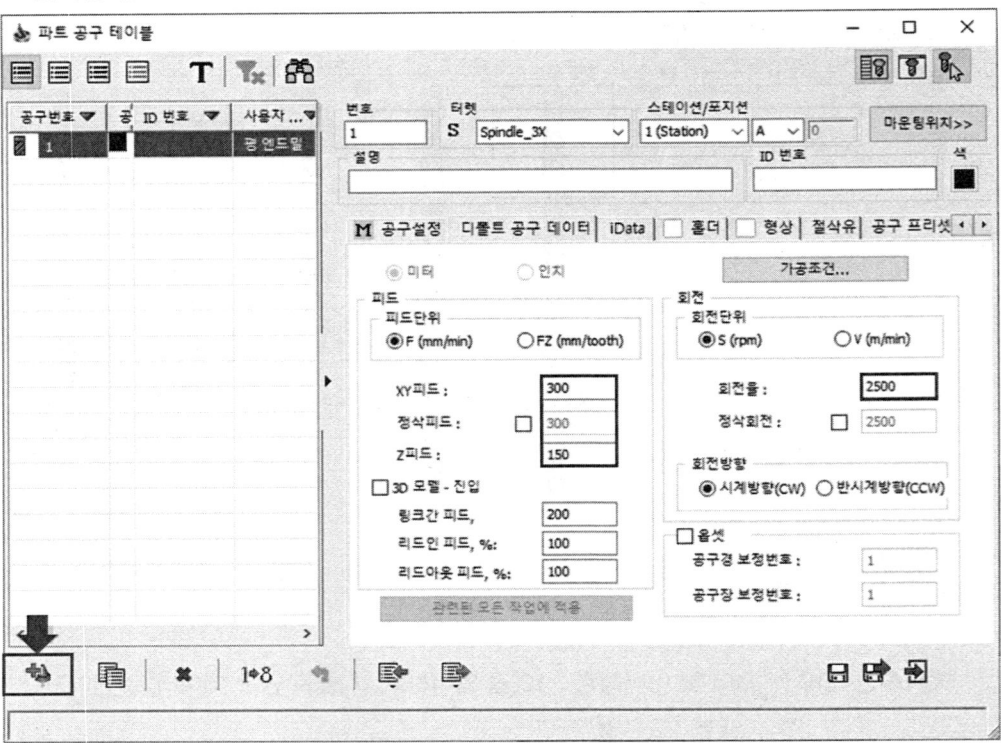

❺ [볼 엔드밀 → 직경 : 6 → 코너반경 : 3 → 숄더 및 아버직경 : 6]을 입력하고, [디폴트 공구 데이터]로 넘어간다.

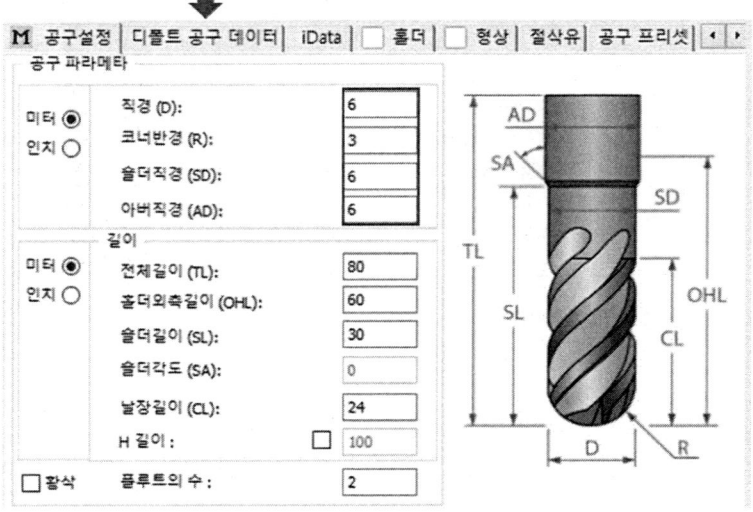

❻ [XY피드 : 200 → Z피드 : 100 → 회전율 : 3500]을 입력하고, 우측 하단의 [저장&나가기]를 클릭한다.

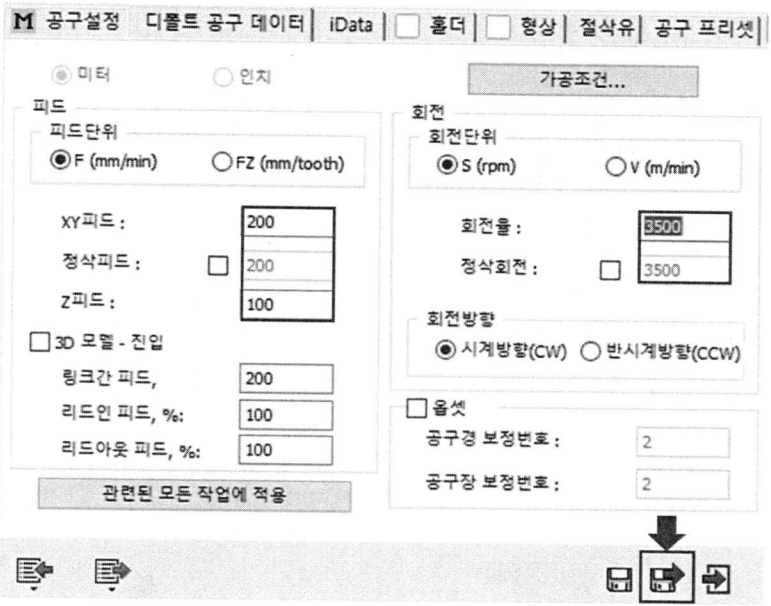

(3) HSR – HM 황삭 밀링작업

❶ [커맨드 매니저 → SolidCAM 3D 탭 → 3D HSR → HM 황삭]을 클릭한다.

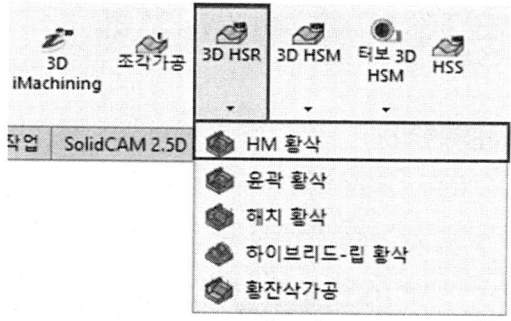

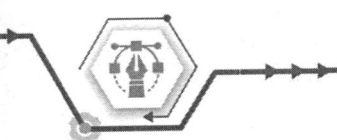

❷ 공구로 이동하여 선택을 클릭한다.

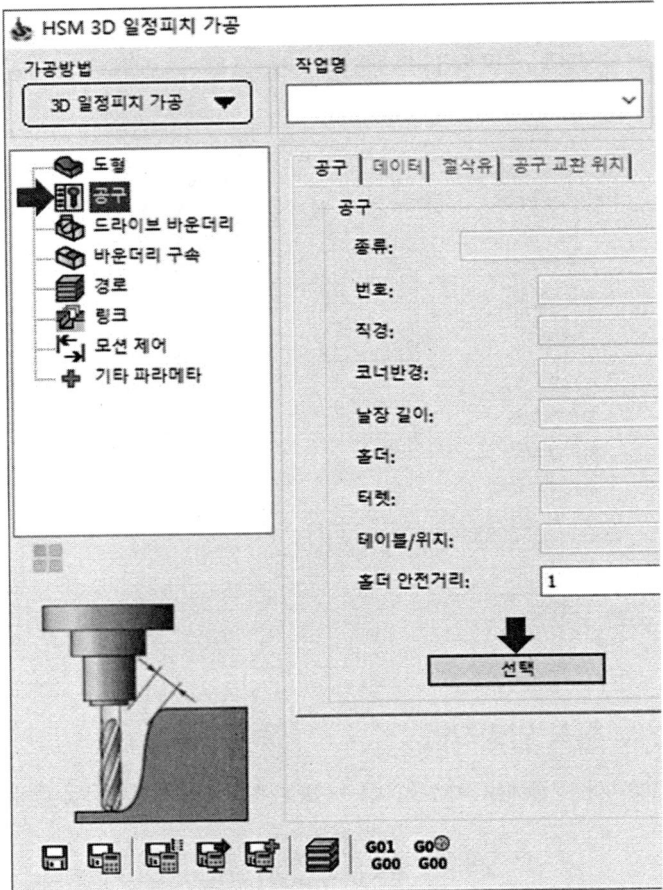

❸ 평 엔드밀을 더블클릭한다.

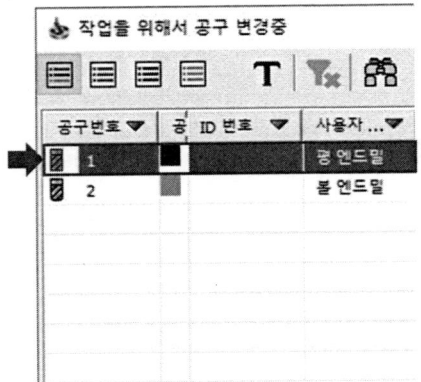

❹ [바운더리 구속 → 바운더리 종류 → 자동생성]을 선택한다.

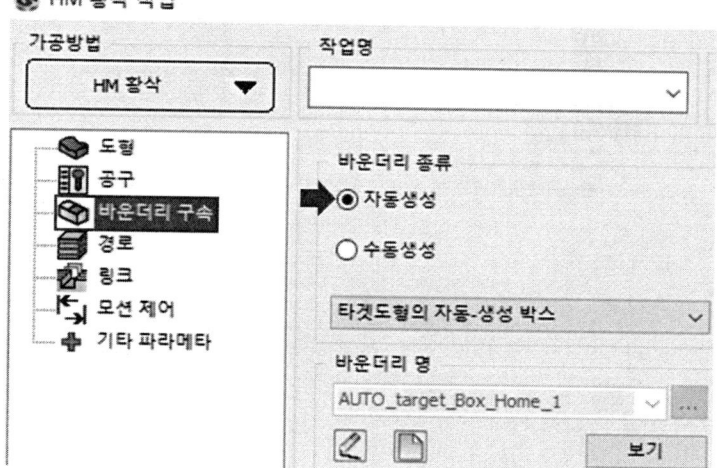

❺ [경로]를 클릭하여 다음과 같이 설정한다.

- 측벽 옵셋 : 0.2
- 바닥 옵셋 : 0.2
- 공차 : 0.04
- 절입량 : 2

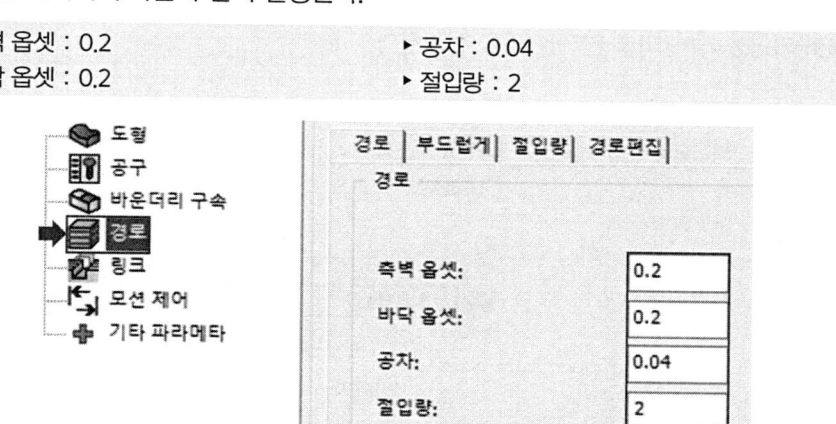

❻ [XY피치 가공방법]의 종류는 캐비티를 사용한다.

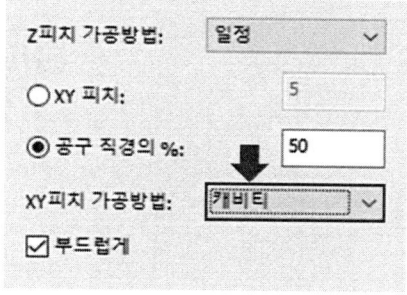

❼ [링크 → 최소 윤곽직경 : 1]을 입력한다.

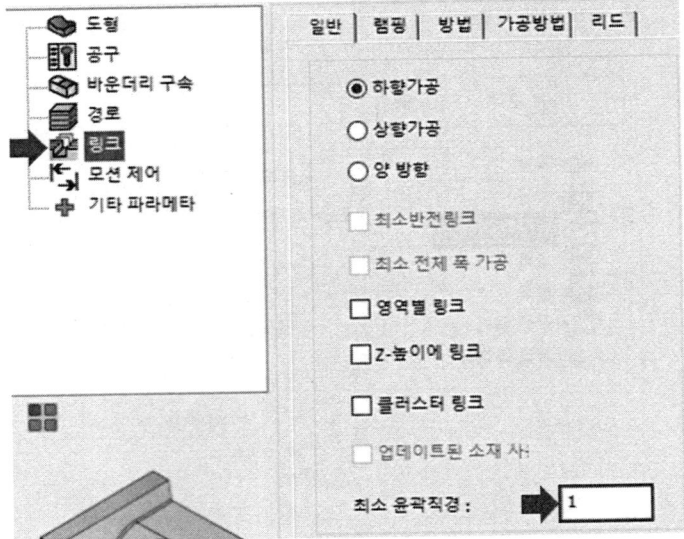

❽ [가공높이 → 파트 안전높이]를 선택한다.

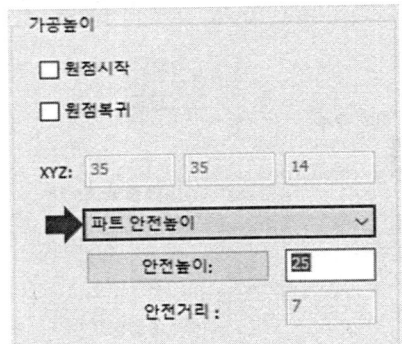

❾ [저장&계산] 버튼을 눌러 공구경로를 생성한다.

❿ 솔리드캠 관리자에는 생성한 작업이 나열된다. 다음 작업을 위해 체크박스를 해제하여 툴 패스를 숨긴다.

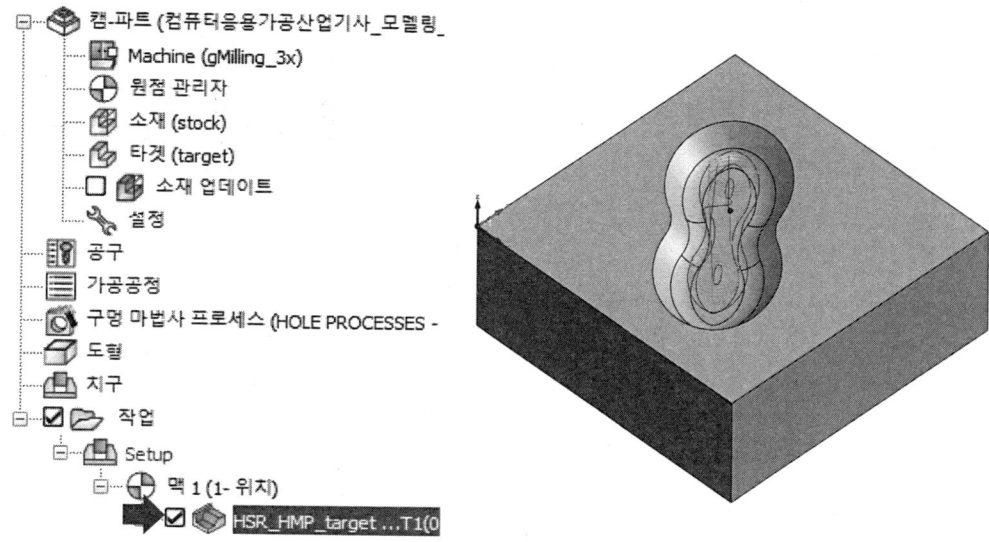

(4) 3D HSM - 3D 일정 피치 가공

❶ [커맨드 매니저 → SolidCAM 3D 탭 → 3D HSM → 3D 일정 피치]를 클릭한다.

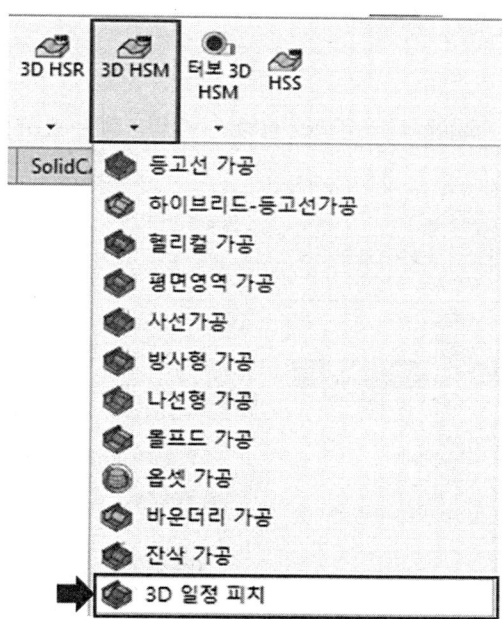

❷ [공구 → 선택 → 볼 엔드밀] 순으로 클릭한다.

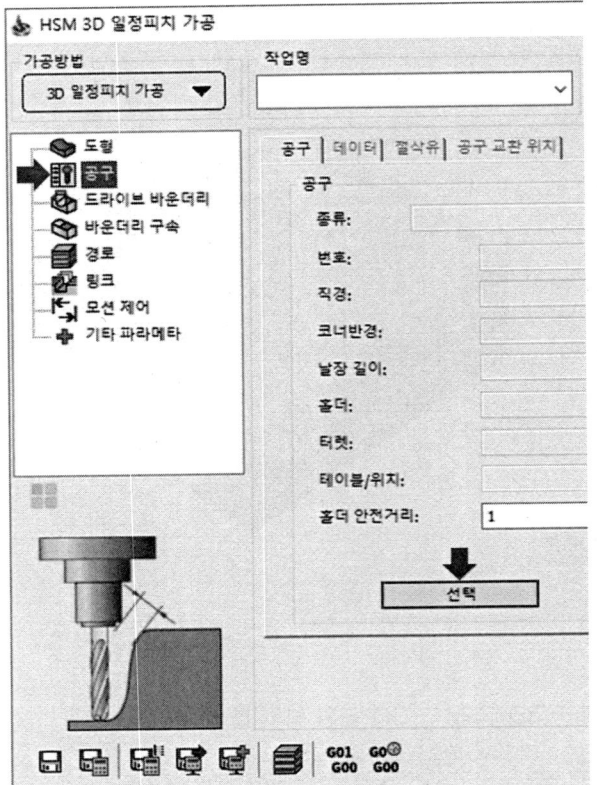
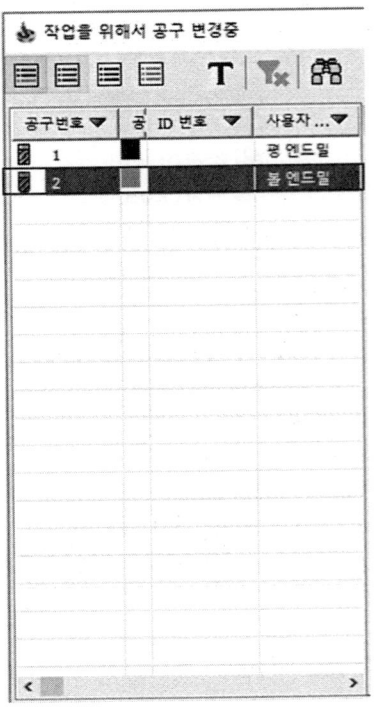

❸ [드라이브 바운더리]에서 [바운더리 종류 → 수동생성 → 신규]를 순서대로 클릭한다.

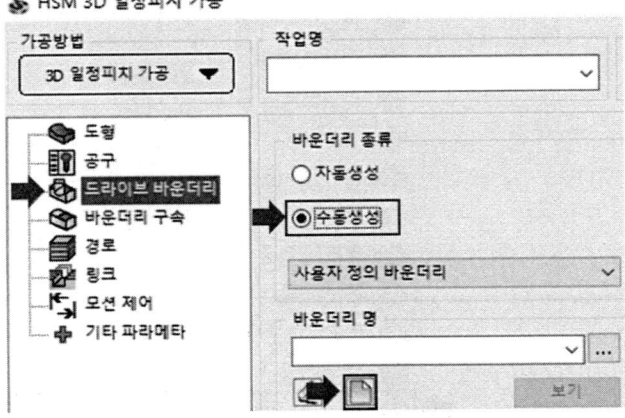

❹ 화살표가 가리키는 선을 클릭하여 체인을 생성한다.

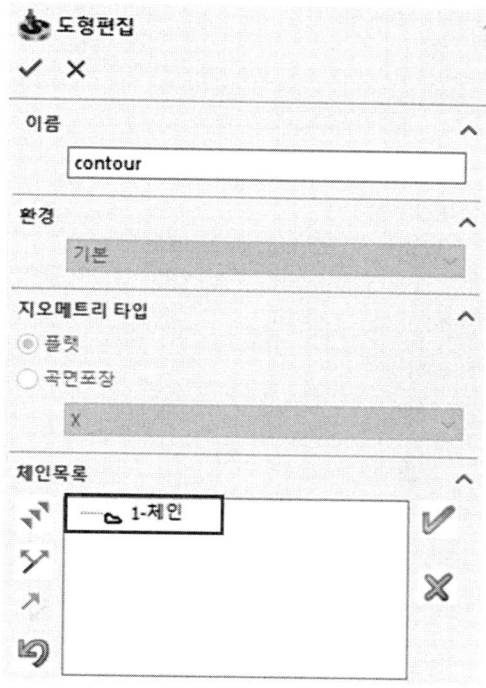
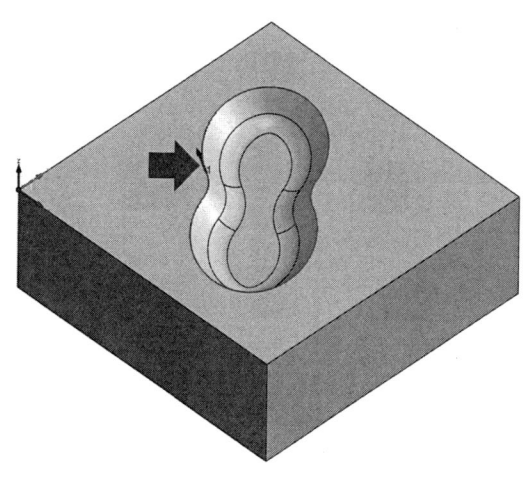

❺ [바운더리 구속]에서 [바운더리 종류 → 수동생성 → 바운더리 명 → 목록 → contour]를 순서대로 클릭한다.

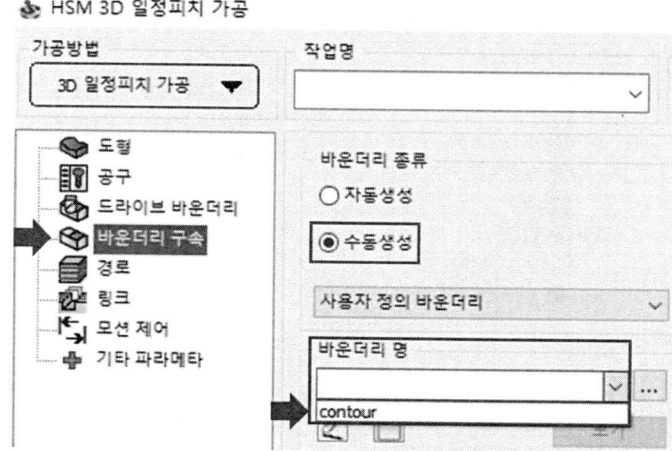

❻ [경로]를 클릭하여 다음과 같이 설정한다.

▶ 수평 가공피치 : 0.3　　　▶ 수직 가공피치 : 0.3

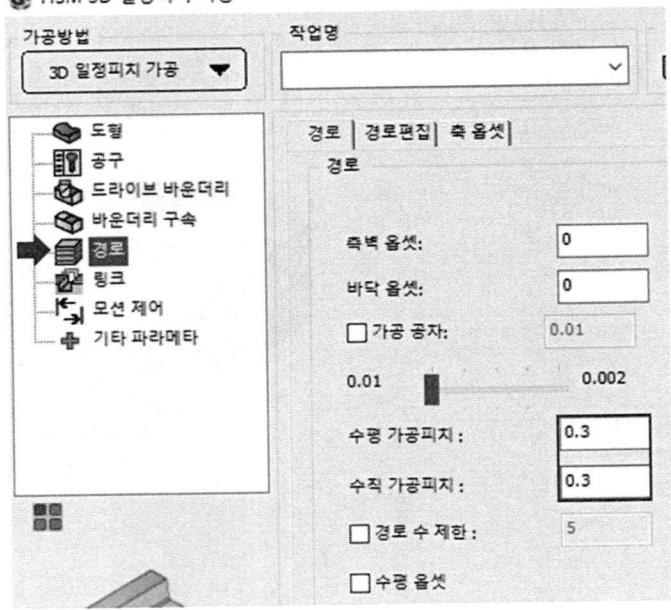

❼ [링크 → 경로순서 → 첫 번째 경로]를 체크한다.

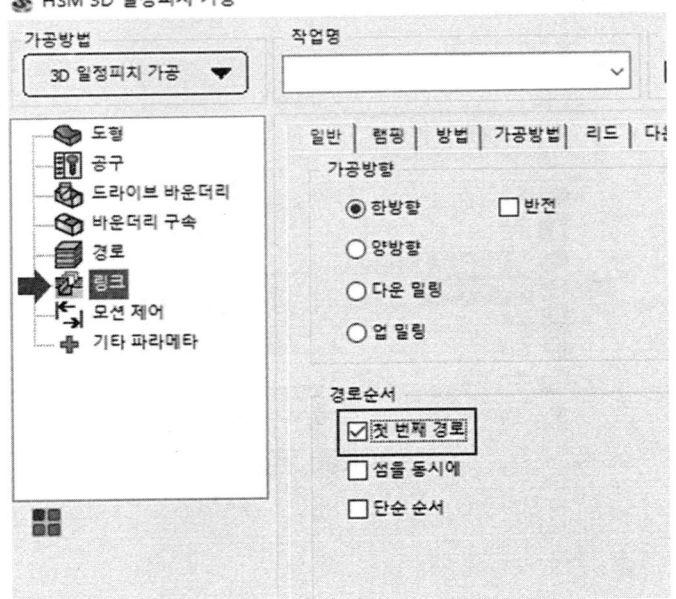

❽ [가공높이 → 파트 안전높이]를 선택한다.

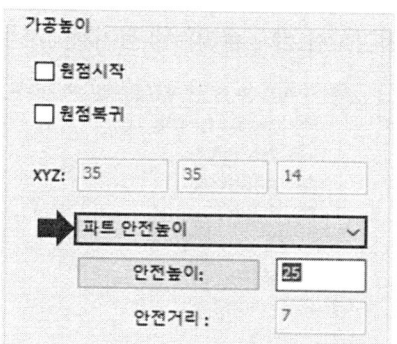

❾ [저장&계산] 버튼을 눌러 공구경로를 확인하고 작업을 종료한다.

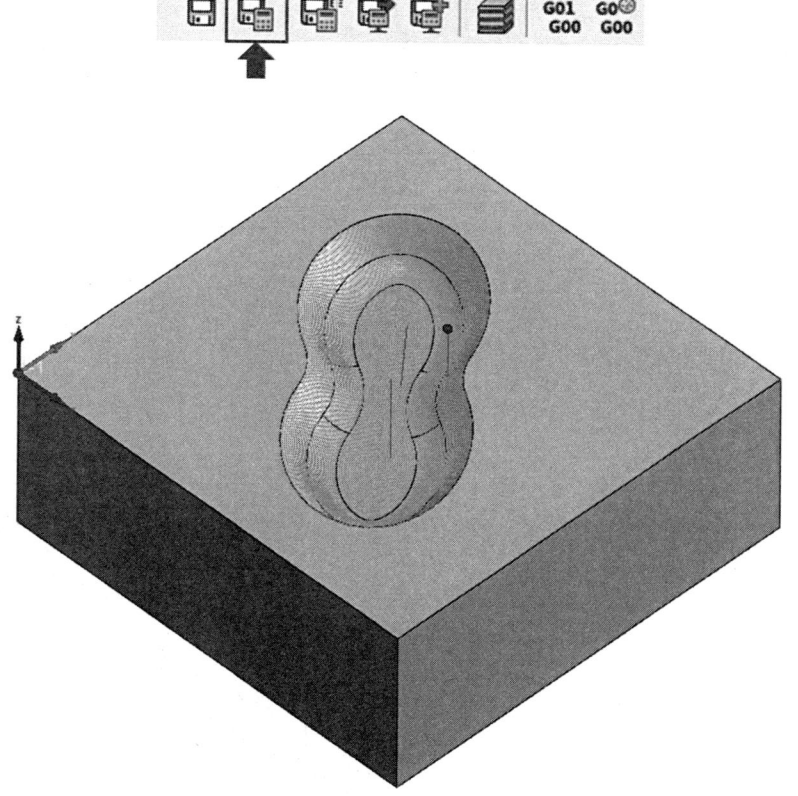

(5) 시뮬레이션 및 G코드 생성

❶ 전체 시뮬레이션을 확인하기 위해 솔리드캠 관리자에서 [작업]을 클릭한다.

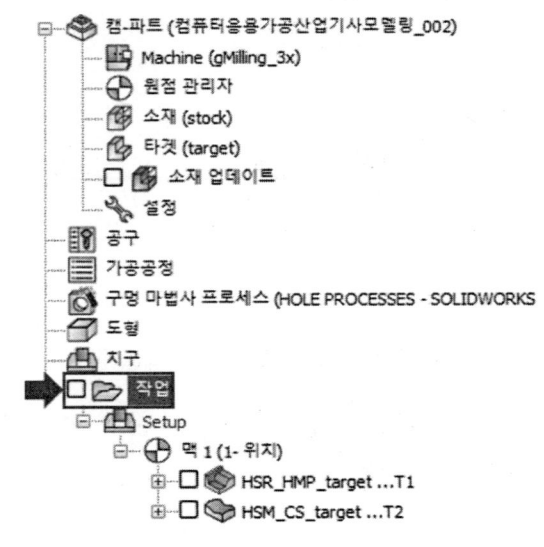

❷ 커맨드 매니저에서 [시뮬레이션]을 클릭한다.

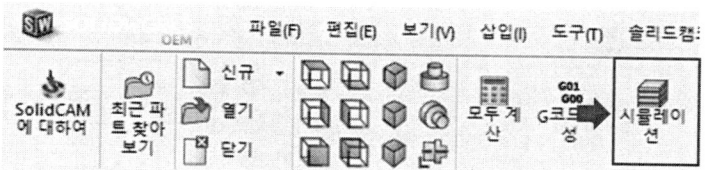

❸ [SolidVerify]를 클릭하고, [재생] 버튼을 클릭하여 시뮬레이션을 확인한다.

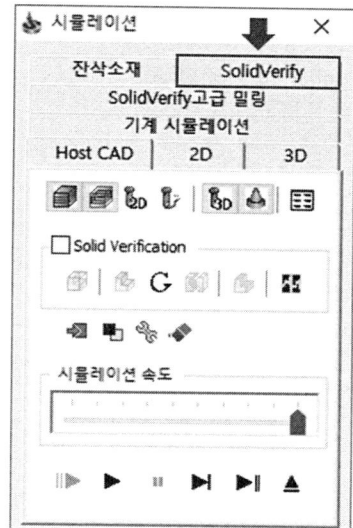 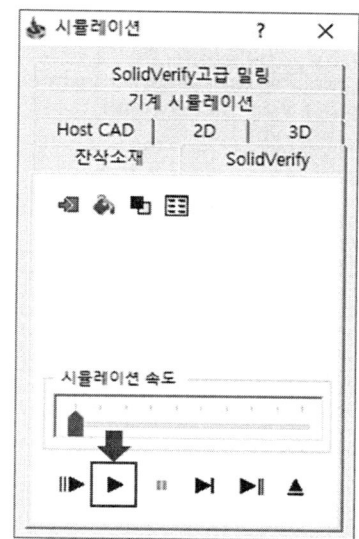

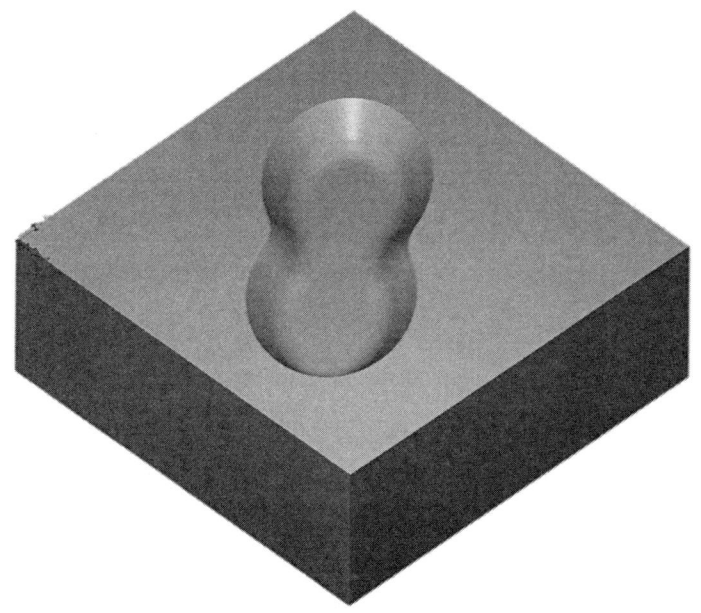

❹ 시뮬레이션을 종료하고, [커맨드 매니저 → G코드 생성]을 클릭한 후 G코드를 확인한다.

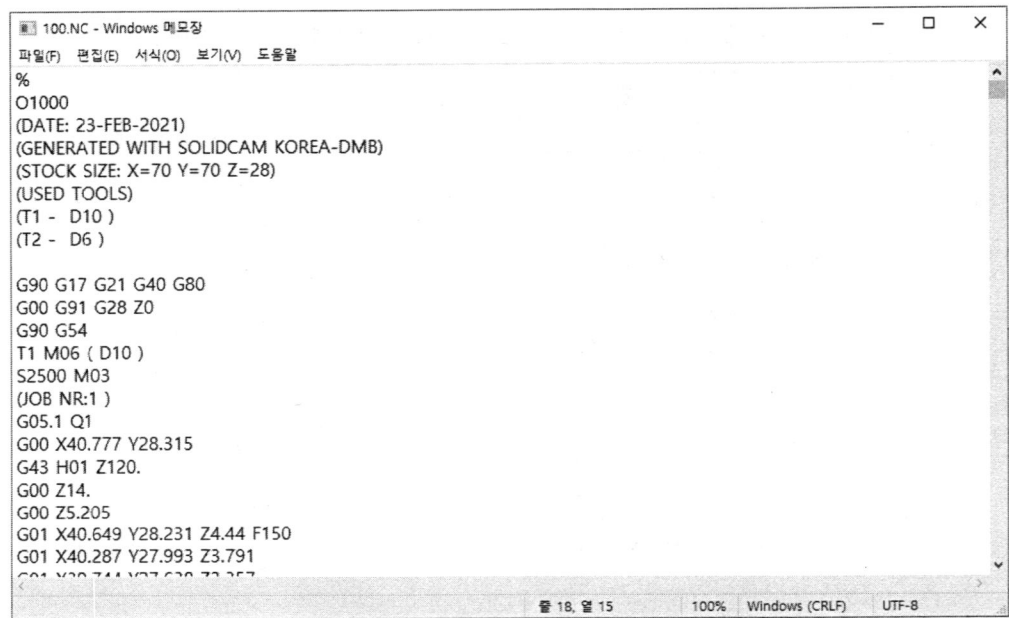

03 컴퓨터응용가공산업기사 따라 하기

1 도면

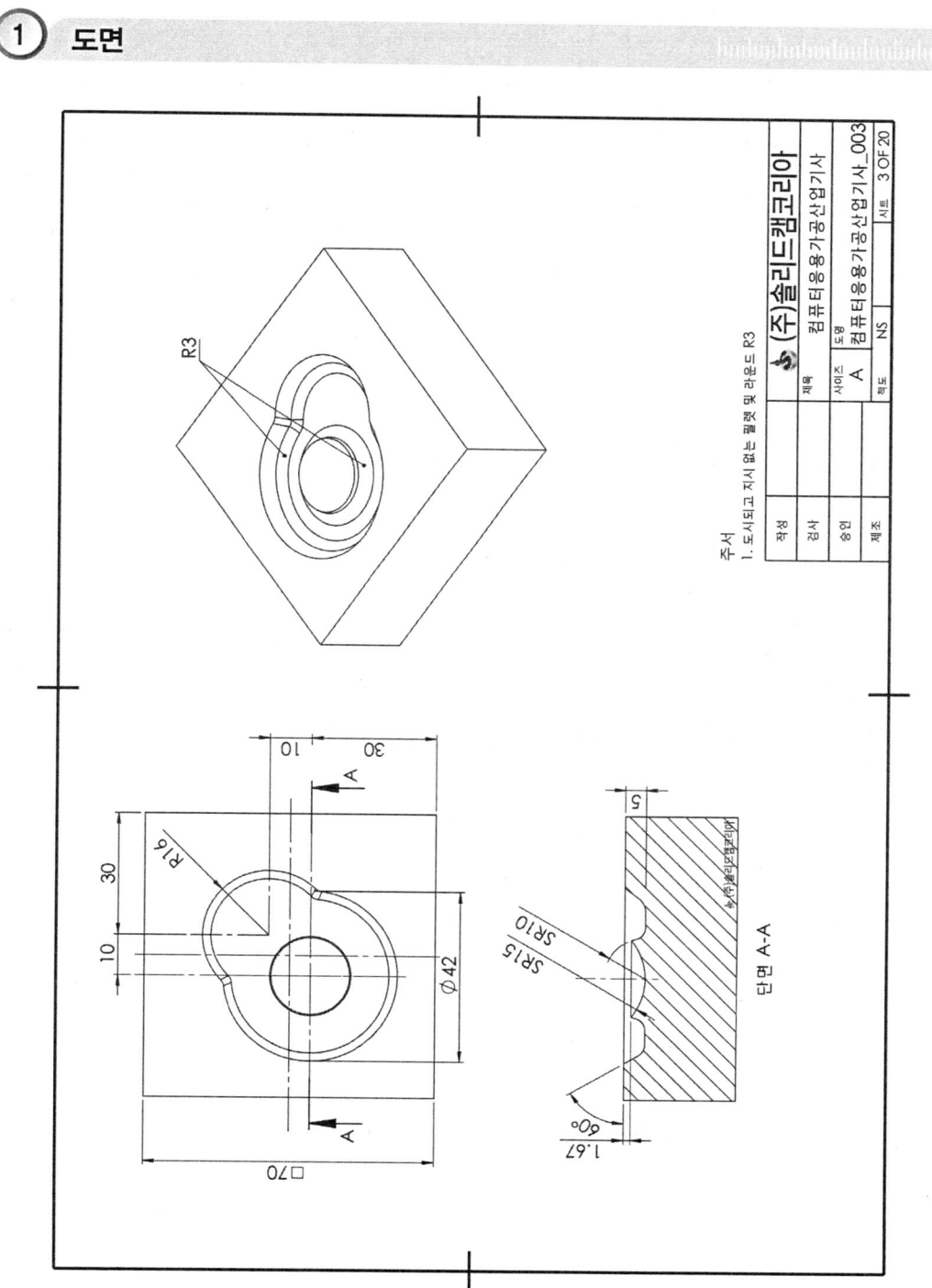

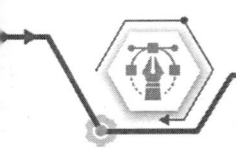

② 추천절삭조건

공구 번호	작업 내용	공구조건		경로 간격	절삭조건				비고
		종류	직경		회전수 (rpm)	이송 (mm/min)	절입량 (mm)	잔량 (mm)	
1	황삭	평E/M	10	5	2500	300	2	0.2	
2	중삭	볼E/M	6	1	3500	200	0.5	0.1	
2	정삭	볼E/M	6	1	3500	200			

1. 수기 가공 도면의 드릴 위치 표시와 비교하여 원점 위치를 작업자가 결정하여 CNC 프로그램을 작업한다.

2. 안전높이는 원점에서 25mm 높은 곳으로 지정한다.

3. 공구번호, 작업내용, 공구조건, 공구경로 간격, 절삭조건 등은 절삭지시서에 준하여 작업한다.

4. 도면의 형상과 같이 포켓 가공을 할 수 있도록 CAM 소프트웨어를 사용하여 작업을 생성하여 NC 데이터를 저장장치에 저장하여 제출한다.

5. 가공 작업의 수는 도면 형상에 맞추어 작업한다.

6. 위 추천 절삭조건은 SolidCAM 프로그램의 기준으로 다른 프로그램일 경우 절삭조건은 변경될 수 있다.

7. 40분 이내로 가공 시간을 맞추어 작업한다.

※ 절삭조건은 시험장에 따라 달라질 수 있다.

③ 모델링

(1) 스케치 평면 선택

❶ [주메뉴 바 → 새 문서 → 파트]를 선택하고 확인을 클릭한다.

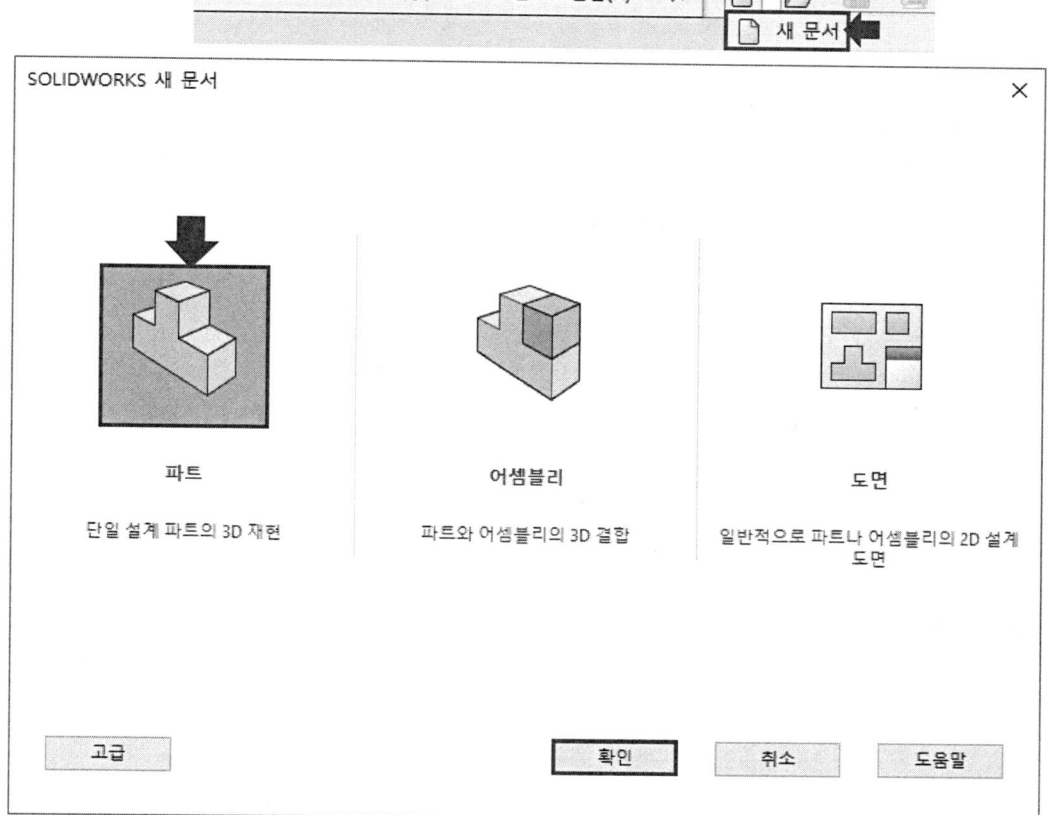

❷ 좌측의 [디자인 트리 - 윗면]을 클릭한다.

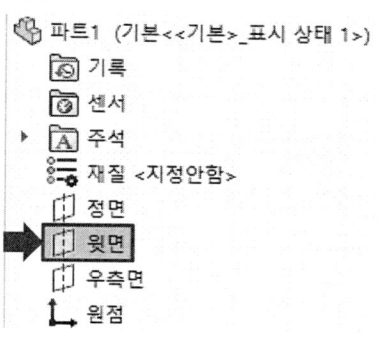

❸ 상단 커맨드 매니저에서 [스케치]를 클릭한다.

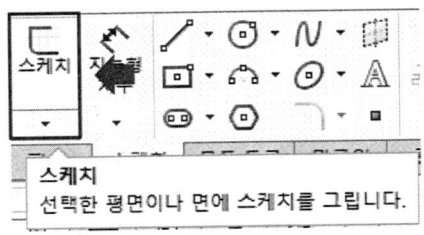

(2) 사각형 스케치

❶ [커맨드 매니저 → 스케치 탭 → 사각형 → 중심 사각형]을 클릭한다.

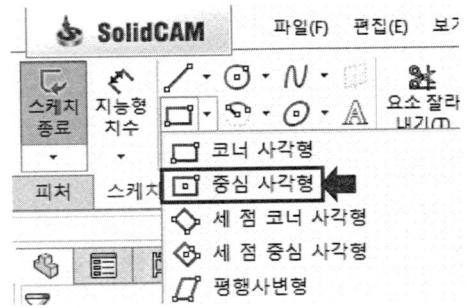

❷ 화면 가운데 있는 원점을 클릭하고 사각형의 모서리 점을 이동하여 중심 사각형의 크기를 지정한다.

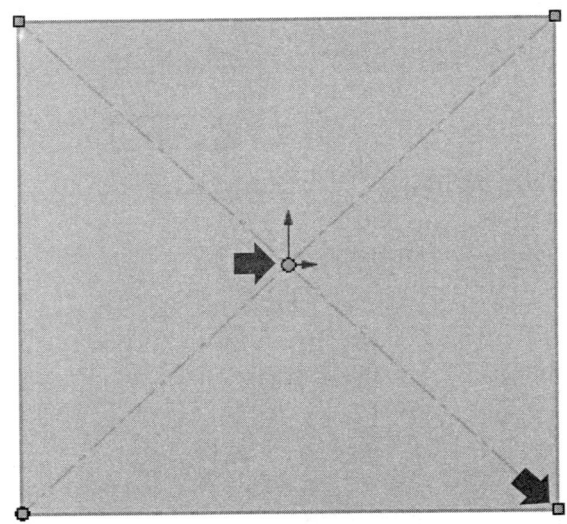

❸ 상단 커맨드 매니저에서 [지능형 치수]를 클릭한다.

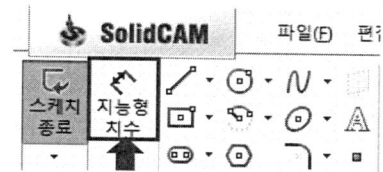

❹ 화살표가 가리키는 사각형의 가로, 세로 선을 지정한 후 치수 값 [70]을 입력한다.

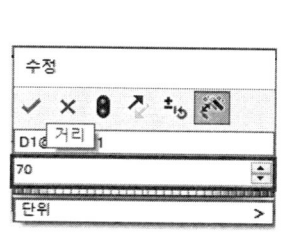 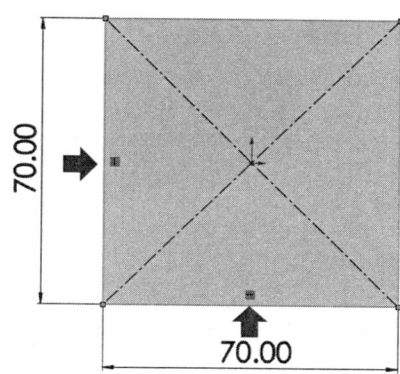

(3) 보스-돌출

❶ [커맨드 매니저 → 피처 탭 → 돌출 보스/베이스]를 클릭하고, [방향 1 → 블라인드 형태]로 설정 후 거리값 [28]을 입력 후 확인을 클릭한다.

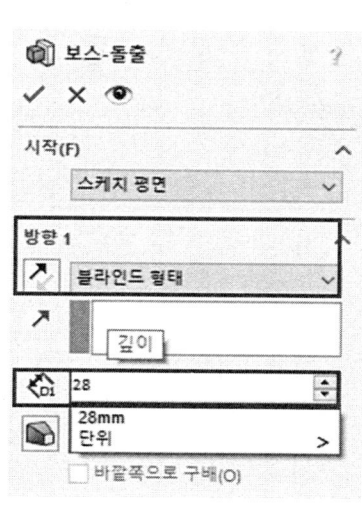 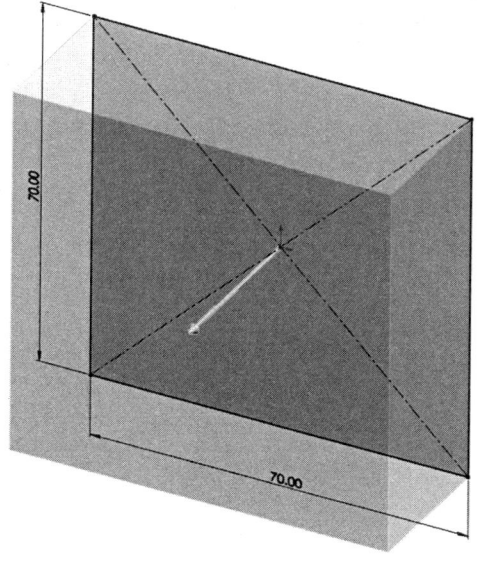

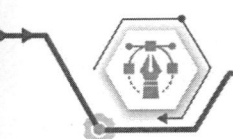

(4) 스케치 작업 평면 선택

❶ 돌출시킨 물체의 [윗면]을 선택하고 상단 커맨드 매니저에서 [스케치]를 클릭한다.

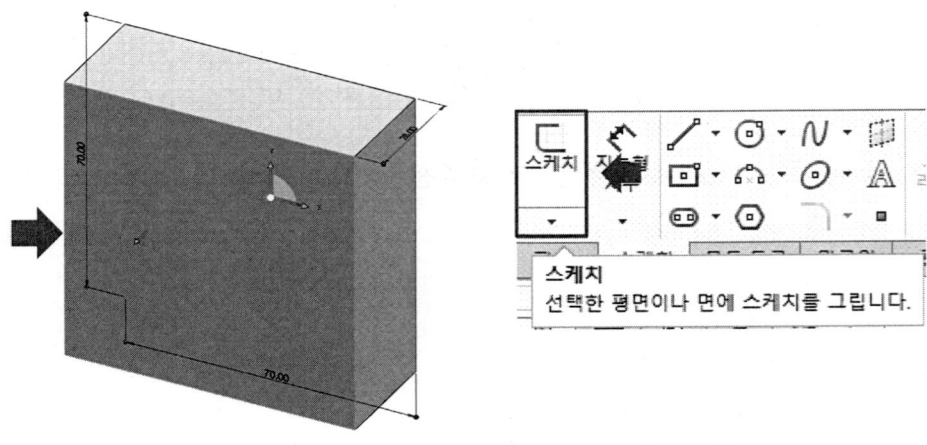

(5) 돌출 컷에 필요한 스케치 작업

❶ [커맨드 매니저 → 스케치 탭 → 원]을 클릭한다.

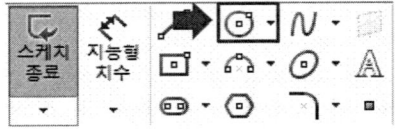

❷ 원의 중심을 클릭하고 화살표가 가리키는 곳을 클릭하여 원의 크기를 지정한다.

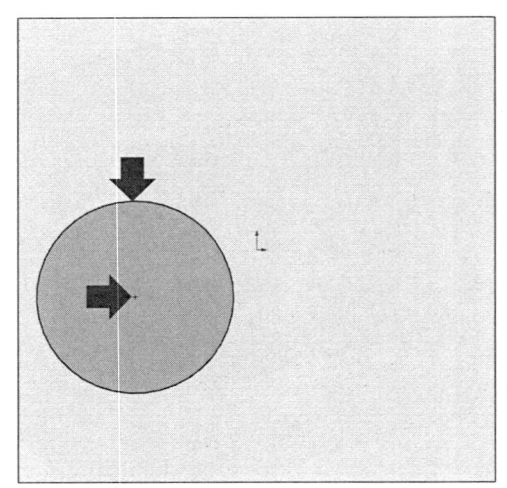
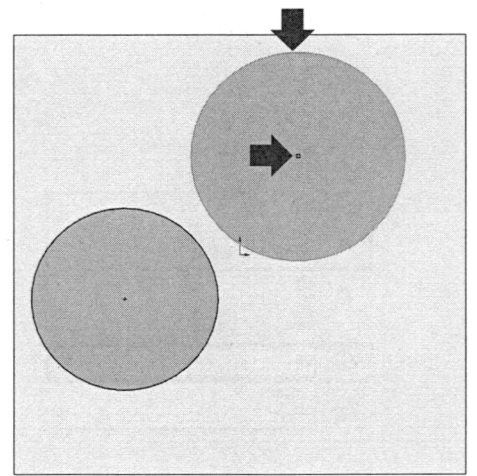

❸ 상단 커맨드 매니저에서 [지능형 치수]를 클릭한다.

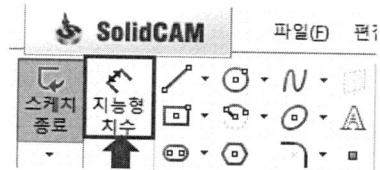

❹ 아래 원의 중심을 클릭하고, 원점으로부터 가로값 거리 [5]를 입력한다.

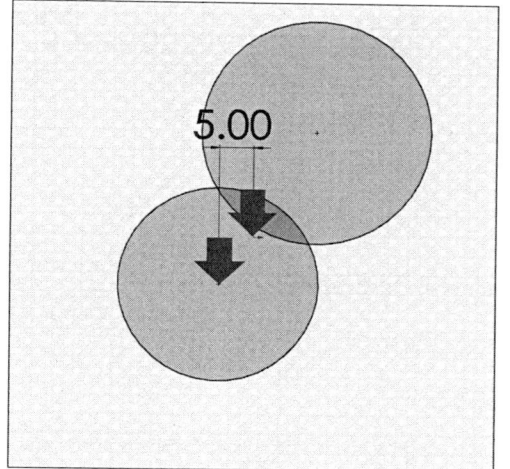 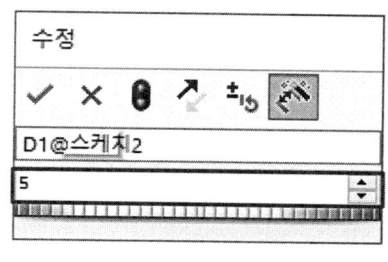

❺ 아래 원의 중심을 클릭하고, 원점으로부터 세로값 거리 [5]를 입력한다.

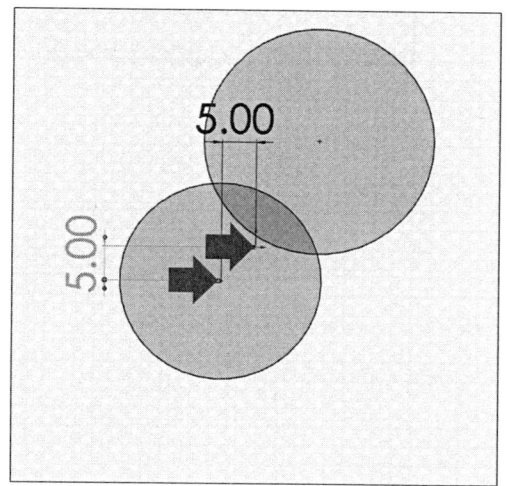 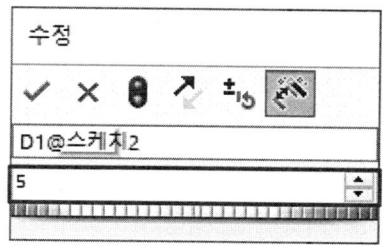

❻ 원의 중심을 클릭하고, 원점으로부터 세로값 거리 [5]를 입력한다.

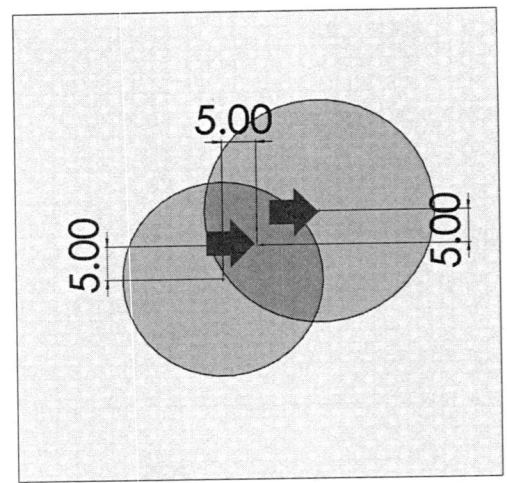
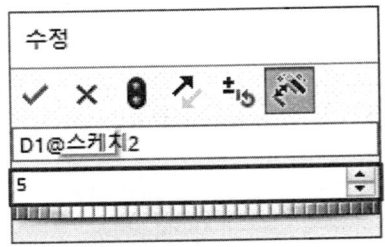

❼ 원의 중심을 클릭하고, 원점으로부터 가로값 거리 [5]를 입력한다.

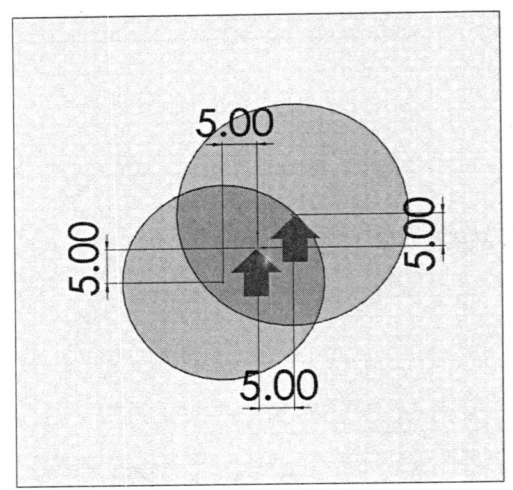
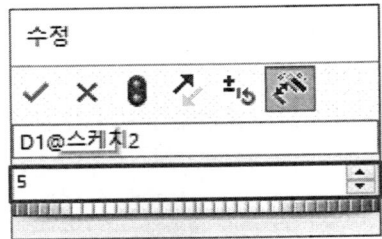

❽ 아래 원을 클릭하고 지름 [42]를 입력한다.

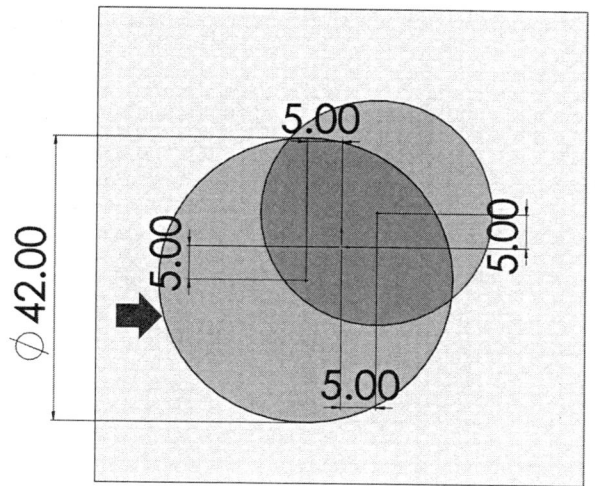
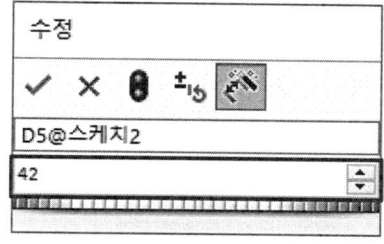

❾ 원을 클릭하고 지름 [32]를 입력한다.

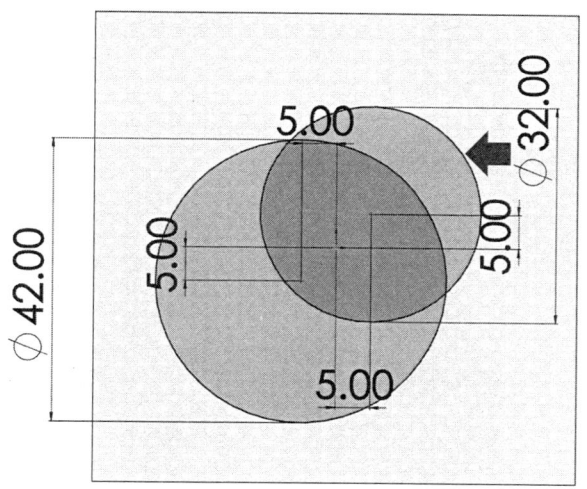
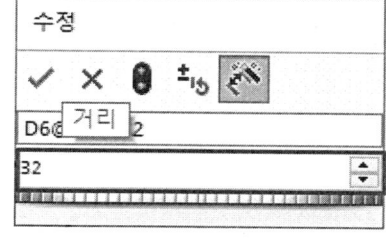

❿ 상단 커맨드 매니저에서 [요소 잘라내기]를 클릭한다.

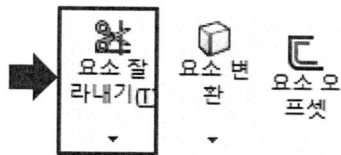

⓫ 원의 교차하는 선을 클릭하여 불필요한 선을 잘라낸다.

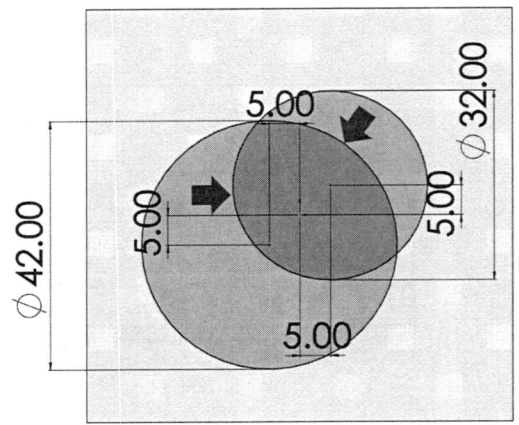 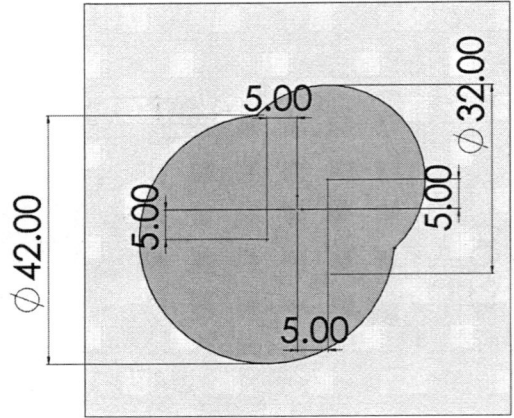

⓬ [커맨드 매니저 → 스케치 탭 → 스케치 필렛]을 클릭한다.

⓭ 필렛 값 [3]을 입력하고 화살표가 가리키는 점을 클릭한다.

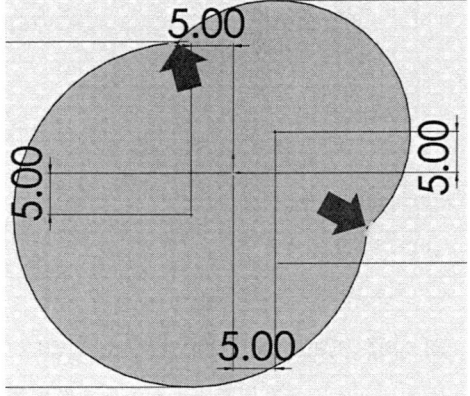

컴퓨터응용가공산업기사 실기

(6) 돌출 컷

❶ [커맨드 매니저 → 피처 탭 → 돌출 컷]을 클릭한다.

❷ 거리값 [5]를 입력하고 구배 값 [30°]를 입력한다.

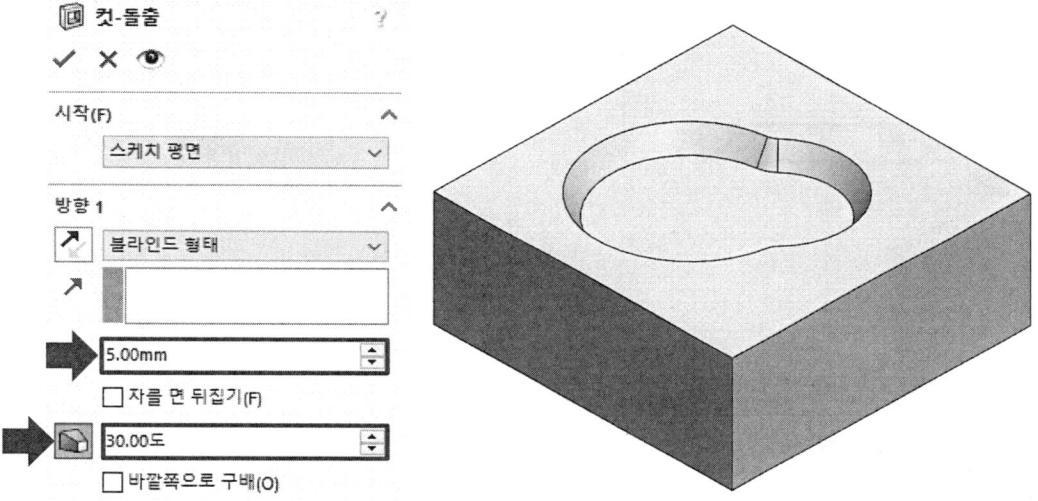

(7) 스케치 작업 새 평면 생성

❶ [커맨드 매니저 → 피처 탭 → 참조 형상 → 기준면]을 클릭한다.

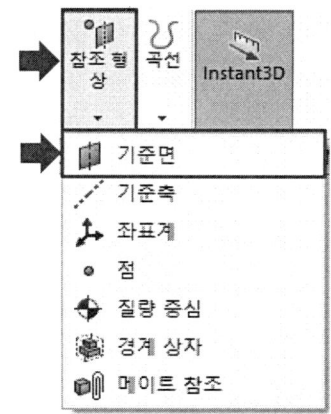

❷ 모델링 형상의 정면을 클릭하여 기준면을 생성하고, 값 [30]을 입력하고 오프셋 뒤집기를 클릭한다.

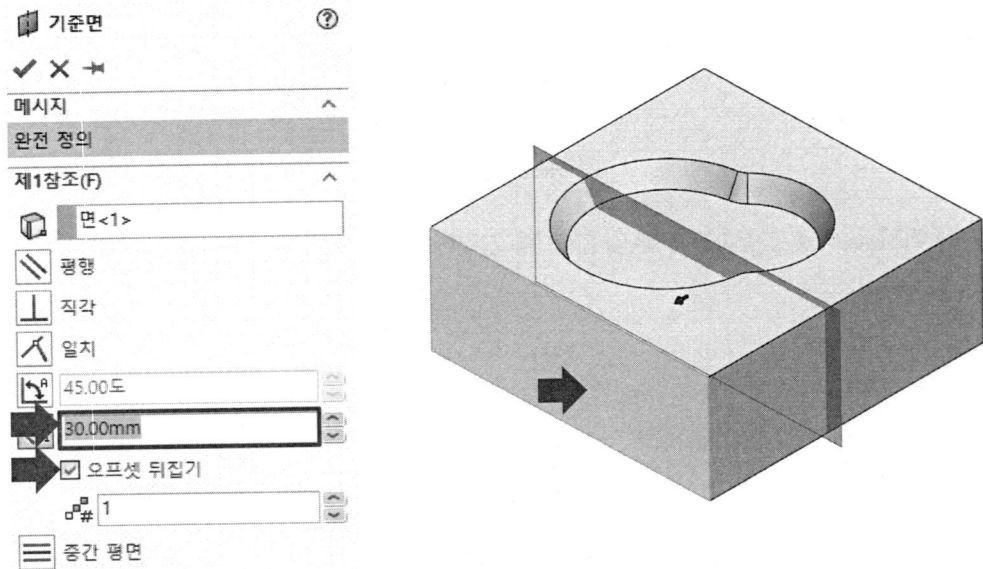

(8) 회전 보스/베이스에 필요한 스케치 작업

❶ [평면1]을 선택하고 [스케치]를 클릭한다.

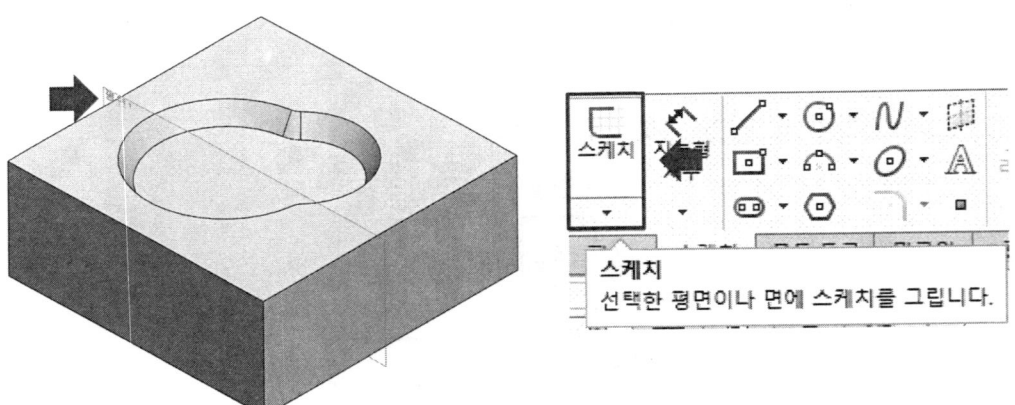

❷ [커맨드 매니저 → 스케치 탭 → 선 → 중심선]을 클릭한다.

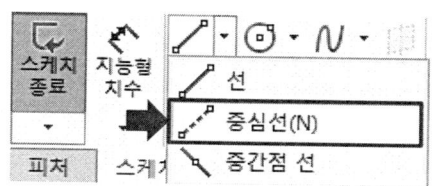

❸ 화살표가 가리키는 곳을 클릭하여 중심선을 스케치한다.

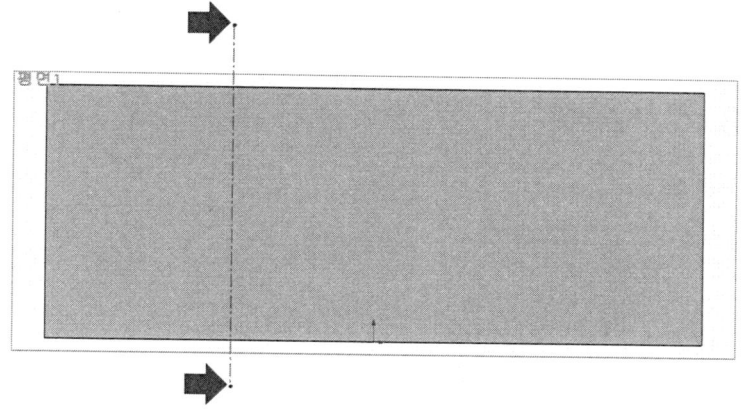

❹ [커맨드 매니저 → 스케치 탭 → 원]을 클릭한다.

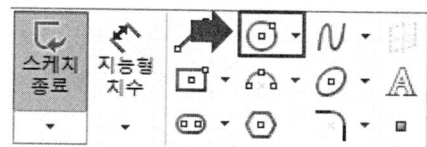

❺ 원의 중심을 클릭하여 지정하고, 다음 화살표를 클릭한 후 원의 크기를 지정한다.

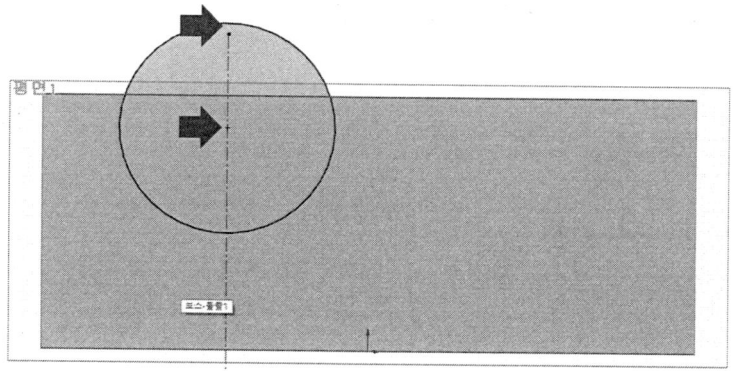

❻ 상단 커맨드 매니저에서 [지능형 치수]를 클릭한다.

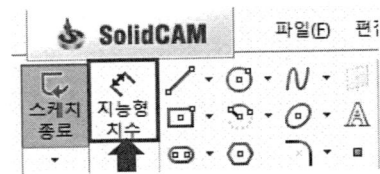

❼ 중심선과 원점을 클릭하고 거리값 [5]를 입력한다.

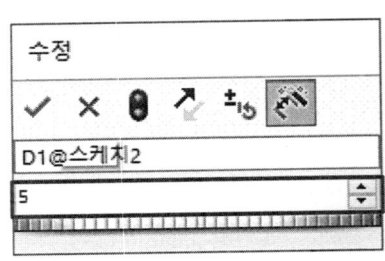 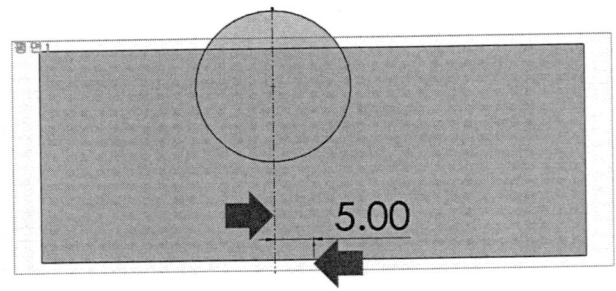

❽ 원의 중심과 선을 클릭하고 거리값 [5]를 입력한다.

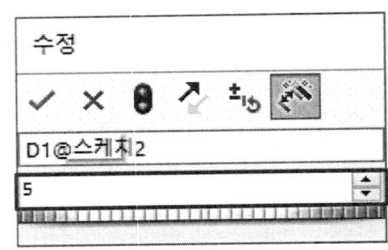 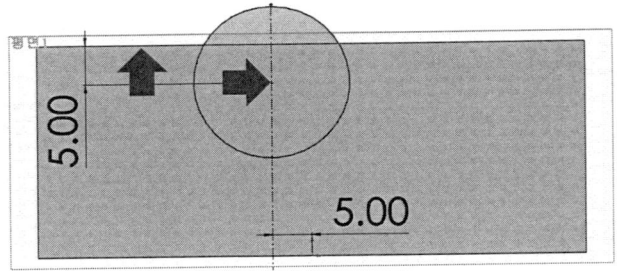

❾ 원을 클릭하고 원의 지름값 [20]을 입력한다.

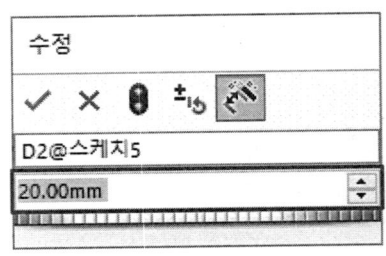 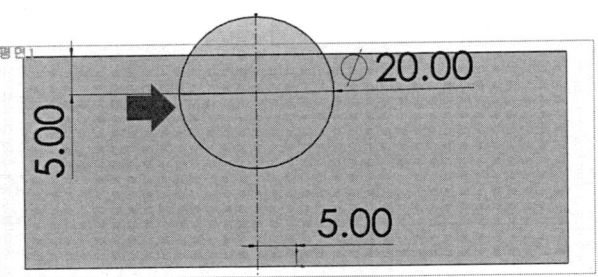

❿ 상단 커맨드 매니저에서 [요소 잘라내기]를 클릭한다.

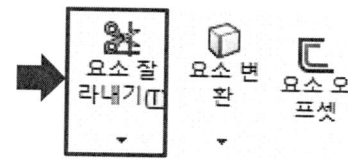

⓫ 선을 클릭하여 불필요한 선을 잘라낸다.

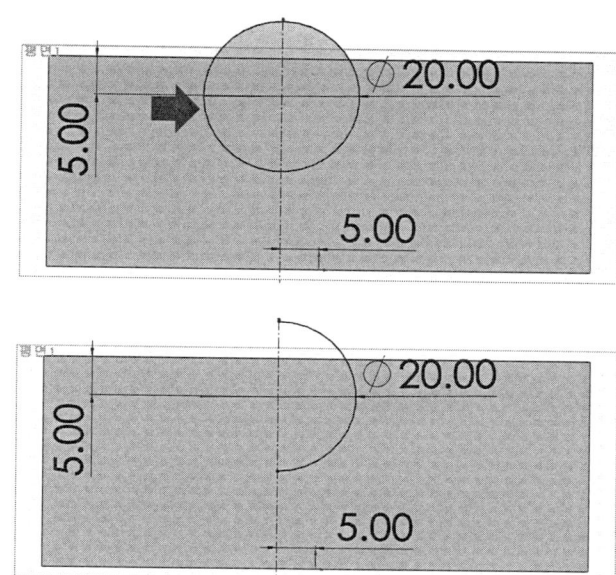

(9) 회전 보스/베이스

❶ [커맨드 매니저 → 피처 탭 → 회전 보스/베이스]를 클릭한다.

❷ 회전축의 중심선을 클릭하고 확인을 클릭한다.

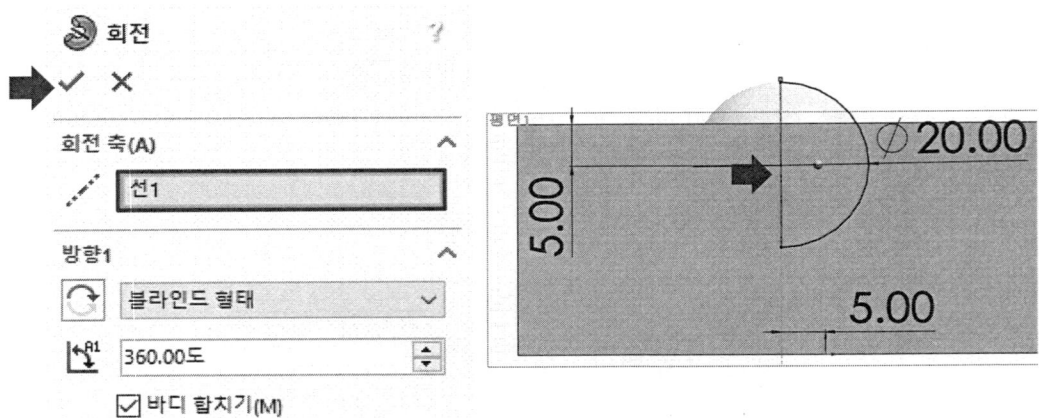

(10) 회전 컷에 필요한 스케치 작업

❶ [디자인 트리 → 평면1]을 선택하고 [스케치]를 클릭한다.

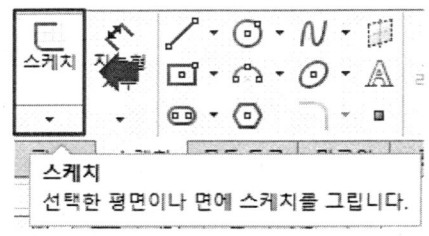

❷ [커맨드 매니저 → 스케치 탭 → 선 → 중심선]을 클릭한다.

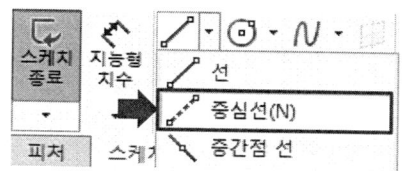

❸ 화살표가 가리키는 곳을 클릭하여 중심선을 스케치한다.

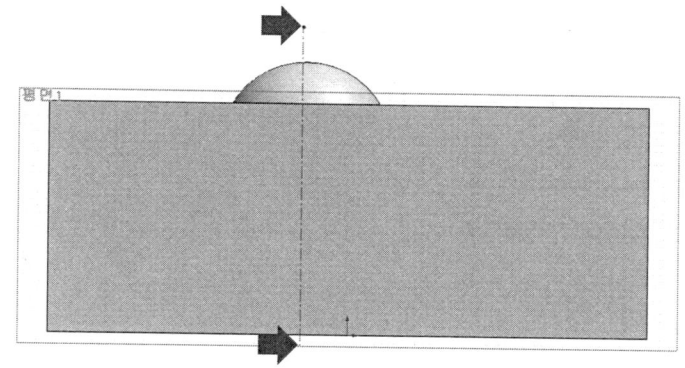

❹ [커맨드 매니저 → 스케치 탭 → 원]을 클릭한다.

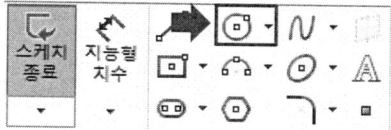

❺ 원의 중심을 클릭하여 지정하고, 다음 화살표를 클릭한 후 원의 크기를 지정한다.

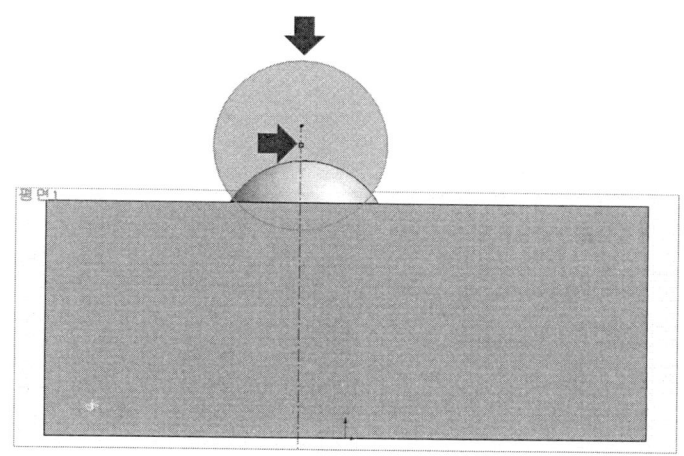

❻ 상단 커맨드 매니저에서 [지능형 치수]를 클릭한다.

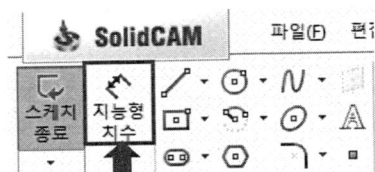

❼ 중심선과 원점을 클릭하고 거리값 [5]를 입력한다.

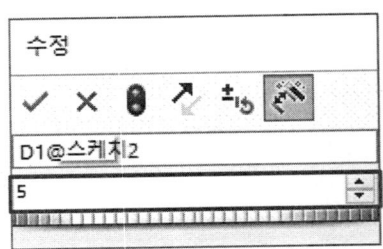 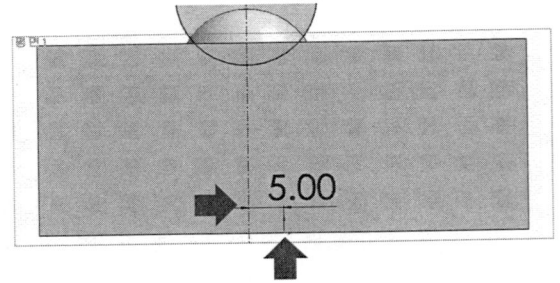

❽ 원의 중심과 선을 클릭하고 거리값 [5]를 입력한다.

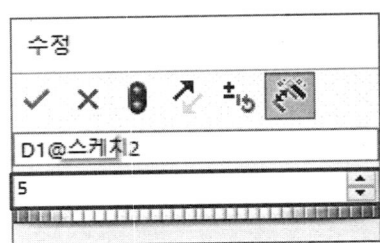 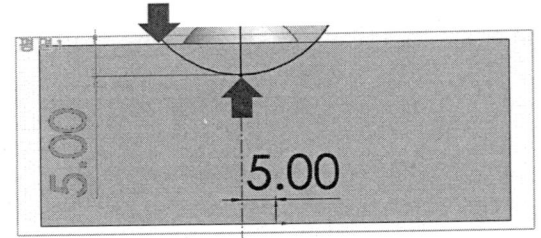

❾ 원을 클릭하고 원의 지름값 [30]을 입력한다.

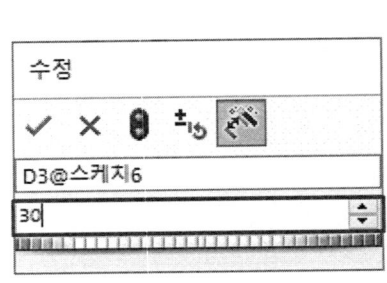 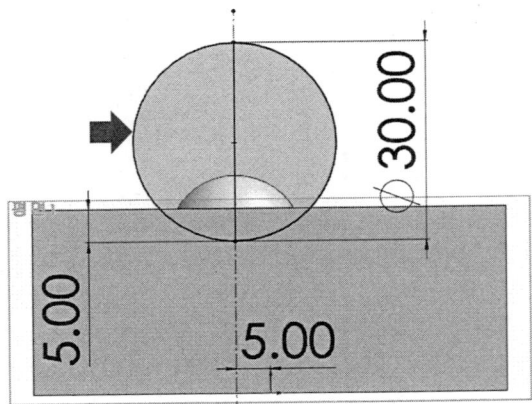

❿ 상단 커맨드 매니저에서 [요소 잘라내기]를 클릭한다.

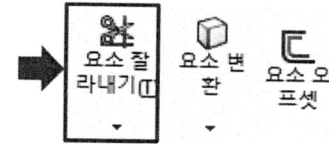

⓫ 선을 클릭하여 불필요한 선을 잘라낸다.

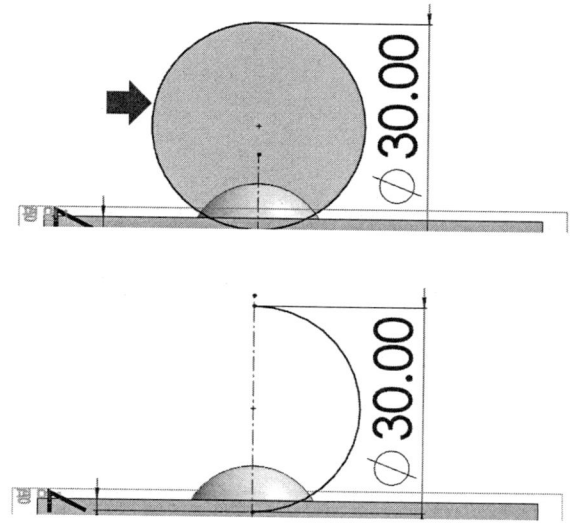

(11) 회전 컷

❶ [커맨드 매니저 → 피처 탭 → 회전 컷]을 클릭한다.

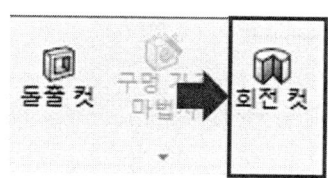

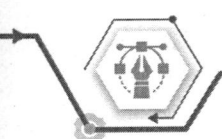

❷ 회전축의 중심선을 클릭하고 확인을 클릭한다.

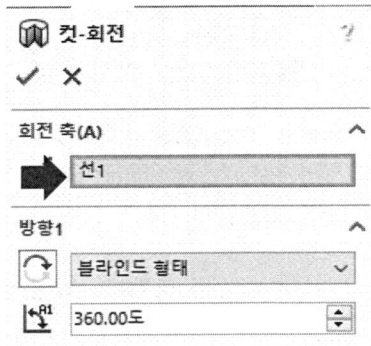

❸ [커맨드 매니저 → 피처 탭 → 필렛]을 클릭한다.

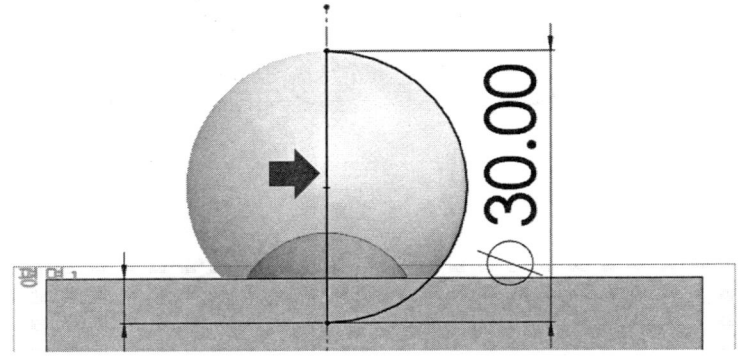

❹ 반경 [3]를 입력하고, 화살표 위치 모서리를 클릭한 후 확인을 눌러 적용한다.

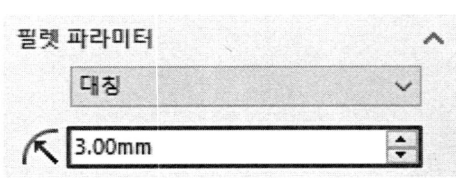
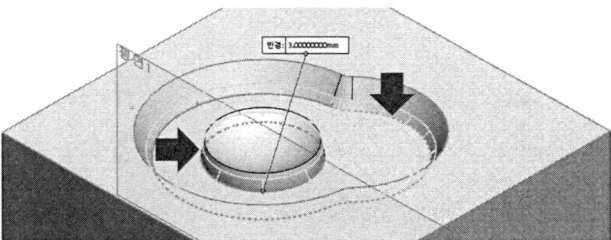

(12) 모델링 저장

❶ 완료된 형상을 확인한 후 [주메뉴 바 → 파일 → 다른 이름으로 저장]을 선택하여 저장한다.

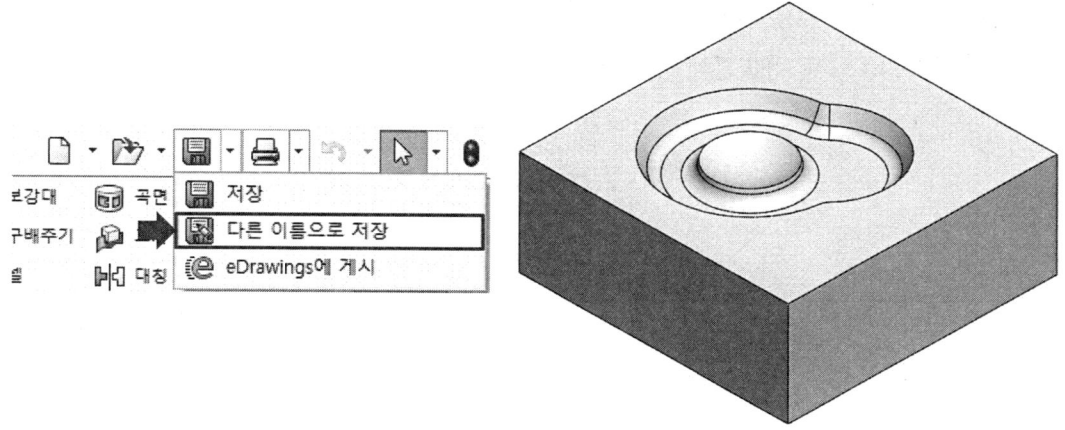

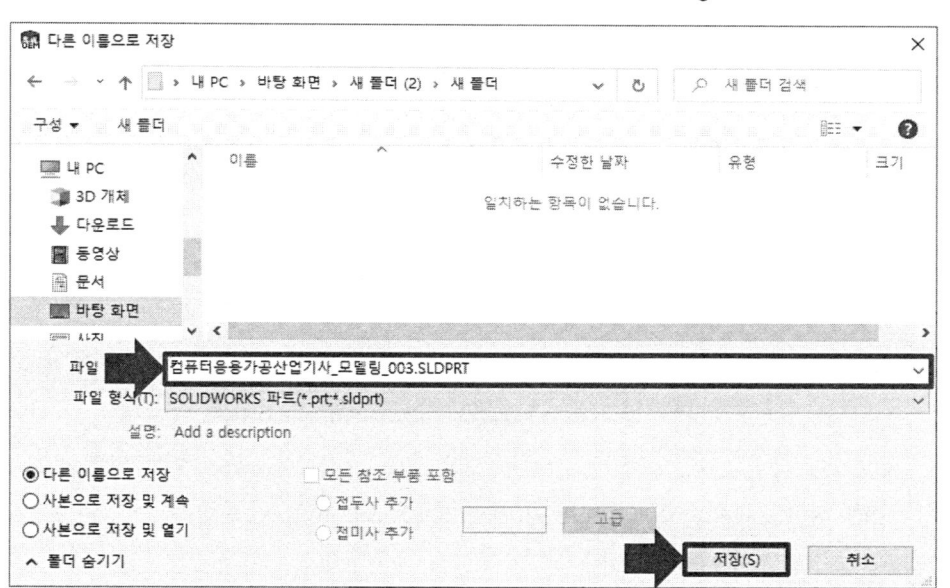

4 CAM

(1) SolidCAM 원점, 소재 정의

❶ [주메뉴 바 → 열기]를 통해 파일을 불러온다.

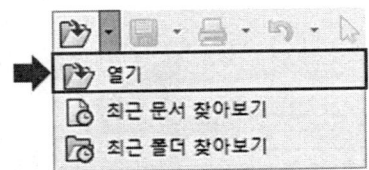

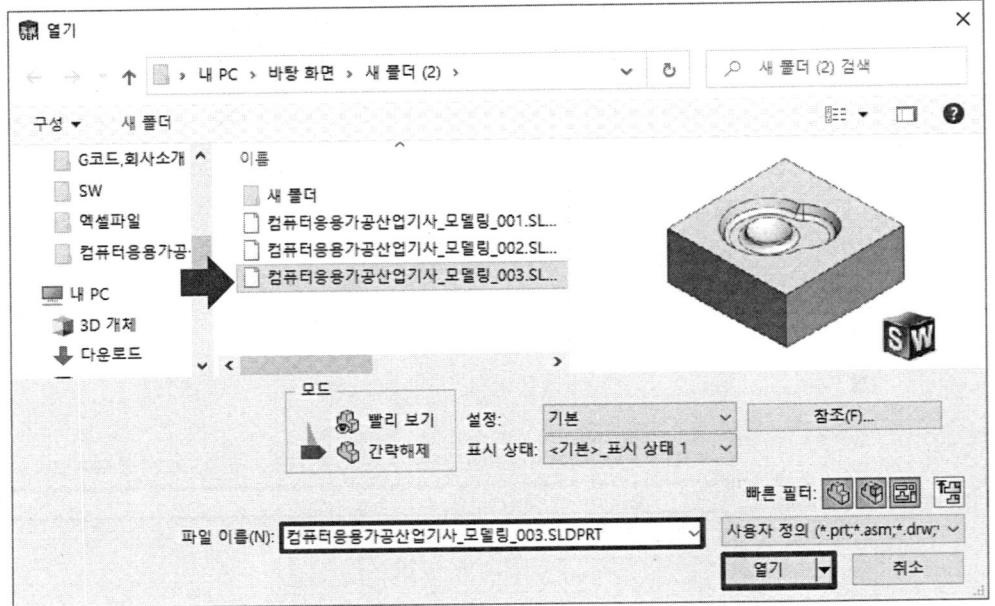

Tip 이미 모델링 파일이 열려있다면 해당 과정은 생략한다.

❷ [커맨드 매니저 → SolidCAM 파트 설정 탭 → 신규 → 밀링]을 클릭한다.

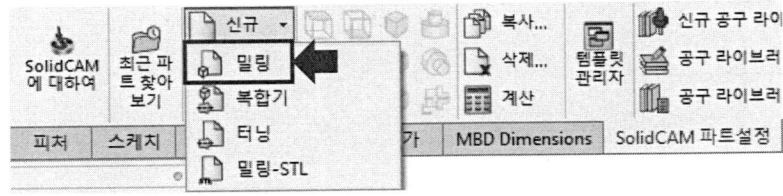

❸ [신규 밀링파트 → 캠-파트 생성방법 → 솔리드캠의 파일로 저장 → 단위 → 미터]를 클릭하고 확인을 클릭한다.

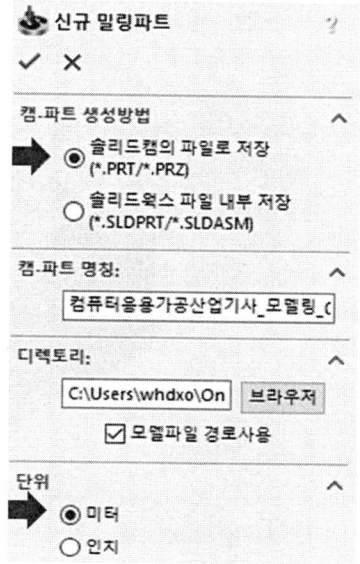

❹ [밀링파트 데이터 → CNC-컨트롤러 → gMilling_3x]를 설정한 후 [정의 → 원점]을 클릭한다.

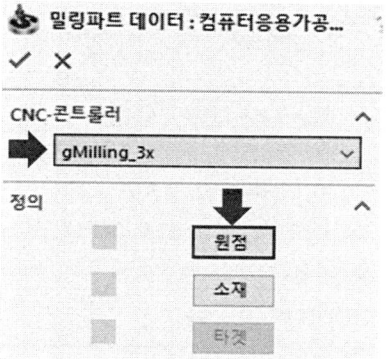

❺ [원점 → 평면원점 → 모델박스의 코너]를 설정하고, 모델링의 윗면을 클릭한 후 확인을 클릭한다.

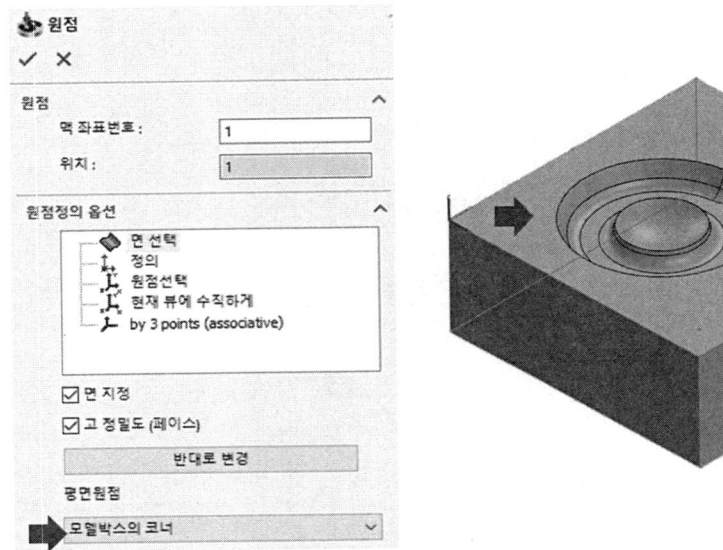

❻ 솔리드캠 관리자에서 [원점 데이터 → 안전 높이 : 25]를 입력하고 확인을 클릭한다.

❼ [원점 관리자 → 확인]을 눌러 [밀링파트 데이터] 창에서 [소재]를 클릭한다.

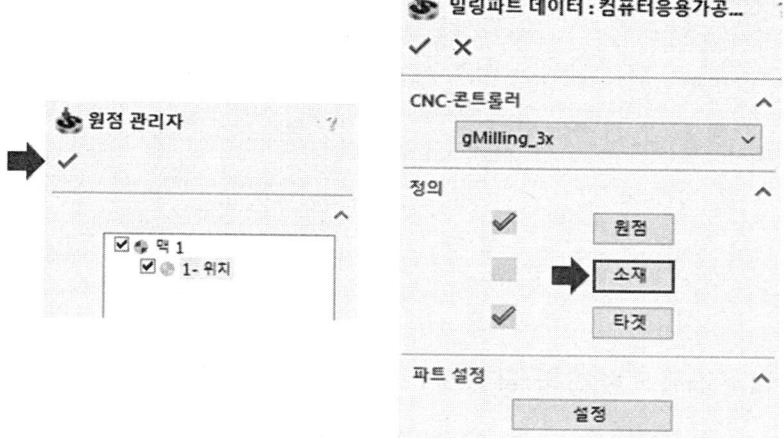

❽ [소재 → 정의 기준 → 박스]를 확인하고 모델링 윗면을 클릭한다.

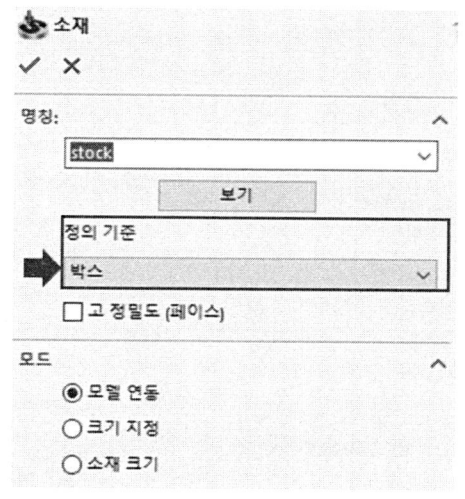
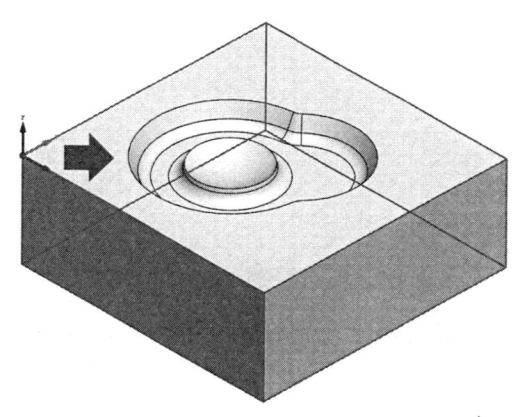

❾ 소재를 정의하고, [박스확장]에서 모든 확장을 0으로 한 후 확인을 클릭하여 소재 정의를 마친다.

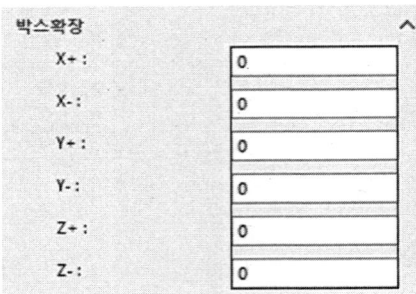

❿ [원점 – 소재 – 타겟] 3곳의 정의가 완료되면 [확인] 버튼을 클릭하여 파트 정의를 마친다.

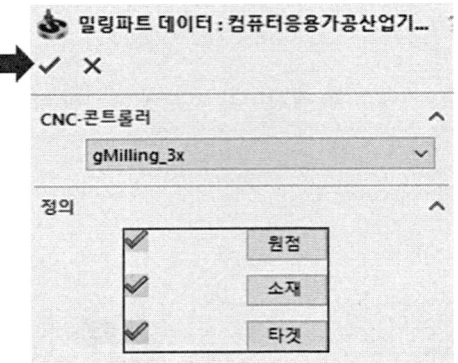

(2) 밀링 공구 작업

❶ [솔리드캠 관리자 → 공구]를 더블클릭한다.

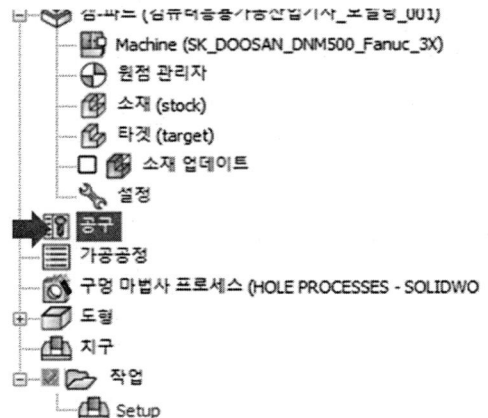

❷ [밀링 공구 추가 → 평 엔드밀]을 클릭한다.

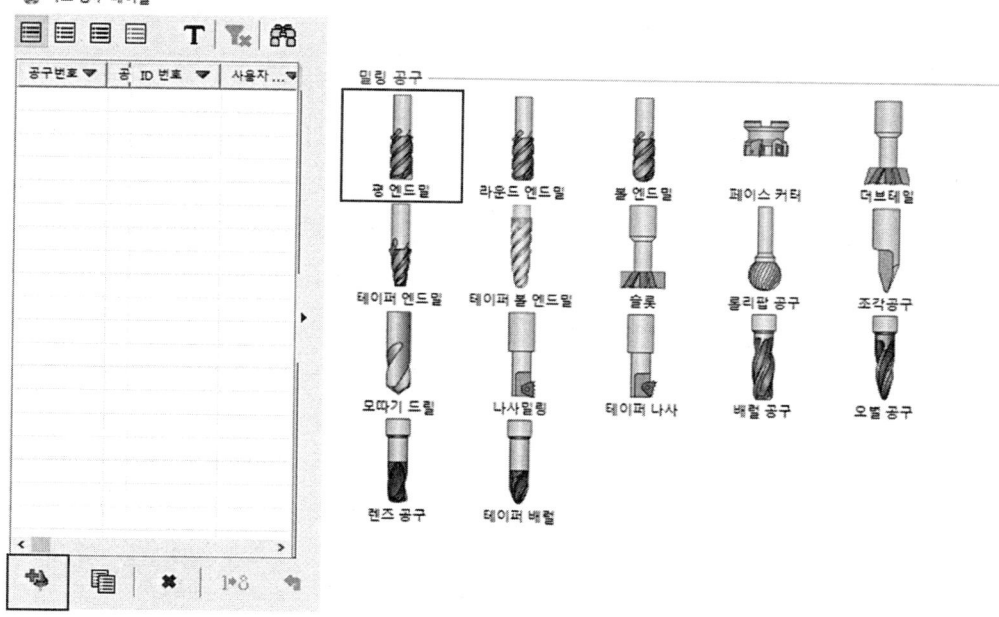

❸ [직경 : 10 → 숄더 및 아버직경 : 10]을 입력하고, [디폴트 공구 데이터]로 넘어간다.

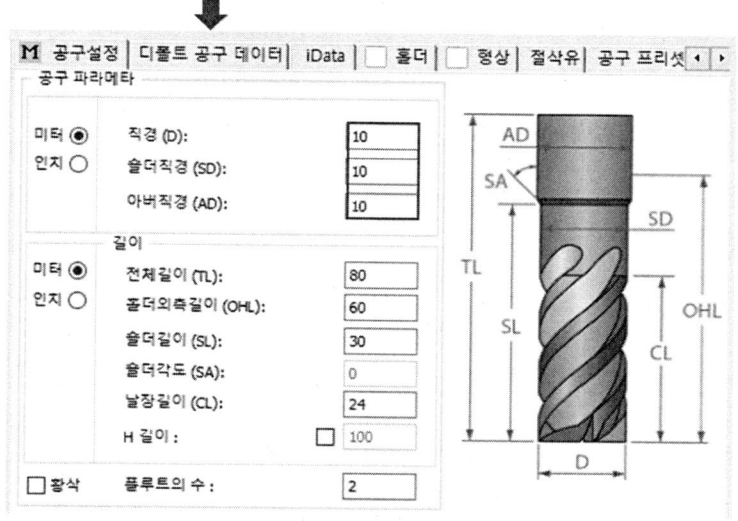

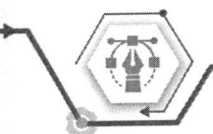

❹ [XY피드 : 300 → Z피드 : 150 → 회전율 : 2500]을 입력하고, [밀링 공구 추가] 버튼을 클릭한다.

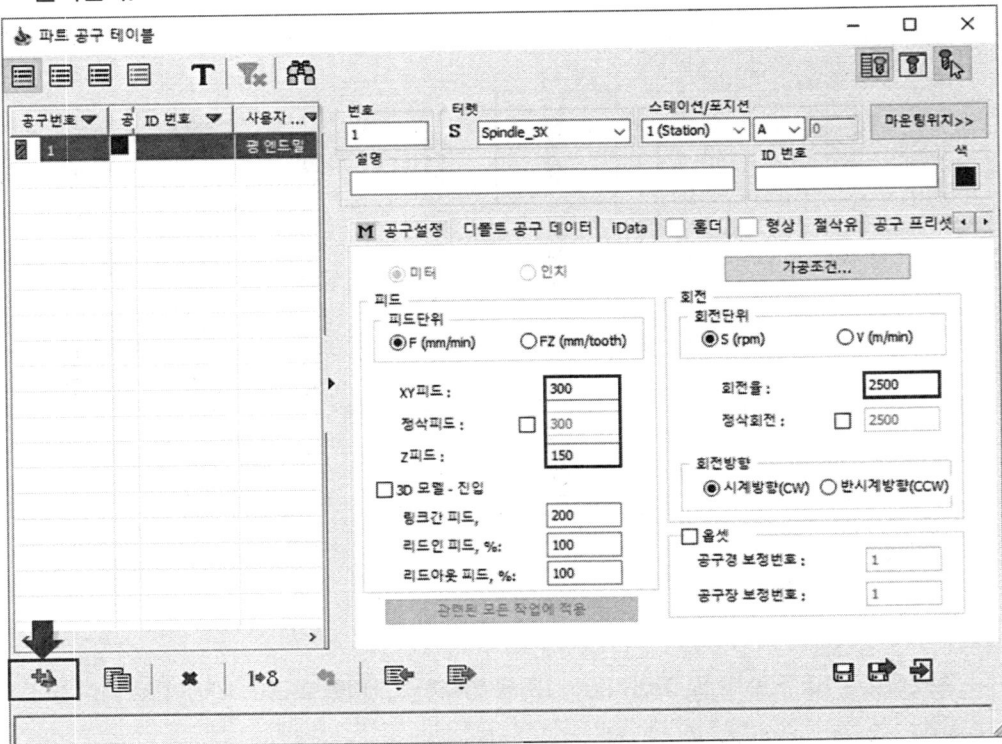

❺ [볼 엔드밀 → 직경 : 6 → 코너반경 : 3 → 숄더 및 아버직경 : 6]을 입력하고, [디폴트 공구 데이터]로 넘어간다.

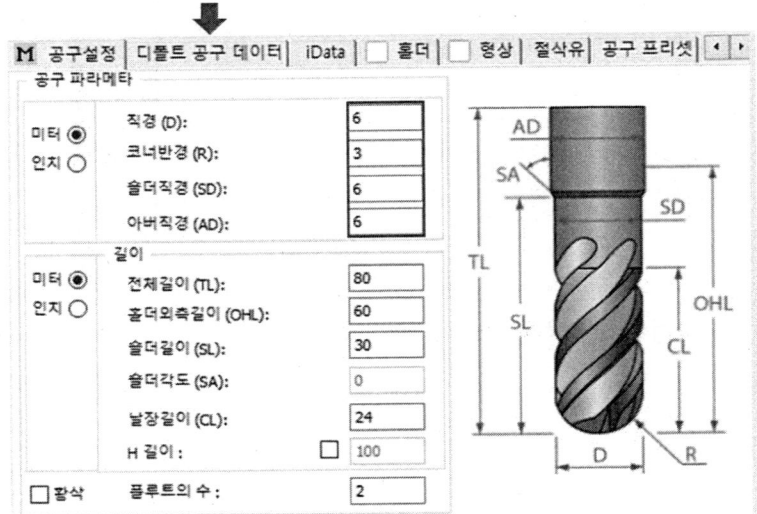

❻ [XY피드 : 200 → Z피드 : 100 → 회전율 : 3500]을 입력하고, 우측 하단의 [저장&나가기]를 클릭한다.

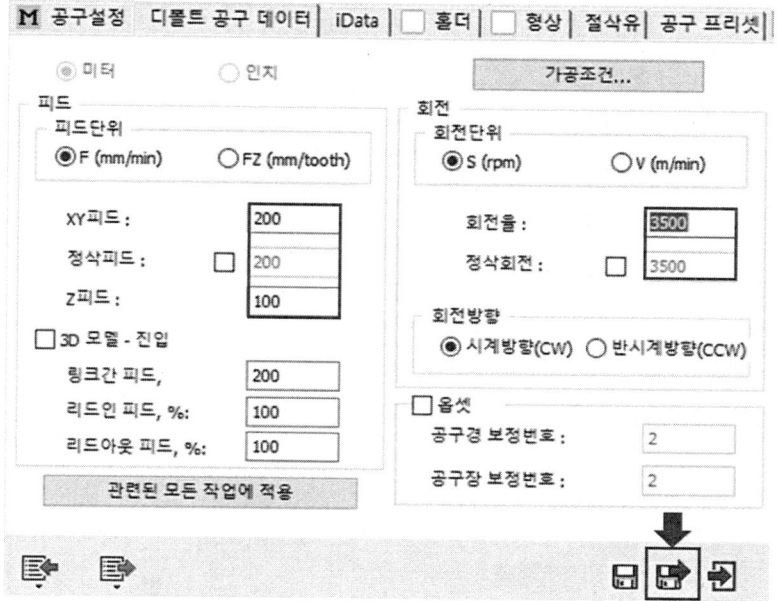

(3) HSR - HM 황삭 작업

❶ [커맨드 매니저 → SolidCAM 3D 탭 → 3D HSR → HM 황삭]을 클릭한다.

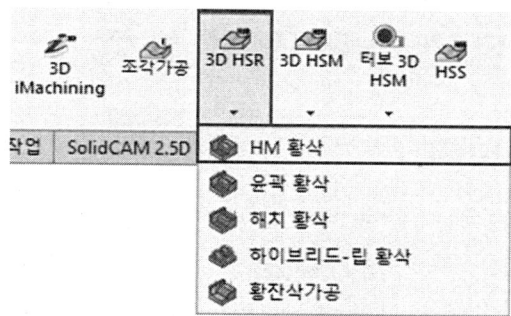

❷ 공구로 이동하여 선택을 클릭한다.

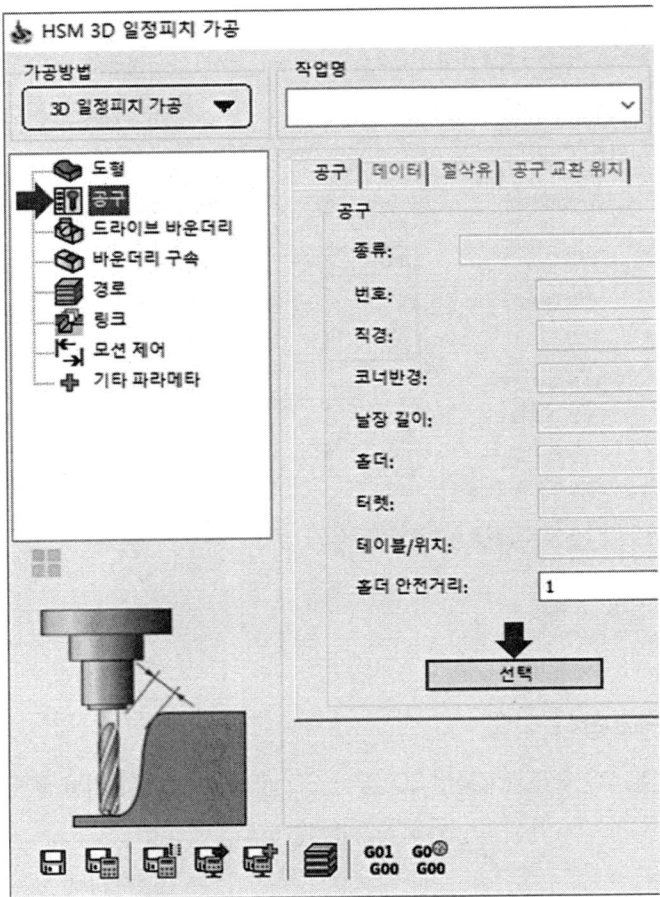

❸ 평 엔드밀을 더블클릭한다.

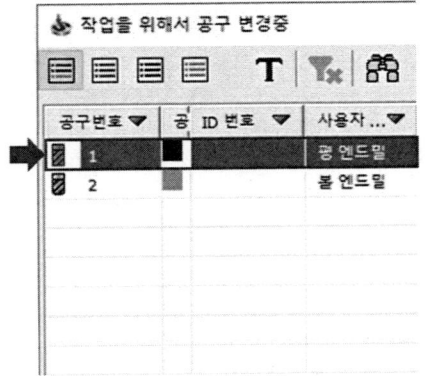

❹ [바운더리 구속 → 바운더리 종류 → 자동생성]을 선택한다.

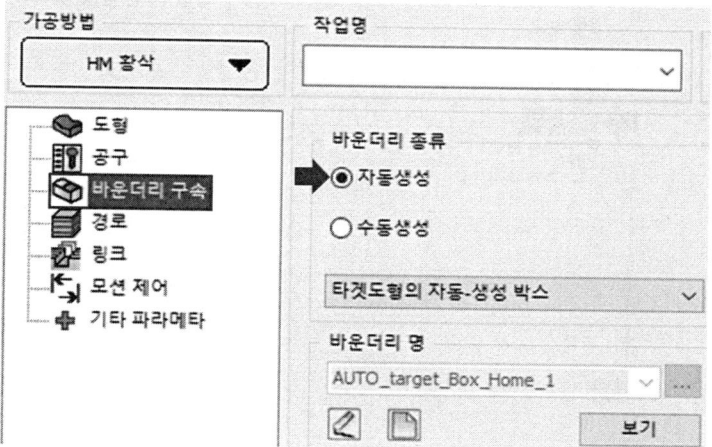

❺ [경로]를 클릭하여 다음과 같이 설정한다.

- 측벽 옵셋 : 0.2
- 바닥 옵셋 : 0.2
- 공차 : 0.04
- 절입량 : 2

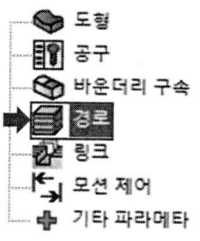 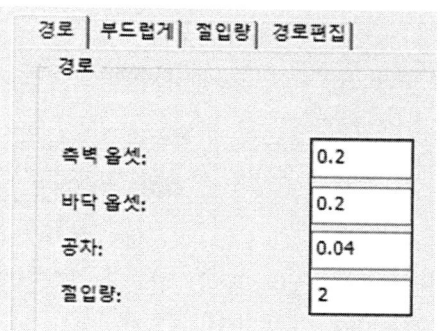

❻ [XY피치 가공방법]의 종류는 캐비티를 사용한다.

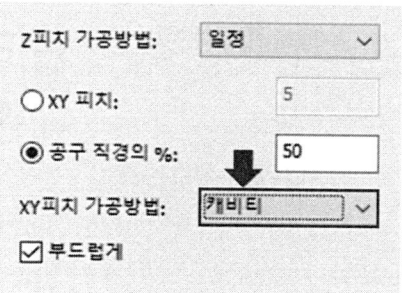

❼ [링크 → 최소 윤곽직경 : 1]을 입력한다.

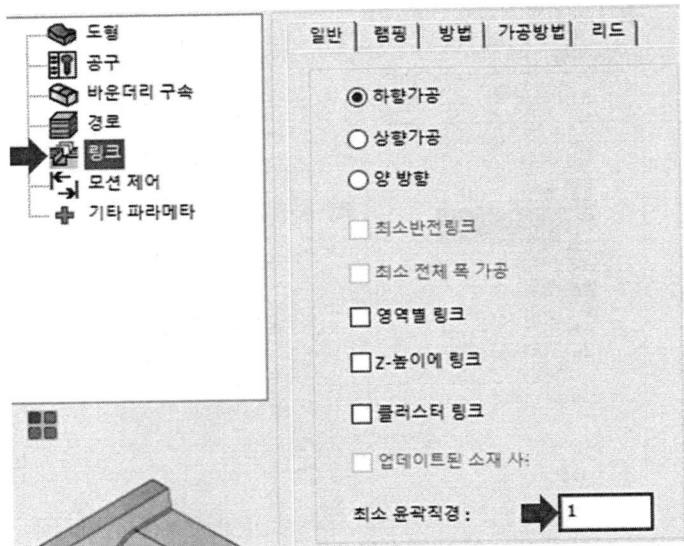

❽ [가공높이 → 파트 안전높이]를 선택한다.

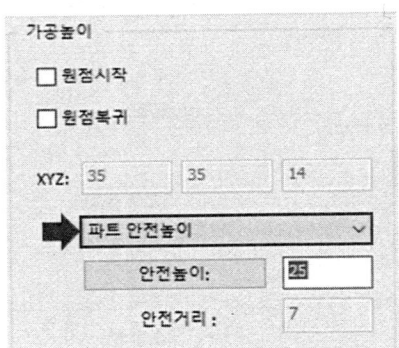

❾ [저장&계산] 버튼을 눌러 공구경로를 생성한다.

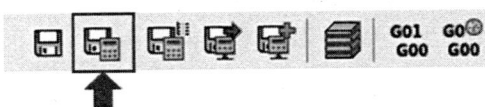

컴퓨터응용가공산업기사 실기

❿ 솔리드캠 관리자에는 생성한 작업이 나열된다. 다음 작업을 위해 체크박스를 해제하여 툴 패스를 숨긴다.

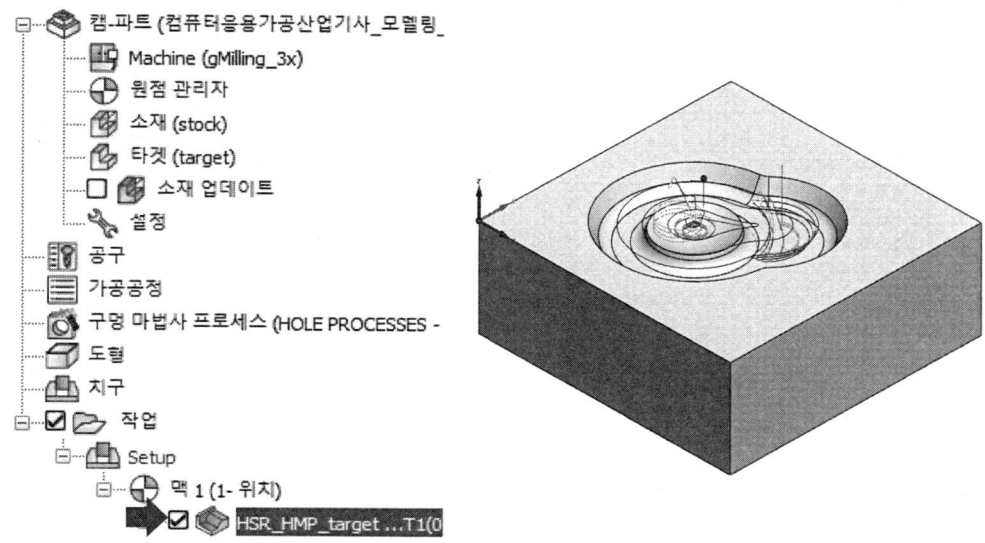

(4) 3D HSR - 황잔삭 가공

❶ [커맨드 매니저 → SolidCAM 3D 탭 → 3D HSR → 황잔삭 가공]을 클릭한다.

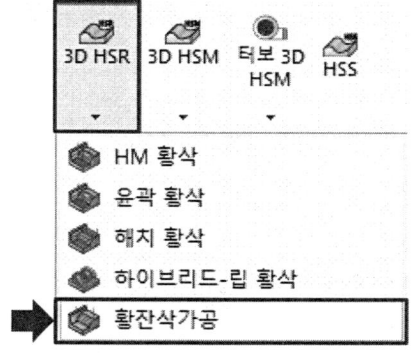

03. 컴퓨터응용가공산업기사 따라 하기

❷ [공구 → 선택 → 볼 엔드밀] 순으로 클릭한다.

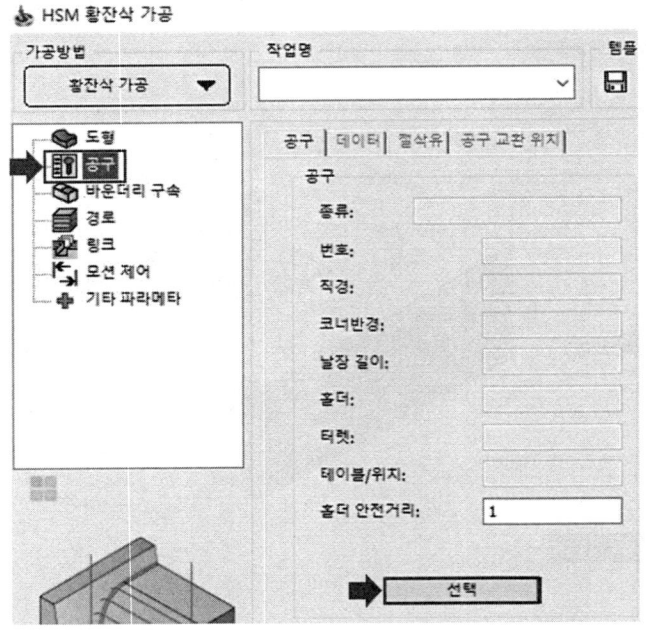
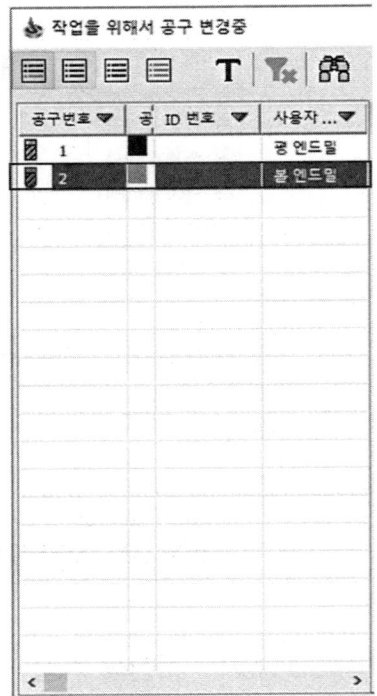

❸ [바운더리 구속 → 바운더리 종류 → 수동생성 → 신규]를 순서대로 클릭한다.

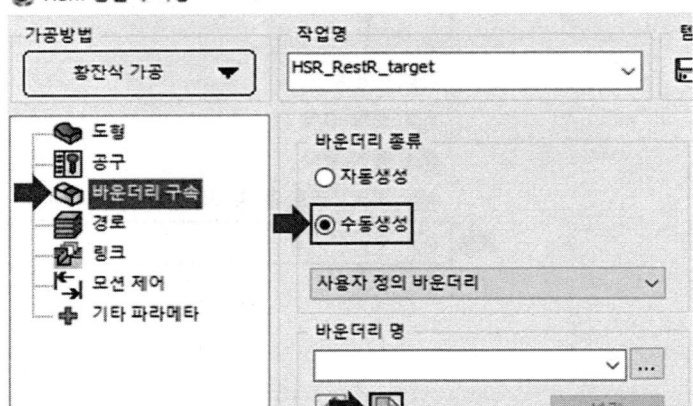

❹ 화살표가 가리키는 선을 클릭하여 체인을 생성한다.

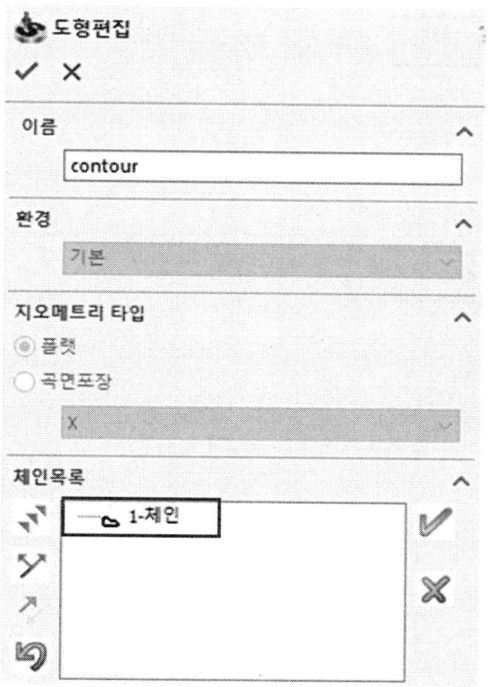

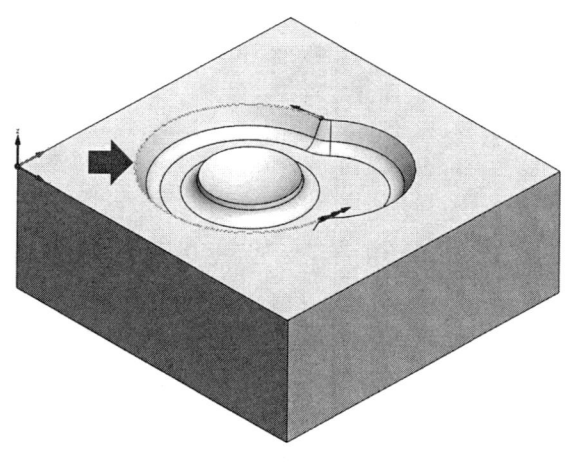

❺ [경로]를 클릭하여 다음과 같이 설정한다.

- 측벽 옵셋 : 0.1
- 바닥 옵셋 : 0.1
- 허용공차 : 0.02
- 절입량 : 0.5
- 최소옵셋 : 1.5

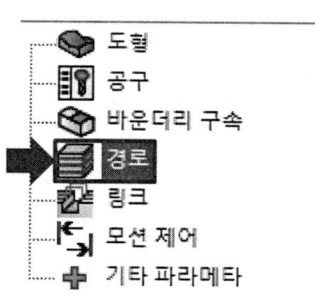

❻ [링크 → 램핑 → 윤곽램핑]을 클릭한다.

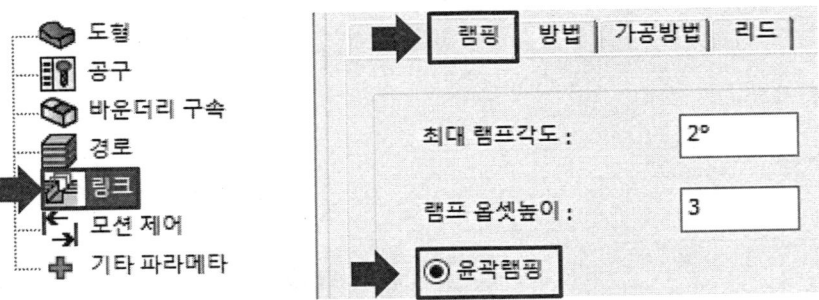

❼ [가공높이 → 파트 안전높이]를 선택한다.

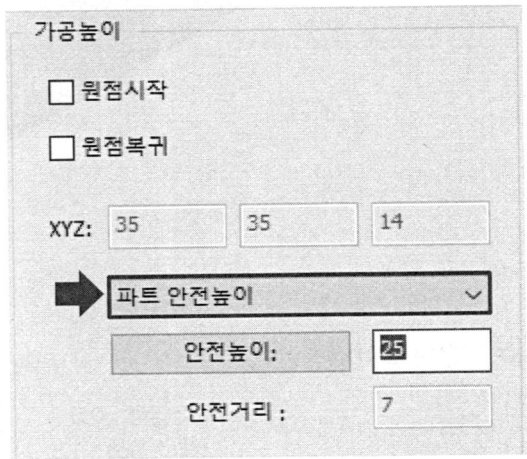

❽ [저장&계산] 버튼을 눌러 공구경로를 생성한다.

❾ 솔리드캠 관리자에는 생성한 작업이 나열된다. 다음 작업을 위해 체크박스를 해제하여 툴패스를 숨긴다.

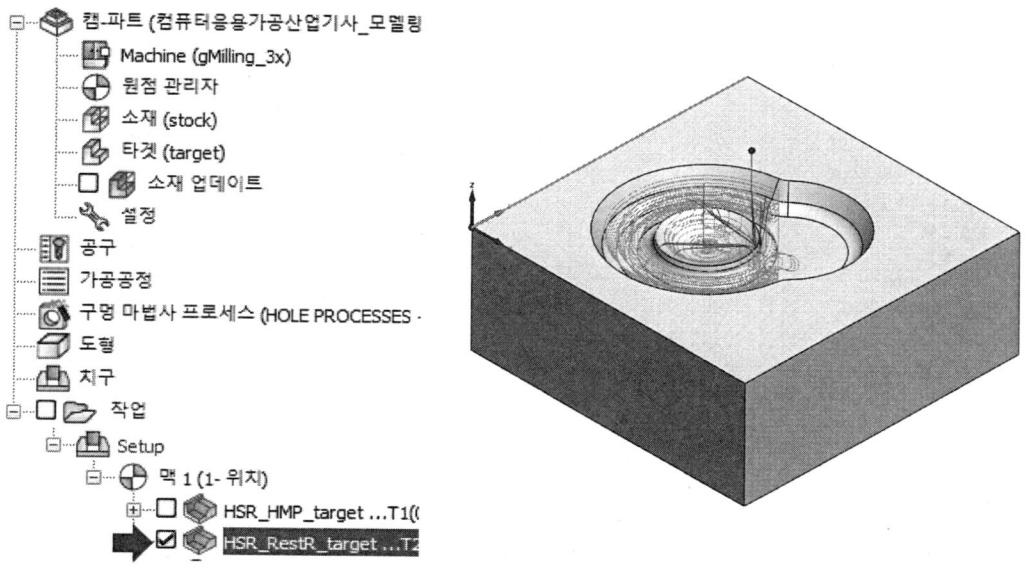

(5) 3D HSM – 3D 일정 피치 가공

❶ [커맨드 매니저 → 3D → 3D HSM → 3D 일정 피치]를 클릭한다.

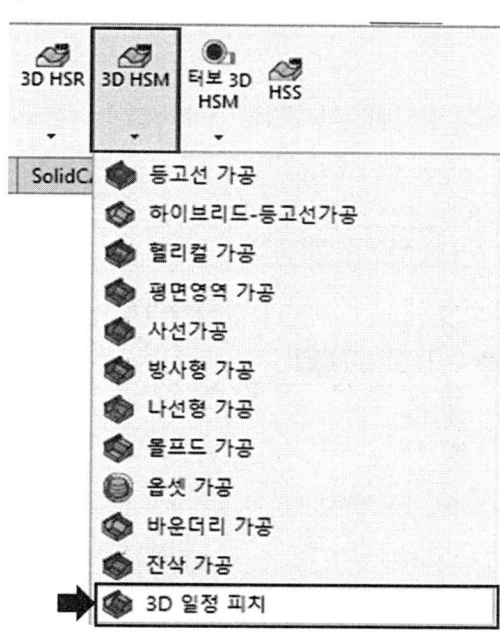

❷ [공구 → 선택 → 볼 엔드밀] 순으로 클릭한다.

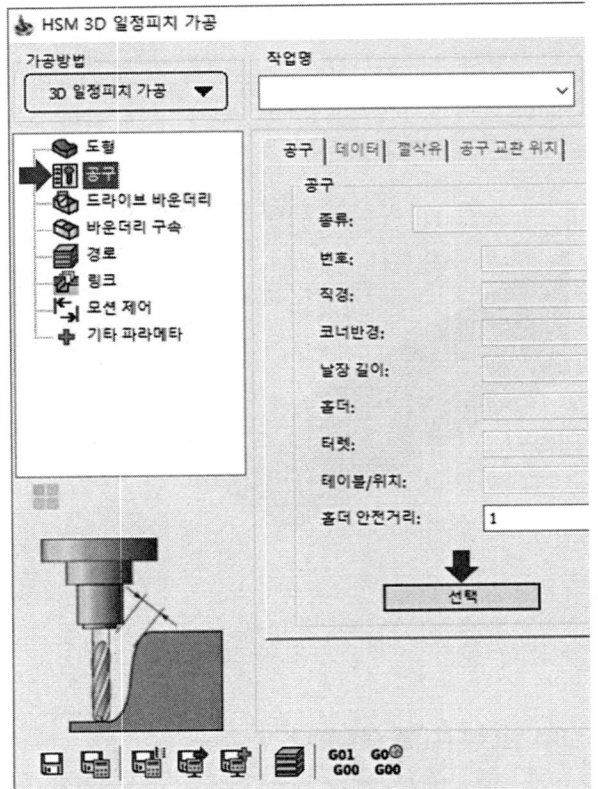
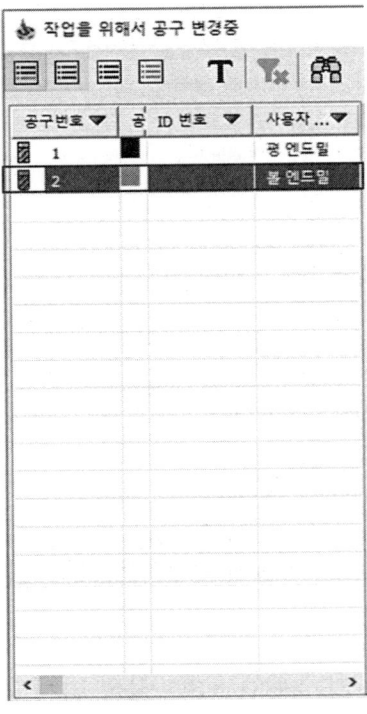

❸ [드라이브 바운더리]에서 [바운더리 종류 → 수동생성 → 신규]를 순서대로 클릭한다.

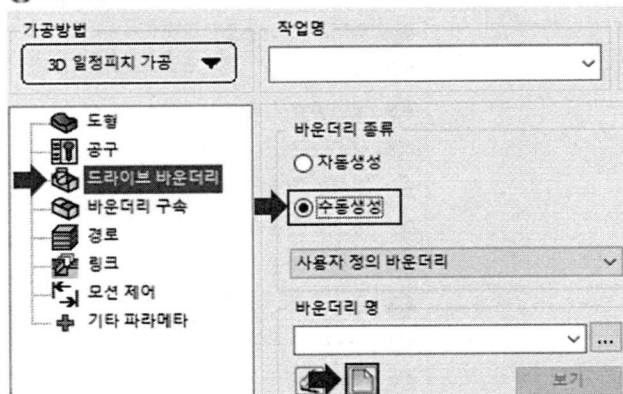

❹ 화살표가 가리키는 선을 클릭하여 체인을 생성한다.

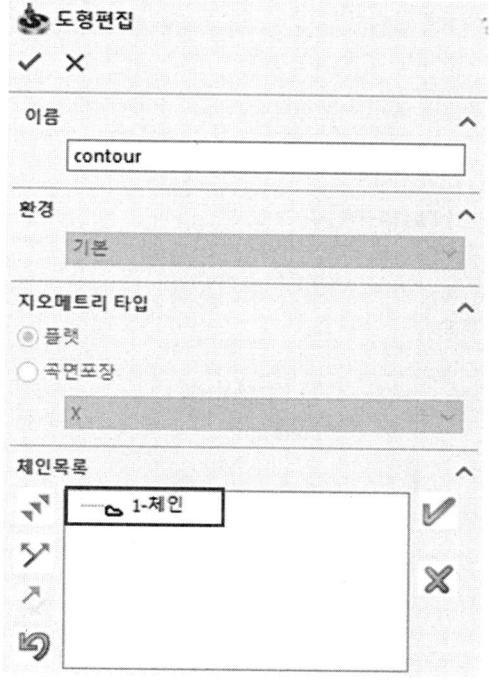
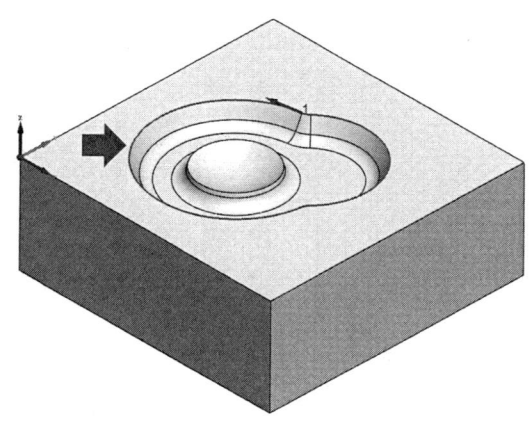

❺ [바운더리 구속]에서 [바운더리 종류 → 수동생성 → 바운더리 명 → 목록 → contour]를 순서대로 클릭한다.

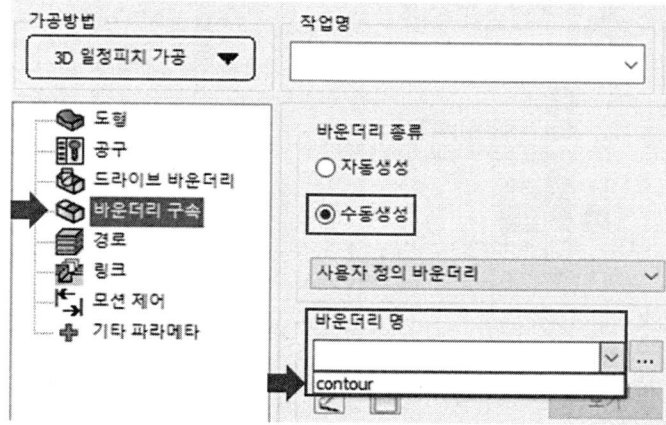

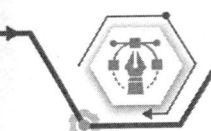

❻ [경로]를 클릭하여 다음과 같이 설정한다.

▸ 수평 가공피치 : 0.3   ▸ 수직 가공피치 : 0.3

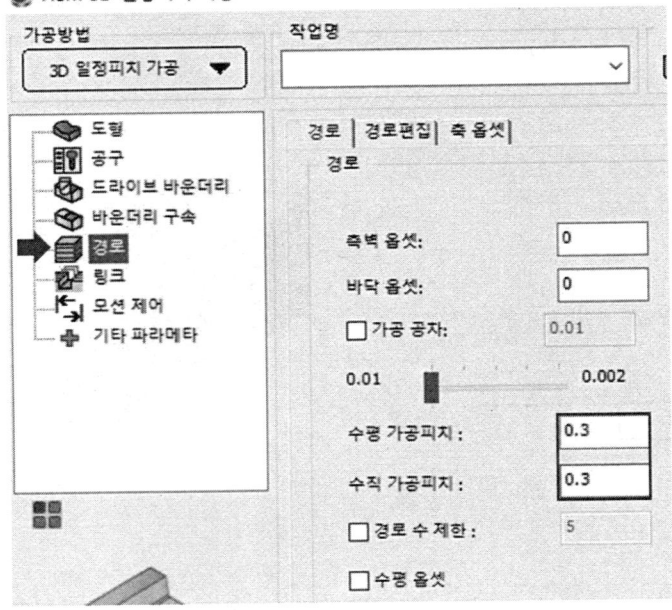

❼ [링크 → 경로순서 → 첫 번째 경로]를 체크한다.

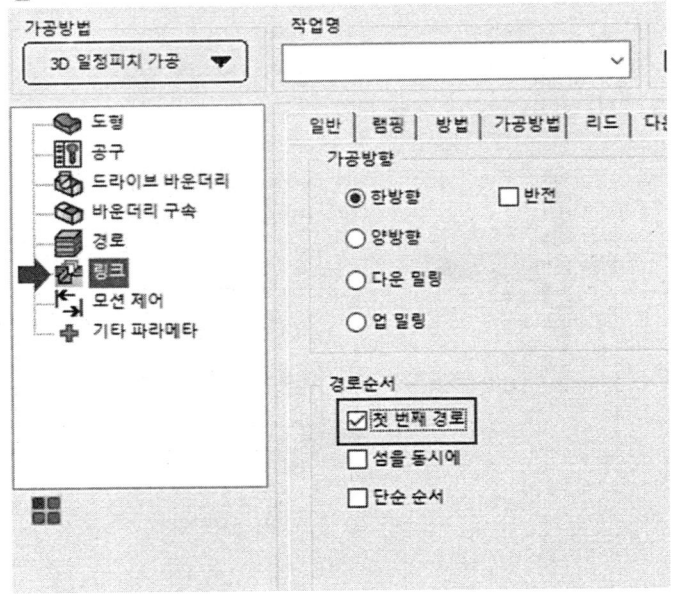

❽ [가공높이 → 파트 안전높이]를 선택한다.

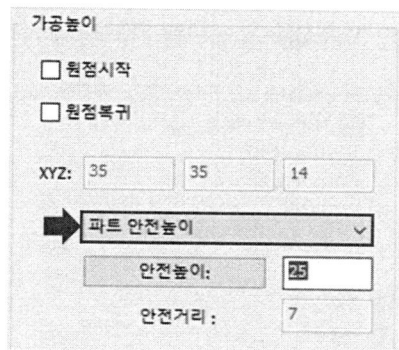

❾ [저장&계산] 버튼을 눌러 공구경로를 생성한다.

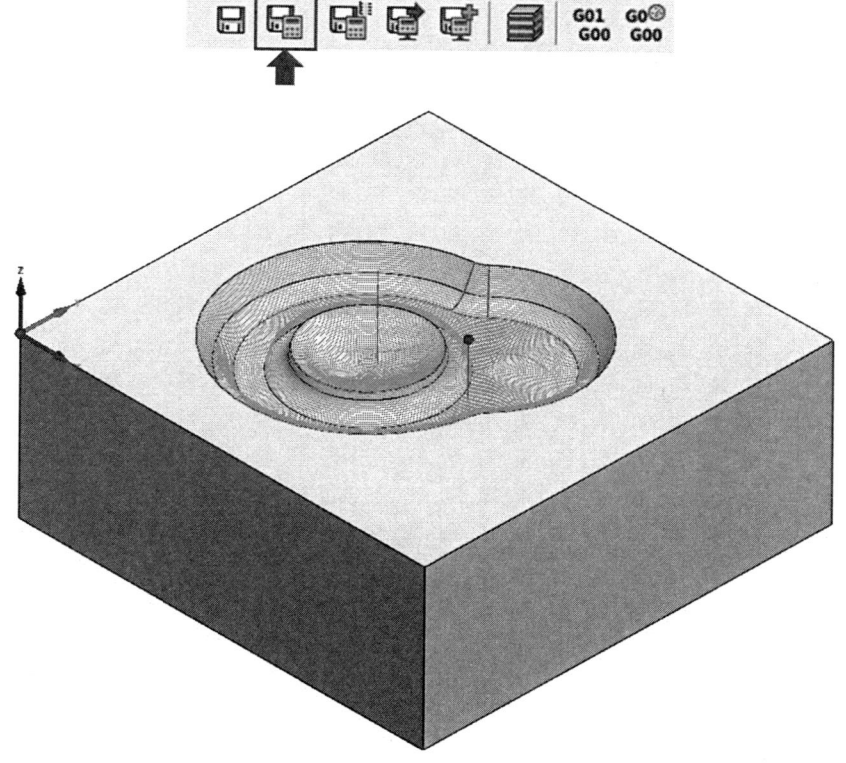

(6) 시뮬레이션 및 G코드 생성

❶ 전체 시뮬레이션을 확인하기 위해 솔리드캠 관리자에서 [작업]을 클릭한다.

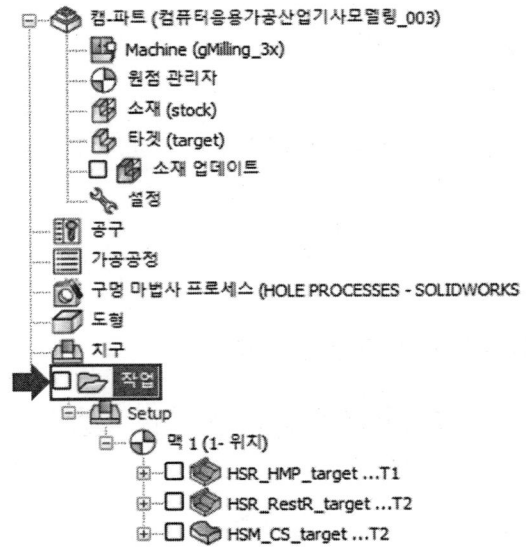

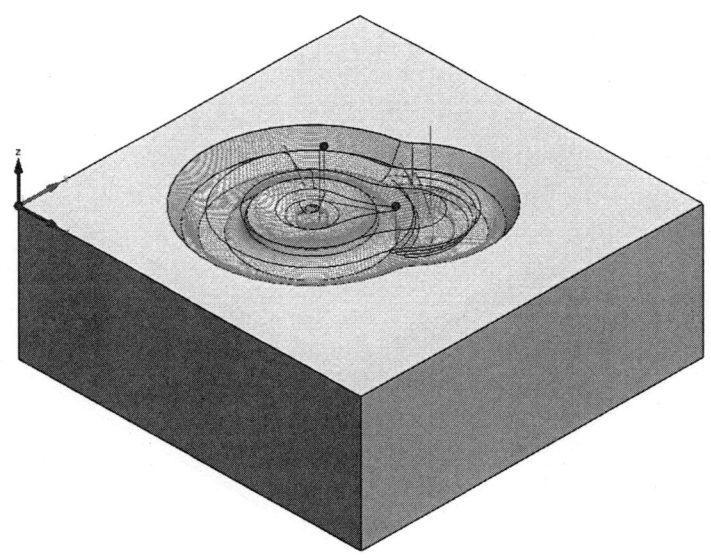

❷ 커맨드 매니저에서 [시뮬레이션]을 클릭한다.

❸ [SolidVerify]를 클릭하고, [재생] 버튼을 클릭하여 시뮬레이션을 확인한다.

 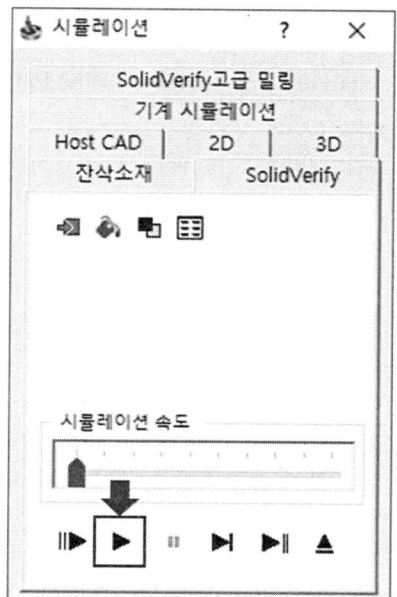

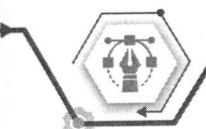

❹ 시뮬레이션을 종료하고, [커맨드 매니저 → G코드 생성]을 클릭한 후 G코드를 확인한다.

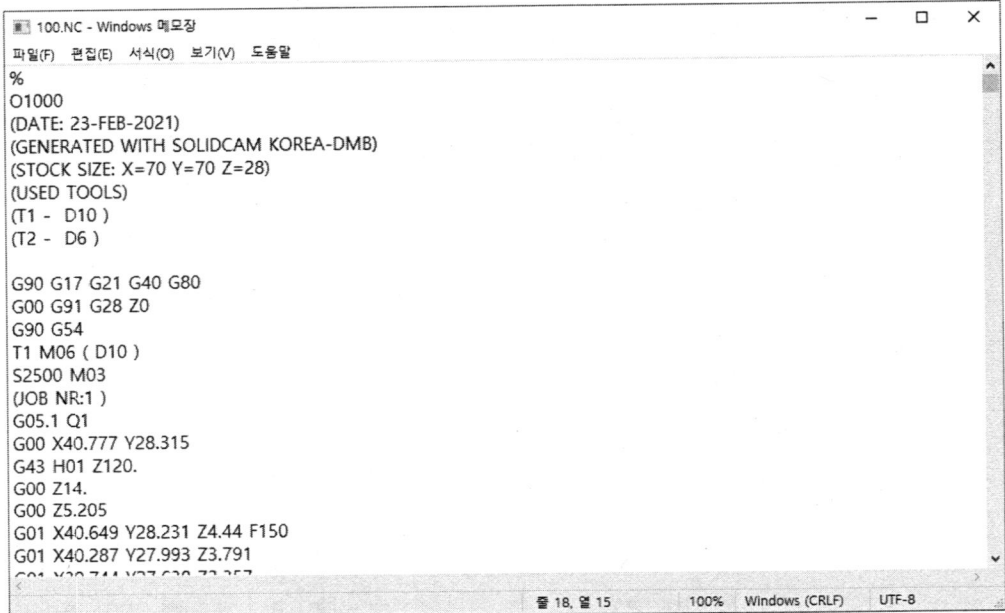

04 컴퓨터응용가공산업기사 따라 하기

1 도면

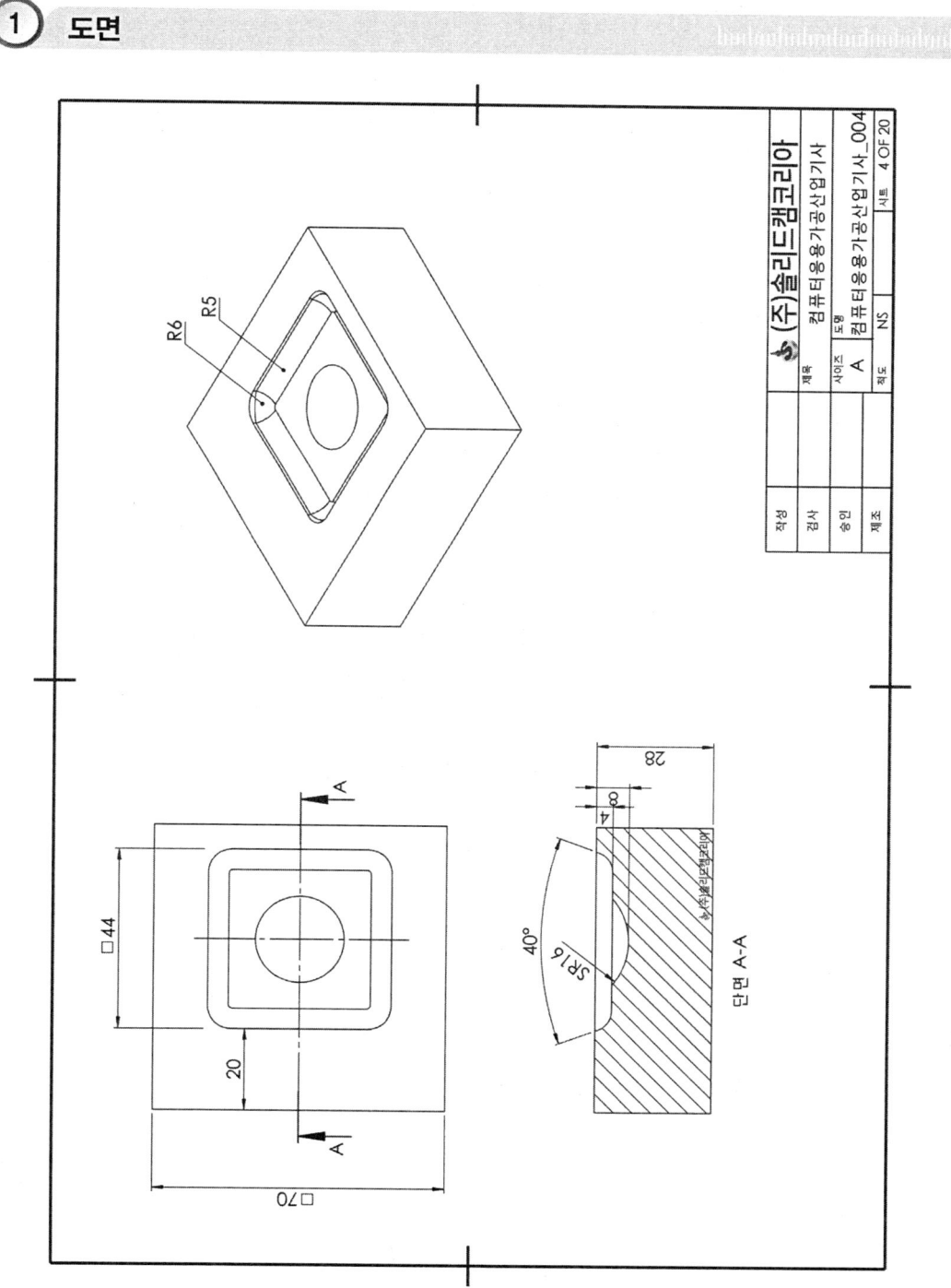

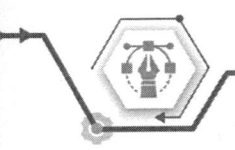

② 추천절삭조건

공구번호	작업내용	공구조건		경로간격	절삭조건				비고
		종류	직경		회전수 (rpm)	이송 (mm/min)	절입량 (mm)	잔량 (mm)	
1	황삭	평E/M	10	5	2500	300	2	0.2	
2	정삭	볼E/M	6	1	3500	200			

1. 수기 가공 도면의 드릴 위치 표시와 비교하여 원점 위치를 작업자가 결정하여 CNC 프로그램을 작업한다.

2. 안전높이는 원점에서 25mm 높은 곳으로 지정한다.

3. 공구번호, 작업내용, 공구조건, 공구경로 간격, 절삭조건 등은 절삭지시서에 준하여 작업한다.

4. 도면의 형상과 같이 포켓 가공을 할 수 있도록 CAM 소프트웨어를 사용하여 작업을 생성하여 NC 데이터를 저장장치에 저장하여 제출한다.

5. 가공 작업의 수는 도면 형상에 맞추어 작업한다.

6. 위 추천 절삭조건은 SolidCAM 프로그램의 기준으로 다른 프로그램일 경우 절삭조건은 변경될 수 있다.

7. 40분 이내로 가공 시간을 맞추어 작업한다.

※ 절삭조건은 시험장에 따라 달라질 수 있다.

③ CAM

(1) SolidCAM 원점, 소재 정의

❶ [주메뉴 바 → 열기]를 통해 파일을 불러온다.

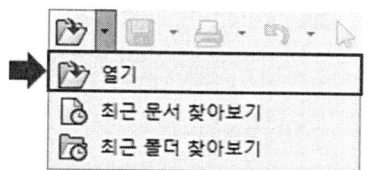

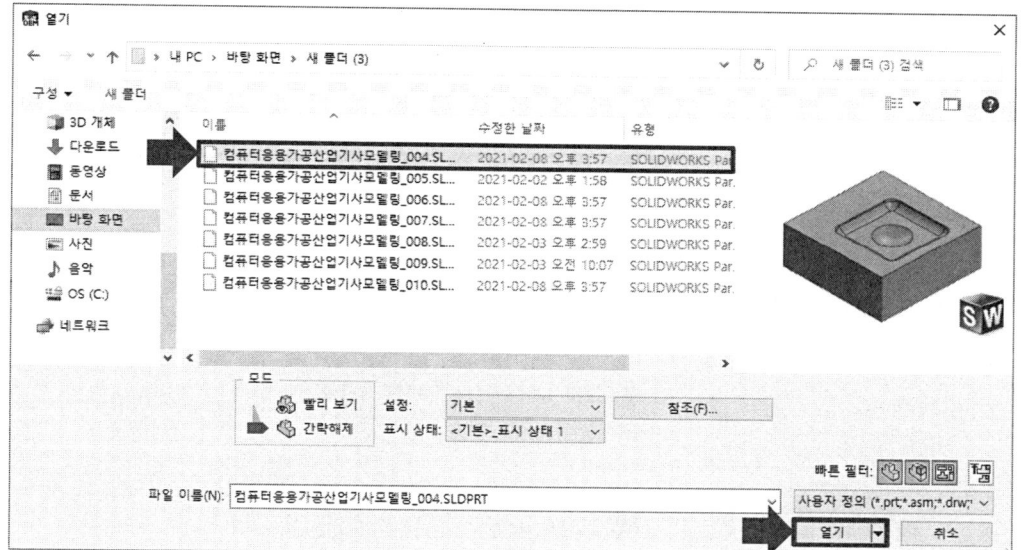

Tip 이미 모델링 파일이 열려있다면 해당 과정은 생략한다.

❷ [커맨드 매니저 → SolidCAM 파트 설정 탭 → 신규 → 밀링]을 클릭한다.

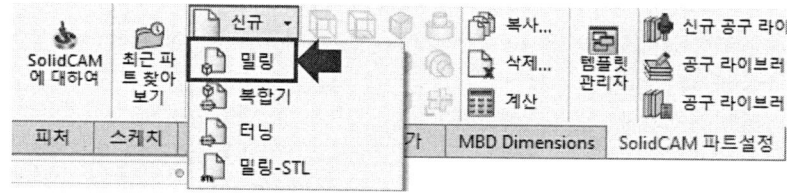

❸ [신규 밀링파트 → 캠-파트 생성방법 → 솔리드캠의 파일로 저장 → 단위 → 미터]를 클릭하고 확인을 클릭한다.

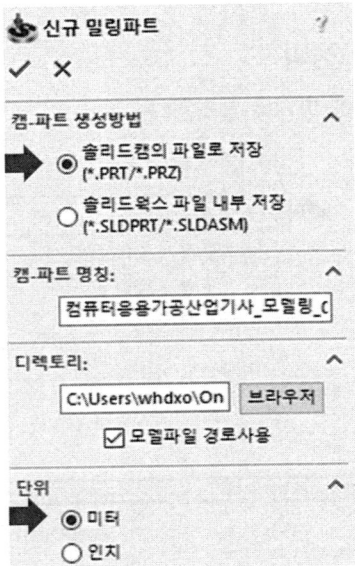

❹ [밀링파트 데이터 → CNC-컨트롤러 → gMilling_3x]를 설정한 후 [정의 → 원점]을 클릭한다.

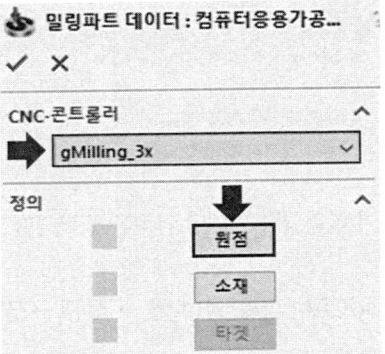

❺ [원점 → 평면원점 → 모델박스의 코너]를 설정하고, 모델링의 윗면을 클릭한 후 확인을 클릭한다.

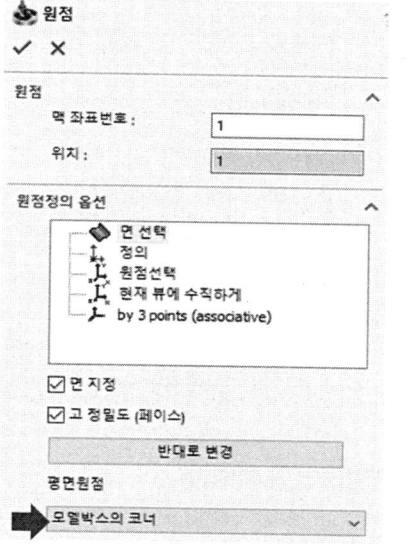
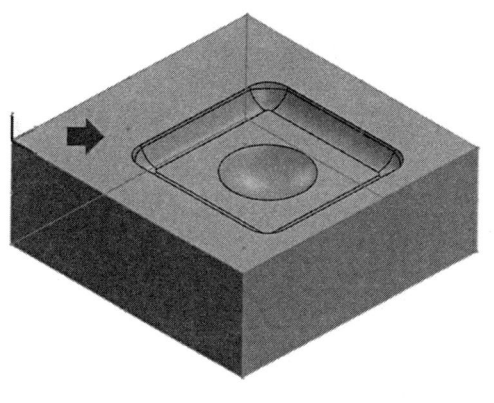

❻ 솔리드캠 관리자에서 [원점 데이터 → 안전 높이 : 25]를 입력하고 확인을 클릭한다.

❼ [원점 관리자 → 확인]을 눌러 [밀링파트 데이터] 창에서 [소재]를 클릭한다.

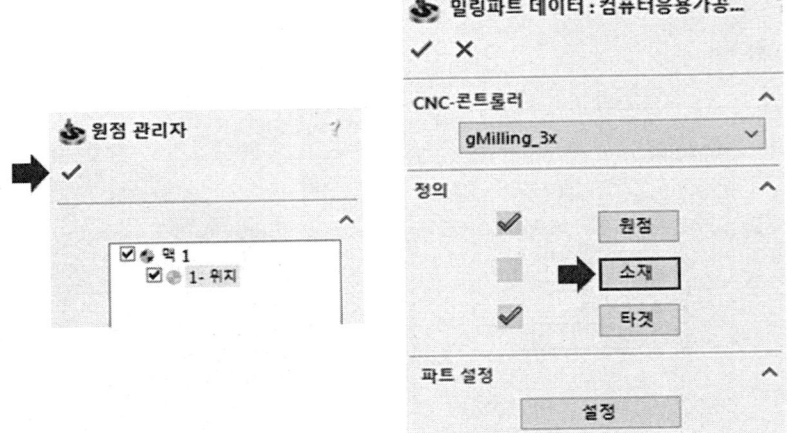

❽ [소재 → 정의 기준 → 박스]를 확인하고 모델링 윗면을 클릭한다.

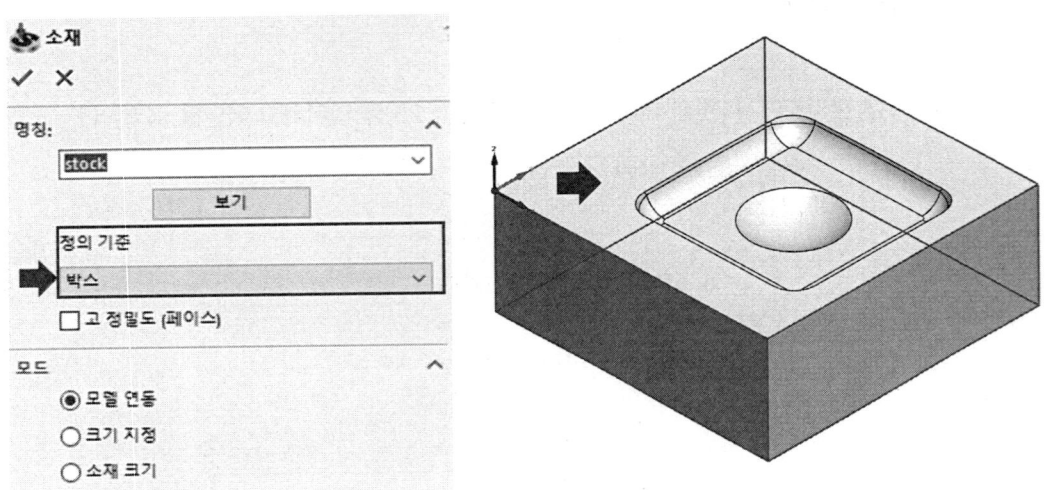

❾ 소재를 정의하고, [박스확장]에서 모든 확장을 0으로 한 후 확인을 클릭하여 소재 정의를 마친다.

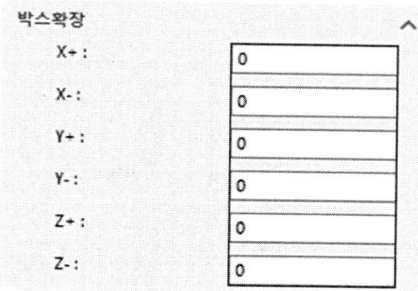

❿ [원점 – 소재 – 타겟] 3곳의 정의가 완료되면 [확인] 버튼을 클릭하여 파트 정의를 마친다.

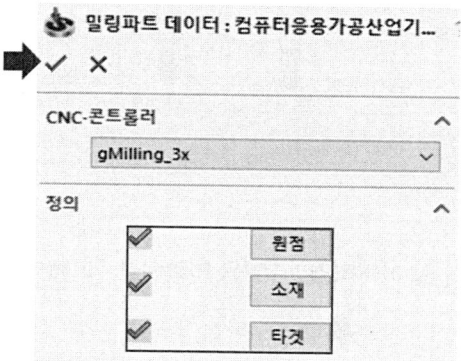

(2) 밀링 공구 작업

❶ [솔리드캠 관리자 → 공구]를 더블클릭한다.

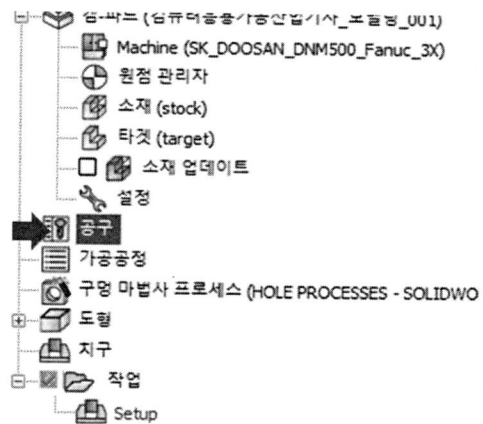

❷ [밀링 공구 추가 → 평 엔드밀]을 클릭한다.

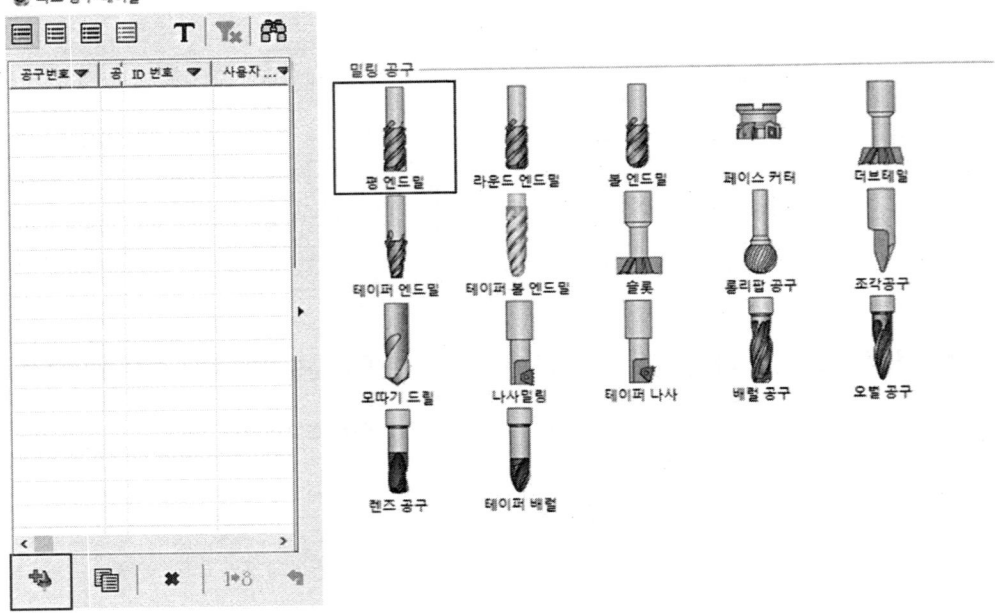

❸ [직경 : 10 → 숄더 및 아버직경 : 10]을 입력하고, [디폴트 공구 데이터]로 넘어간다.

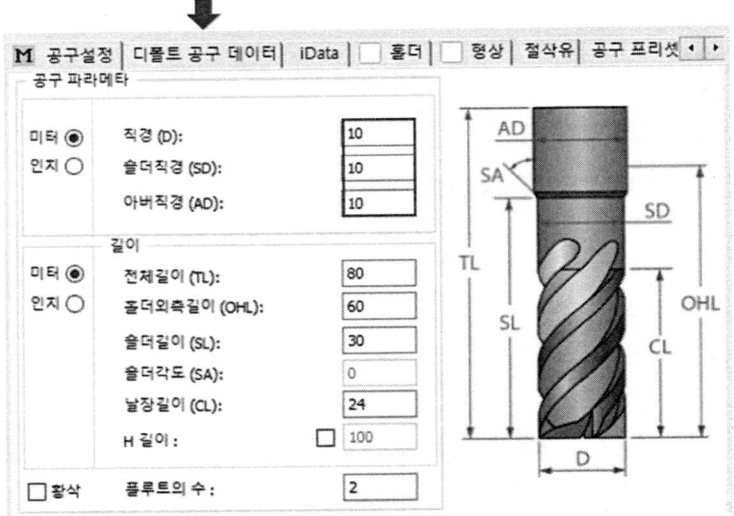

❹ [XY피드 : 300 → Z피드 : 150 → 회전율 : 2500]을 입력하고, [밀링 공구 추가] 버튼을 클릭한다.

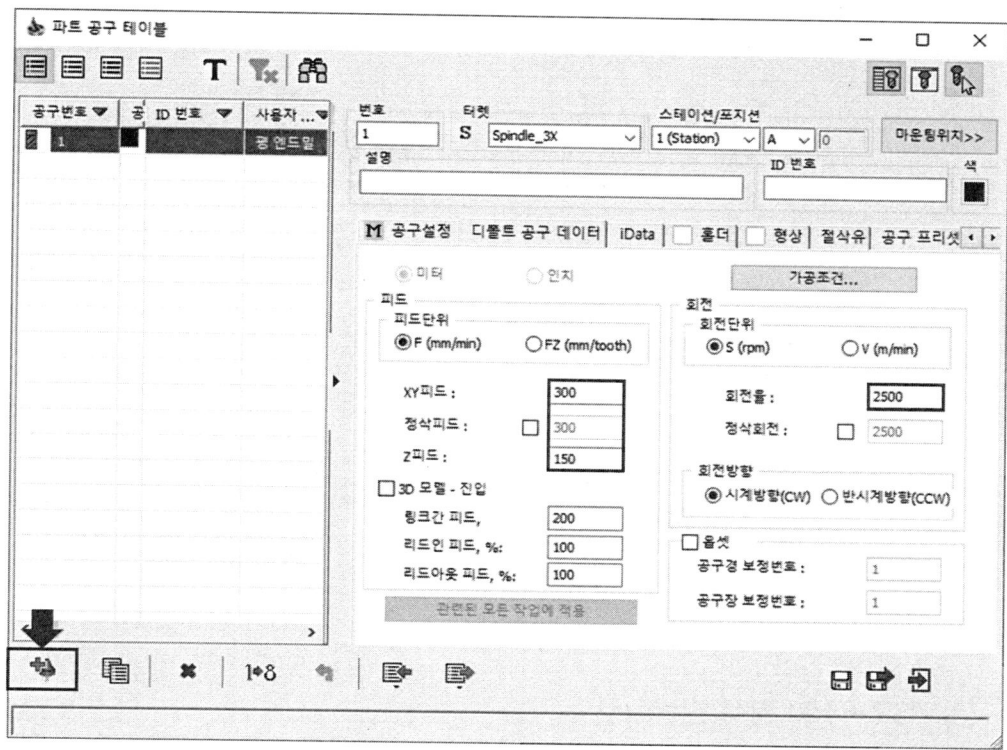

❺ [볼 엔드밀 → 직경 : 6 → 코너반경 : 3 → 숄더 및 아버직경 : 6]을 입력하고, [디폴트 공구 데이터]로 넘어간다.

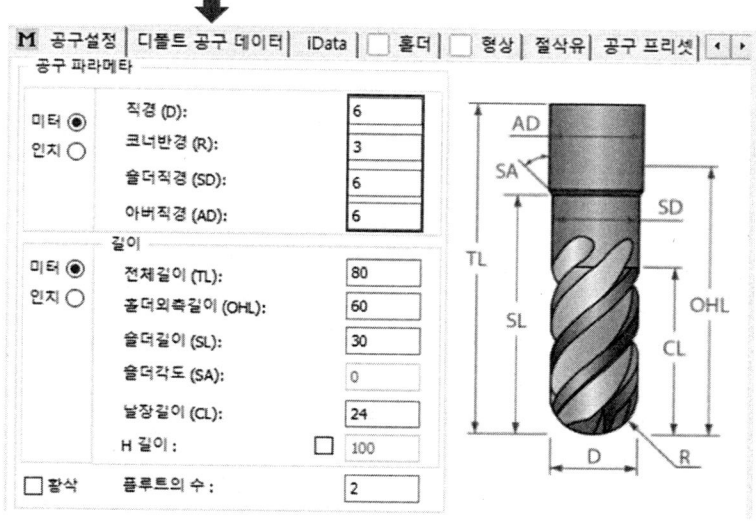

❻ [XY피드 : 200 → Z피드 : 100 → 회전율 : 3500]을 입력하고, 우측 하단의 [저장&나가기]를 클릭한다.

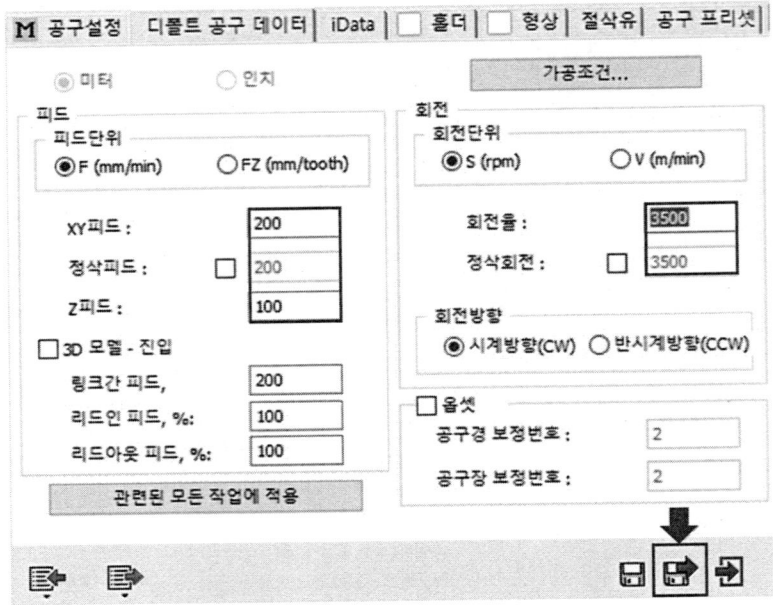

(3) HSR – HM 황삭 밀링작업

❶ [커맨드 매니저 → SolidCAM 3D 탭 → 3D HSR → HM 황삭]을 클릭한다.

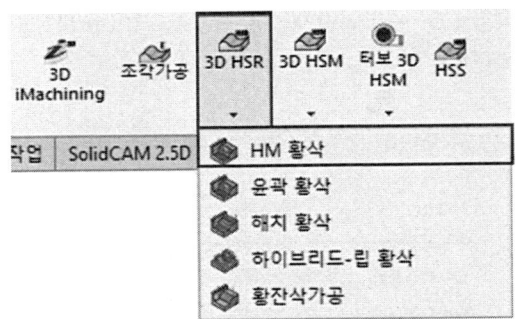

❷ 공구로 이동하여 선택을 클릭한다.

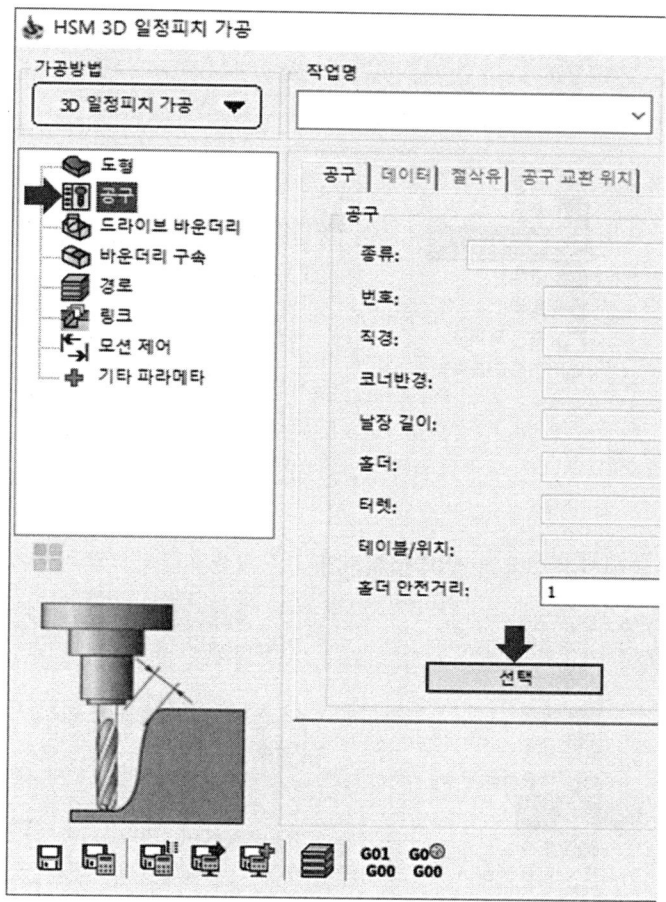

❸ 평 엔드밀을 더블클릭한다.

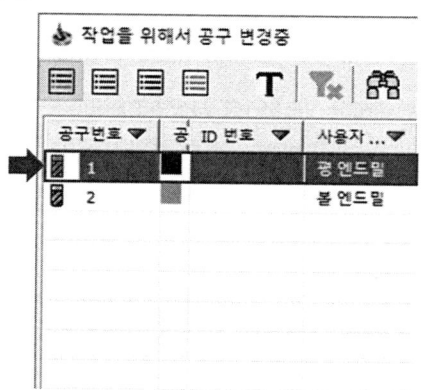

❹ [바운더리 구속 → 바운더리 종류 → 자동생성]을 선택한다.

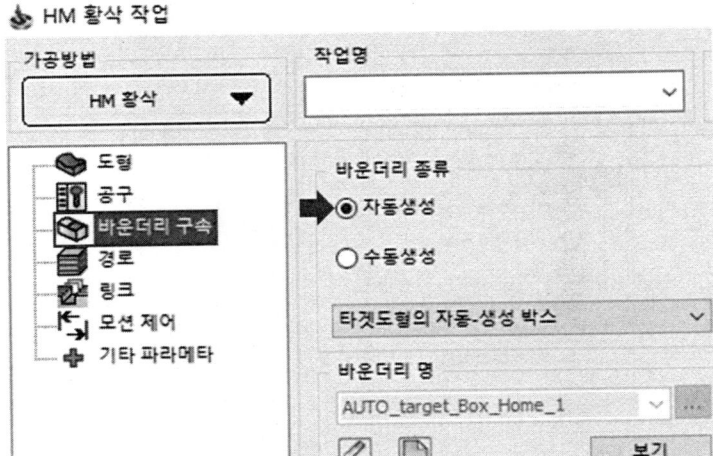

❺ [경로]를 클릭하여 다음과 같이 설정한다.

- 측벽 옵셋 : 0.2
- 바닥 옵셋 : 0.2
- 공차 : 0.04
- 절입량 : 1

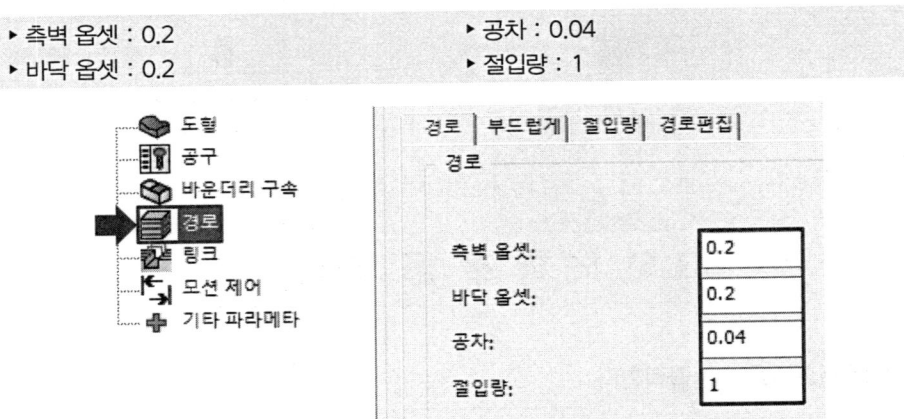

❻ [XY피치 가공방법]의 종류는 캐비티를 사용한다.

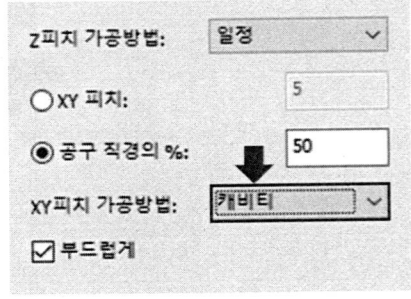

❼ [링크 → 최소 윤곽직경 : 1]을 입력한다.

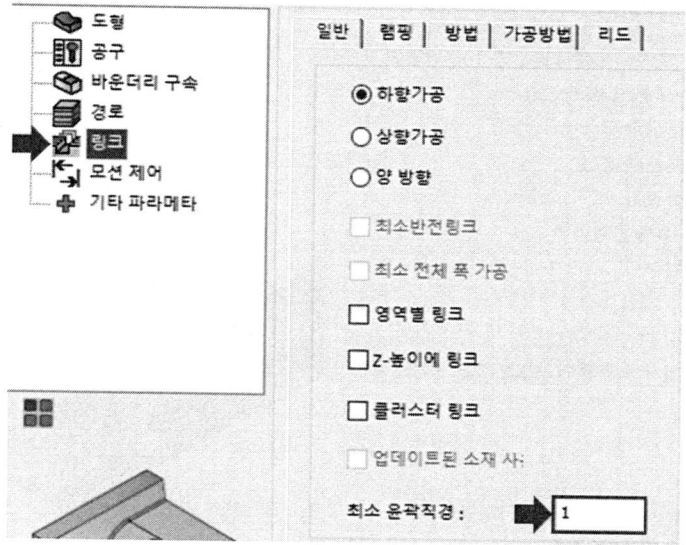

❽ [가공높이 → 파트 안전높이]를 선택한다.

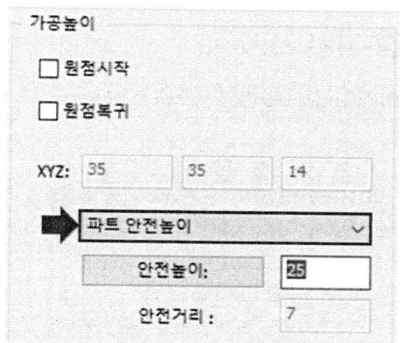

❾ [저장&계산] 버튼을 눌러 공구경로를 생성한다.

❿ 솔리드캠 관리자에는 생성한 작업이 나열된다. 다음 작업을 위해 체크박스를 해제하여 툴패스를 숨긴다.

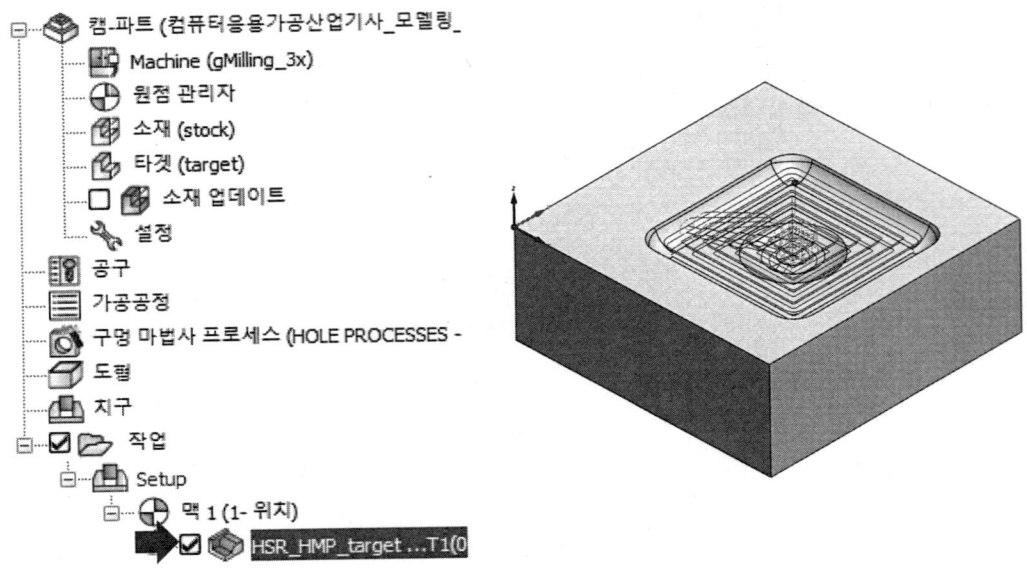

(4) 3D HSM – 3D 일정 피치 가공

❶ [커맨드 매니저 → SolidCAM 3D 탭 → 3D HSM → 3D 일정 피치]를 클릭한다.

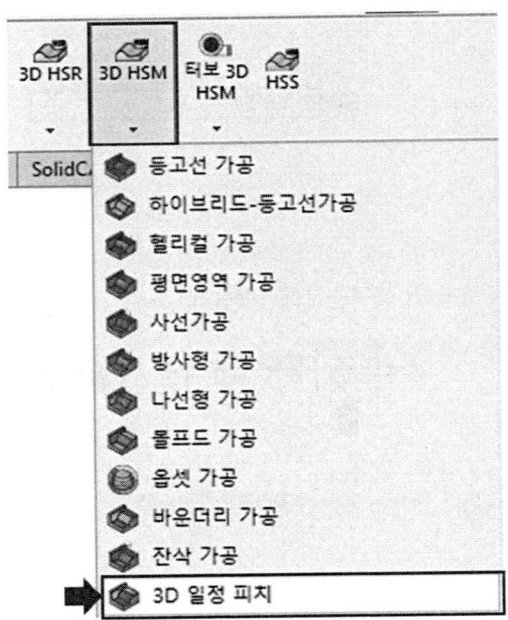

❷ [공구 → 선택 → 볼 엔드밀] 순으로 클릭한다.

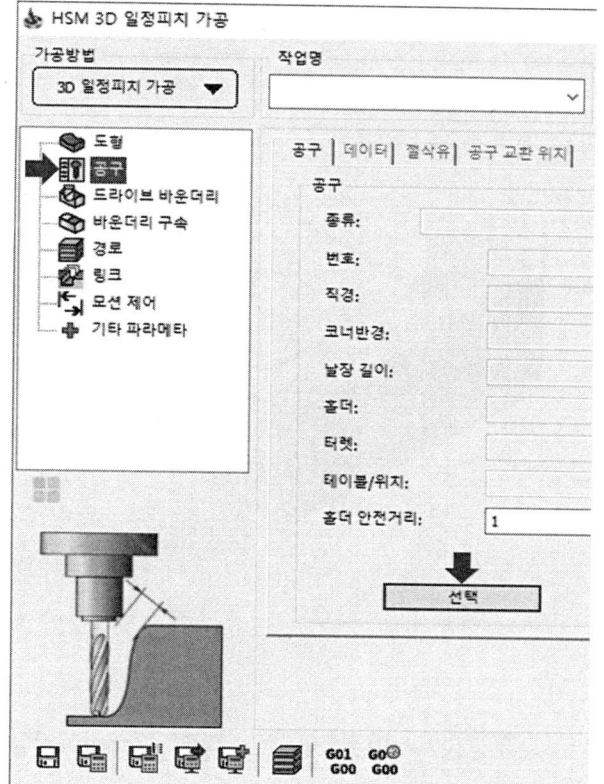

❸ [드라이브 바운더리]에서 [바운더리 종류 → 수동생성 → 신규]를 순서대로 클릭한다.

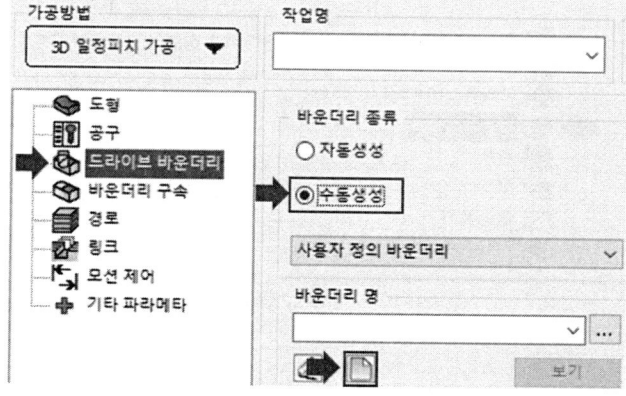

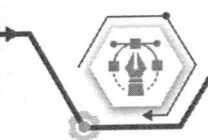

❹ 화살표가 가리키는 선을 클릭하여 체인을 생성한다.

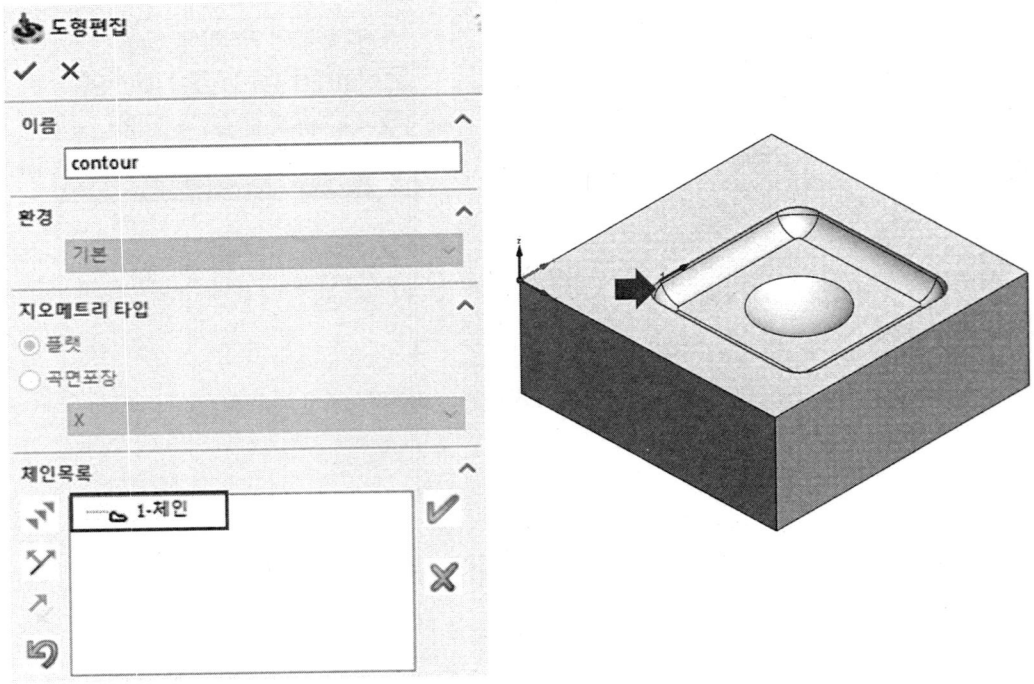

❺ [바운더리 구속]에서 [바운더리 종류 → 수동생성 → 바운더리 명 → 목록 → contour]를 순서대로 클릭한다.

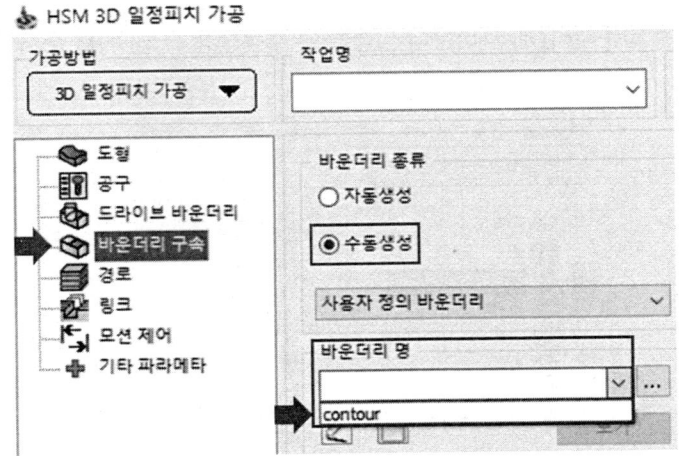

컴퓨터응용가공산업기사 실기

❻ [경로]를 클릭하여 다음과 같이 설정한다.

▸ 수평 가공피치 : 0.3
▸ 수직 가공피치 : 0.3

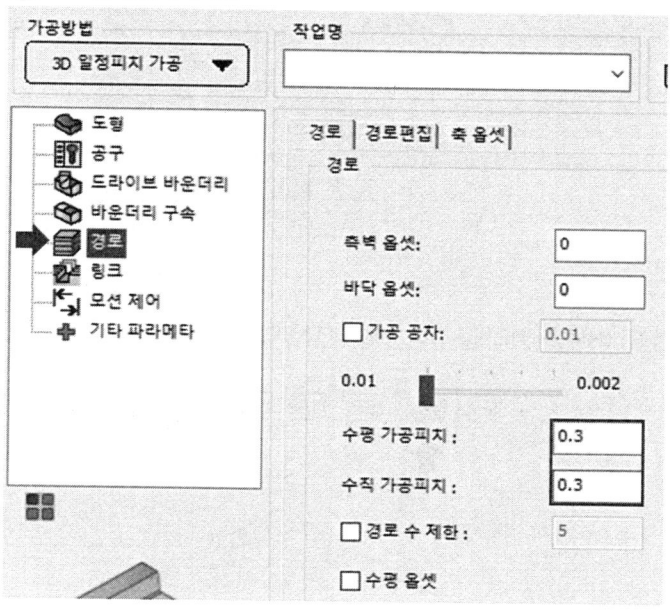

❼ [링크 → 경로순서 → 첫 번째 경로]를 체크한다.

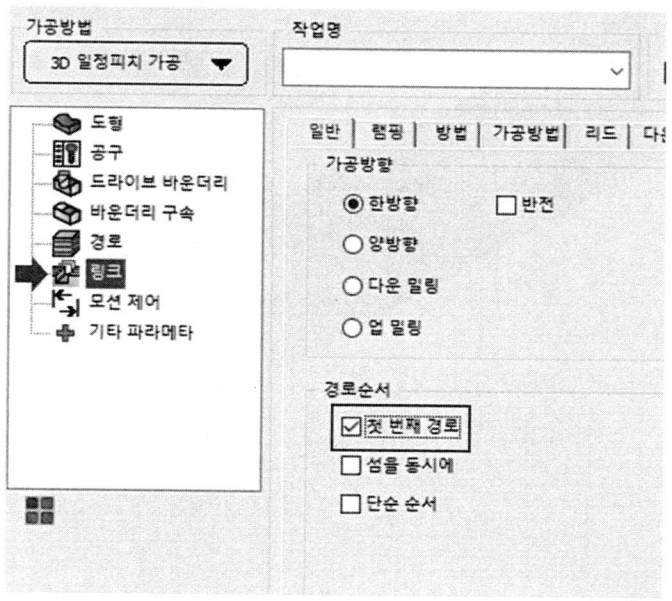

04. 컴퓨터응용가공산업기사 따라 하기

❽ [가공높이 → 파트 안전높이]를 선택한다.

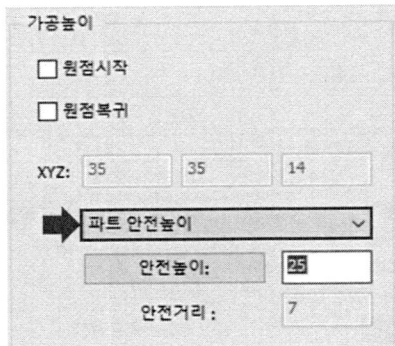

❾ [저장&계산] 버튼을 눌러 공구경로를 생성한다.

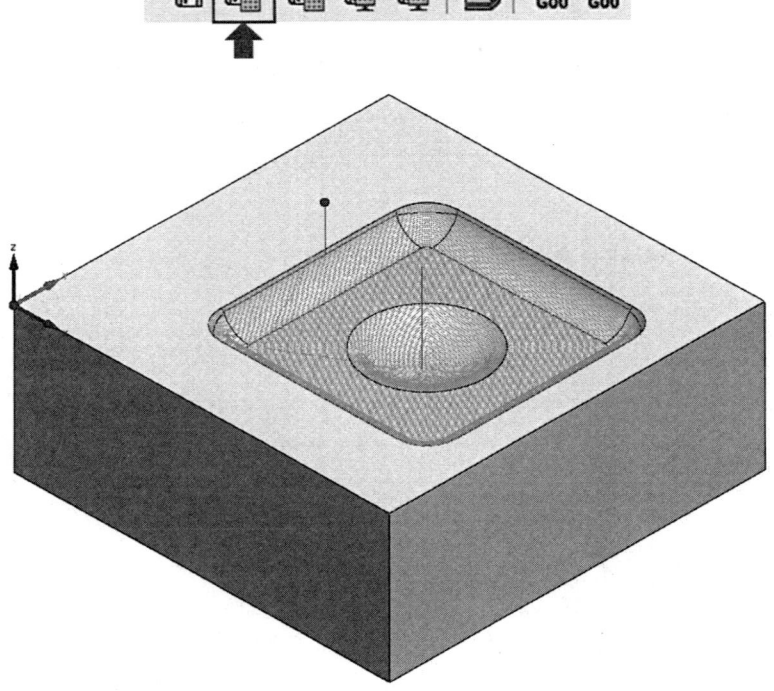

(5) 시뮬레이션 및 G코드 생성

❶ 전체 시뮬레이션을 확인하기 위해 솔리드캠 관리자에서 [작업]을 클릭한다.

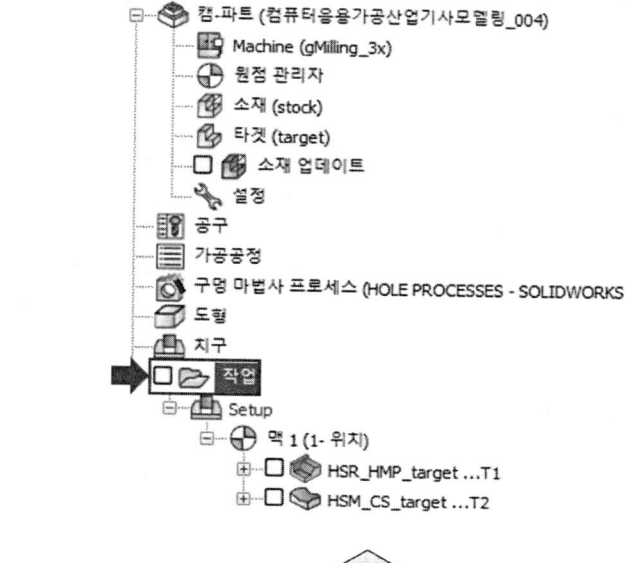

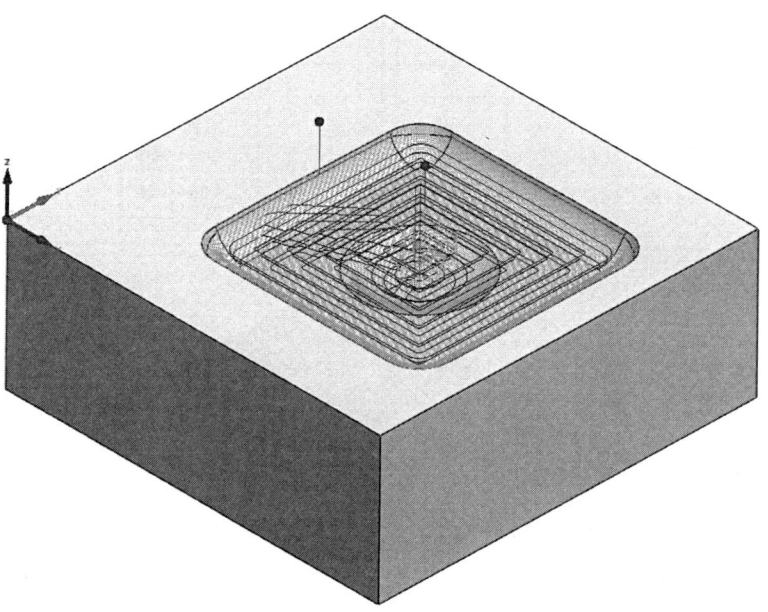

❷ 커맨드 매니저에서 [시뮬레이션]을 클릭한다.

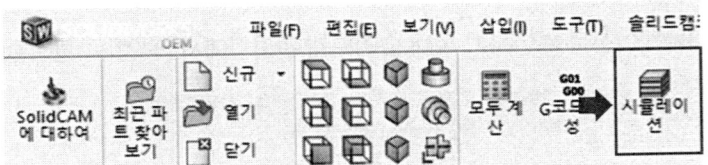

❸ [SolidVerify]를 클릭하고, [재생] 버튼을 클릭하여 시뮬레이션을 확인한다.

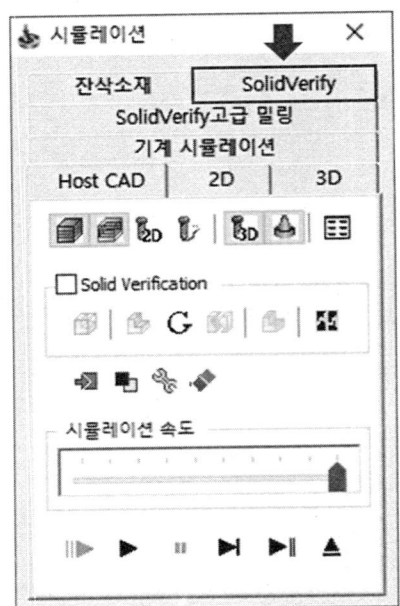
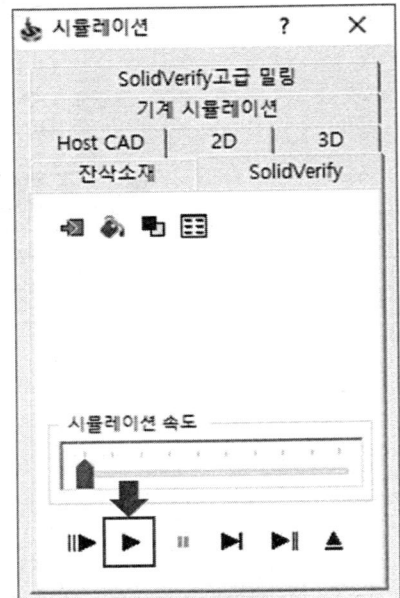

❹ 시뮬레이션을 종료하고, [커맨드 매니저 → G코드 생성]을 클릭한 후 G코드를 확인한다.

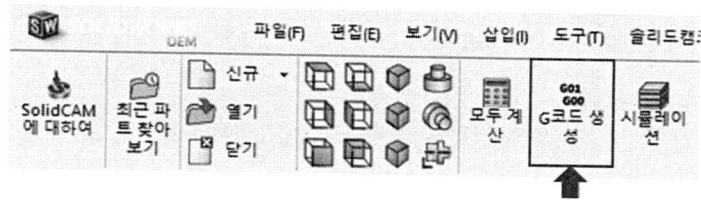

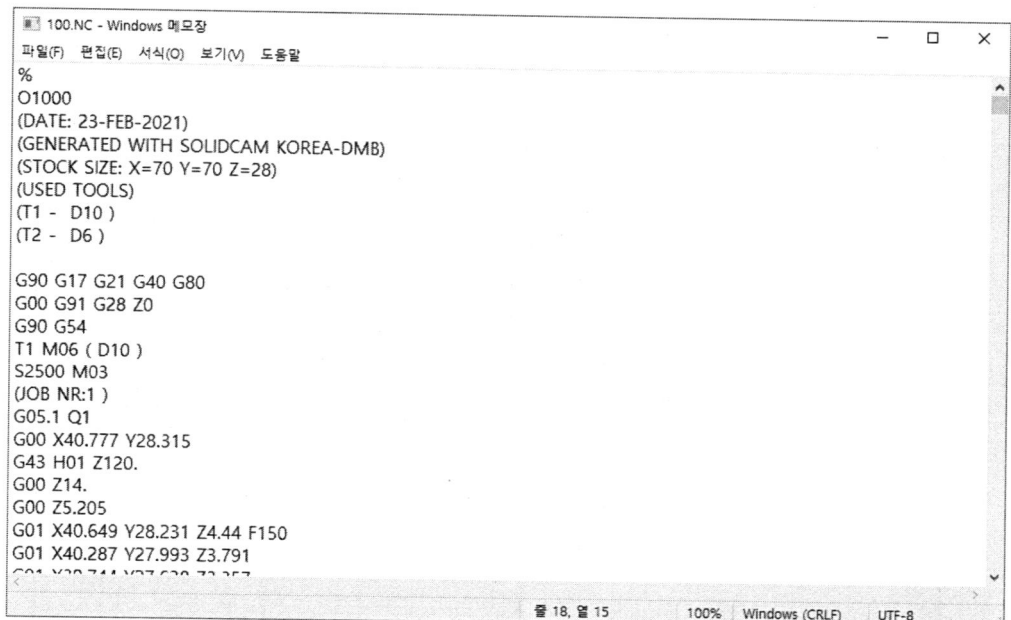

05 컴퓨터응용가공산업기사 따라 하기

1 도면

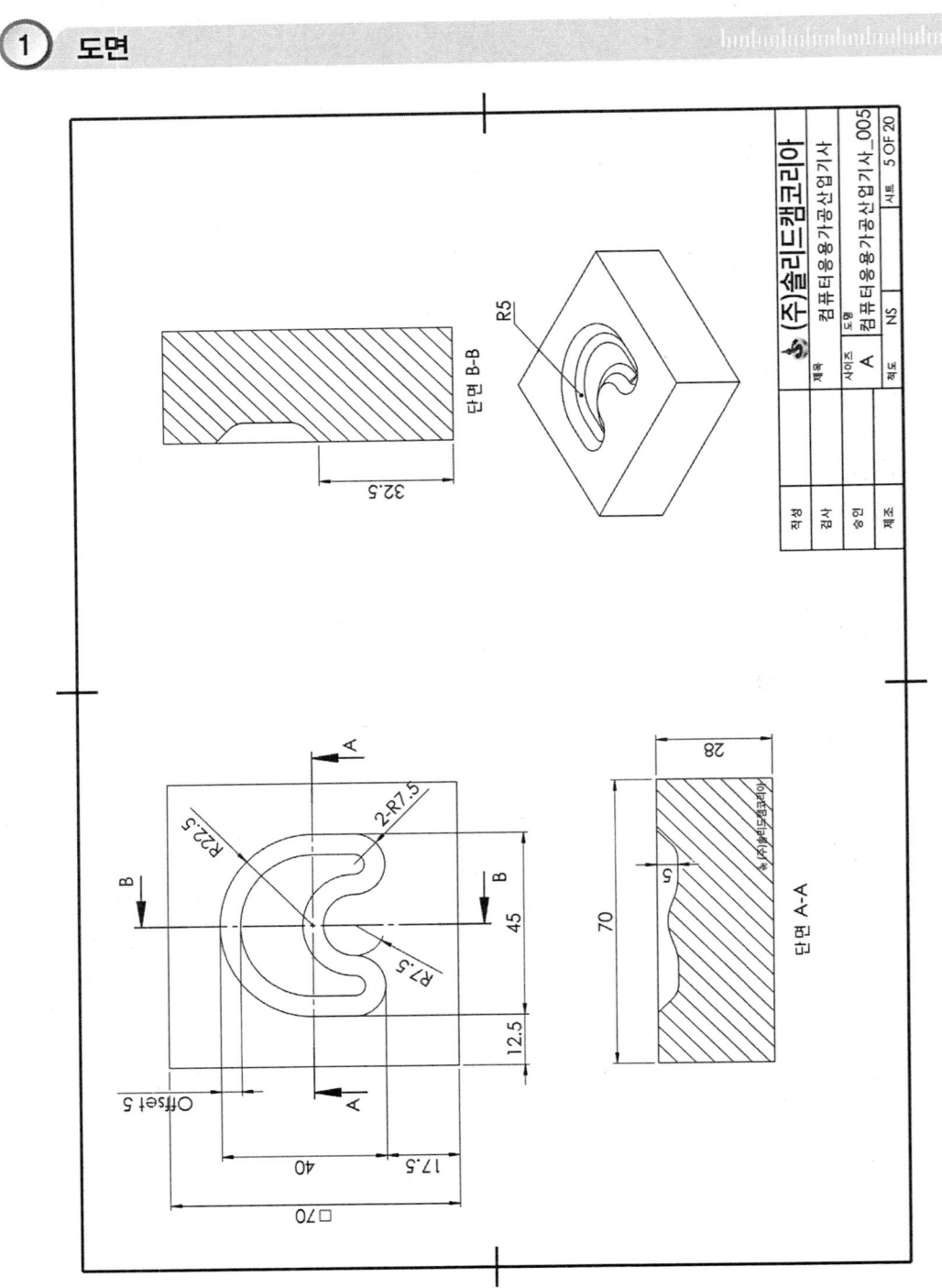

② 추천절삭조건

공구번호	작업내용	공구조건		경로간격	절삭조건				비고
		종류	직경		회전수 (rpm)	이송 (mm/min)	절입량 (mm)	잔량 (mm)	
1	황삭	평E/M	10	5	2500	300	2	0.2	
2	정삭	볼E/M	6	1	3500	200			

1. 수기 가공 도면의 드릴 위치 표시와 비교하여 원점 위치를 작업자가 결정하여 CNC 프로그램을 작업한다.

2. 안전높이는 원점에서 25mm 높은 곳으로 지정한다.

3. 공구번호, 작업내용, 공구조건, 공구경로 간격, 절삭조건 등은 절삭지시서에 준하여 작업한다.

4. 도면의 형상과 같이 포켓 가공을 할 수 있도록 CAM 소프트웨어를 사용하여 작업을 생성하여 NC 데이터를 저장장치에 저장하여 제출한다.

5. 가공 작업의 수는 도면 형상에 맞추어 작업한다.

6. 위 추천 절삭조건은 SolidCAM 프로그램의 기준으로 다른 프로그램일 경우 절삭조건은 변경될 수 있다.

7. 40분 이내로 가공 시간을 맞추어 작업한다.

※ 절삭조건은 시험장에 따라 달라질 수 있다.

③ CAM

(1) SolidCAM 원점, 소재 정의

❶ [주메뉴 바 → 열기]를 통해 파일을 불러온다.

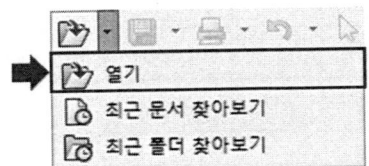

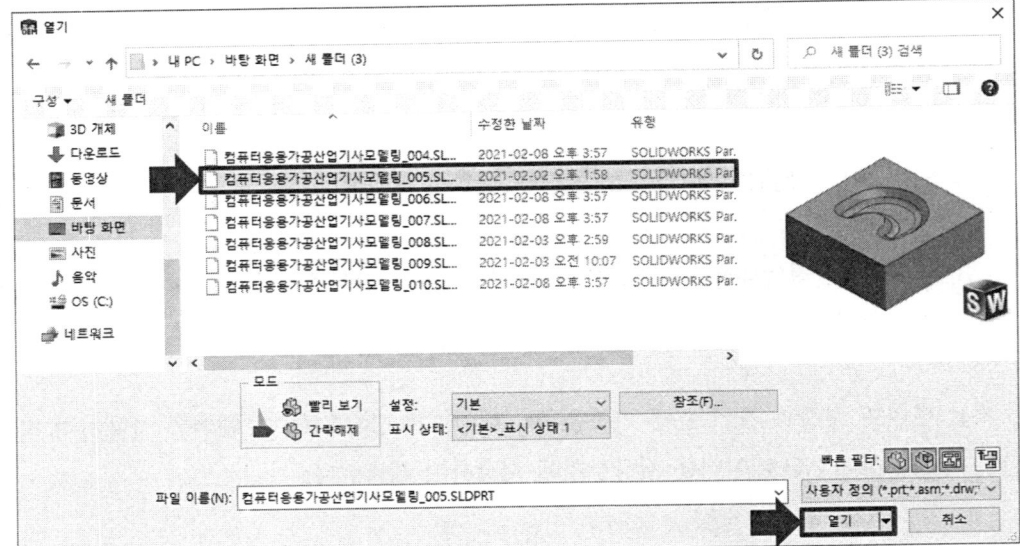

Tip 이미 모델링 파일이 열려있다면 해당 과정은 생략한다.

❷ [커맨드 매니저 → 신규 → 밀링]을 클릭한다.

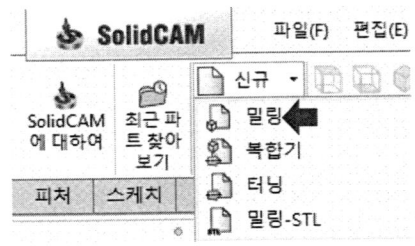

❸ [신규 밀링파트 → 캠-파트 생성방법 → 솔리드캠의 파일로 저장 → 단위 → 미터]를 클릭하고 확인을 클릭한다.

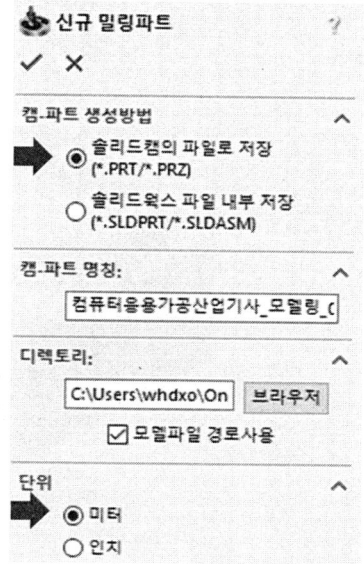

❹ [밀링파트 데이터 → CNC-컨트롤러 → gMilling_3x]를 설정한 후 [정의 → 원점]을 클릭한다.

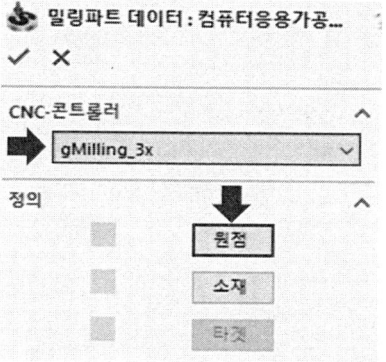

❺ [원점 → 평면원점 → 모델박스의 코너]를 설정하고, 모델링의 윗면을 클릭한 후 확인을 클릭한다.

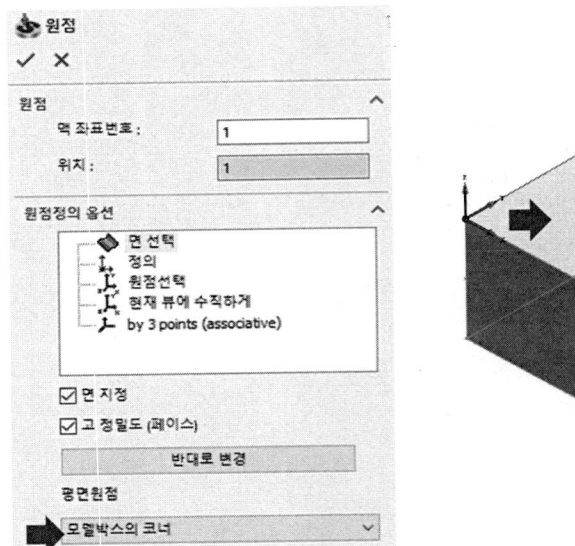
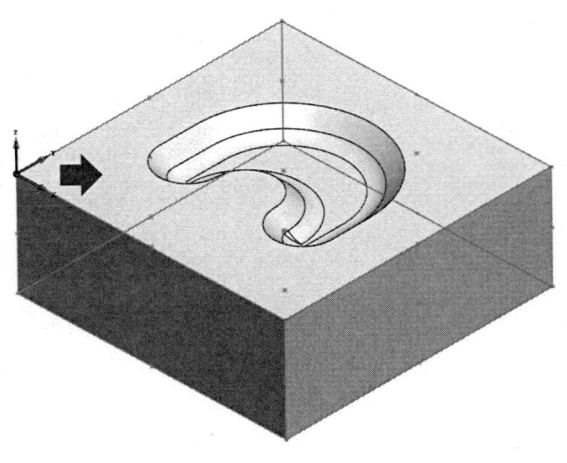

❻ 솔리드캠 관리자에서 [원점 데이터 → 안전 높이 : 25]를 입력하고 확인을 클릭한다.

❼ [원점 관리자 → 확인]을 눌러 [밀링파트 데이터] 창에서 [소재]를 클릭한다.

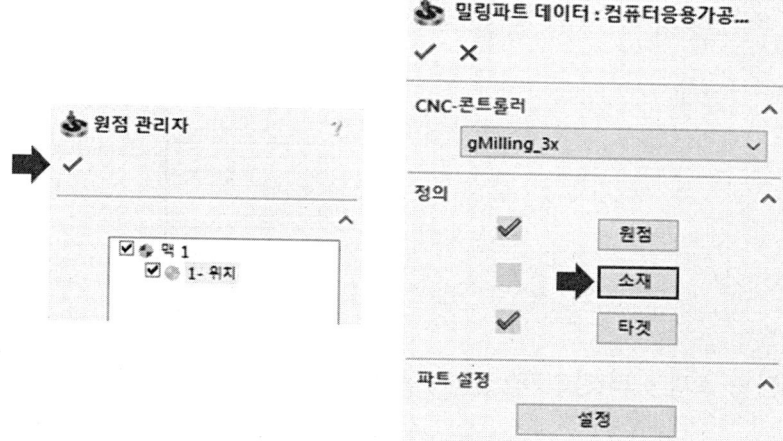

❽ [소재 → 정의 기준 → 박스]를 확인하고 모델링 윗면을 클릭한다.

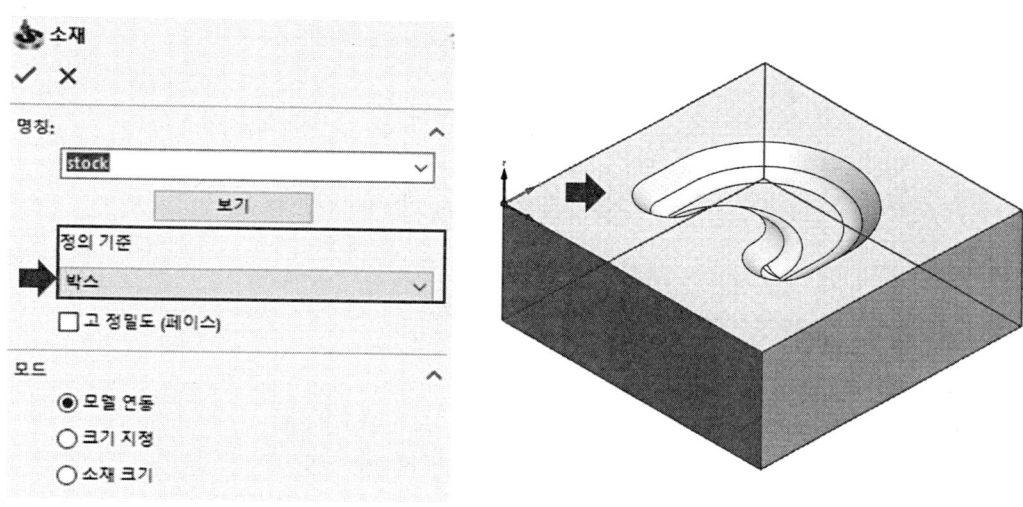

❾ 소재를 정의하고, [박스확장]에서 모든 확장을 0으로 한 후 확인을 클릭하여 소재 정의를 마친다.

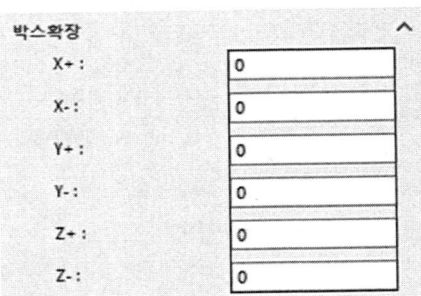

❿ [원점 - 소재 - 타겟] 3곳의 정의가 완료되면 [확인] 버튼을 클릭하여 파트 정의를 마친다.

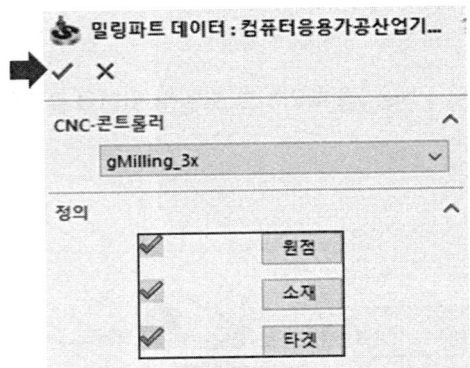

(2) 밀링 공구 작업

❶ [솔리드캠 관리자 → 공구]를 더블클릭한다.

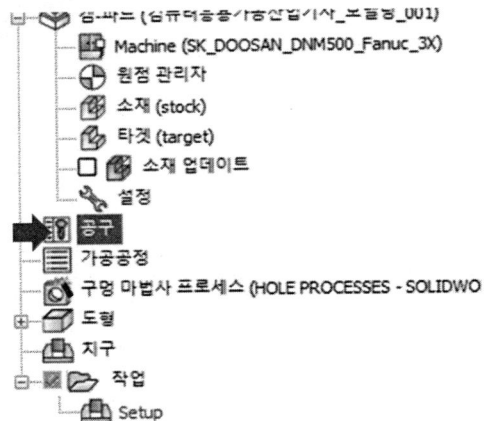

❷ [밀링 공구 추가 → 평 엔드밀]을 클릭한다.

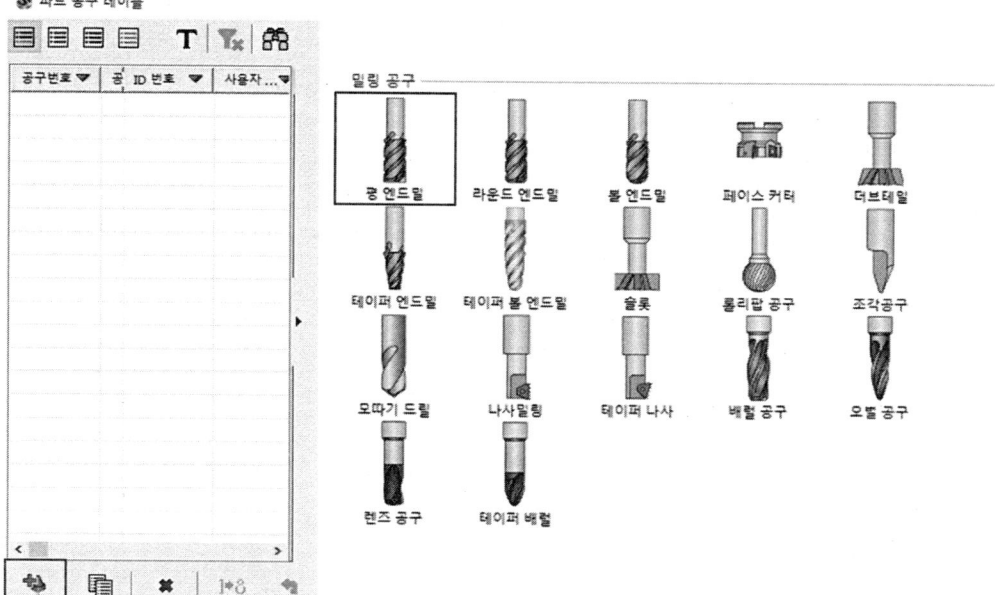

❸ [직경 : 10 → 숄더 및 아버직경 : 10]을 입력하고, [디폴트 공구 데이터]로 넘어간다.

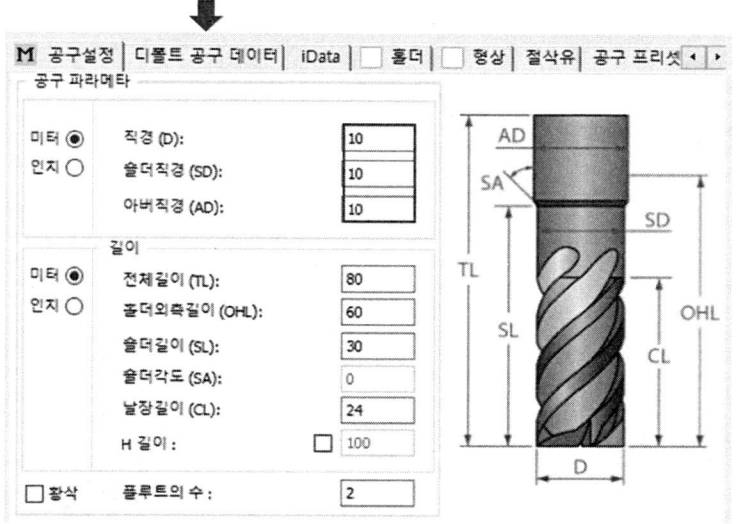

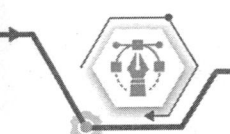

❹ [XY피드 : 300 → Z피드 : 150 → 회전율 : 2500]을 입력하고, [밀링 공구 추가] 버튼을 클릭한다.

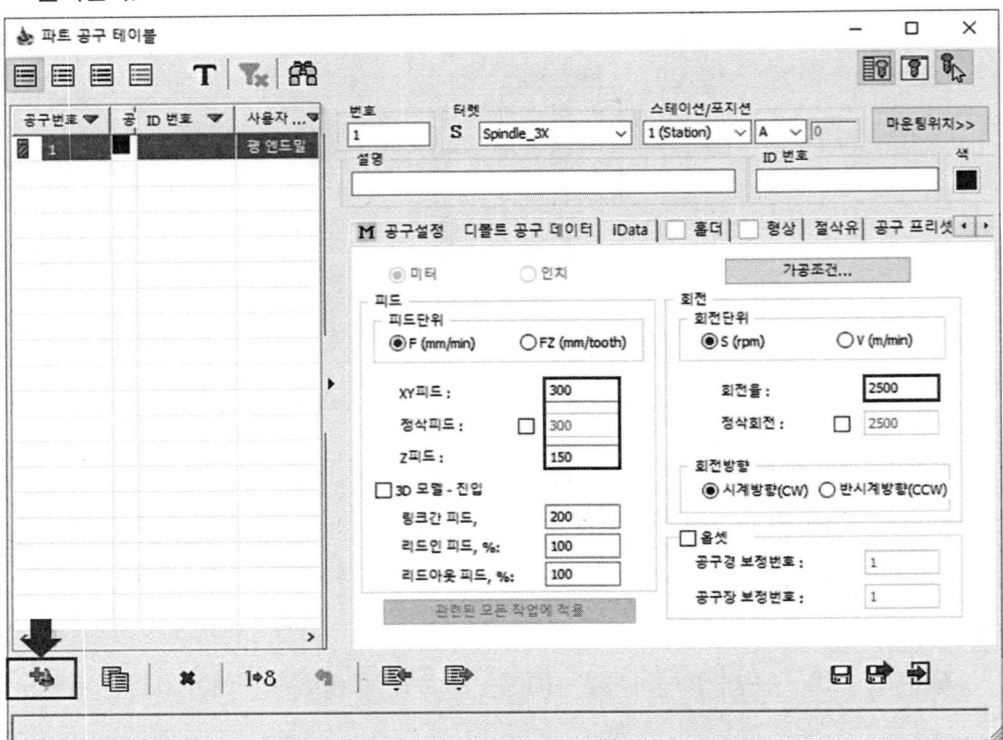

❺ [볼 엔드밀 → 직경 : 6 → 코너반경 : 3 → 숄더 및 아버직경 : 6]를 입력하고, [디폴트 공구 데이터]로 넘어간다.

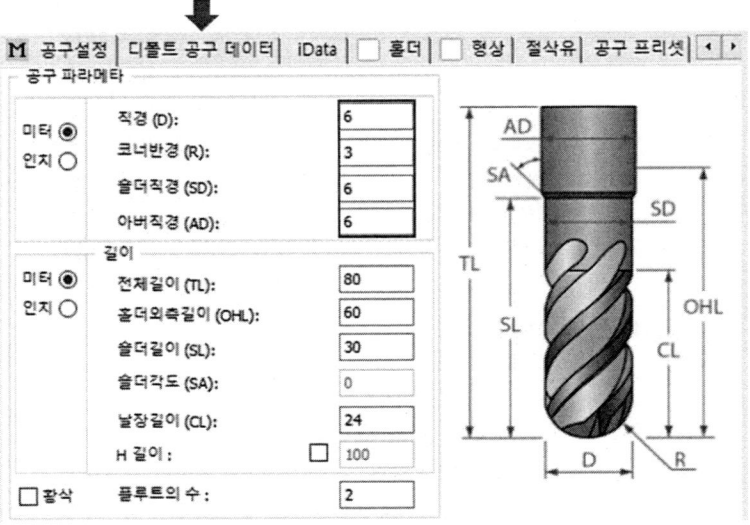

❻ [XY피드 : 200 → Z피드 : 100 → 회전율 : 3500]을 입력하고, 우측 하단의 [저장&나가기]를 클릭한다.

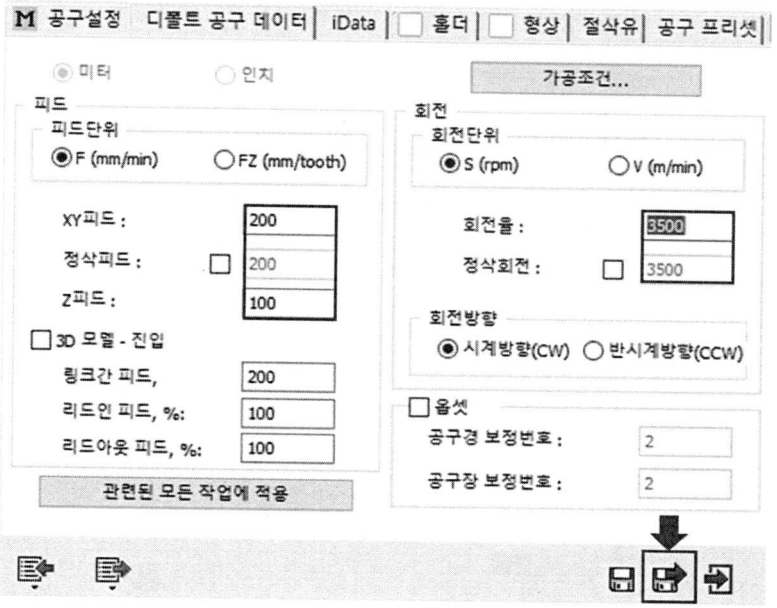

(3) HSR – HM 황삭 밀링작업

❶ [커맨드 매니저 → SolidCAM 3D 탭 → 3D HSR → HM 황삭]을 클릭한다.

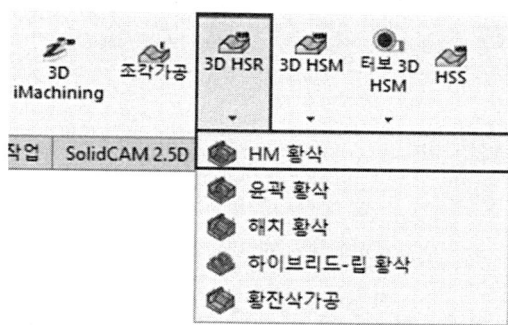

❷ 공구로 이동하여 선택을 클릭한다.

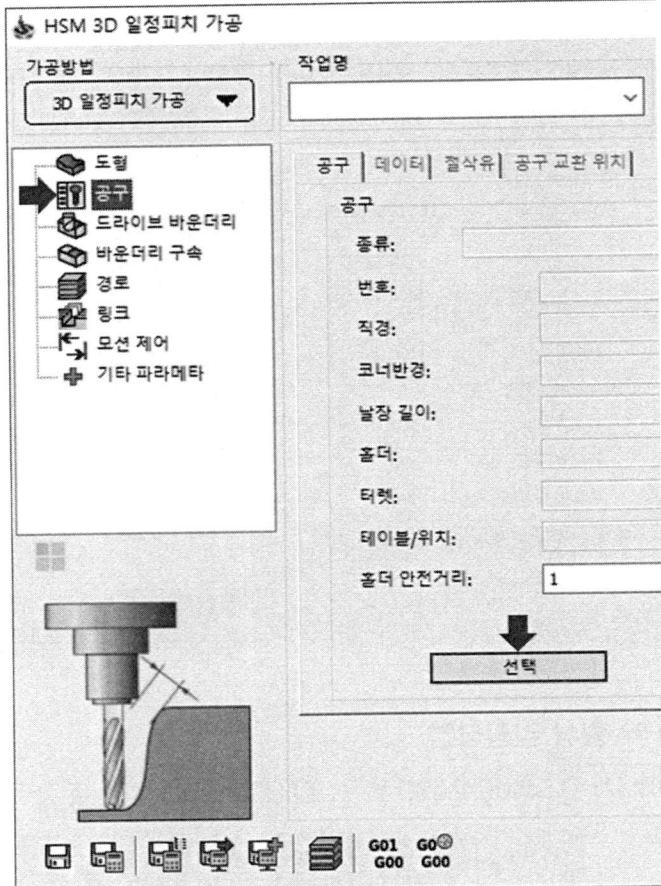

❸ 평 엔드밀을 더블클릭한다.

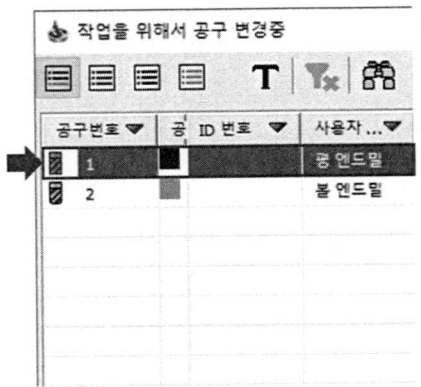

❹ [바운더리 구속 → 바운더리 종류 → 자동생성]을 선택한다.

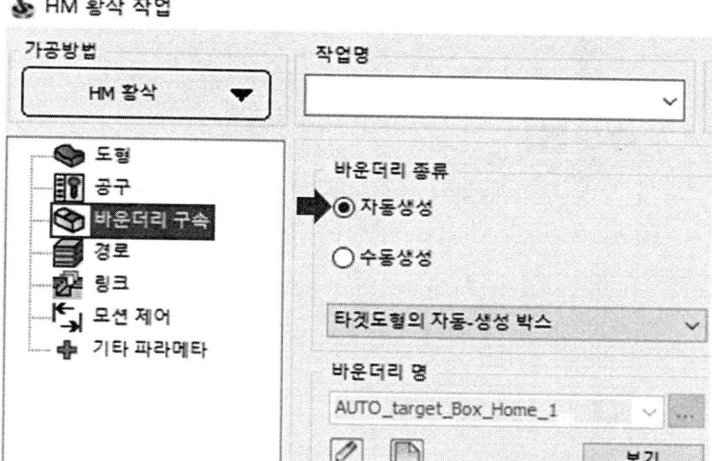

❺ [경로]를 클릭하여 다음과 같이 설정한다.

▶ 측벽 옵셋 : 0.2   ▶ 공차 : 0.04
▶ 바닥 옵셋 : 0.2   ▶ 절입량 : 1

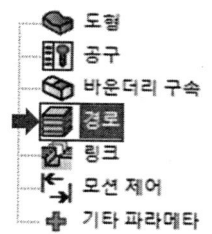 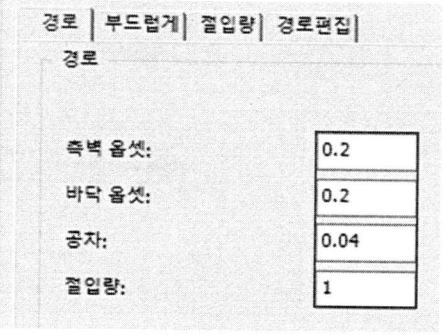

❻ [XY피치 가공방법]의 종류는 캐비티를 사용한다.

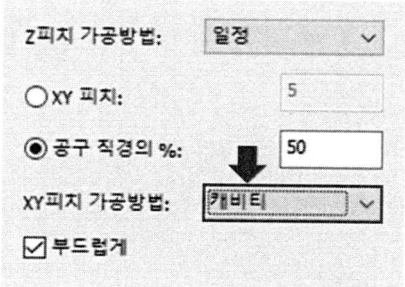

❼ [링크 → 최소 윤곽직경 : 1]를 입력한다.

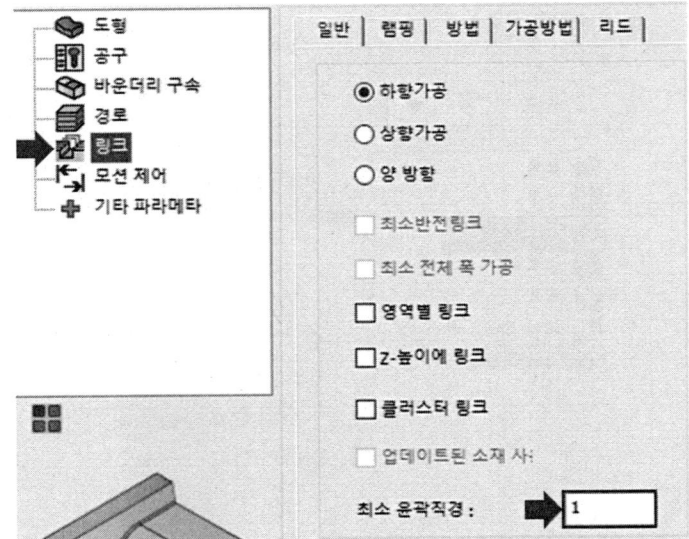

❽ [가공높이 → 파트 안전높이]를 선택한다.

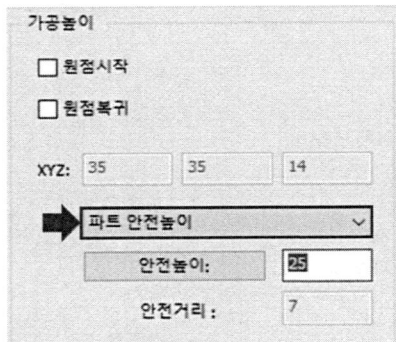

❾ [저장&계산] 버튼을 눌러 공구경로를 생성한다.

❿ 솔리드캠 관리자에는 생성한 작업이 나열된다. 다음 작업을 위해 체크박스를 해제하여 툴패스를 숨긴다.

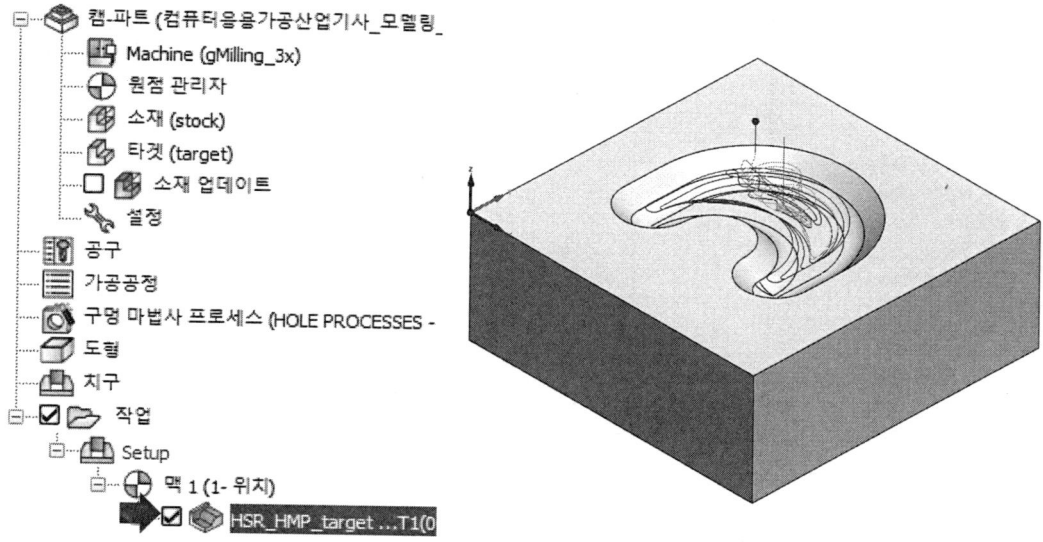

(4) 3D HSM - 3D 일정 피치 가공

❶ [커맨드 매니저 → SolidCAM 3D 탭 → 3D HSM → 3D 일정 피치]를 클릭한다.

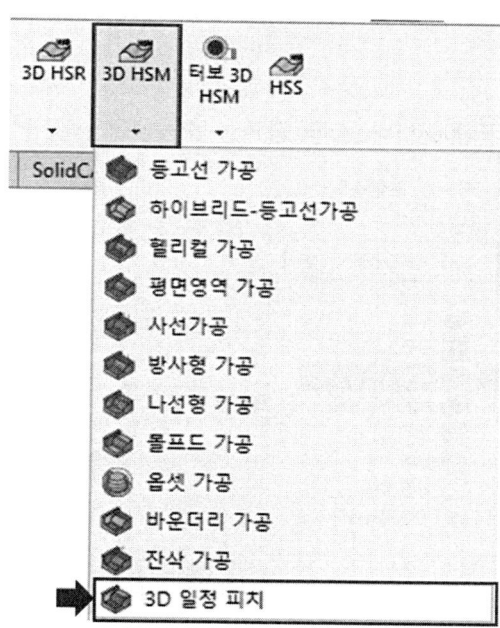

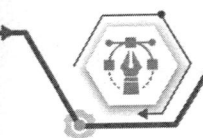

❷ [공구 → 선택 → 볼 엔드밀] 순으로 클릭한다.

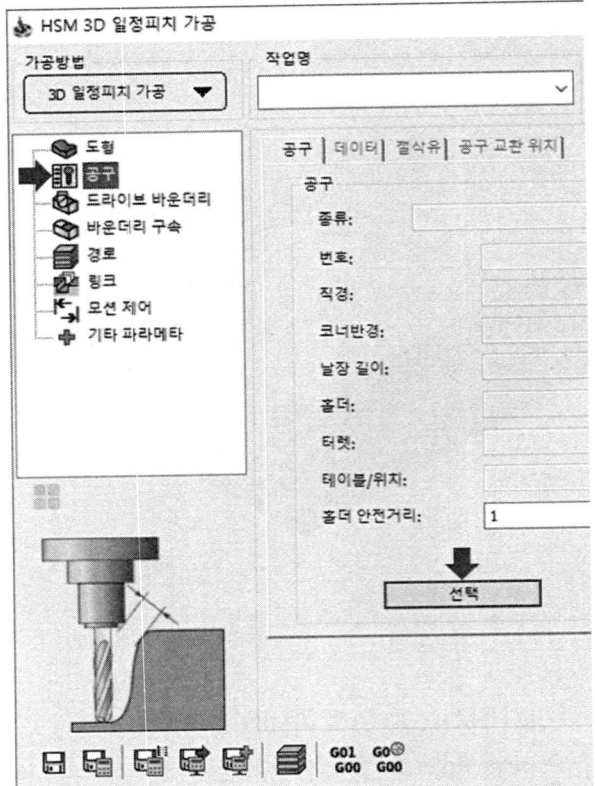
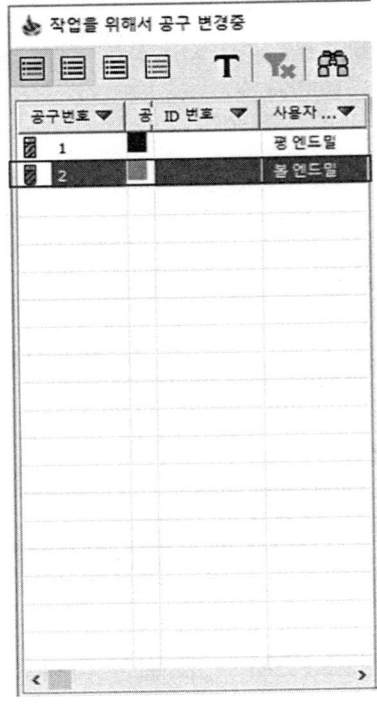

❸ [드라이브 바운더리]에서 [바운더리 종류 → 수동생성 → 신규]를 순서대로 클릭한다.

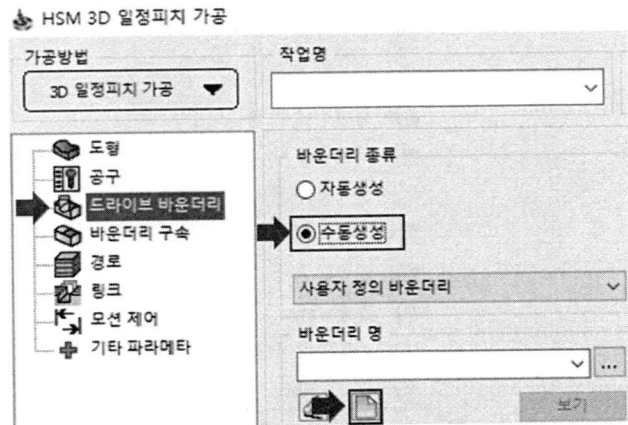

❹ 화살표가 가리키는 선을 클릭하여 체인을 생성한다.

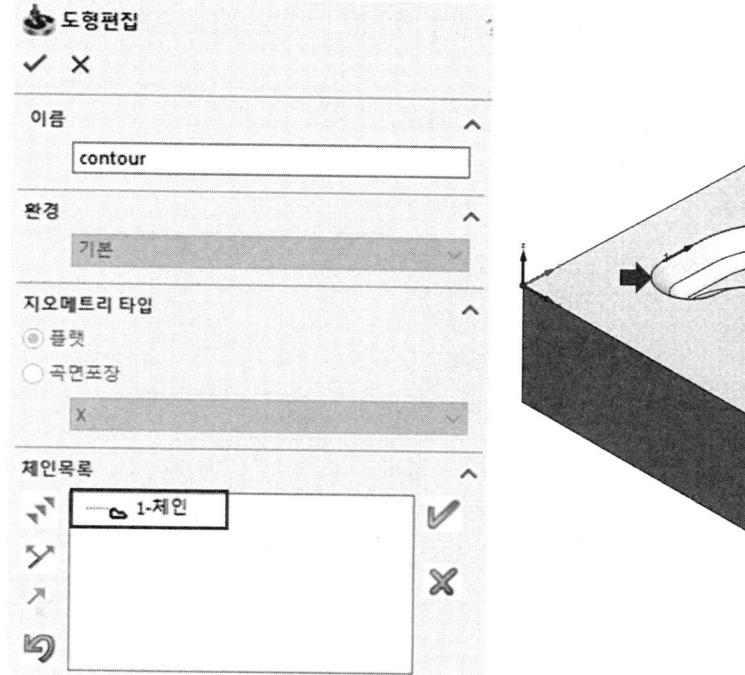

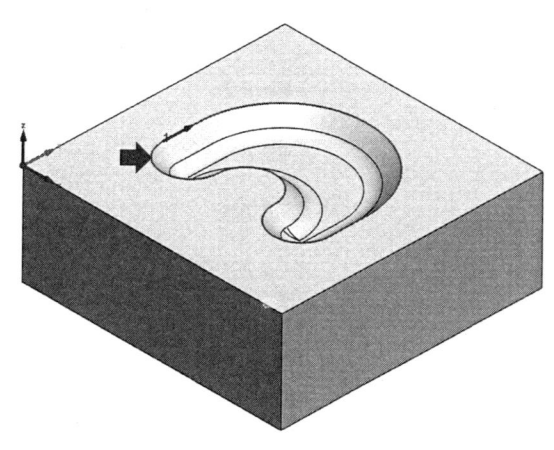

❺ [바운더리 구속]에서 [바운더리 종류 → 수동생성 → 바운더리 명 → 목록 → contour]를 순서대로 클릭한다.

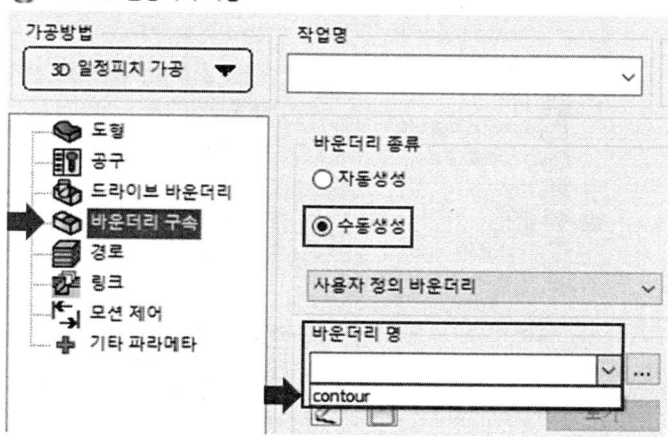

❻ [경로]를 클릭하여 다음과 같이 설정한다.

▸ 수평 가공피치 : 0.3   ▸ 수직 가공피치 : 0.3

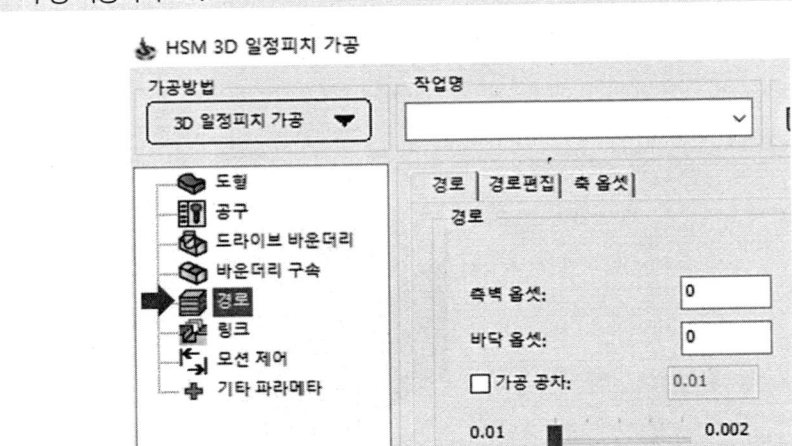

❼ [링크 → 경로순서 → 첫 번째 경로]를 체크한다.

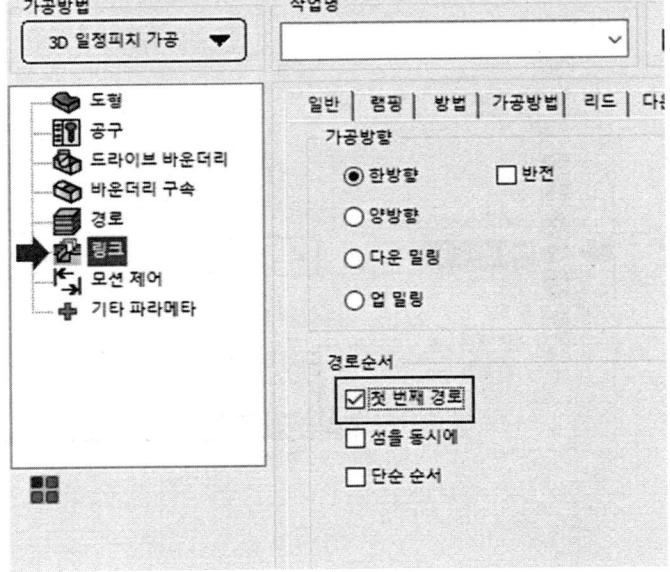

❽ [가공높이 → 파트 안전높이]를 선택한다.

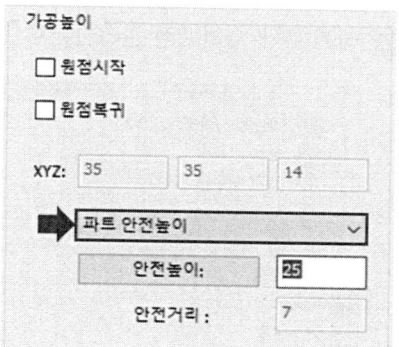

❾ [저장&계산] 버튼을 눌러 공구경로를 생성한다.

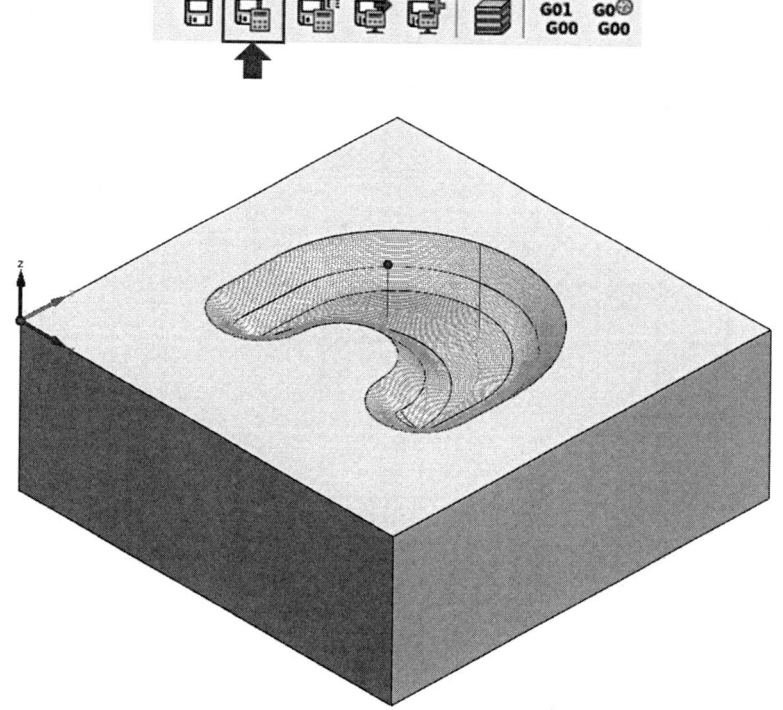

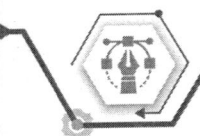

(5) 시뮬레이션 및 G코드 생성

❶ 전체 시뮬레이션을 확인하기 위해 솔리드캠 관리자에서 [작업]을 클릭한다.

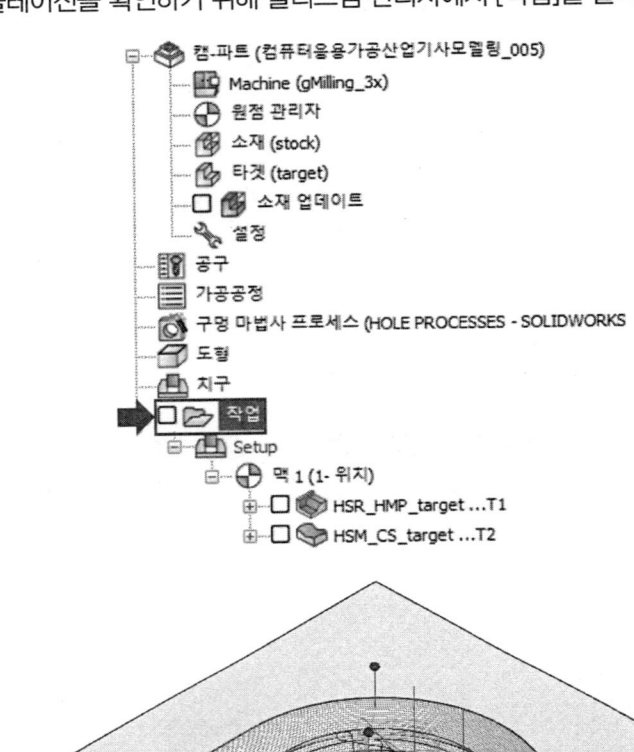

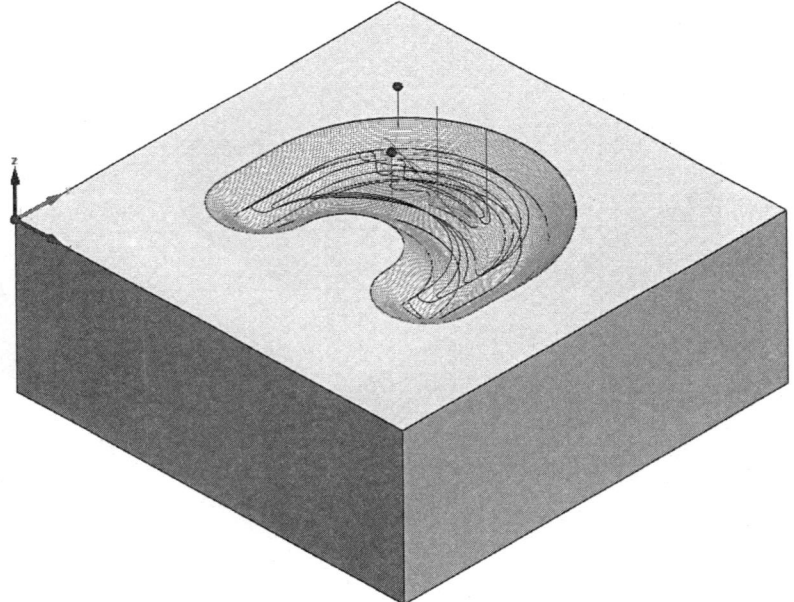

❷ 커맨드 매니저에서 [시뮬레이션]을 클릭한다.

❸ [SolidVerify]를 클릭하고, [재생] 버튼을 클릭하여 시뮬레이션을 확인한다.

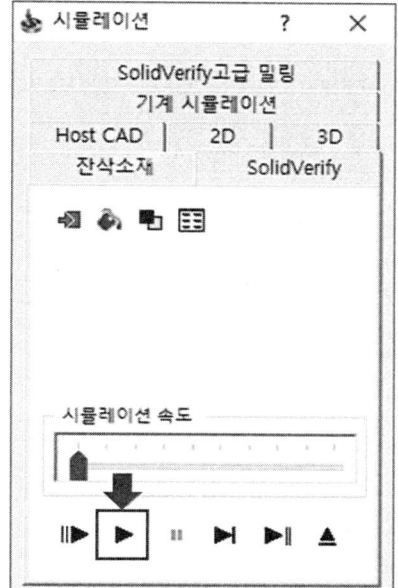

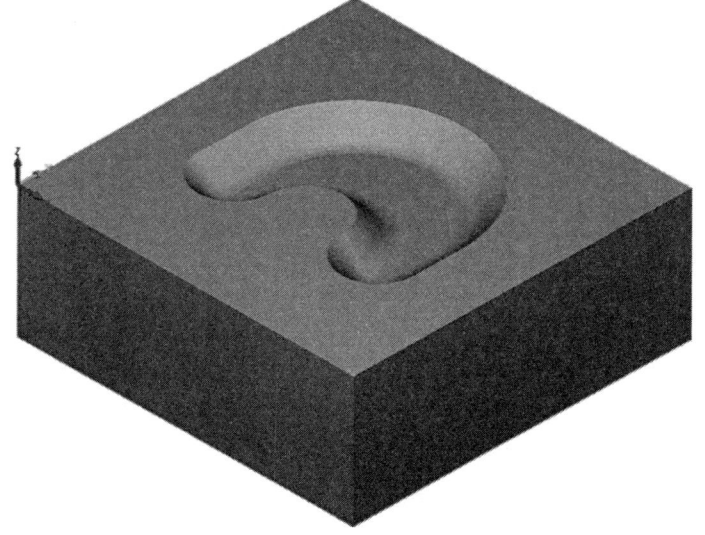

❹ 시뮬레이션을 종료하고, [커맨드 매니저 → G코드 생성]을 클릭한 후 G코드를 확인한다.

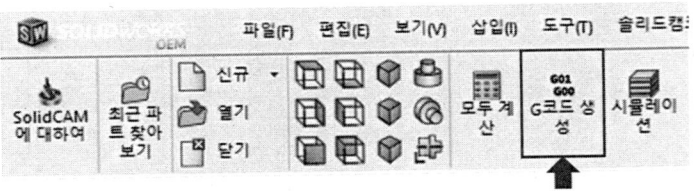

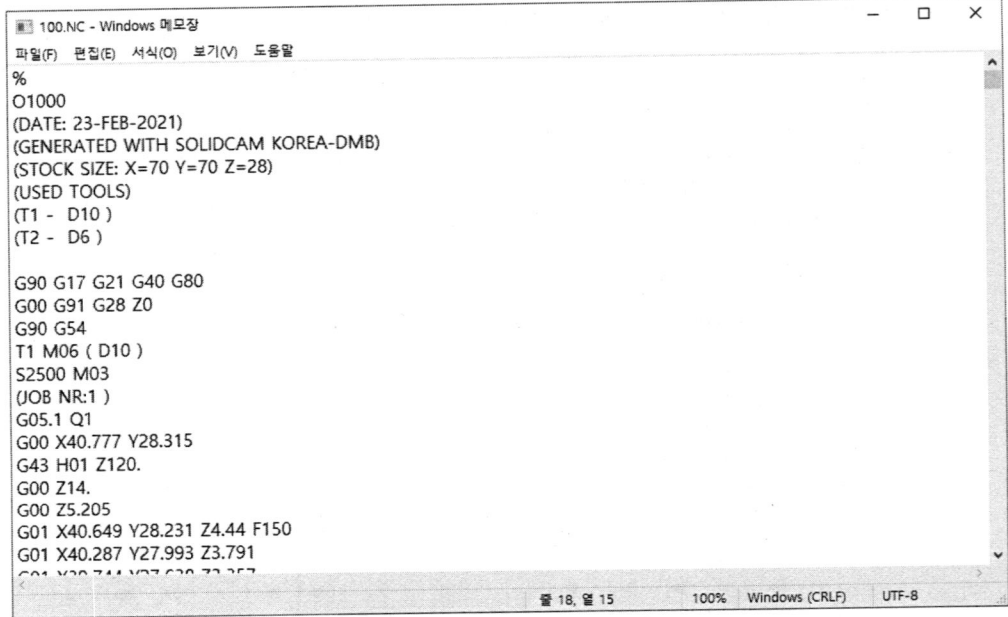

06 컴퓨터응용가공산업기사 따라 하기

1 도면

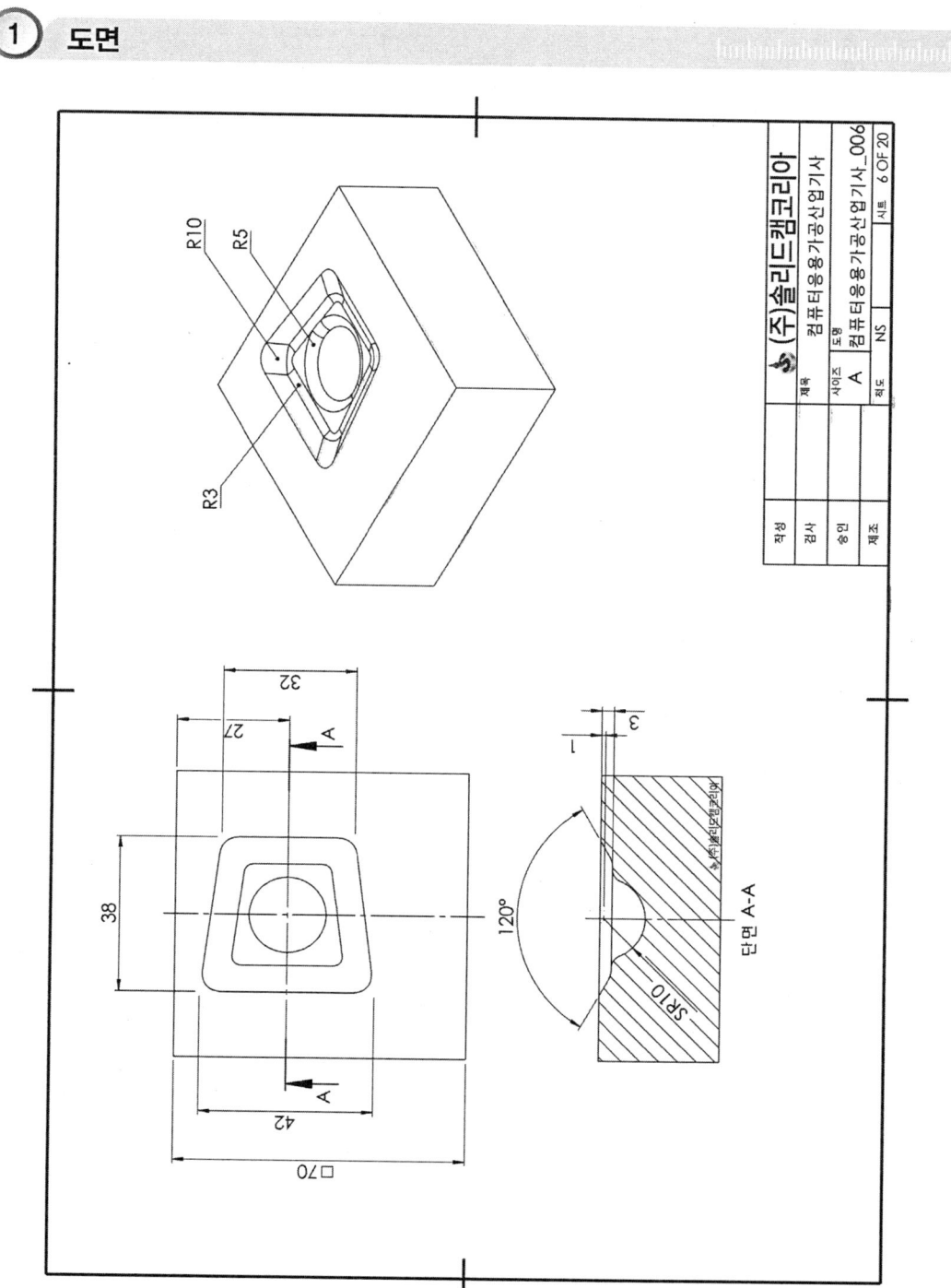

② 추천절삭조건

공구 번호	작업 내용	공구조건		경로 간격	절삭조건				비고
		종류	직경		회전수 (rpm)	이송 (mm/min)	절입량 (mm)	잔량 (mm)	
1	황삭	평E/M	10	5	2500	300	2	0.2	
2	정삭	볼E/M	6	1	3500	200			

1. 수기 가공 도면의 드릴 위치 표시와 비교하여 원점 위치를 작업자가 결정하여 CNC 프로그램을 작업한다.

2. 안전높이는 원점에서 25mm 높은 곳으로 지정한다.

3. 공구번호, 작업내용, 공구조건, 공구경로 간격, 절삭조건 등은 절삭지시서에 준하여 작업한다.

4. 도면의 형상과 같이 포켓 가공을 할 수 있도록 CAM 소프트웨어를 사용하여 작업을 생성하여 NC 데이터를 저장장치에 저장하여 제출한다.

5. 가공 작업의 수는 도면 형상에 맞추어 작업한다.

6. 위 추천 절삭조건은 SolidCAM 프로그램의 기준으로 다른 프로그램일 경우 절삭조건은 변경될 수 있다.

7. 40분 이내로 가공 시간을 맞추어 작업한다.

※ 절삭조건은 시험장에 따라 달라질 수 있다.

③ CAM

(1) SolidCAM 원점, 소재 정의

❶ [주메뉴 바 → 열기]를 통해 파일을 불러온다.

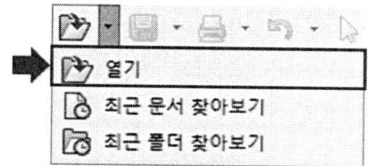

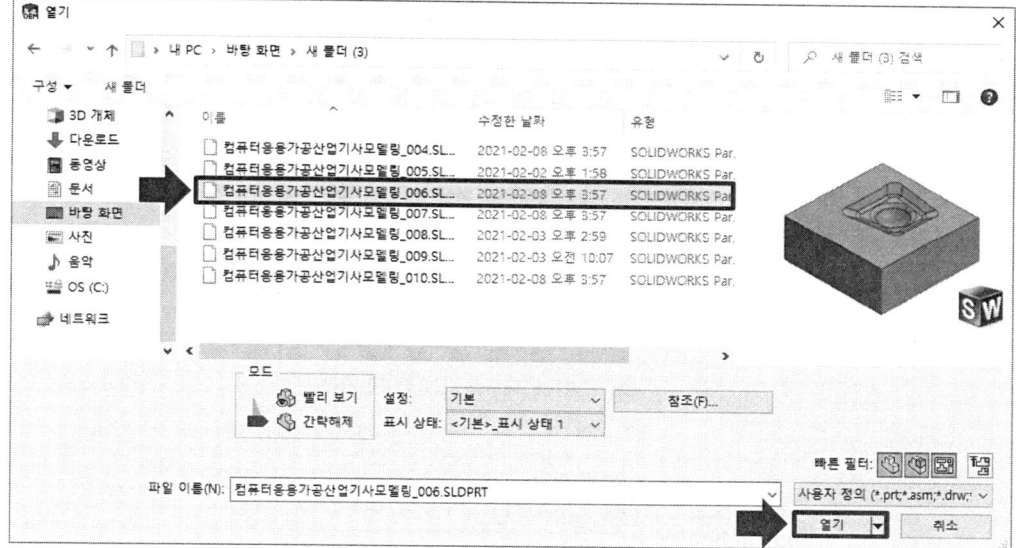

Tip 이미 모델링 파일이 열려있다면 해당 과정은 생략한다.

❷ [커맨드 매니저 → SolidCAM 파트 설정 탭 → 신규 → 밀링]을 클릭한다.

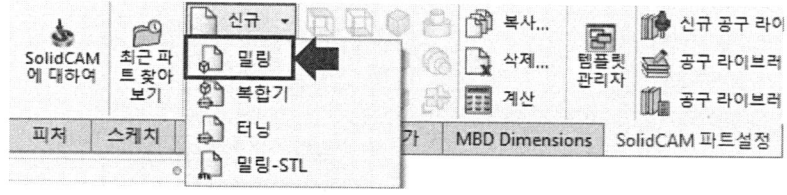

❸ [신규 밀링파트 → 캠-파트 생성방법 → 솔리드캠의 파일로 저장 → 단위 → 미터]를 클릭하고 확인을 클릭한다.

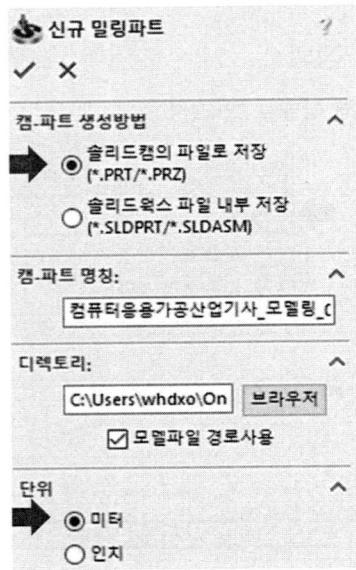

❹ [밀링파트 데이터 → CNC-컨트롤러 → gMilling_3x]를 설정한 후 [정의 → 원점]을 클릭한다.

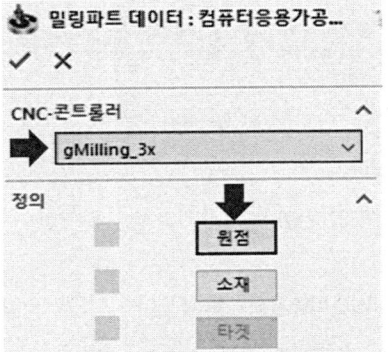

❺ [원점 → 평면원점 → 모델박스의 코너]를 설정하고, 모델링의 윗면을 클릭한 후 확인을 클릭한다.

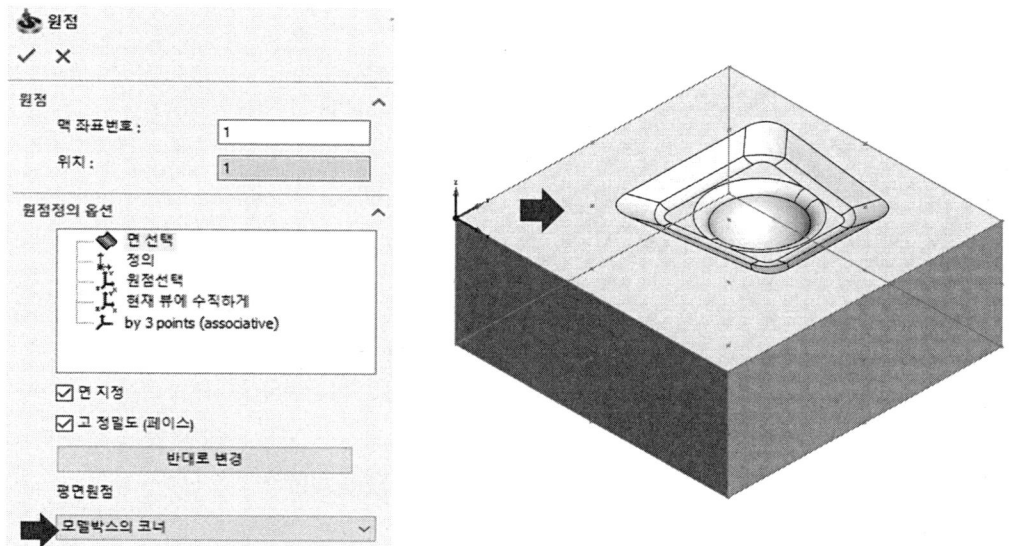

❻ 솔리드캠 관리자에서 [원점 데이터 → 안전 높이 : 25]를 입력하고 확인을 클릭한다.

❼ [원점 관리자 → 확인]을 눌러 [밀링파트 데이터] 창에서 [소재]를 클릭한다.

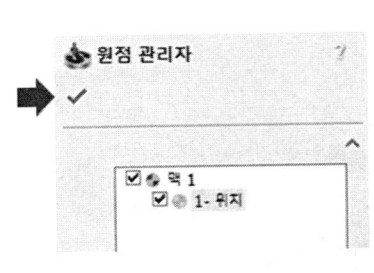
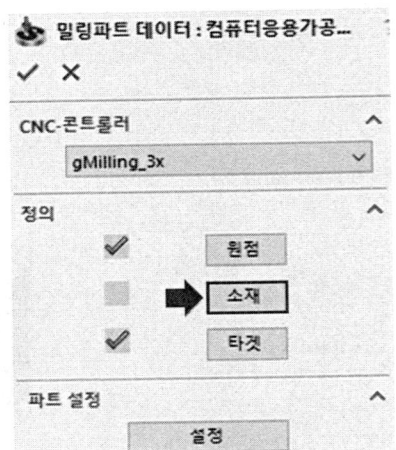

❽ [소재 → 정의 기준 → 박스]를 확인하고 모델링 윗면을 클릭한다.

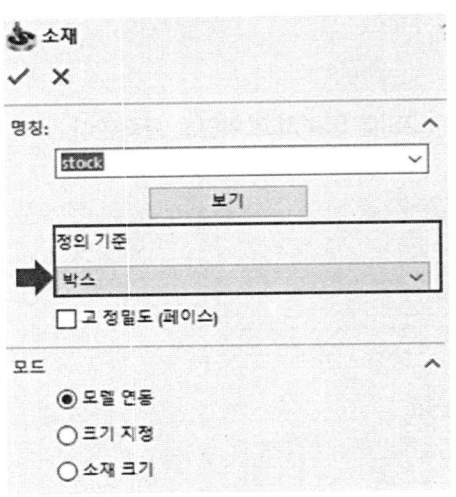
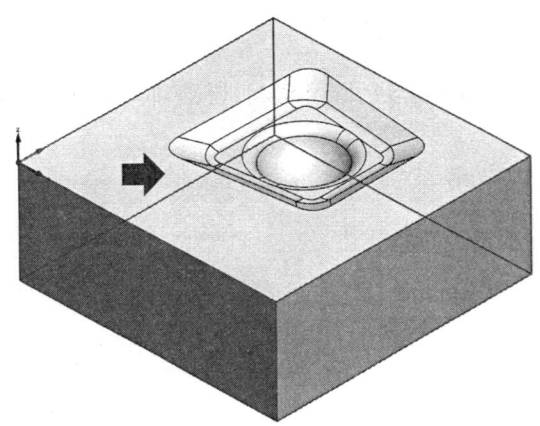

❾ 소재를 정의하고, [박스확장]에서 모든 확장을 0으로 한 후 확인을 클릭하여 소재 정의를 마친다.

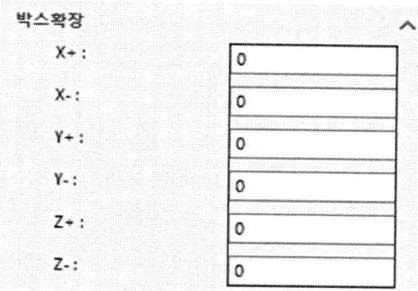

❿ [원점 – 소재 – 타겟] 3곳의 정의가 완료되면 [확인] 버튼을 클릭하여 파트 정의를 마친다.

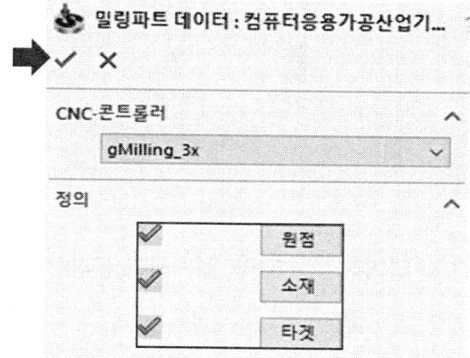

(2) 밀링 공구 작업

❶ [솔리드캠 관리자 → 공구]를 더블클릭한다.

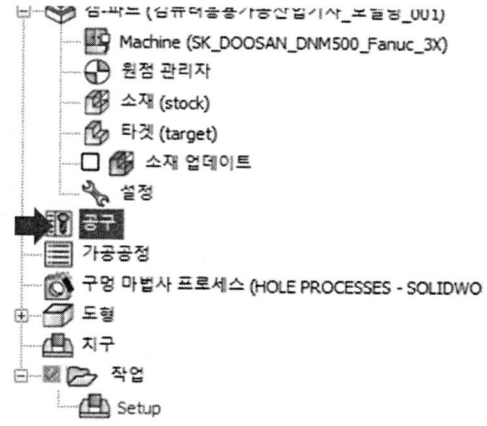

❷ [밀링 공구 추가 → 평 엔드밀]을 클릭한다.

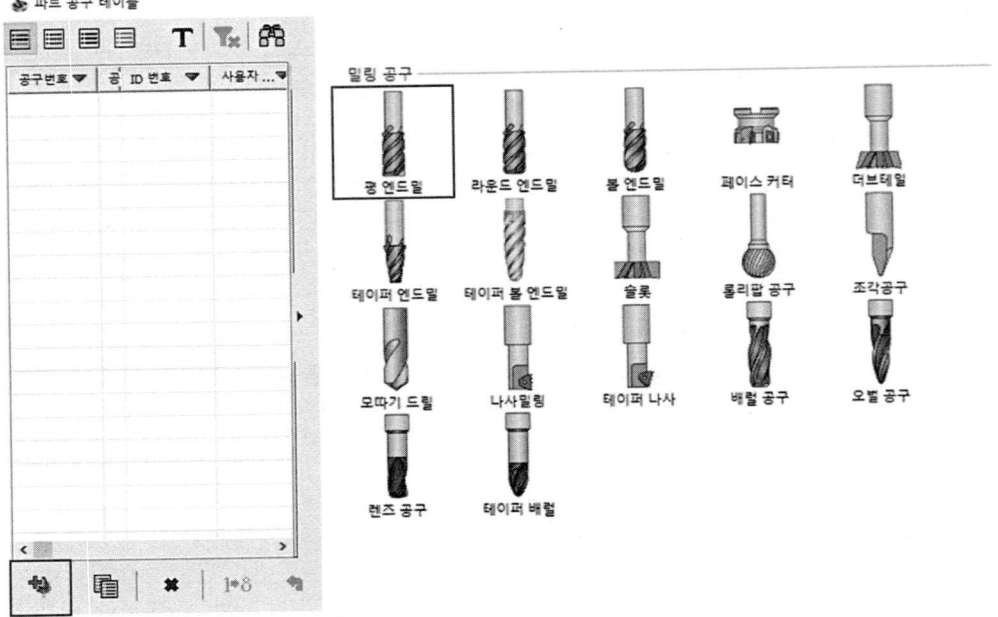

❸ [직경 : 10 → 숄더 및 아버직경 : 10]을 입력하고, [디폴트 공구 데이터]로 넘어간다.

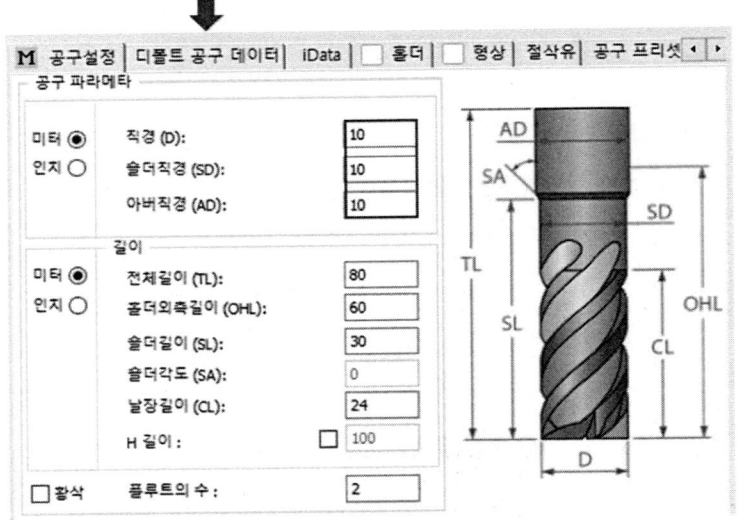

❹ [XY피드 : 300 → Z피드 : 150 → 회전율 : 2500]을 입력하고, [밀링 공구 추가] 버튼을 클릭한다.

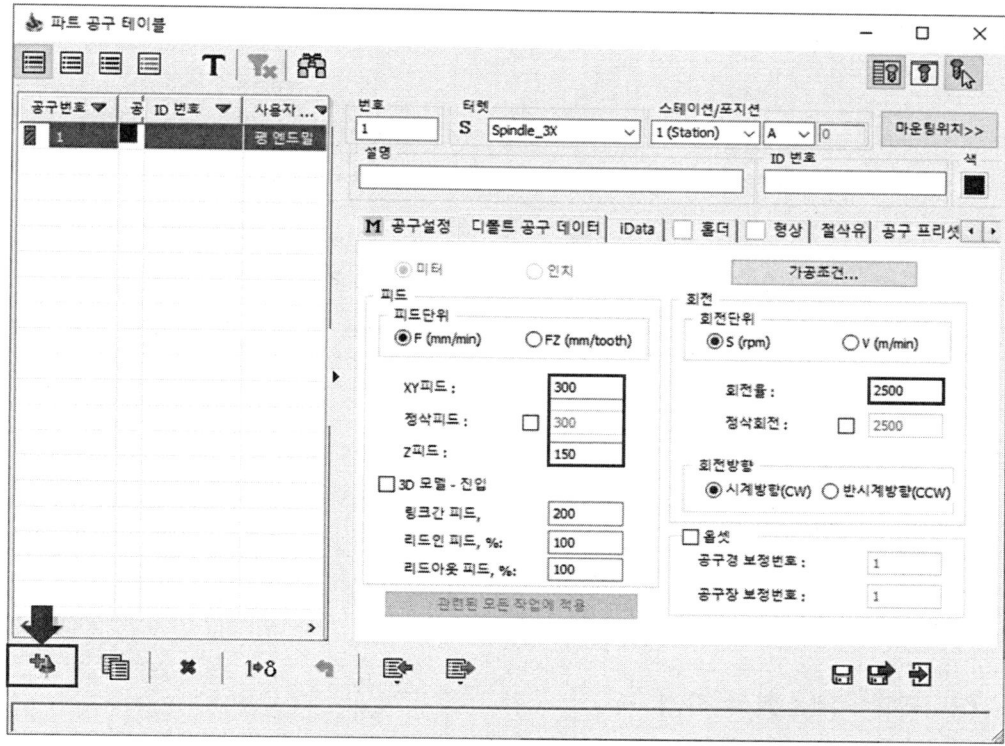

❺ [볼 엔드밀 → 직경 : 6 → 코너반경 : 3 → 숄더 및 아버직경 : 6]를 입력하고, [디폴트 공구 데이터]로 넘어간다.

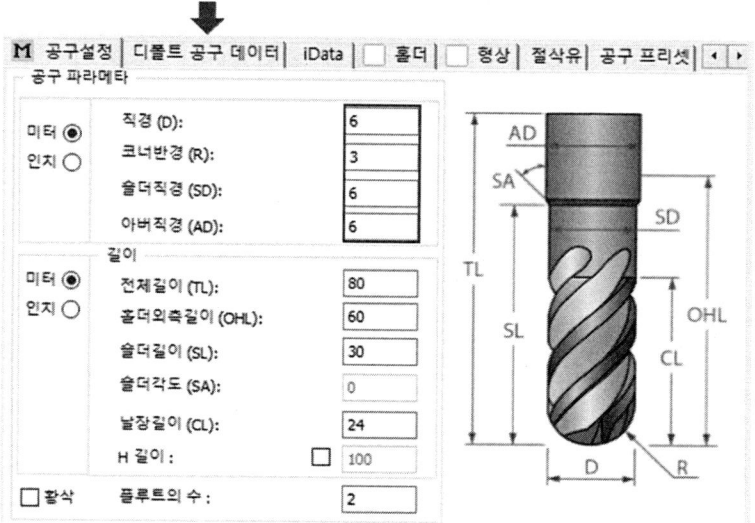

❻ [XY피드 : 200 → Z피드 : 100 → 회전율 : 3500]을 입력하고, 우측 하단의 [저장&나가기]를 클릭한다.

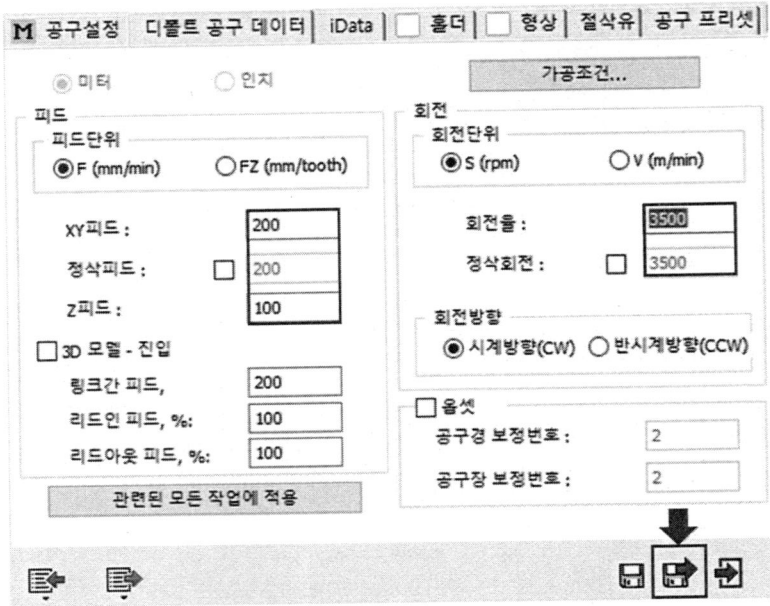

(3) HSR - HM 황삭 작업

❶ [커맨드 매니저 → SolidCAM 3D 탭 → 3D HSR → HM 황삭]을 클릭한다.

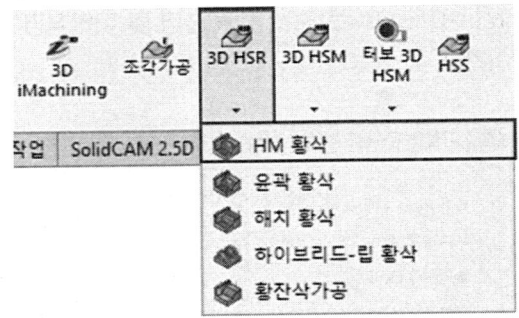

❷ 공구로 이동하여 선택을 클릭한다.

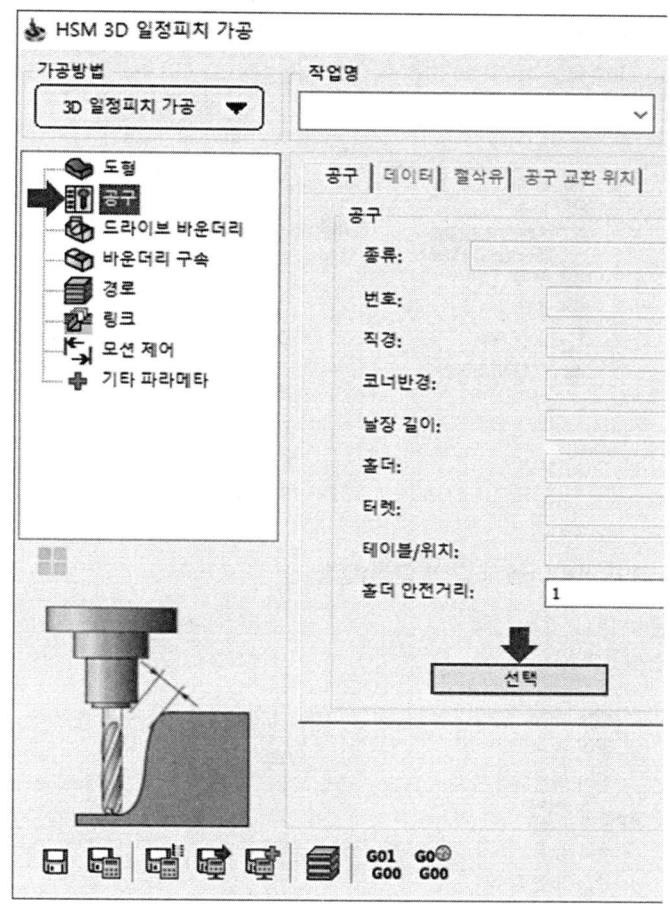

❸ 평 엔드밀을 더블클릭한다.

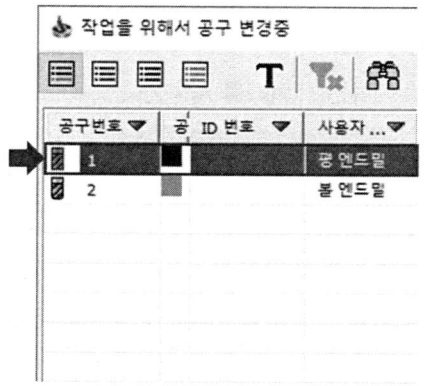

❹ [바운더리 구속 → 바운더리 종류 → 자동생성]을 선택한다.

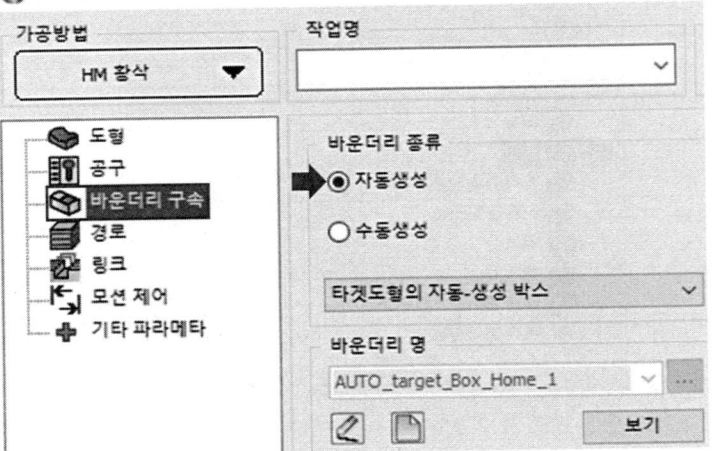

❺ [경로]를 클릭하여 다음과 같이 설정한다.

- 측벽 옵셋 : 0.2
- 바닥 옵셋 : 0.2
- 공차 : 0.04
- 절입량 : 2

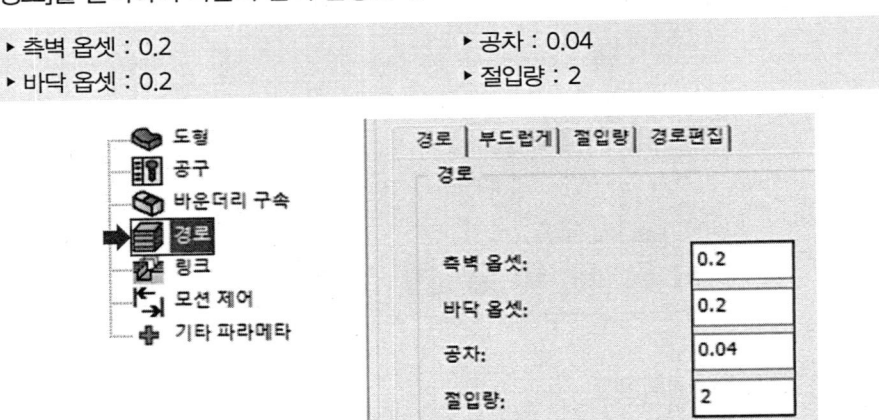

❻ [XY피치 가공방법]의 종류는 캐비티를 사용한다.

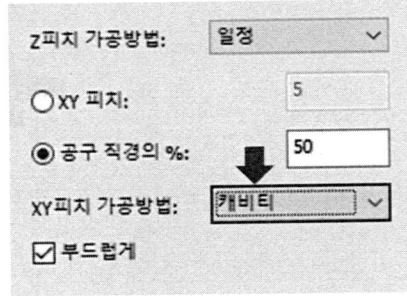

❼ [링크 → 일반 → 최소 윤곽직경 : 2]를 입력한다.

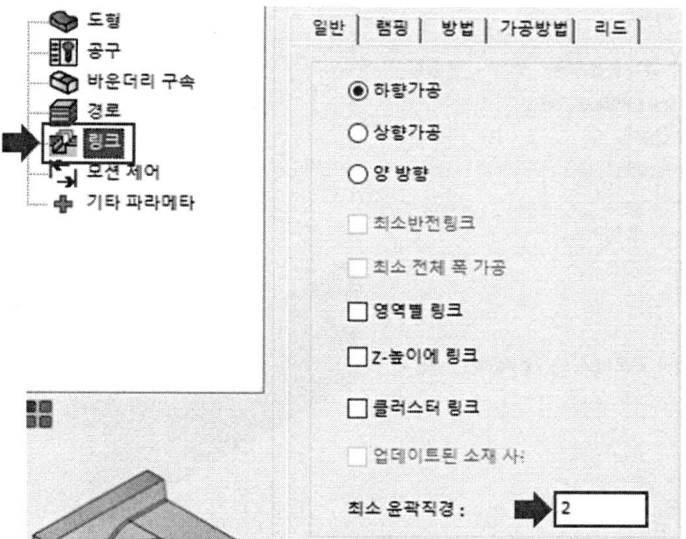

❽ [가공높이 → 파트 안전높이]를 선택한다.

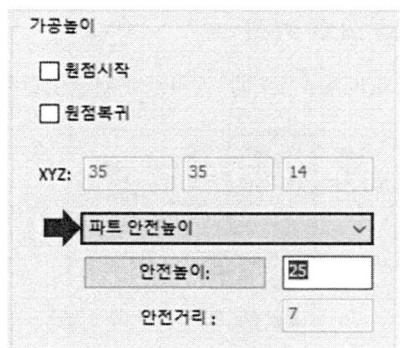

❾ [저장&계산] 버튼을 눌러 공구경로를 생성한다.

❿ 솔리드캠 관리자에는 생성한 작업이 나열된다. 다음 작업을 위해 체크박스를 해제하여 툴패스를 숨긴다.

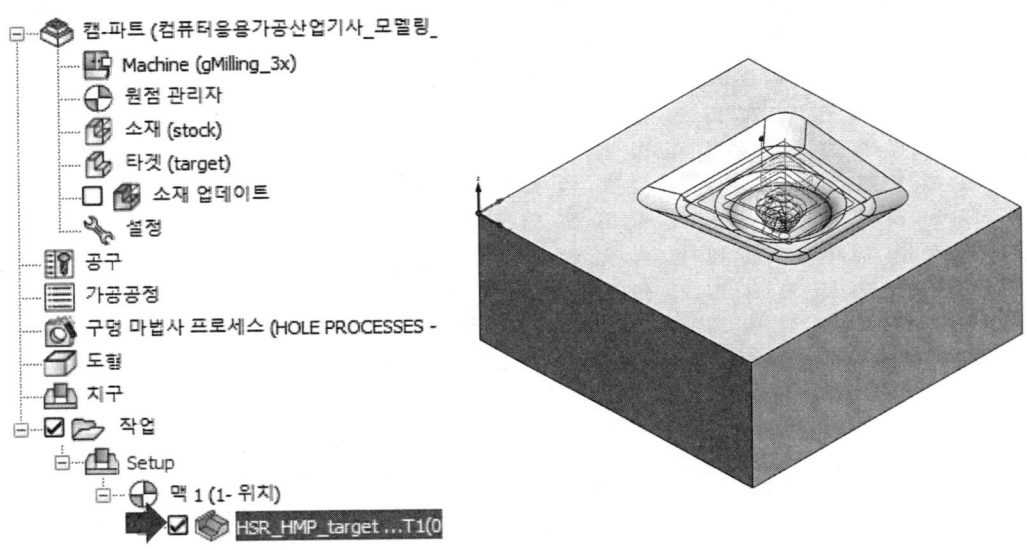

(4) 3D HSM – 3D 일정 피치 가공

❶ [커맨드 매니저 → SolidCAM 3D 탭 → 3D HSM → 3D 일정 피치]를 클릭한다.

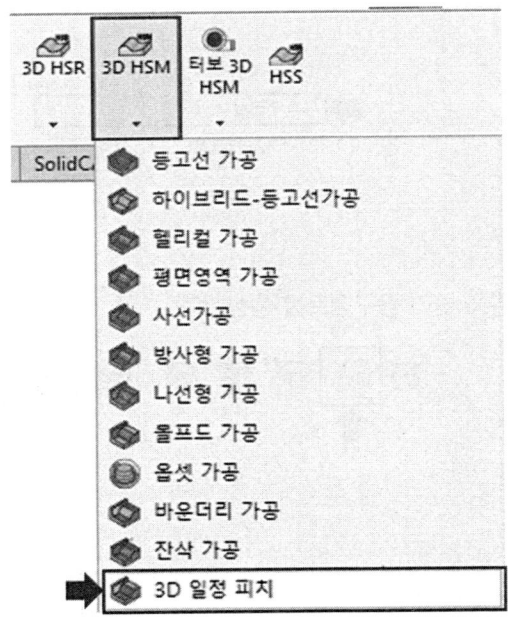

❷ [공구 → 선택 → 볼 엔드밀] 순으로 클릭한다.

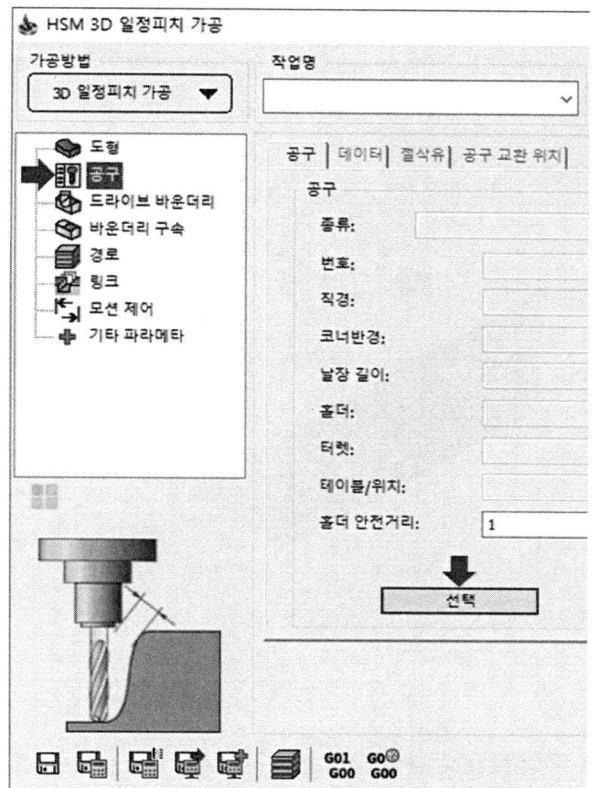

❸ [드라이브 바운더리]에서 [바운더리 종류 → 수동생성 → 신규]를 순서대로 클릭한다.

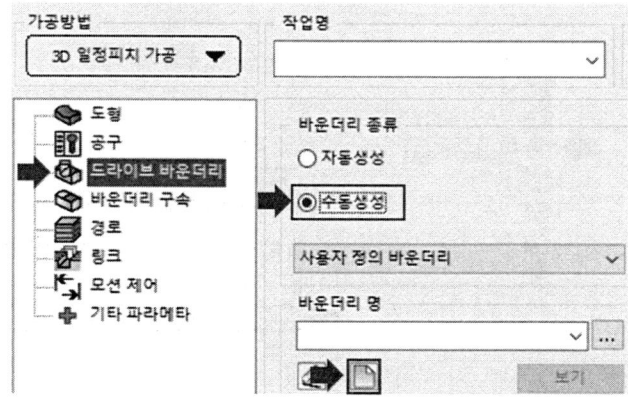

❹ 화살표가 가리키는 선을 클릭하여 체인을 생성한다.

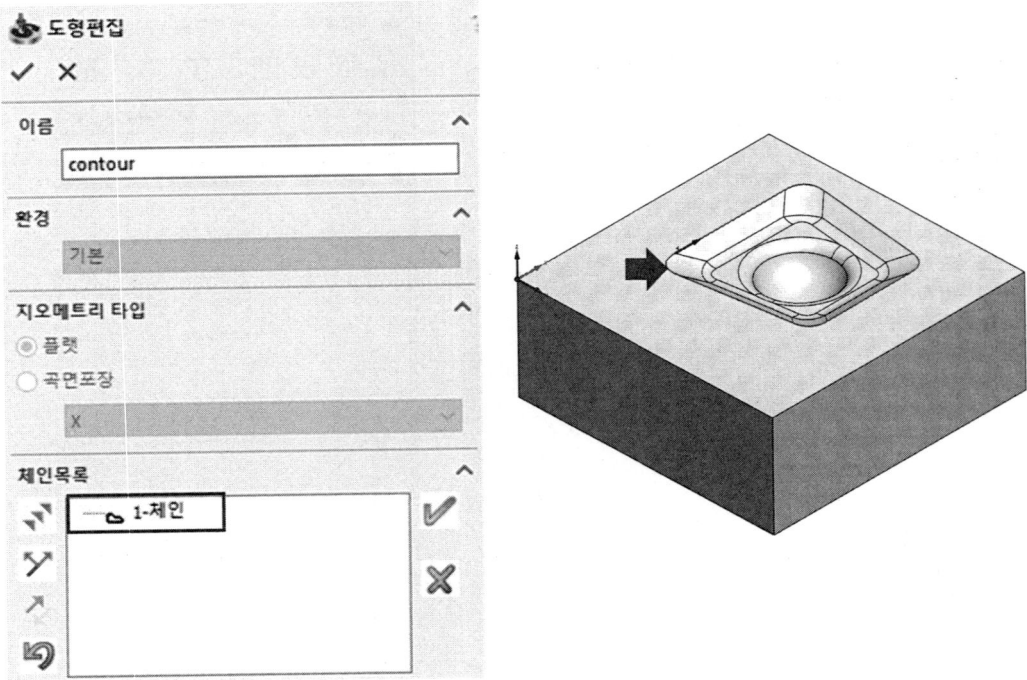

❺ [바운더리 구속]에서 [바운더리 종류 → 수동생성 → 바운더리 명 → 목록 → contour]를 순서대로 클릭한다.

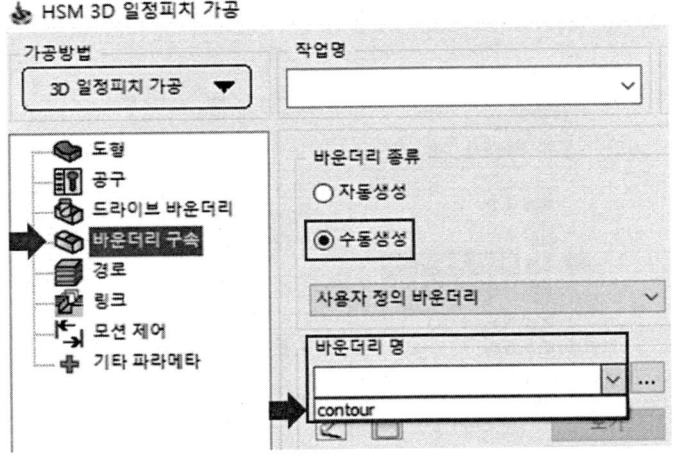

❻ [경로]를 클릭하여 다음과 같이 설정한다.

- 수평 가공피치 : 0.3
- 수직 가공피치 : 0.3

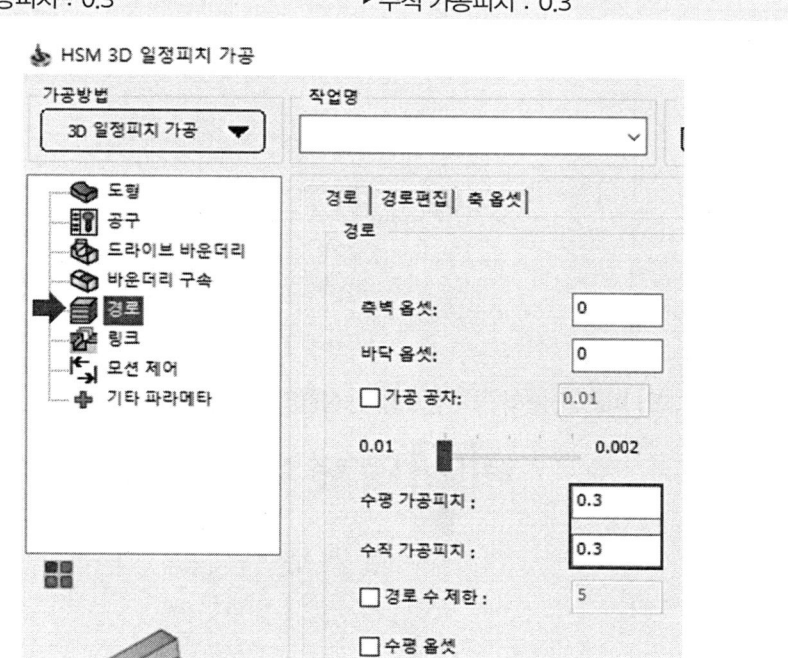

❼ [링크 → 경로순서 → 첫 번째 경로]를 체크한다.

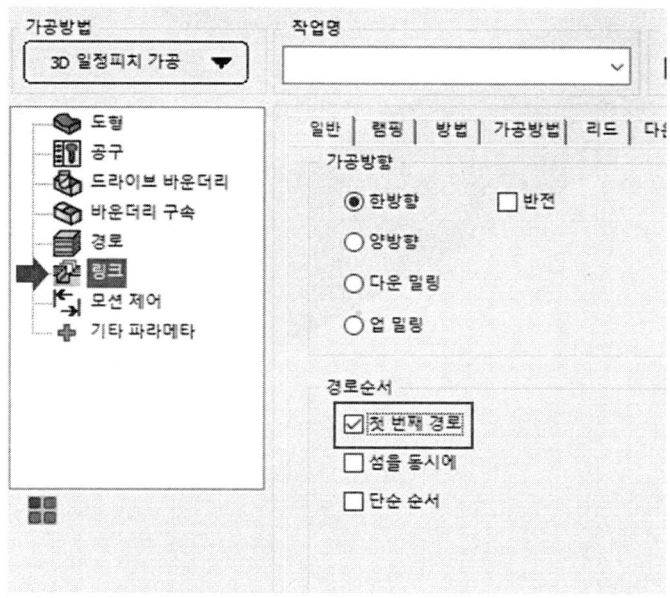

❽ [가공높이 → 파트 안전높이]를 선택한다.

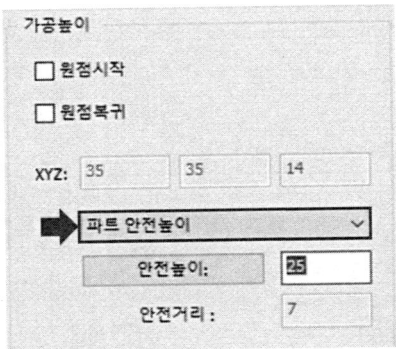

❾ [저장&계산] 버튼을 눌러 공구경로를 생성한다.

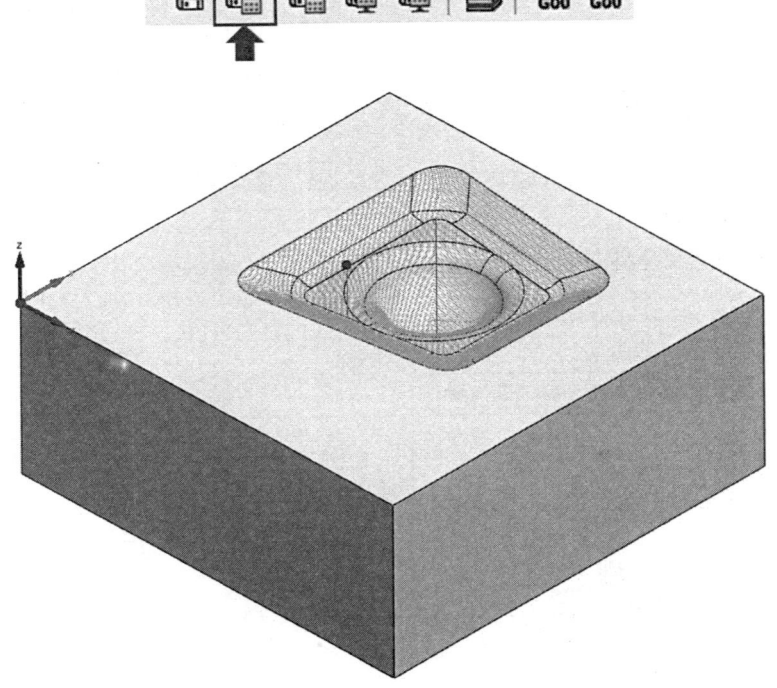

(5) 시뮬레이션 및 G코드 생성

❶ 전체 시뮬레이션을 확인하기 위해 솔리드캠 관리자에서 [작업]을 클릭한다.

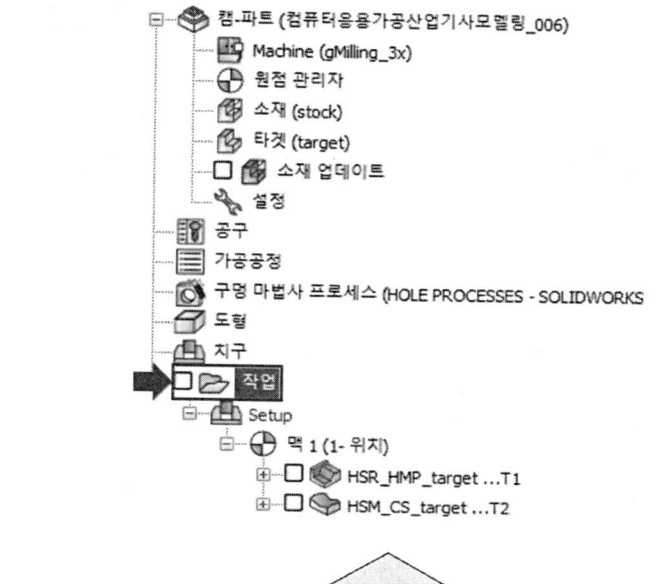

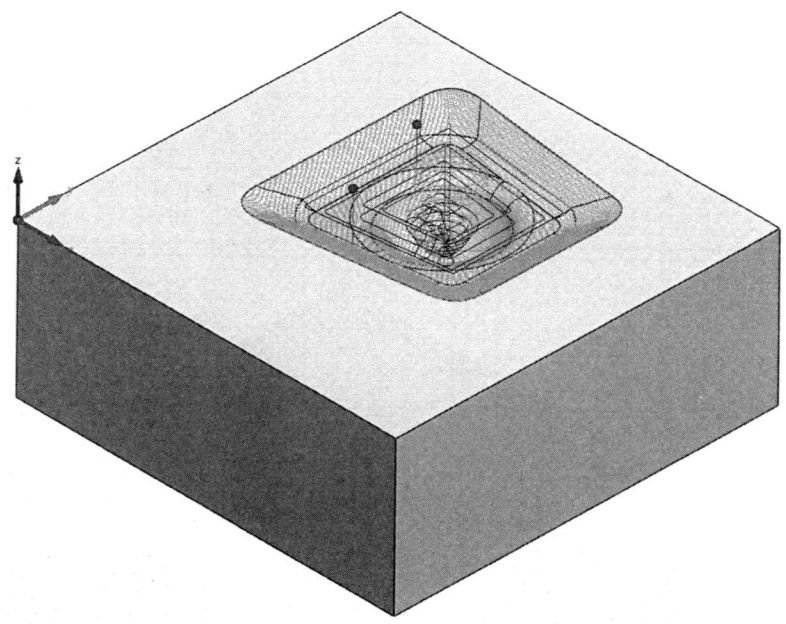

❷ 커맨드 매니저에서 [시뮬레이션]을 클릭한다.

❸ [SolidVerify]를 클릭하고, [재생] 버튼을 클릭하여 시뮬레이션을 확인한다.

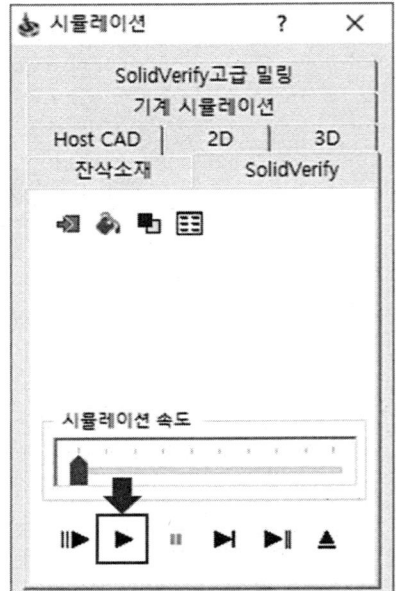

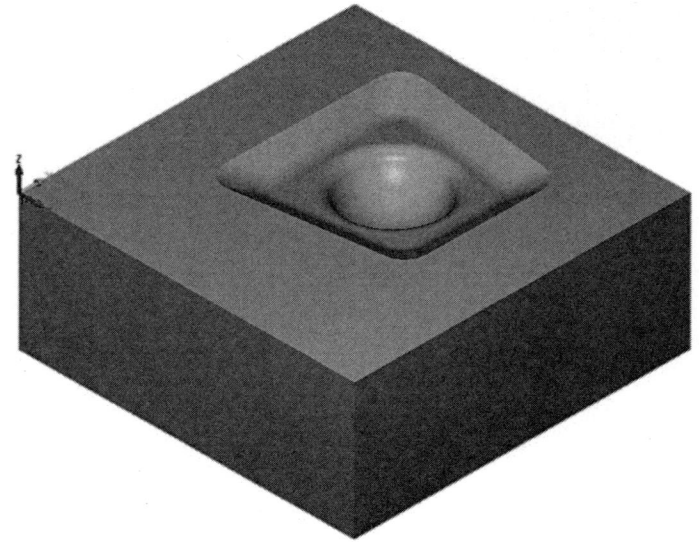

❹ 시뮬레이션을 종료하고, [커맨드 매니저 → G코드 생성]을 클릭한 후 G코드를 확인한다.

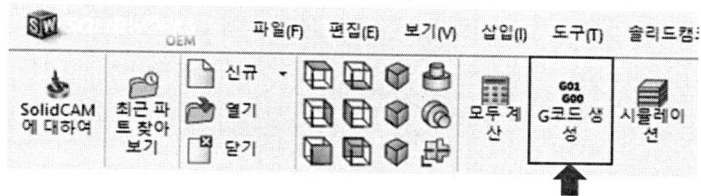

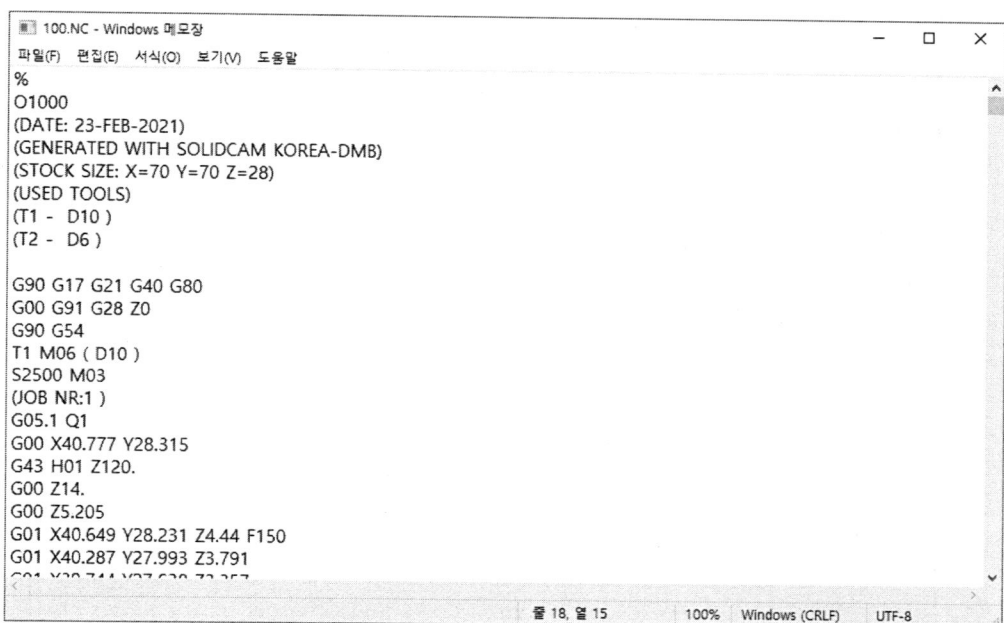

07 컴퓨터응용가공산업기사 따라 하기

1 도면

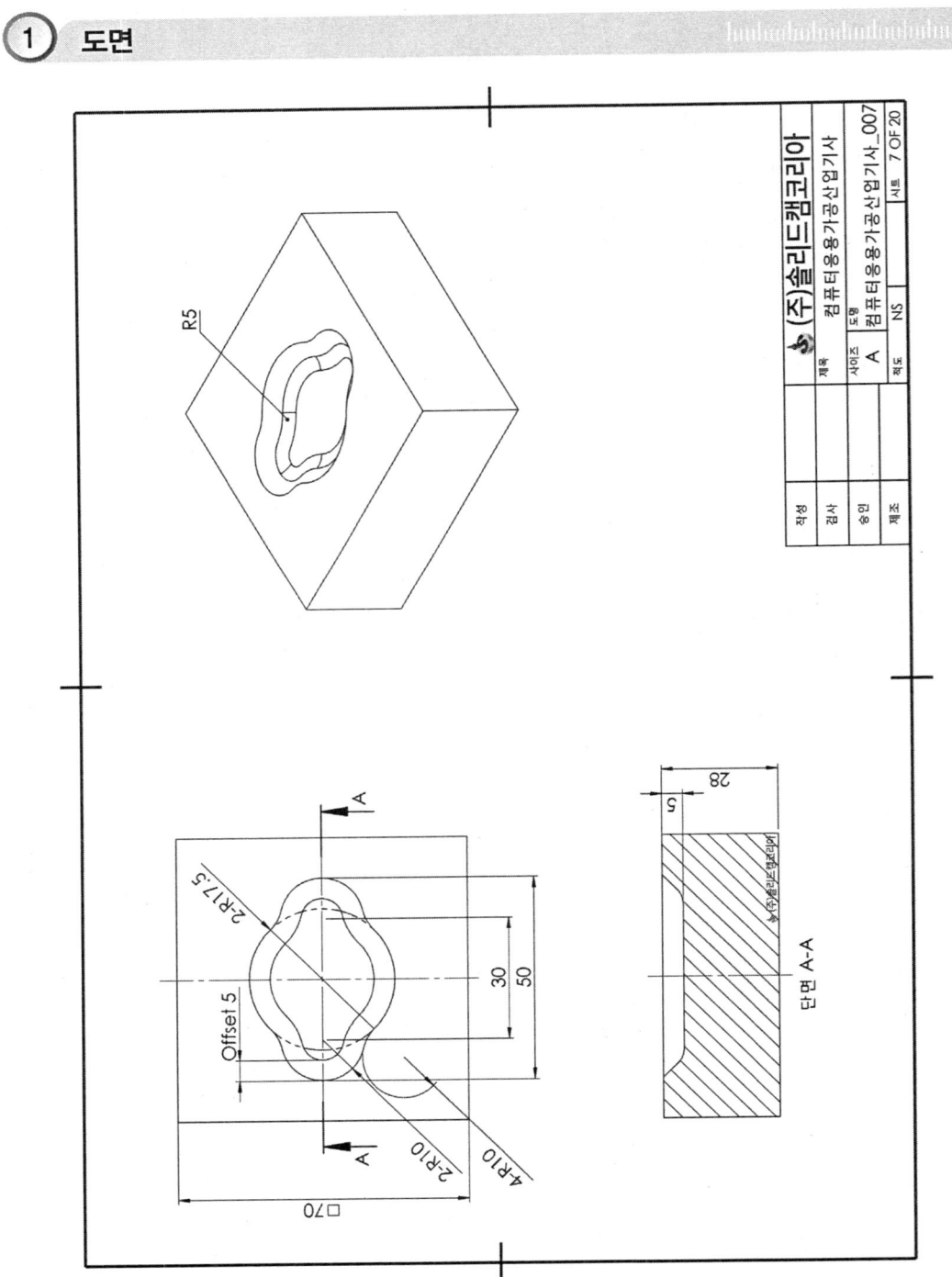

② 추천절삭조건

공구번호	작업내용	공구조건		경로간격	절삭조건				비고
		종류	직경		회전수 (rpm)	이송 (mm/min)	절입량 (mm)	잔량 (mm)	
1	황삭	평E/M	10	5	2500	300	2	0.2	
2	정삭	볼E/M	6	1	3500	200			

1. 수기 가공 도면의 드릴 위치 표시와 비교하여 원점 위치를 작업자가 결정하여 CNC 프로그램을 작업한다.

2. 안전높이는 원점에서 25mm 높은 곳으로 지정한다.

3. 공구번호, 작업내용, 공구조건, 공구경로 간격, 절삭조건 등은 절삭지시서에 준하여 작업한다.

4. 도면의 형상과 같이 포켓 가공을 할 수 있도록 CAM 소프트웨어를 사용하여 작업을 생성하여 NC 데이터를 저장장치에 저장하여 제출한다.

5. 가공 작업의 수는 도면 형상에 맞추어 작업한다.

6. 위 추천 절삭조건은 SolidCAM 프로그램의 기준으로 다른 프로그램일 경우 절삭조건은 변경될 수 있다.

7. 40분 이내로 가공 시간을 맞추어 작업한다.

※ 절삭조건은 시험장에 따라 달라질 수 있다.

③ CAM

(1) SolidCAM 원점, 소재 정의

❶ [주메뉴 바 → 열기]를 통해 파일을 불러온다.

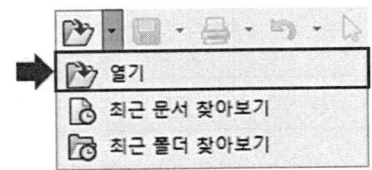

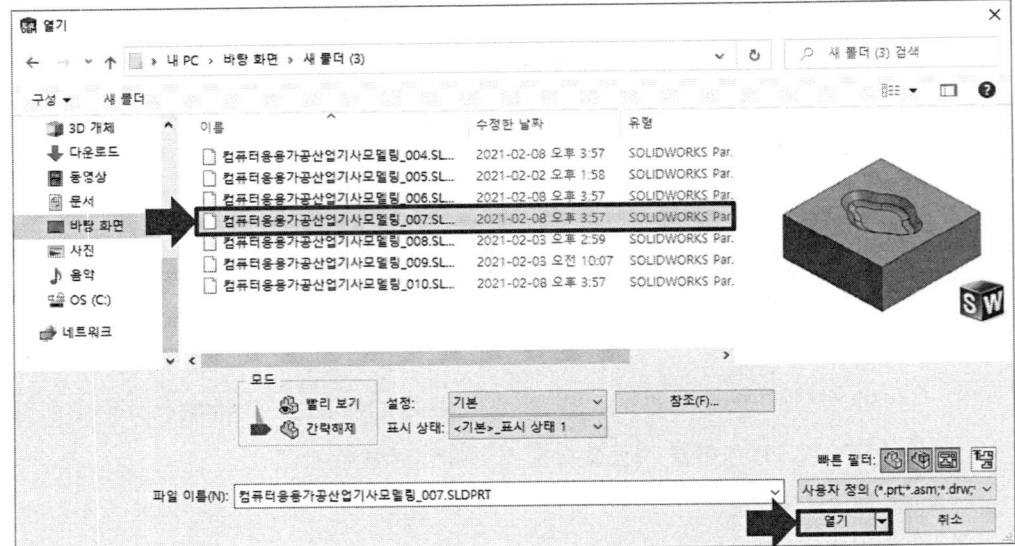

Tip 이미 모델링 파일이 열려있다면 해당 과정은 생략한다.

❷ [커맨드 매니저 → SolidCAM 파트 설정 탭 → 신규 → 밀링]을 클릭한다.

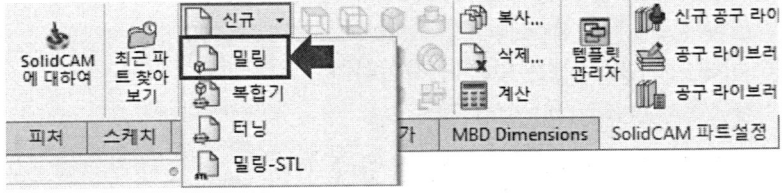

❸ [신규 밀링파트 → 캠-파트 생성방법 → 솔리드캠의 파일로 저장 → 단위 → 미터]를 클릭하고 확인을 클릭한다.

❹ [밀링파트 데이터 → CNC-컨트롤러 → gMilling_3x]를 설정한 후 [정의 → 원점]을 클릭한다.

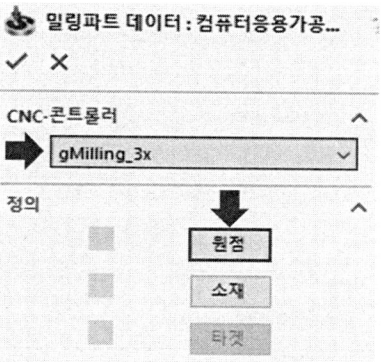

❺ [원점 → 평면원점 → 모델박스의 코너]를 설정하고, 모델링의 윗면을 클릭한 후 확인을 클릭한다.

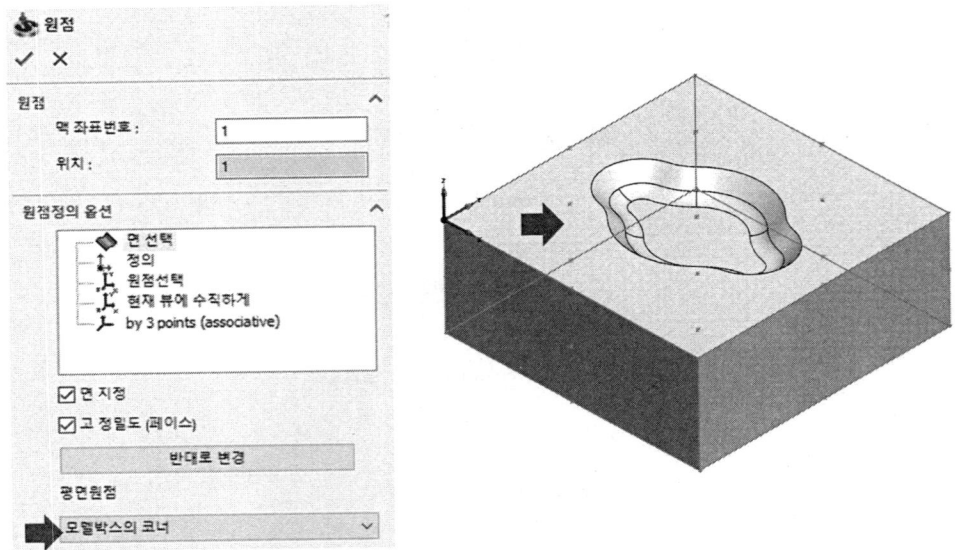

❻ 솔리드캠 관리자에서 [원점 데이터 → 안전 높이 : 25]를 입력하고 확인을 클릭한다.

❼ [원점 관리자 → 확인]을 눌러 [밀링파트 데이터] 창에서 [소재]를 클릭한다.

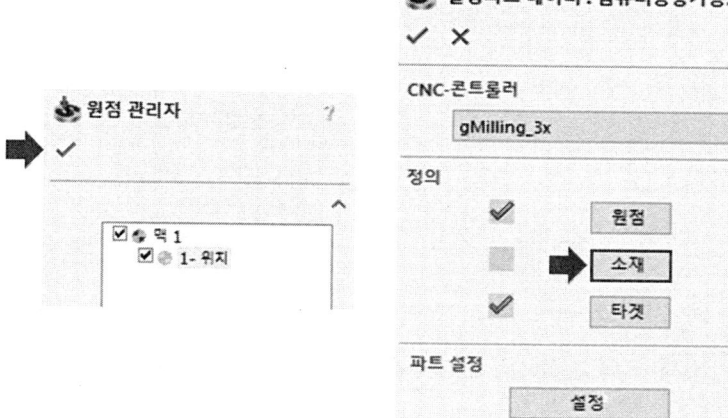

❽ [소재 → 정의 기준 → 박스]를 확인하고 모델링 윗면을 클릭한다.

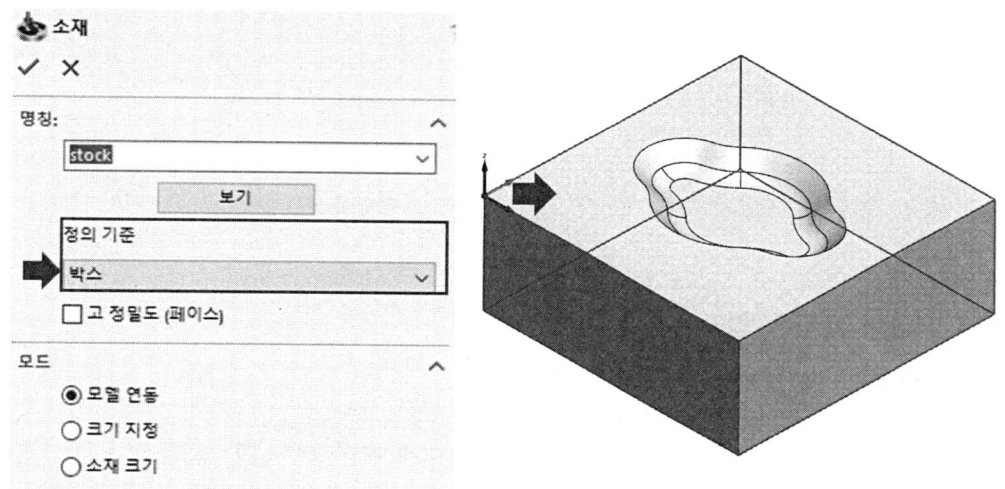

❾ 소재를 정의하고, [박스확장]에서 모든 확장을 0으로 한 후 확인을 클릭하여 소재 정의를 마친다.

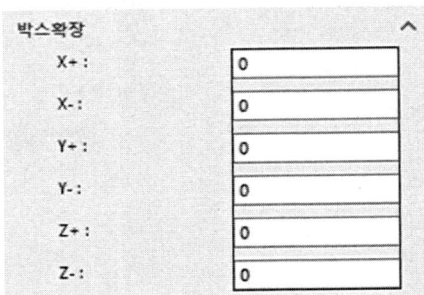

❿ [원점 – 소재 – 타겟] 3곳의 정의가 완료되면 [확인] 버튼을 클릭하여 파트 정의를 마친다.

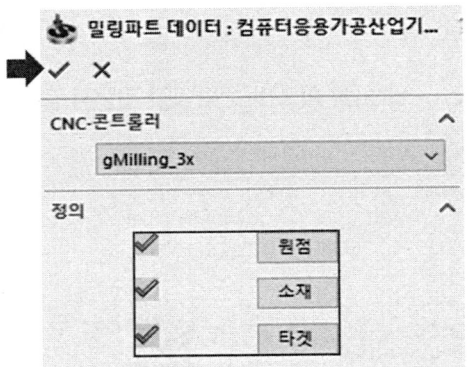

(2) 밀링 공구 작업

❶ [솔리드캠 관리자 → 공구]를 더블클릭한다.

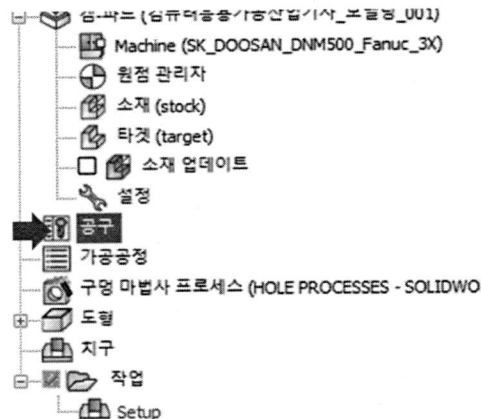

❷ [밀링 공구 추가 → 평 엔드밀]을 클릭한다.

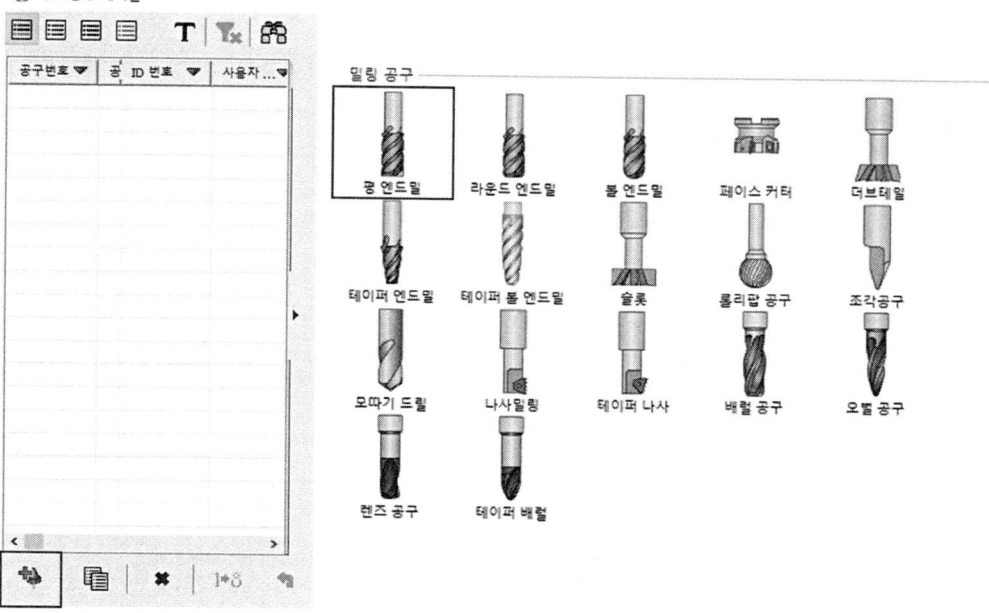

❸ [직경 : 10 → 숄더 및 아버직경 : 10]을 입력하고, [디폴트 공구 데이터]로 넘어간다.

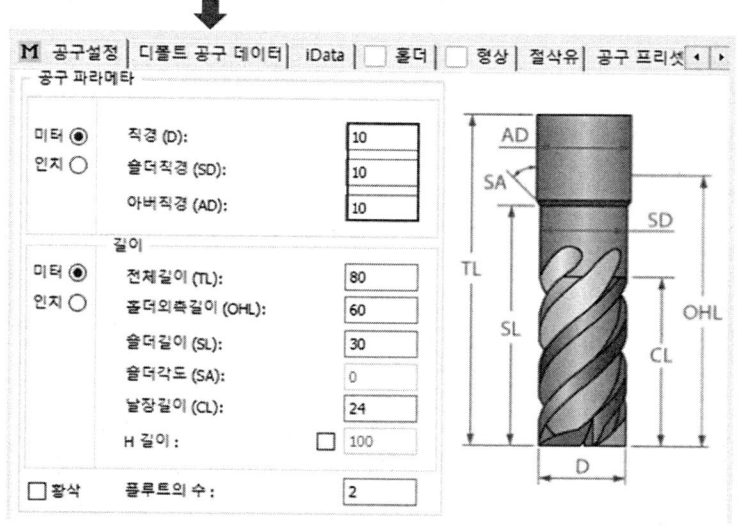

❹ [XY피드 : 300 → Z피드 : 150 → 회전율 : 2500]을 입력하고, [밀링 공구 추가] 버튼을 클릭한다.

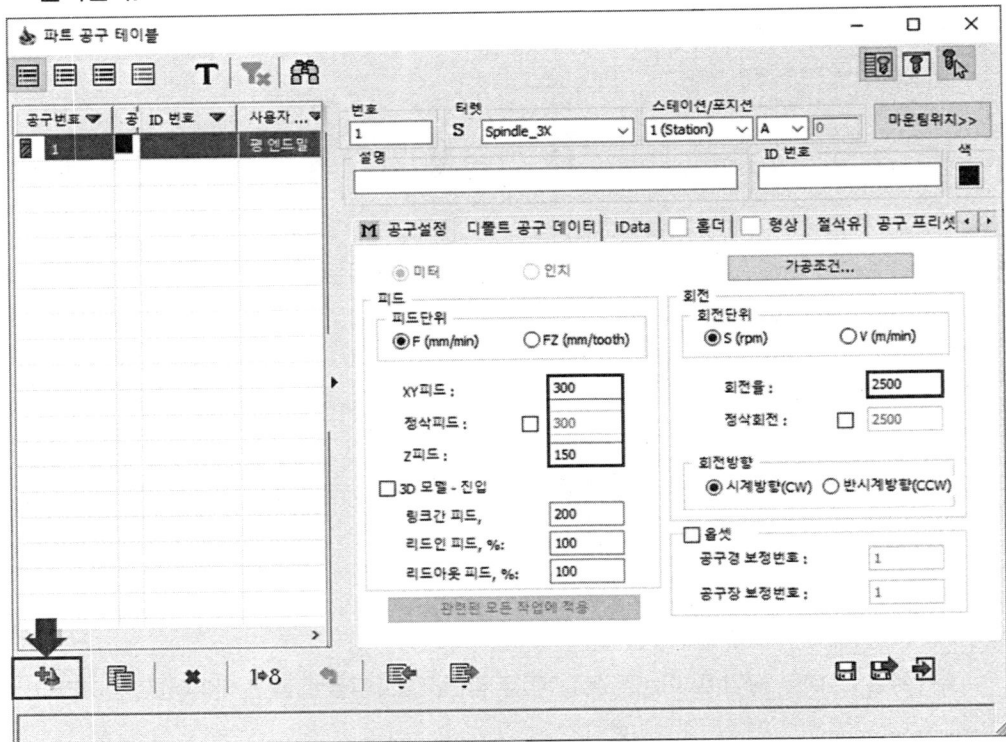

❺ [볼 엔드밀 → 직경 : 6 → 코너반경 : 3 → 숄더 및 아버직경 : 6]을 입력하고, [디폴트 공구 데이터]로 넘어간다.

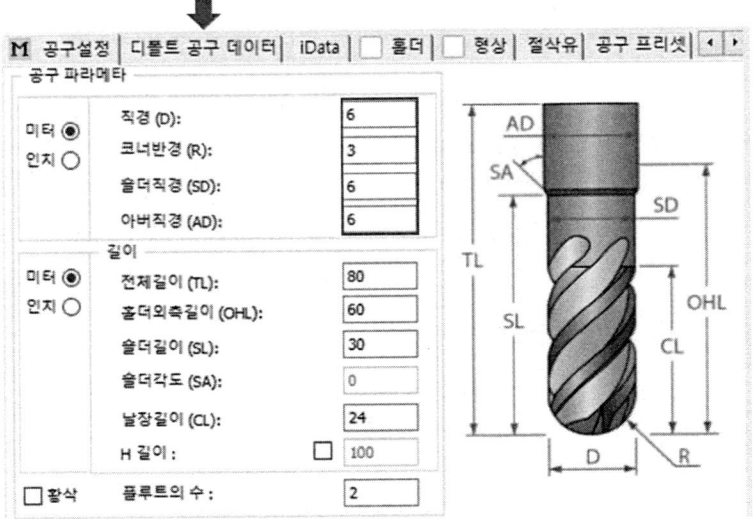

❻ [XY피드 : 200 → Z피드 : 100 → 회전율 : 3500]을 입력하고, 우측 하단의 [저장&나가기]를 클릭한다.

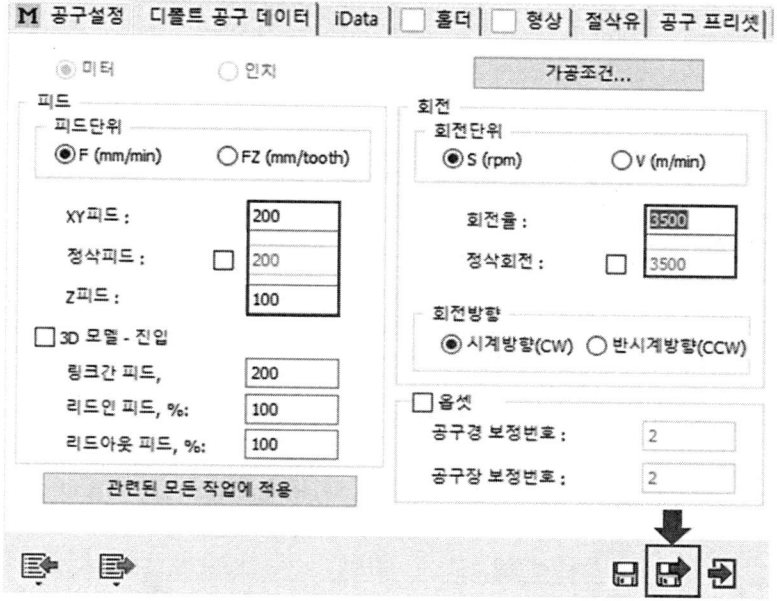

(3) HSR - HM 황삭 작업

❶ [커맨드 매니저 → SolidCAM 3D 탭 → 3D HSR → HM 황삭]을 클릭한다.

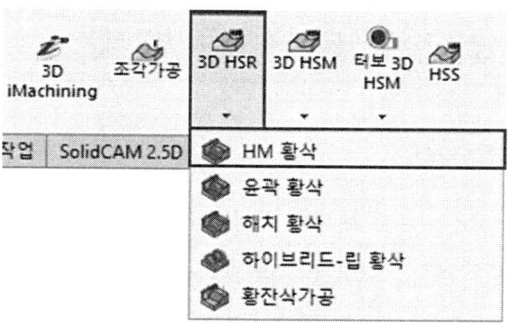

❷ 공구로 이동하여 선택을 클릭한다.

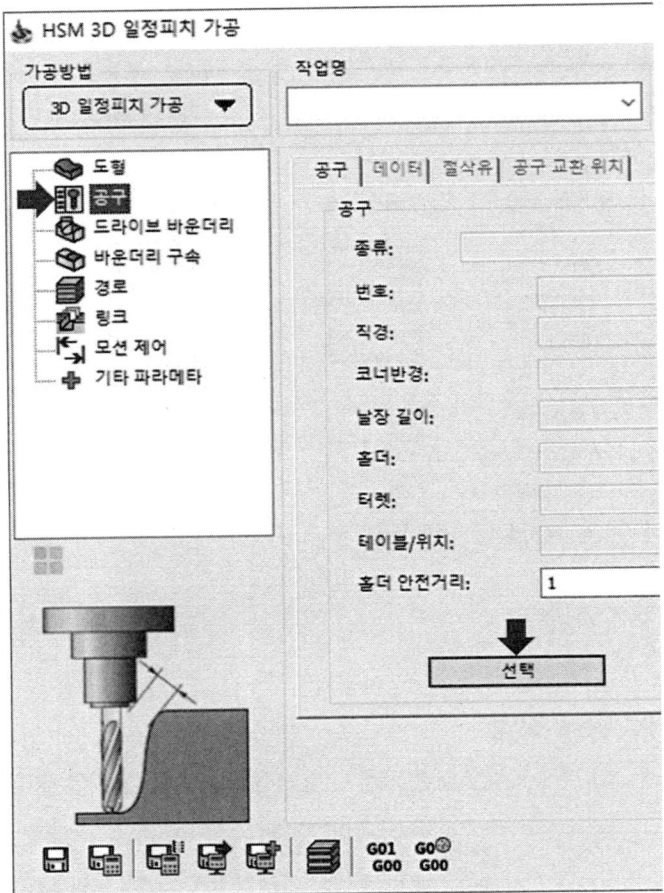

❸ 평 엔드밀을 더블클릭한다.

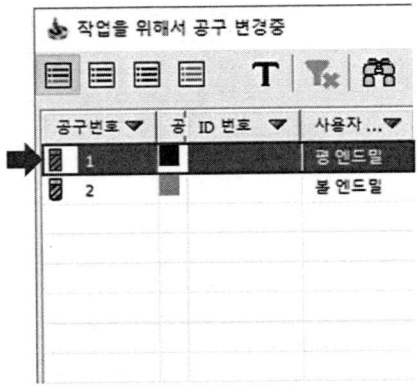

❹ [바운더리 구속 → 바운더리 종류 → 자동생성]을 선택한다.

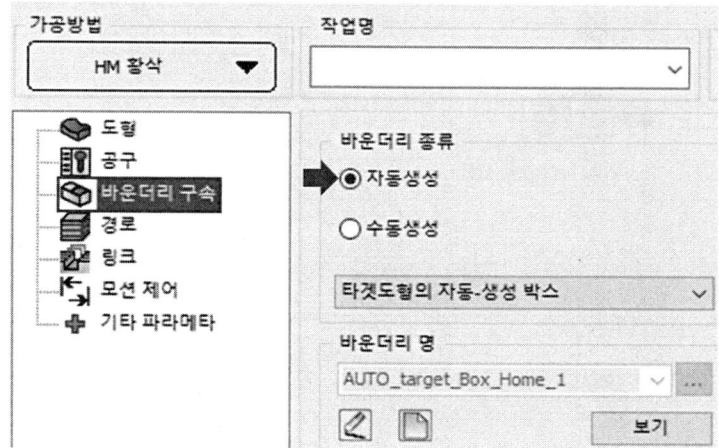

❺ [경로]를 클릭하여 다음과 같이 설정한다.

- 측벽 옵셋 : 0.2
- 바닥 옵셋 : 0.2
- 공차 : 0.04
- 절입량 : 2

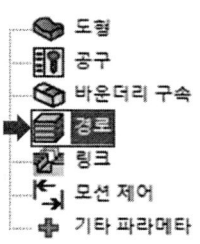 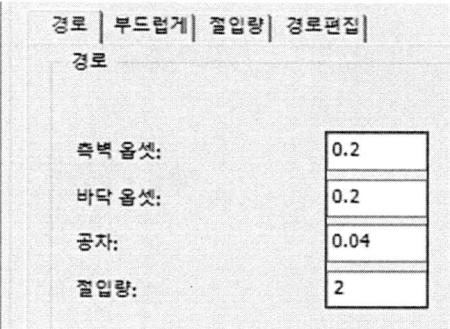

❻ [XY피치 가공방법]의 종류는 캐비티를 사용한다.

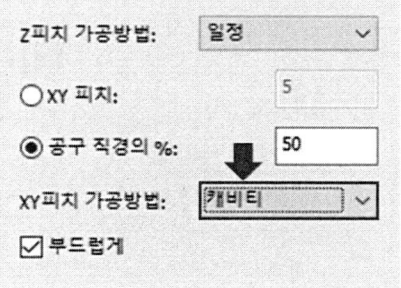

❼ [링크 → 일반 → 최소 윤곽직경 : 2]를 입력한다.

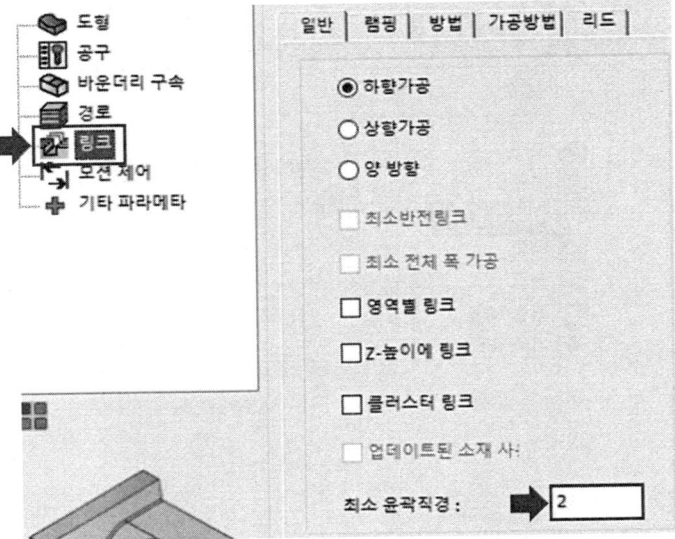

❽ [가공높이 → 파트 안전높이]를 선택한다.

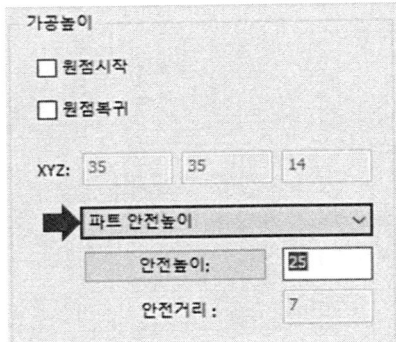

❾ [저장&계산] 버튼을 눌러 공구경로를 생성한다.

❿ 솔리드캠 관리자에는 생성한 작업이 나열된다. 다음 작업을 위해 체크박스를 해제하여 툴 패스를 숨긴다.

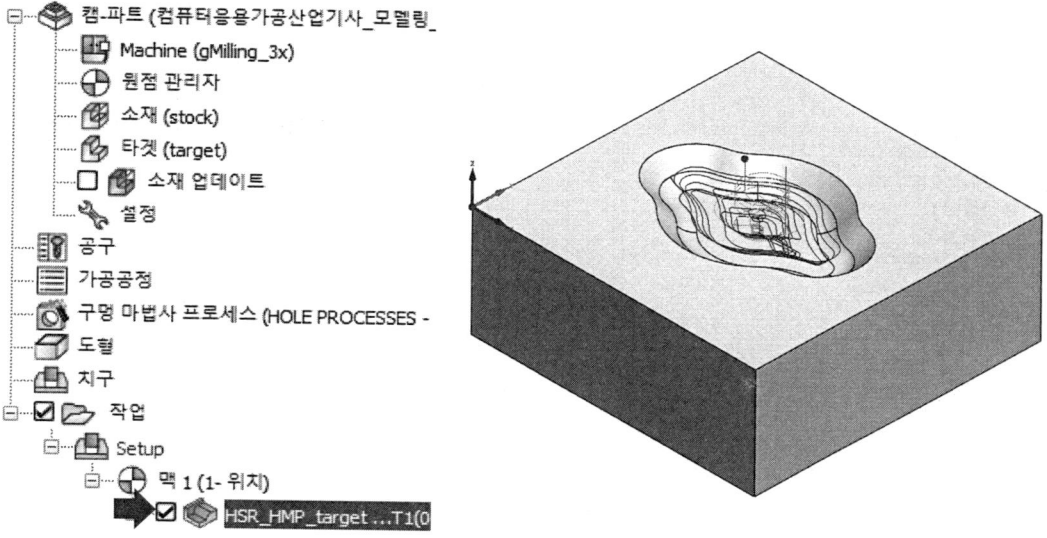

(4) 3D HSM - 3D 일정 피치 가공

❶ [커맨드 매니저 → SolidCAM 3D 탭 → 3D HSM → 3D 일정 피치]를 클릭한다.

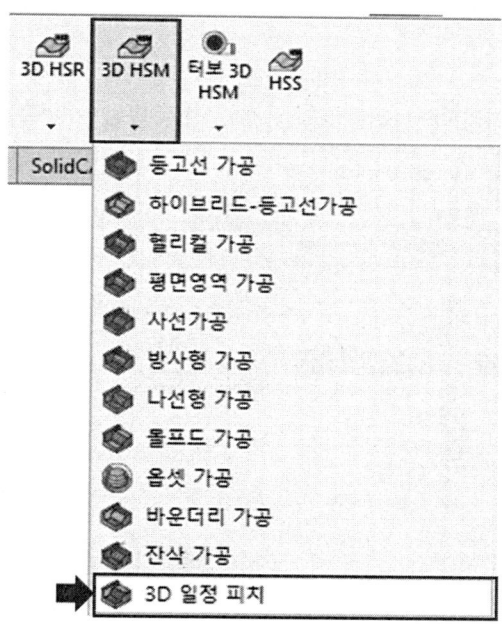

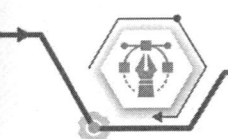

❷ [공구 → 선택 → 볼 엔드밀] 순으로 클릭한다.

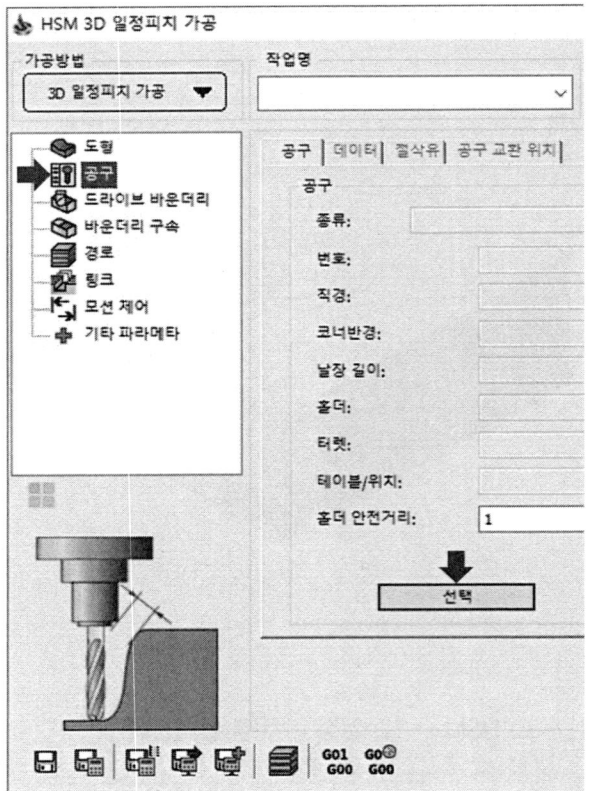
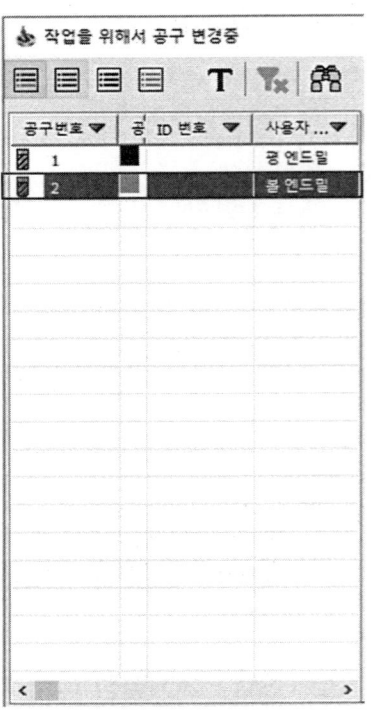

❸ [드라이브 바운더리]에서 [바운더리 종류 → 수동생성 → 신규]를 순서대로 클릭한다.

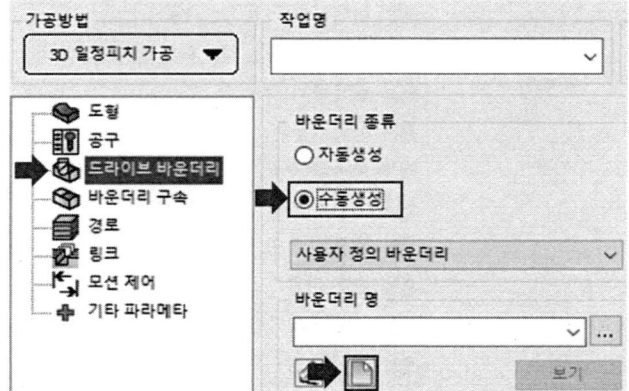

❹ 화살표가 가리키는 선을 클릭하여 체인을 생성한다.

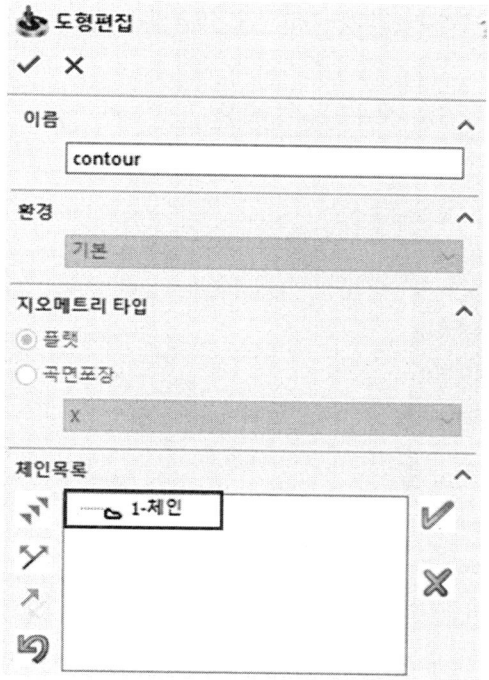
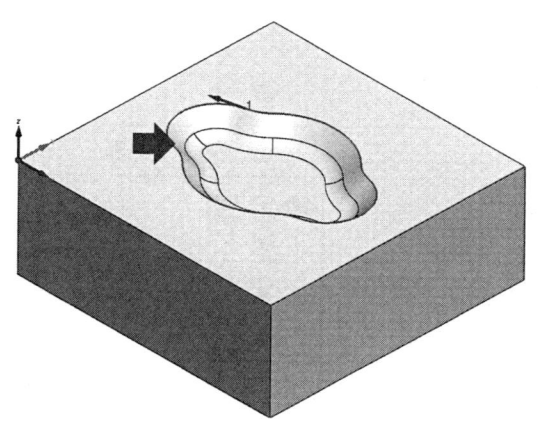

❺ [바운더리 구속]에서 [바운더리 종류 → 수동생성 → 바운더리 명 → 목록 → contour]를 순서대로 클릭한다.

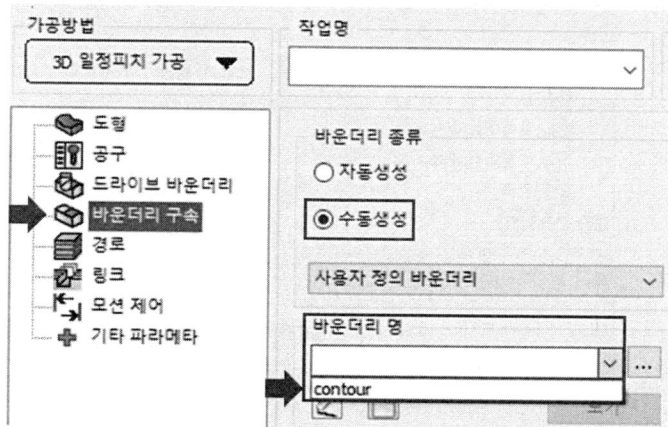

❻ [경로]를 클릭하여 다음과 같이 설정한다.

▸ 수평 가공피치 : 0.3   ▸ 수직 가공피치 : 0.3

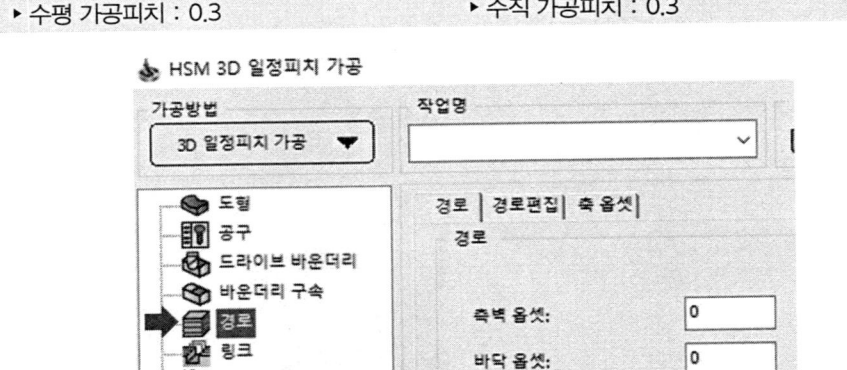

❼ [링크 → 경로순서 → 첫 번째 경로]를 체크한다.

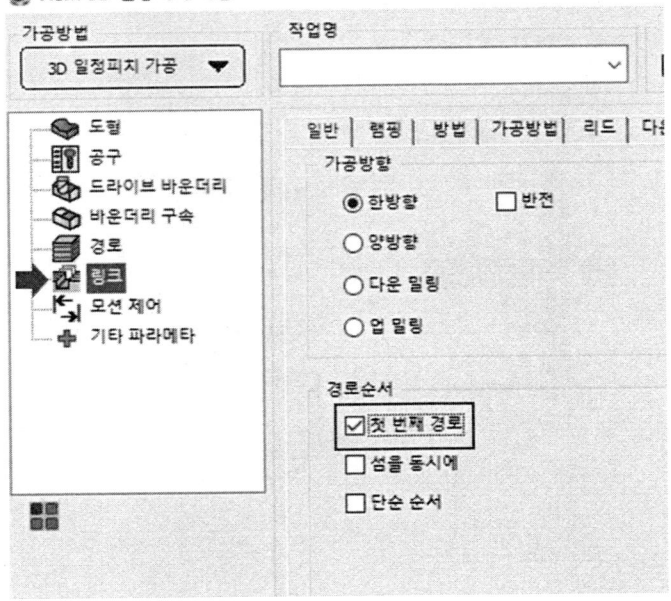

컴퓨터응용가공산업기사 실기

❽ [가공높이 → 파트 안전높이]를 선택한다.

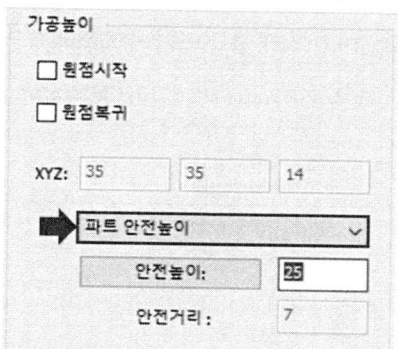

❾ [저장&계산] 버튼을 눌러 공구경로를 생성한다.

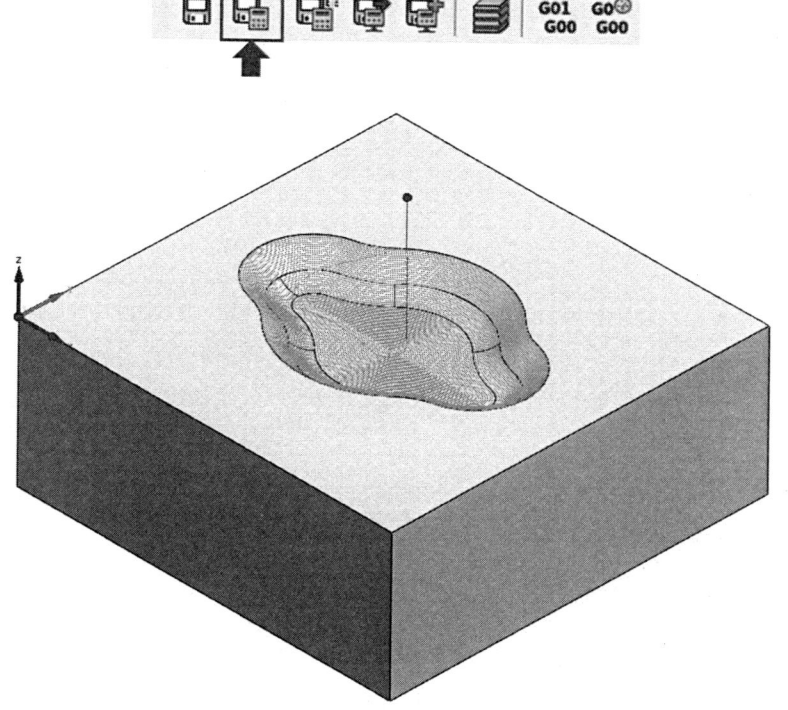

07. 컴퓨터응용가공산업기사 따라 하기

(5) 시뮬레이션 및 G코드 생성

❶ 전체 시뮬레이션을 확인하기 위해 솔리드캠 관리자에서 [작업]을 클릭한다.

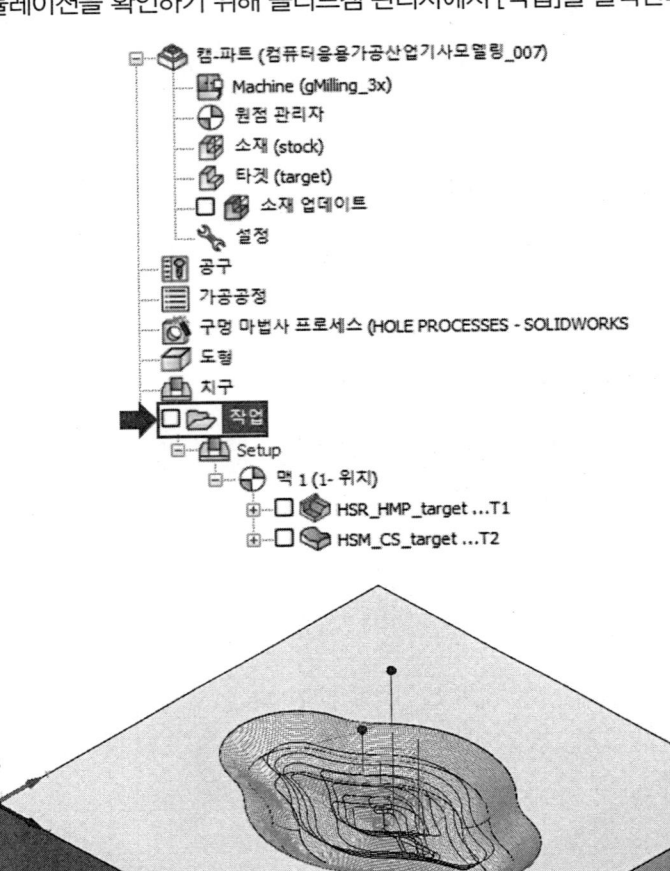

❷ 커맨드 매니저에서 [시뮬레이션]을 클릭한다.

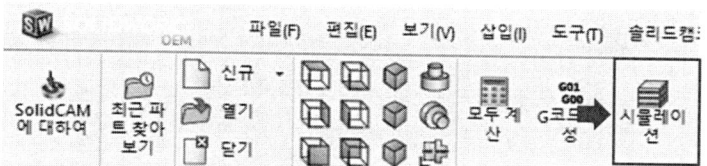

❸ [SolidVerify]를 클릭하고, [재생] 버튼을 클릭하여 시뮬레이션을 확인한다.

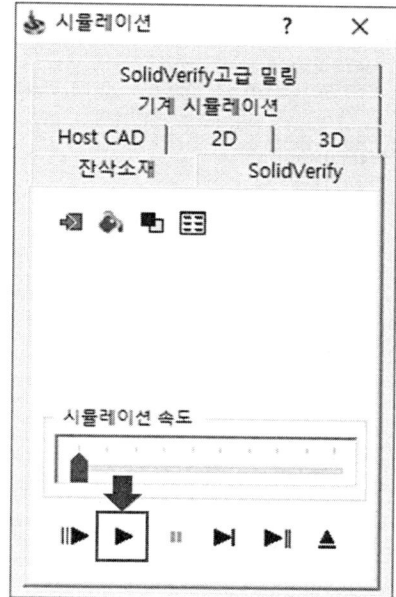

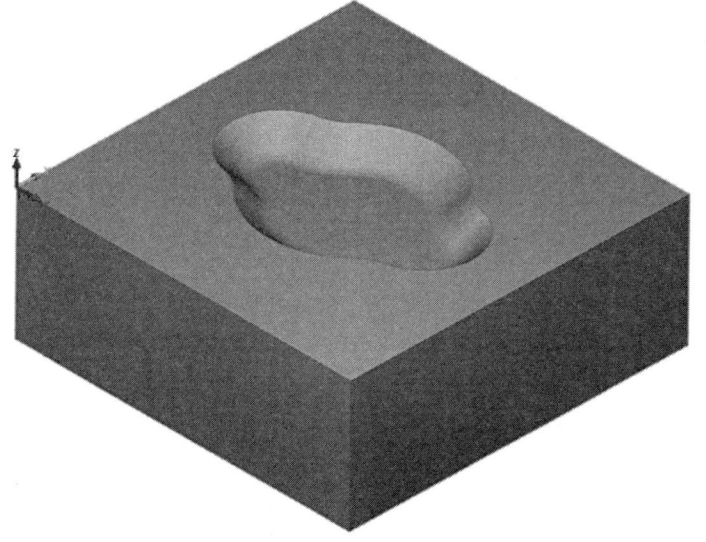

❹ 시뮬레이션을 종료하고, [커맨드 매니저 → G코드 생성]을 클릭한 후 G코드를 확인한다.

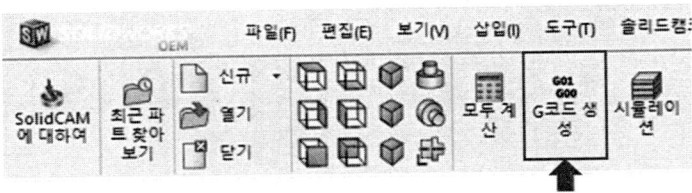

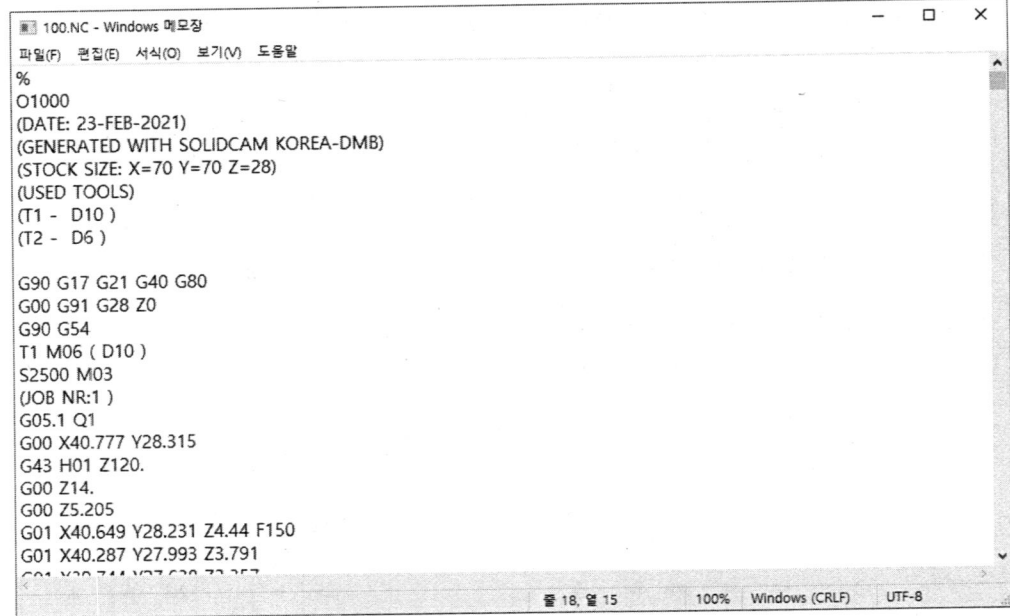

08 컴퓨터응용가공산업기사 따라 하기

1 도면

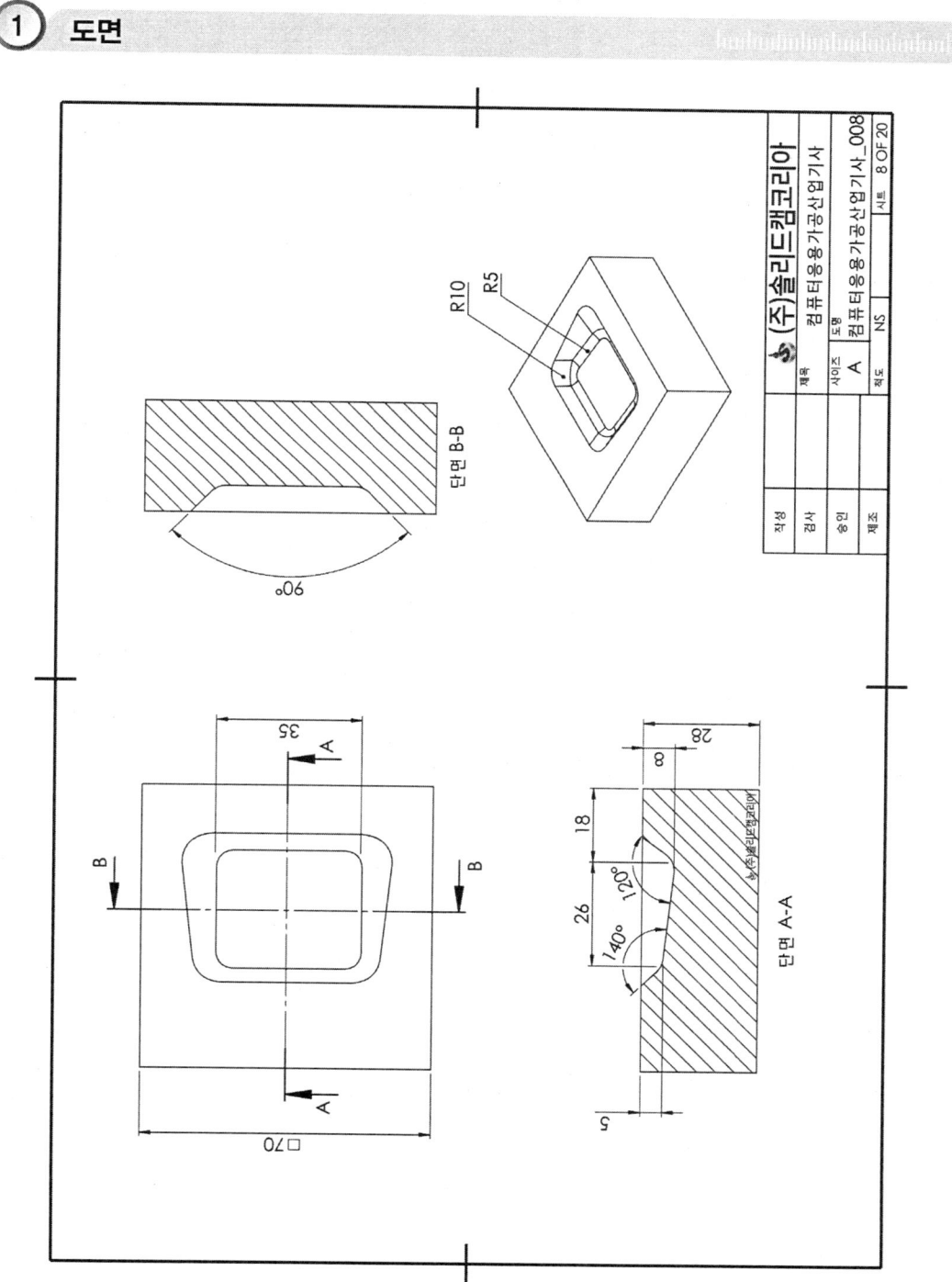

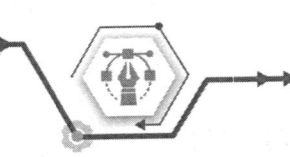

② 추천절삭조건

공구 번호	작업 내용	공구조건		경로 간격	절삭조건				비고
		종류	직경		회전수 (rpm)	이송 (mm/min)	절입량 (mm)	잔량 (mm)	
1	황삭	평E/M	10	5	2500	300	2	0.2	
2	정삭	볼E/M	6	1	3500	200			

1. 수기 가공 도면의 드릴 위치 표시와 비교하여 원점 위치를 작업자가 결정하여 CNC 프로그램을 작업한다.

2. 안전높이는 원점에서 25mm 높은 곳으로 지정한다.

3. 공구번호, 작업내용, 공구조건, 공구경로 간격, 절삭조건 등은 절삭지시서에 준하여 작업한다.

4. 도면의 형상과 같이 포켓 가공을 할 수 있도록 CAM 소프트웨어를 사용하여 작업을 생성하여 NC 데이터를 저장장치에 저장하여 제출한다.

5. 가공 작업의 수는 도면 형상에 맞추어 작업한다.

6. 위 추천 절삭조건은 SolidCAM 프로그램의 기준으로 다른 프로그램일 경우 절삭조건은 변경될 수 있다.

7. 40분 이내로 가공 시간을 맞추어 작업한다.

※ 절삭조건은 시험장에 따라 달라질 수 있다.

③ CAM

(1) SolidCAM 원점, 소재 정의

❶ [주메뉴 바 → 열기]를 통해 파일을 불러온다.

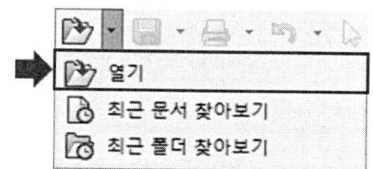

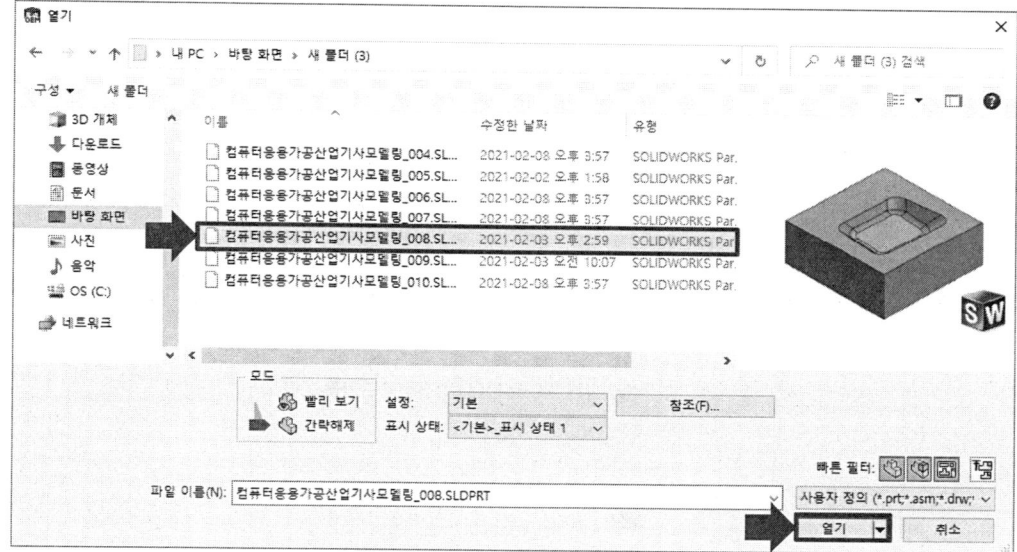

Tip 이미 모델링 파일이 열려있다면 해당 과정은 생략한다.

❷ [커맨드 매니저 → SolidCAM 파트 설정 탭 → 신규 → 밀링]을 클릭한다.

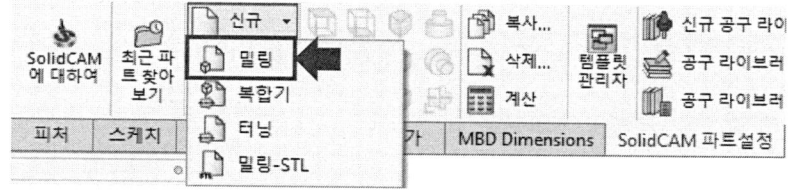

❸ [신규 밀링파트 → 캠-파트 생성방법 → 솔리드캠의 파일로 저장 → 단위 → 미터]를 클릭하고 확인을 클릭한다.

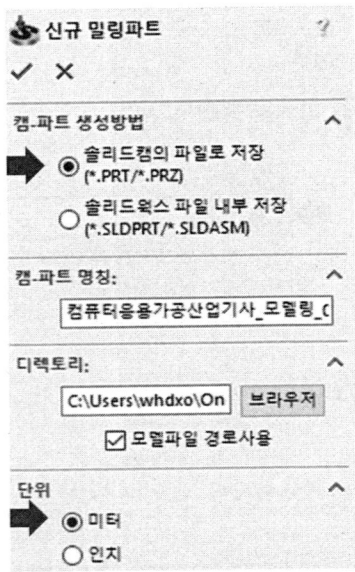

❹ [밀링파트 데이터 → CNC-컨트롤러 → gMilling_3x]를 설정한 후 [정의 → 원점]을 클릭한다.

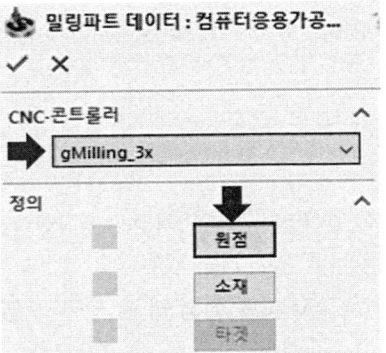

❺ [원점 → 평면원점 → 모델박스의 코너]를 설정하고, 모델링의 윗면을 클릭한 후 확인을 클릭한다.

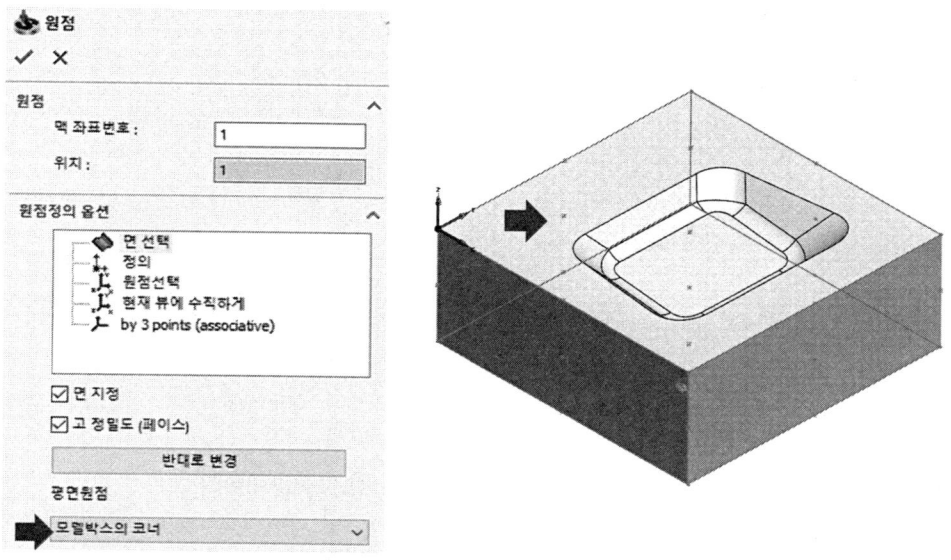

❻ 솔리드캠 관리자에서 [원점 데이터 → 안전 높이 : 25]를 입력하고 확인을 클릭한다.

❼ [원점 관리자 → 확인]을 눌러 [밀링파트 데이터] 창에서 [소재]를 클릭한다.

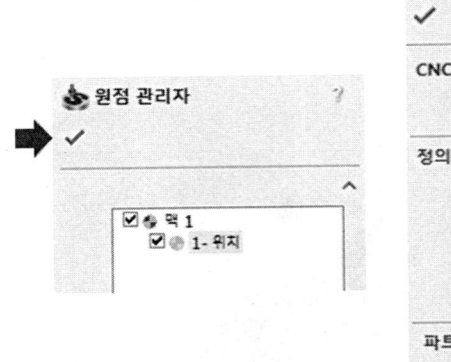
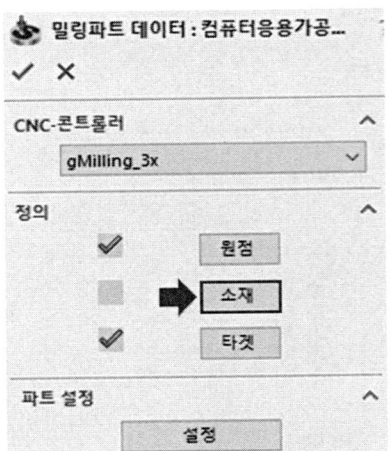

❽ [소재 → 정의 기준 → 박스]를 확인하고 모델링 윗면을 클릭한다.

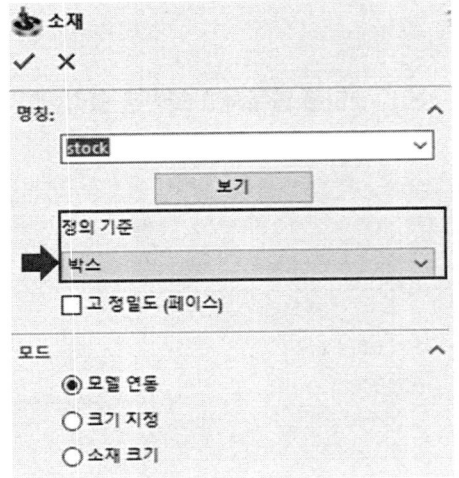
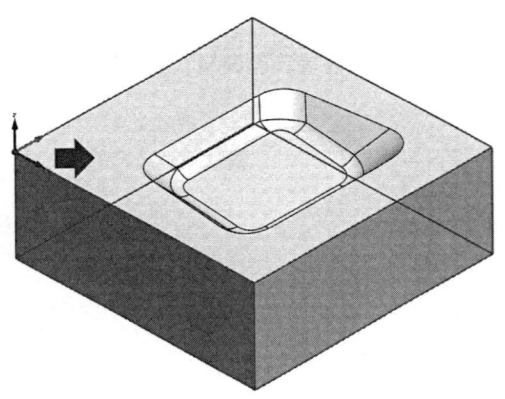

❾ 소재를 정의하고, [박스확장]에서 모든 확장을 0으로 한 후 확인을 클릭하여 소재 정의를 마친다.

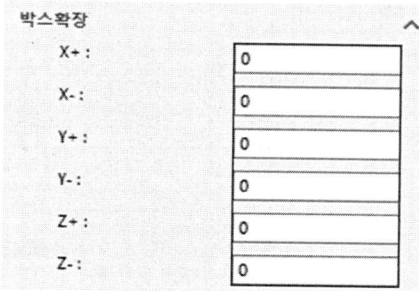

❿ [원점 - 소재 - 타겟] 3곳의 정의가 완료되면 [확인] 버튼을 클릭하여 파트 정의를 마친다.

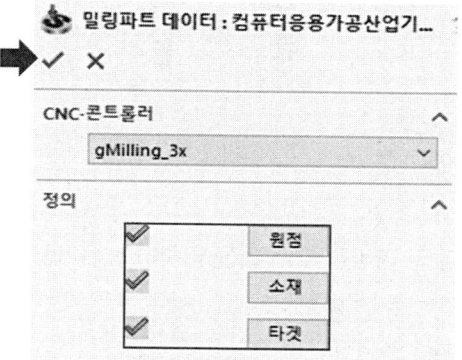

(2) 밀링 공구 작업

❶ [솔리드캠 관리자 → 공구]를 더블클릭한다.

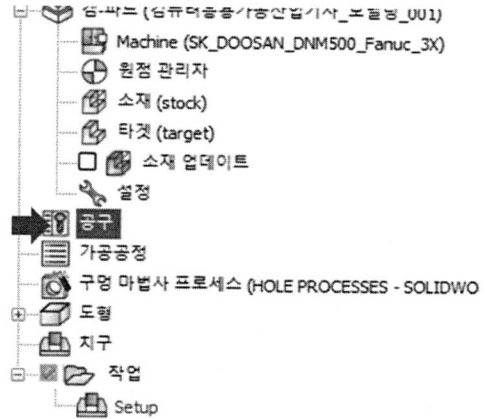

❷ [밀링 공구 추가 → 평 엔드밀]을 클릭한다.

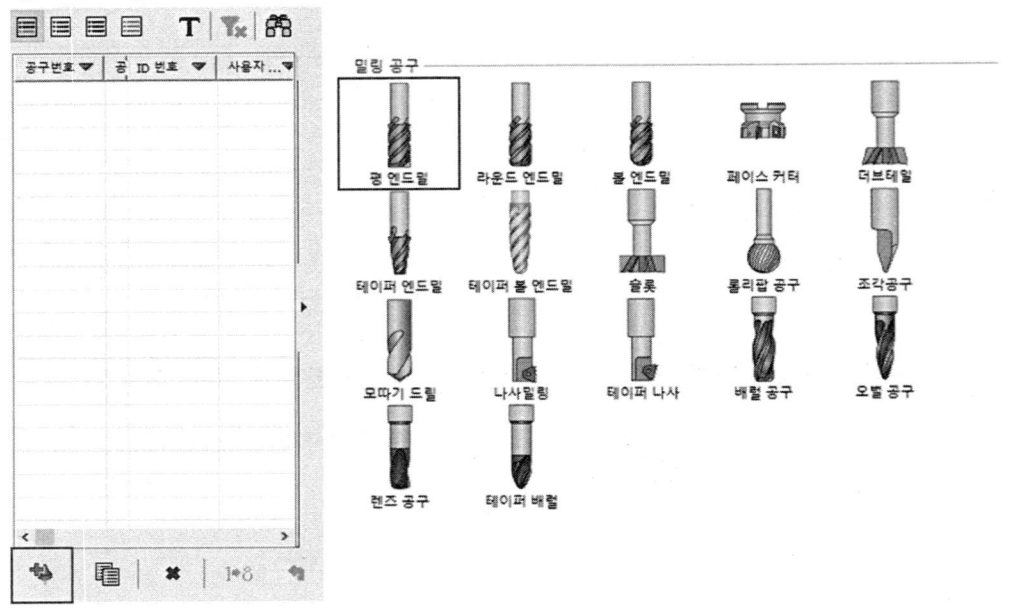

❸ [직경 : 10 → 숄더 및 아버직경 : 10]을 입력하고, [디폴트 공구 데이터]로 넘어간다.

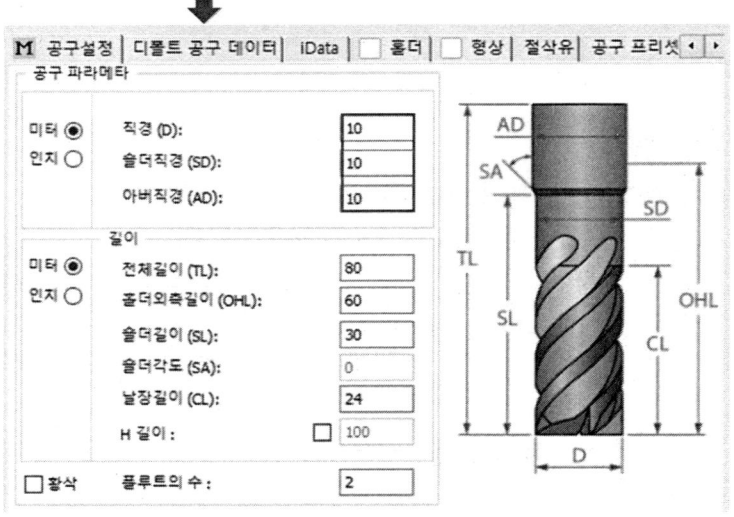

❹ [XY피드 : 300 → Z피드 : 150 → 회전율 : 2500]을 입력하고, [밀링 공구 추가] 버튼을 클릭한다.

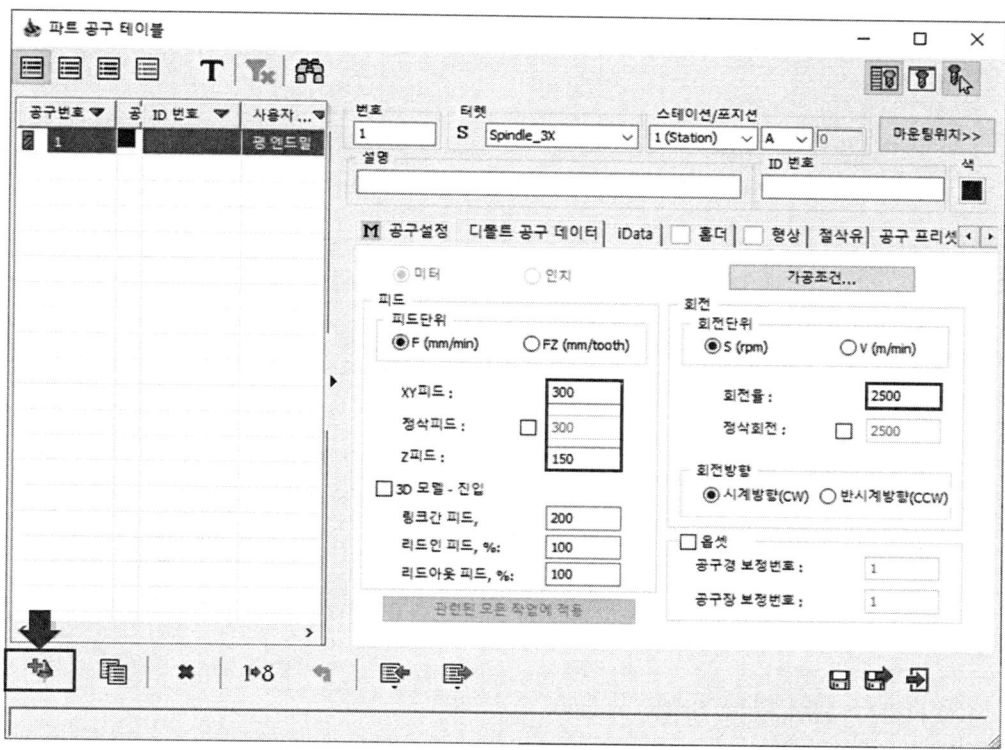

❺ [볼 엔드밀 → 직경 : 6 → 코너반경 : 3 → 숄더 및 아버직경 : 6]을 입력하고, [디폴트 공구 데이터]로 넘어간다.

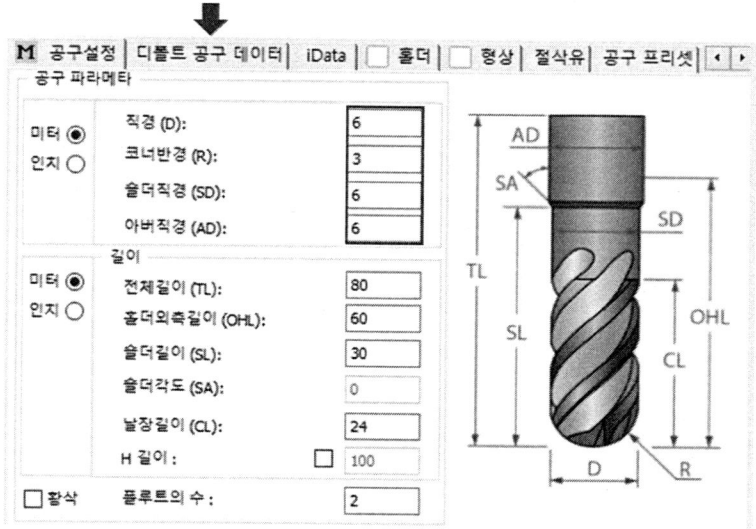

❻ [XY피드 : 200 → Z피드 : 100 → 회전율 : 3500]을 입력하고, 우측 하단의 [저장&나가기]를 클릭한다.

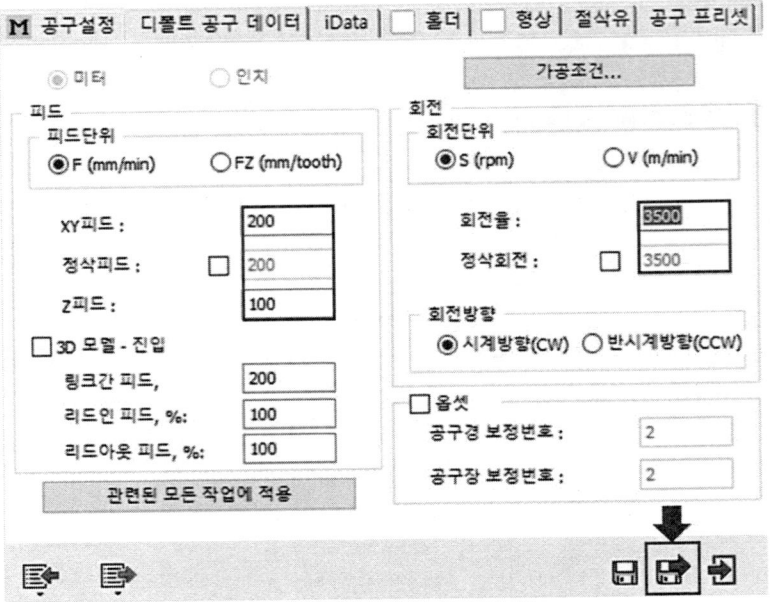

(3) HSR - HM 황삭 작업

❶ [커맨드 매니저 → SolidCAM 3D 탭 → 3D HSR → HM 황삭]을 클릭한다.

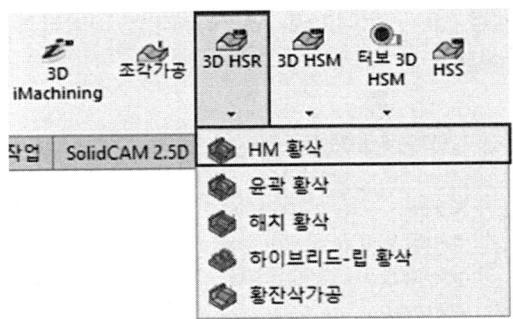

❷ 공구로 이동하여 선택을 클릭한다.

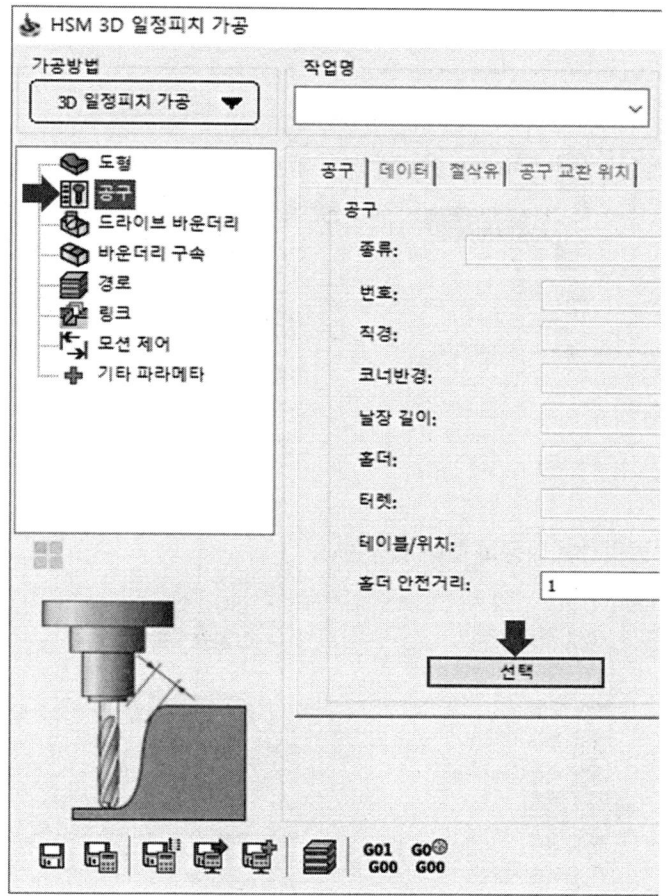

❸ 평 엔드밀을 더블클릭한다.

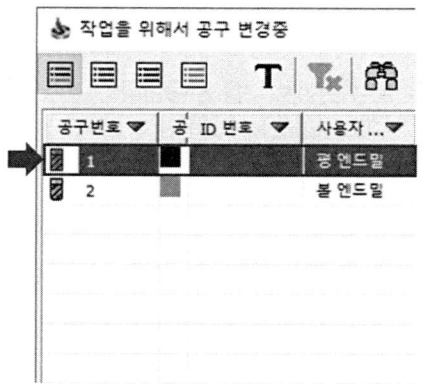

❹ [바운더리 구속 → 바운더리 종류 → 자동생성]을 선택한다.

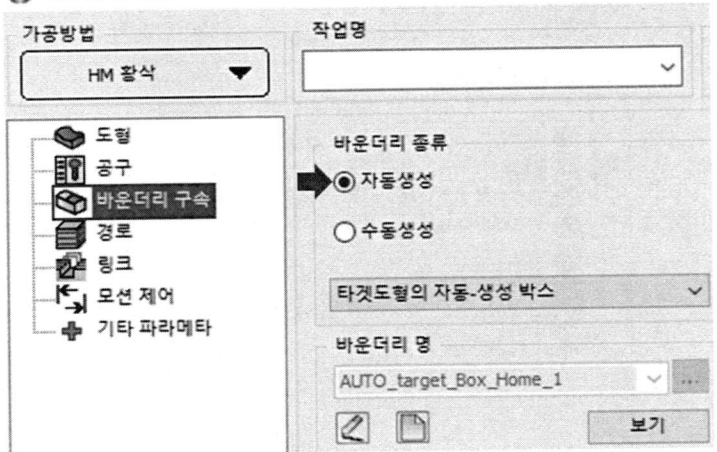

❺ [경로]를 클릭하여 다음과 같이 설정한다.

- 측벽 옵셋 : 0.2
- 바닥 옵셋 : 0.2
- 공차 : 0.04
- 절입량 : 2

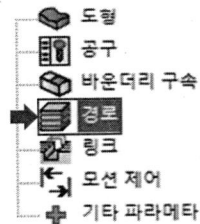 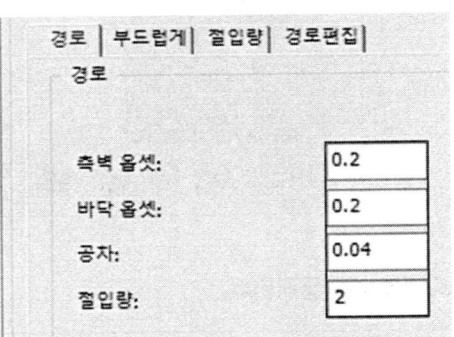

❻ [XY피치 가공방법]의 종류는 캐비티를 사용한다.

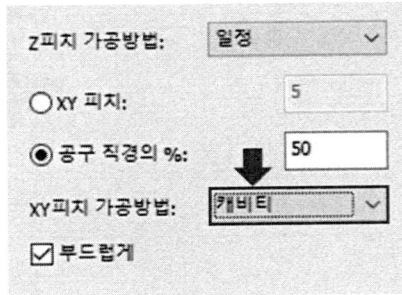

❼ [링크 → 일반 → 최소 윤곽직경 : 2]를 입력한다.

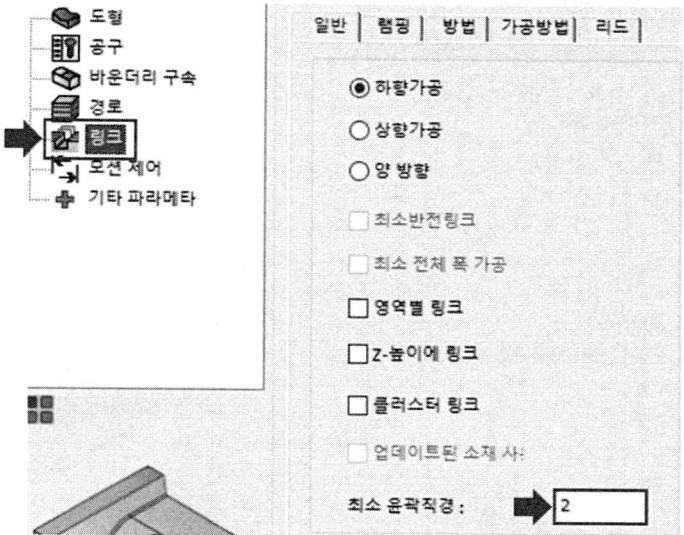

❽ [가공높이 → 파트 안전높이]를 선택한다.

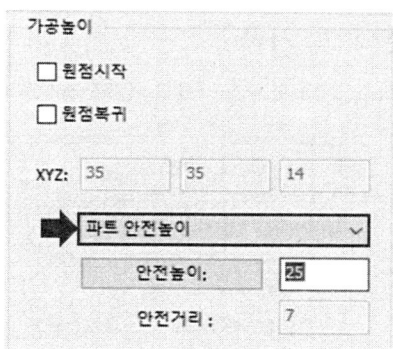

❾ [저장&계산] 버튼을 눌러 공구경로를 생성한다.

❿ 솔리드캠 관리자에는 생성한 작업이 나열된다. 다음 작업을 위해 체크박스를 해제하여 툴 패스를 숨긴다.

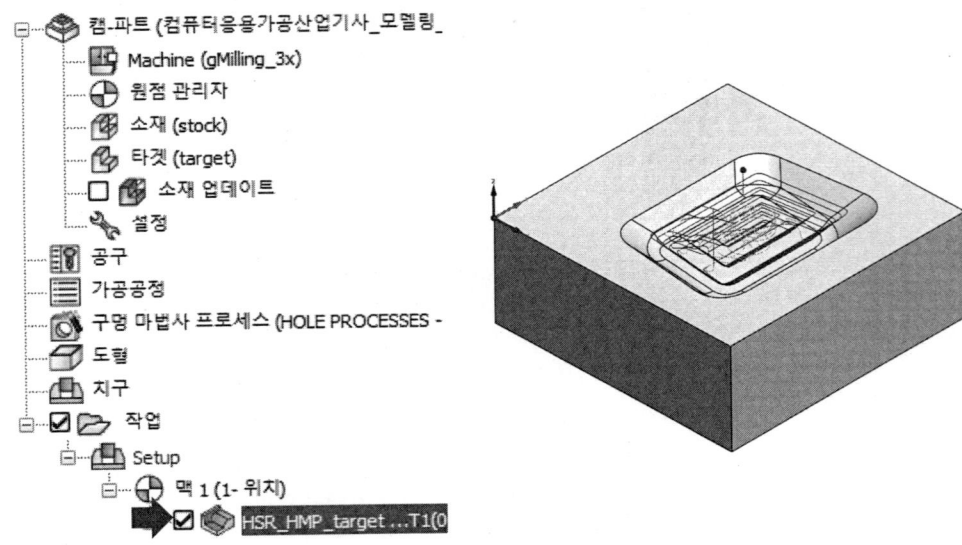

(4) 3D HSM - 3D 일정 피치 가공

❶ [커맨드 매니저 → SolidCAM 3D 탭 → 3D HSM → 3D 일정 피치]를 클릭한다.

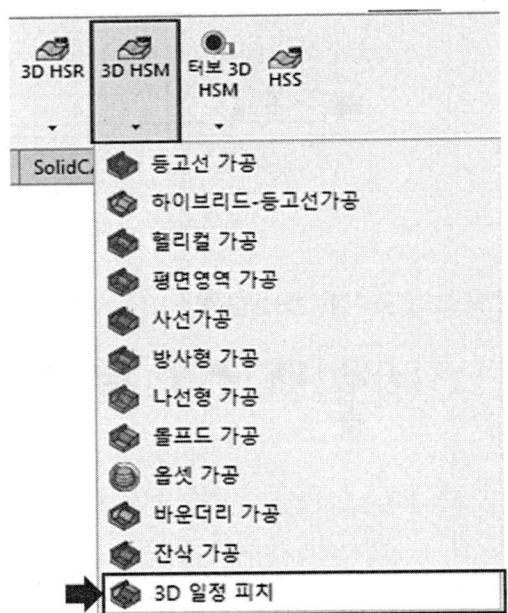

❷ [공구 → 선택 → 볼 엔드밀] 순으로 클릭한다.

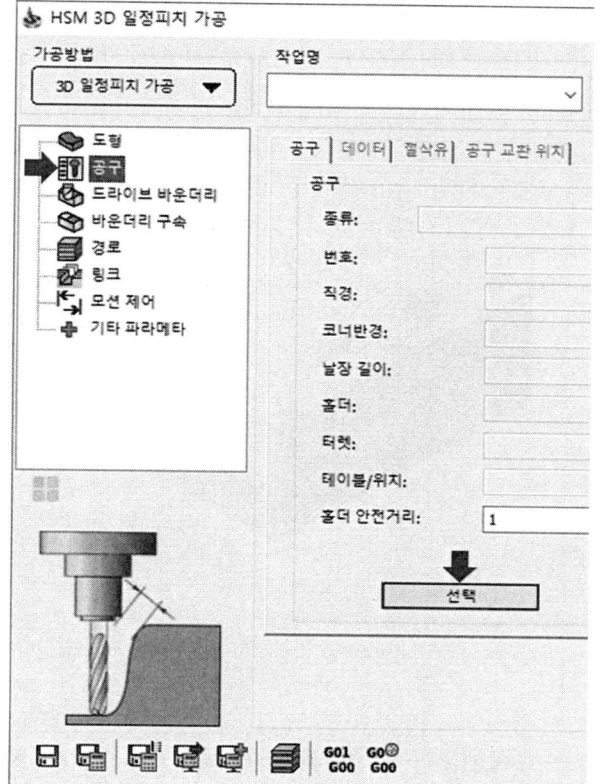

❸ [드라이브 바운더리]에서 [바운더리 종류 → 수동생성 → 신규]를 순서대로 클릭한다.

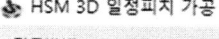
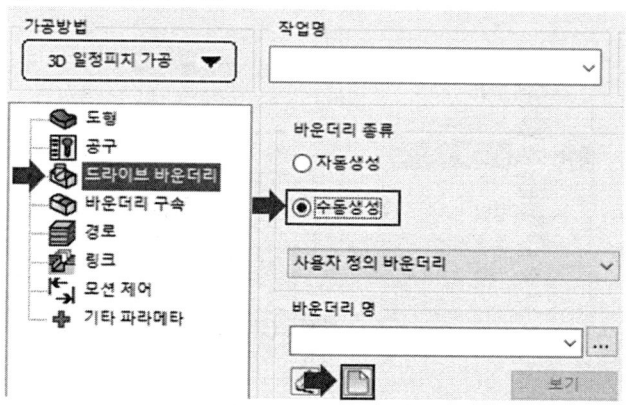

❹ 화살표가 가리키는 선을 클릭하여 체인을 생성한다.

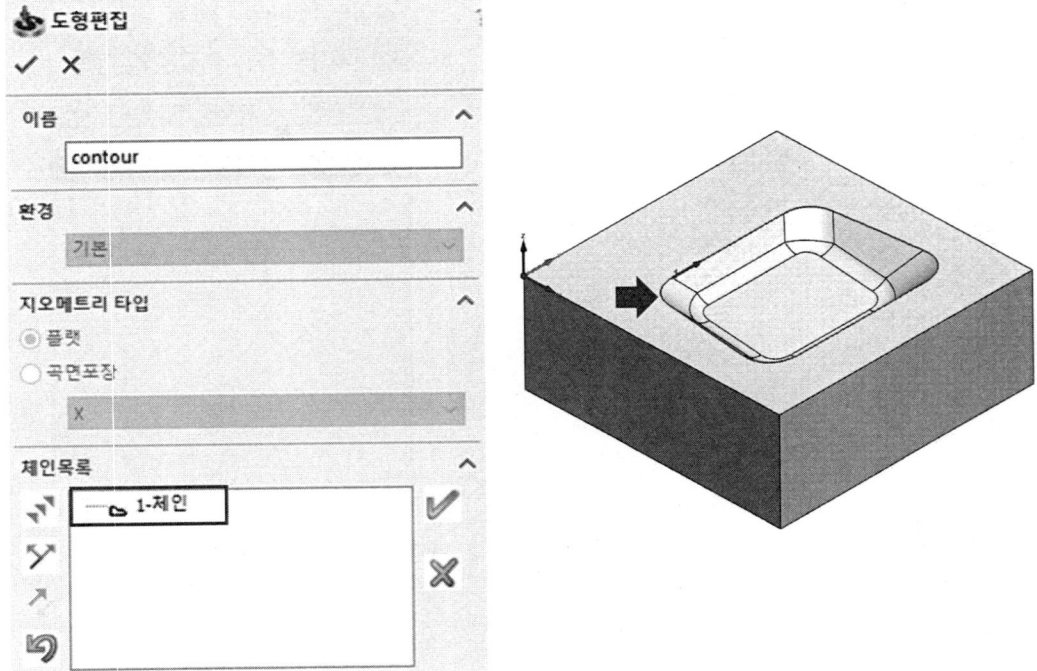

❺ [바운더리 구속]에서 [바운더리 종류 → 수동생성 → 바운더리 명 → 목록 → contour]를 순서대로 클릭한다.

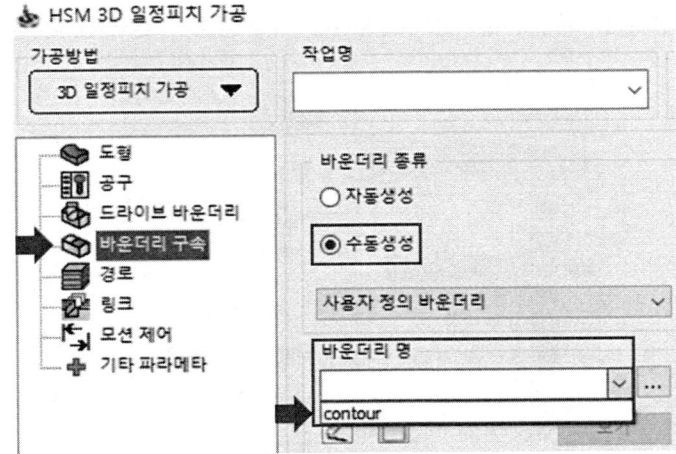

❻ [경로]를 클릭하여 다음과 같이 설정한다.

▸ 수평 가공피치 : 0.3   ▸ 수직 가공피치 : 0.3

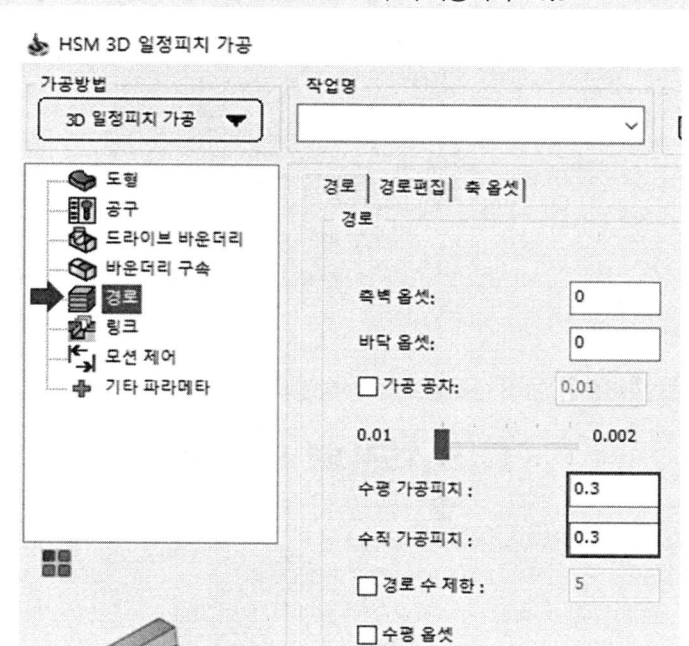

❼ [링크 → 경로순서 → 첫 번째 경로]를 체크한다.

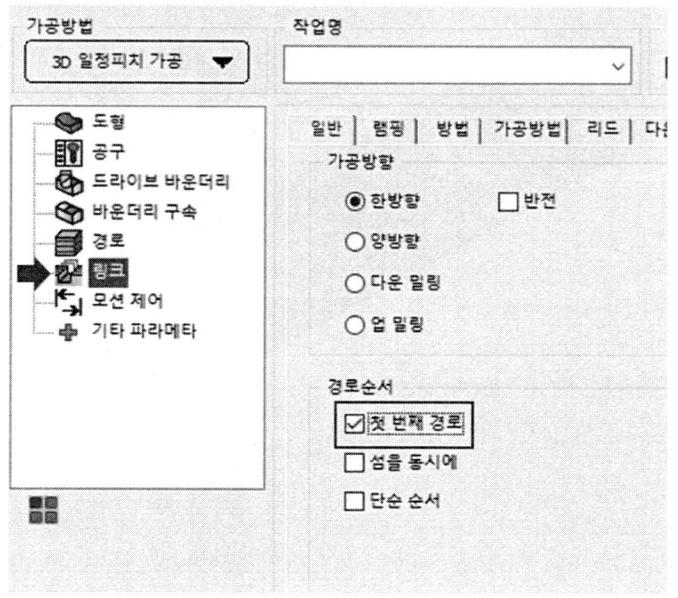

❽ [가공높이 → 파트 안전높이]를 선택한다.

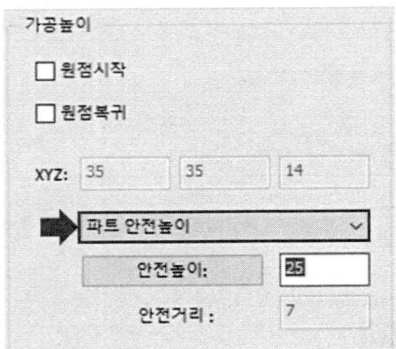

❾ [저장&계산] 버튼을 눌러 공구경로를 생성한다.

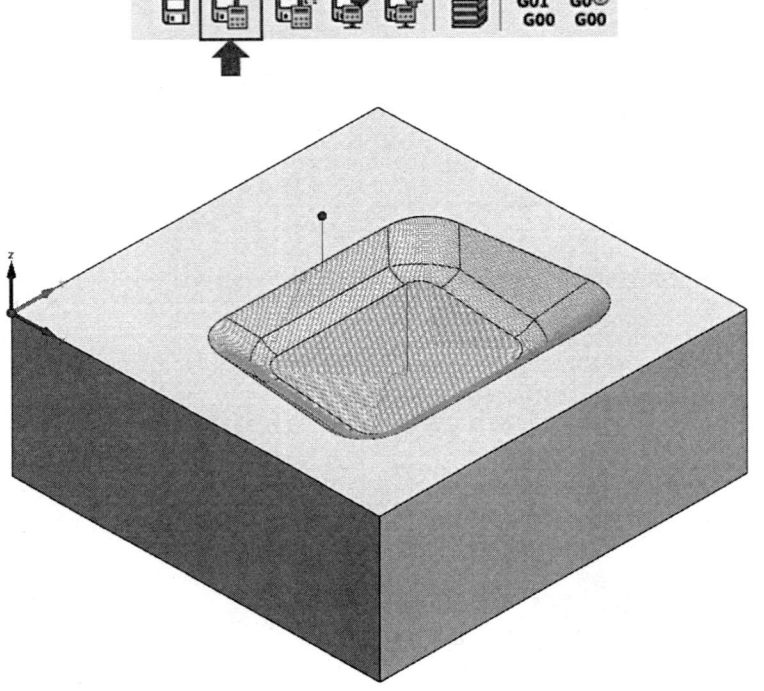

(5) 시뮬레이션 및 G코드 생성

❶ 전체 시뮬레이션을 확인하기 위해 솔리드캠 관리자에서 [작업]을 클릭한다.

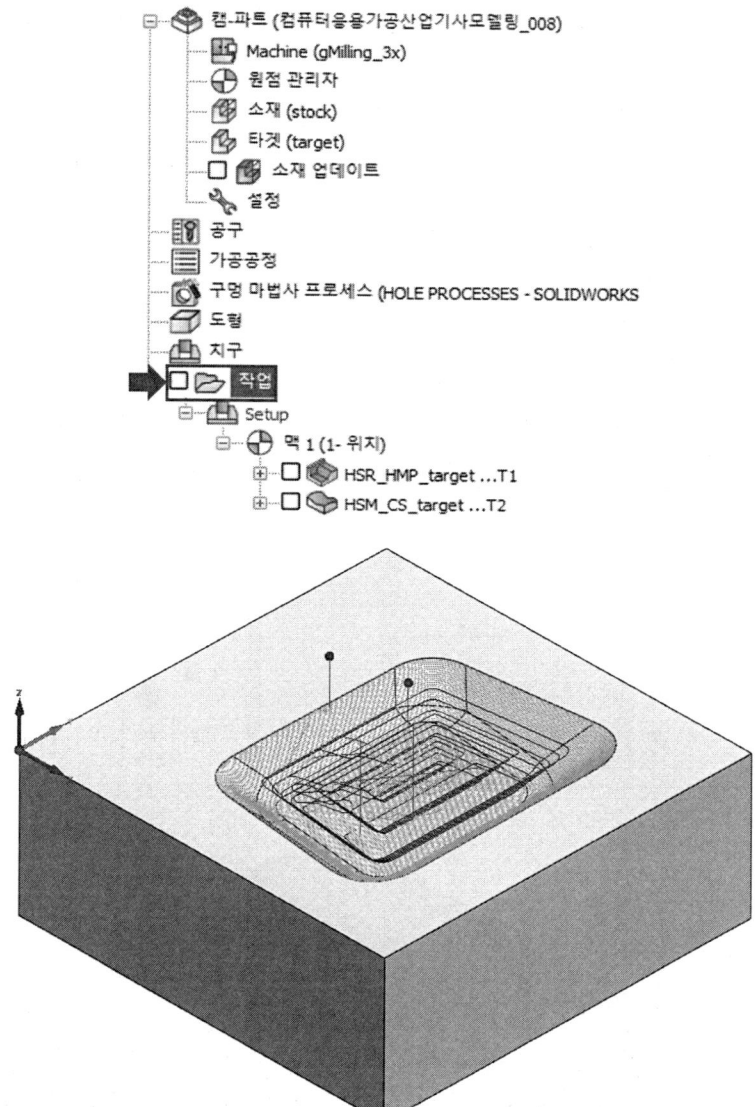

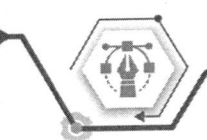

❷ 커맨드 매니저에서 [시뮬레이션]을 클릭한다.

❸ [SolidVerify]를 클릭하고, [재생] 버튼을 클릭하여 시뮬레이션을 확인한다.

❹ 시뮬레이션을 종료하고, [커맨드 매니저 → G코드 생성]을 클릭한 후 G코드를 확인한다.

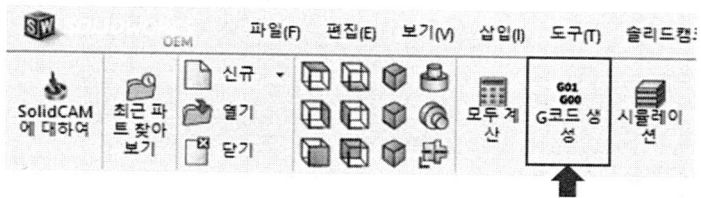

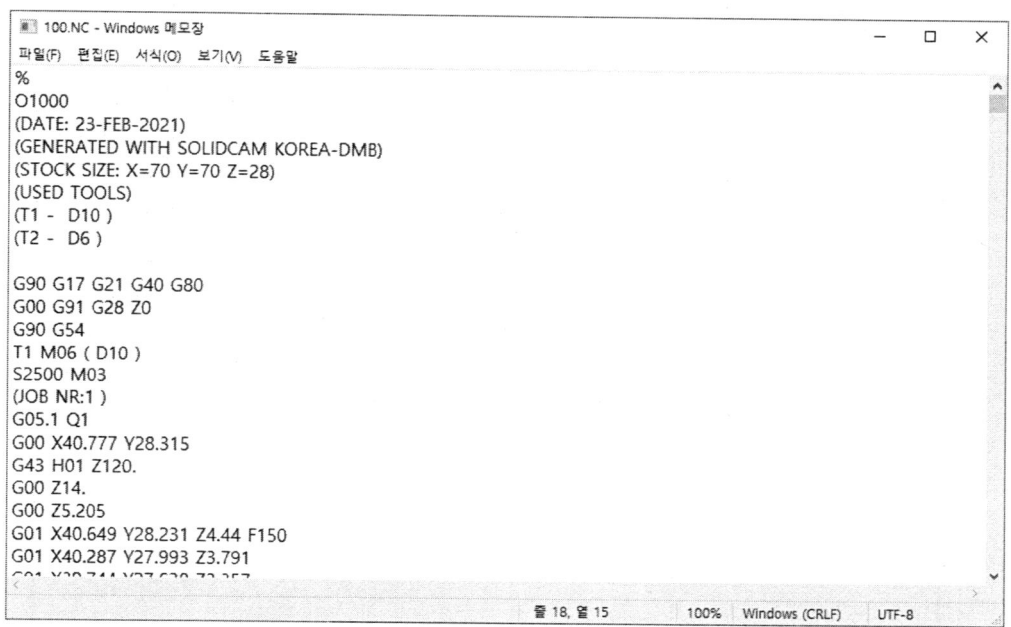

09 컴퓨터응용가공산업기사 따라 하기

1 도면

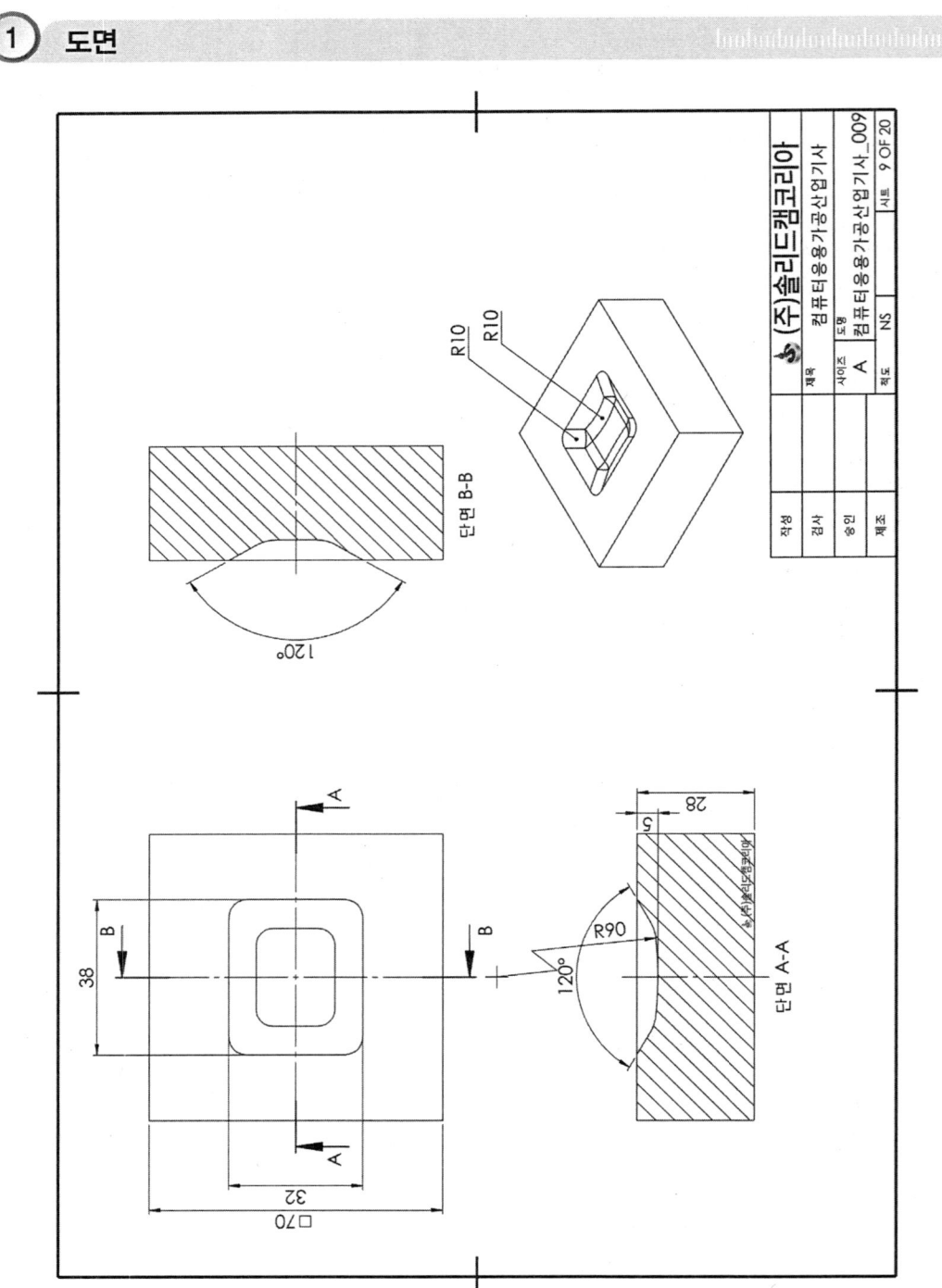

② 추천절삭조건

공구 번호	작업 내용	공구조건		경로 간격	절삭조건				비고
		종류	직경		회전수 (rpm)	이송 (mm/min)	절입량 (mm)	잔량 (mm)	
1	황삭	평E/M	10	5	2500	300	2	0.2	
2	정삭	볼E/M	6	1	3500	200			

1. 수기 가공 도면의 드릴 위치 표시와 비교하여 원점 위치를 작업자가 결정하여 CNC 프로그램을 작업한다.

2. 안전높이는 원점에서 25mm 높은 곳으로 지정한다.

3. 공구번호, 작업내용, 공구조건, 공구경로 간격, 절삭조건 등은 절삭지시서에 준하여 작업한다.

4. 도면의 형상과 같이 포켓 가공을 할 수 있도록 CAM 소프트웨어를 사용하여 작업을 생성하여 NC 데이터를 저장장치에 저장하여 제출한다.

5. 가공 작업의 수는 도면 형상에 맞추어 작업한다.

6. 위 추천 절삭조건은 SolidCAM 프로그램의 기준으로 다른 프로그램일 경우 절삭조건은 변경될 수 있다.

7. 40분 이내로 가공 시간을 맞추어 작업한다.

※ 절삭조건은 시험장에 따라 달라질 수 있다.

③ CAM

(1) SolidCAM 원점, 소재 정의

❶ [주메뉴 바 → 열기]를 통해 파일을 불러온다.

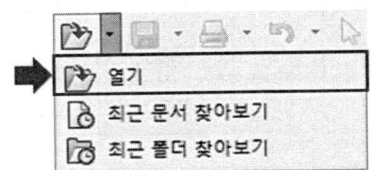

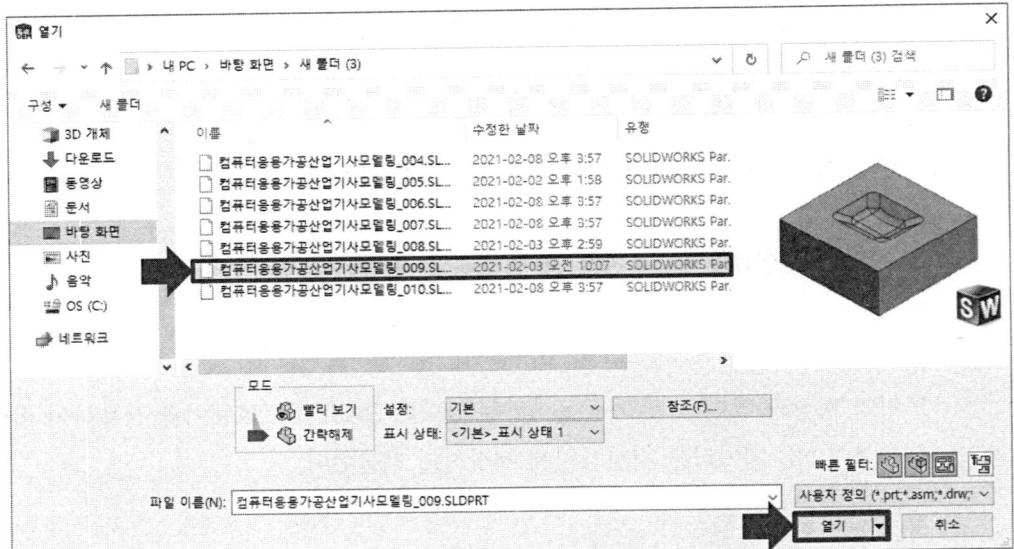

Tip 이미 모델링 파일이 열려있다면 해당 과정은 생략한다.

❷ [커맨드 매니저 → SolidCAM 파트 설정 탭 → 신규 → 밀링]을 클릭한다.

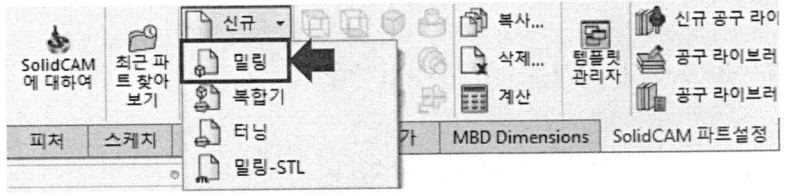

❸ [신규 밀링파트 → 캠-파트 생성방법 → 솔리드캠의 파일로 저장 → 단위 → 미터]를 클릭하고 확인을 클릭한다.

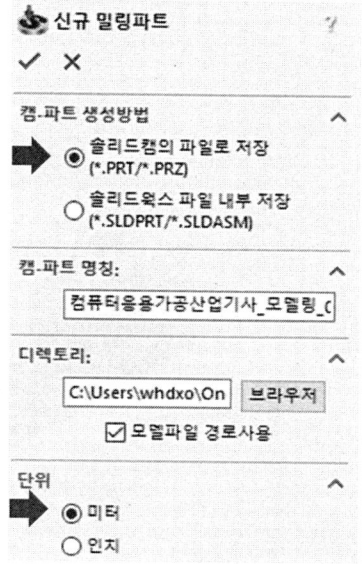

❹ [밀링파트 데이터 → CNC-컨트롤러 → gMilling_3x]를 설정한 후 [정의 → 원점]을 클릭한다.

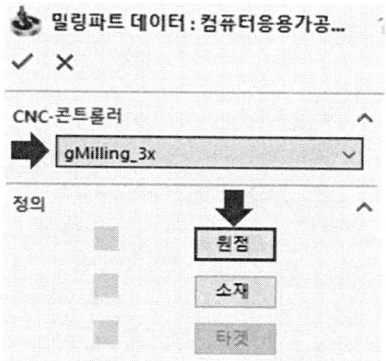

❺ [원점 → 평면원점 → 모델박스의 코너]를 설정하고, 모델링의 윗면을 클릭한 후 확인을 클릭한다.

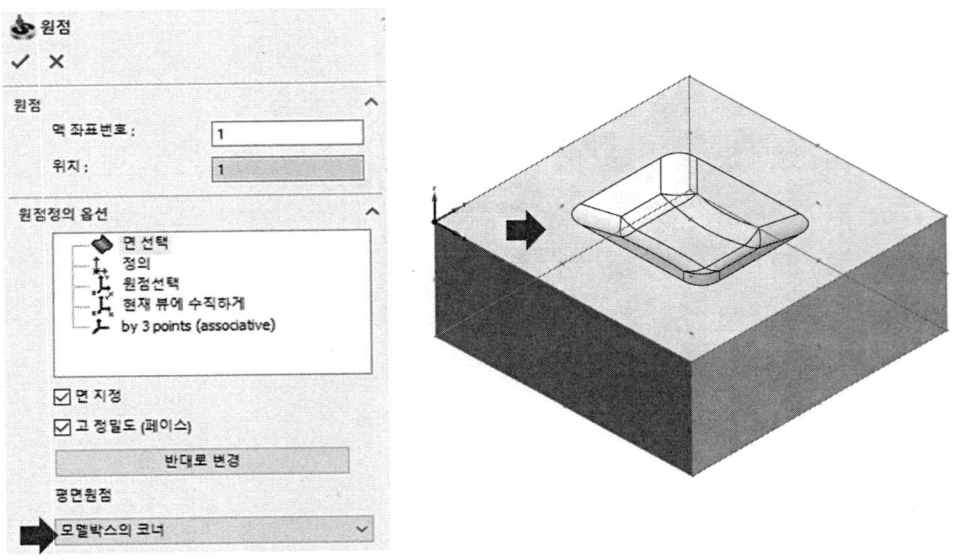

❻ 솔리드캠 관리자에서 [원점 데이터 → 안전 높이 : 25]를 입력하고 확인을 클릭한다.

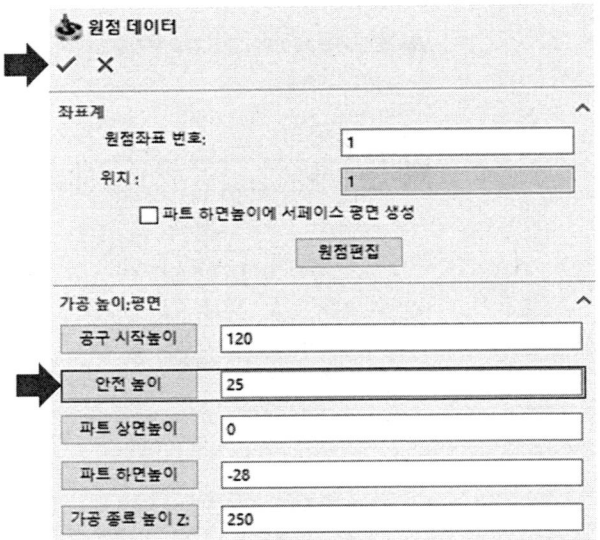

❼ [원점 관리자 → 확인]을 눌러 [밀링파트 데이터] 창에서 [소재]를 클릭한다.

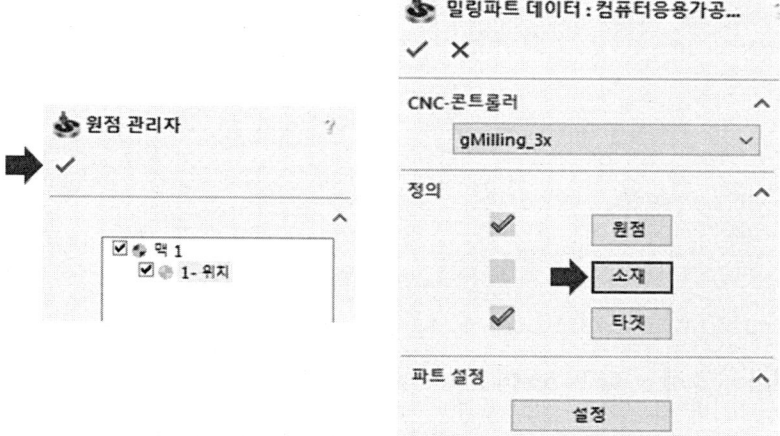

❽ [소재 → 정의 기준 → 박스]를 확인하고 모델링 윗면을 클릭한다.

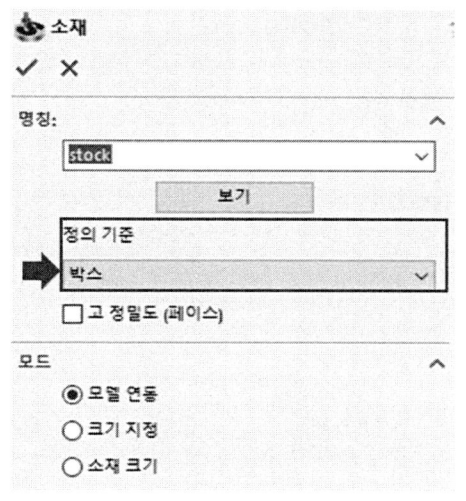
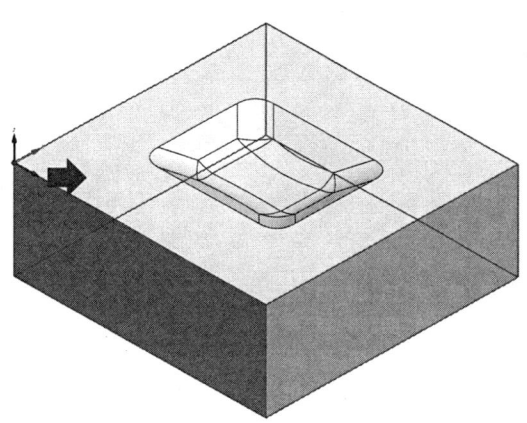

❾ 소재를 정의하고, [박스확장]에서 모든 확장을 0으로 하고 확인을 클릭하여 소재 정의를 마친다.

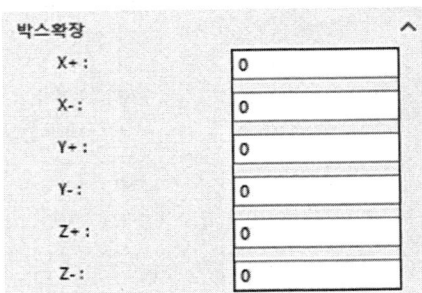

❿ [원점 – 소재 – 타겟] 3곳의 정의가 완료되면 [확인] 버튼을 클릭하여 파트 정의를 마친다.

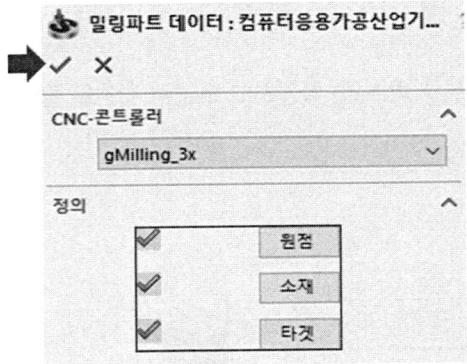

(2) 밀링 공구 작업

❶ [솔리드캠 관리자 → 공구]를 더블클릭한다.

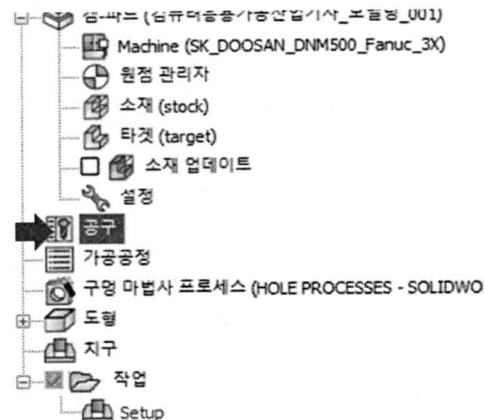

❷ [밀링 공구 추가 → 평 엔드밀]을 클릭한다.

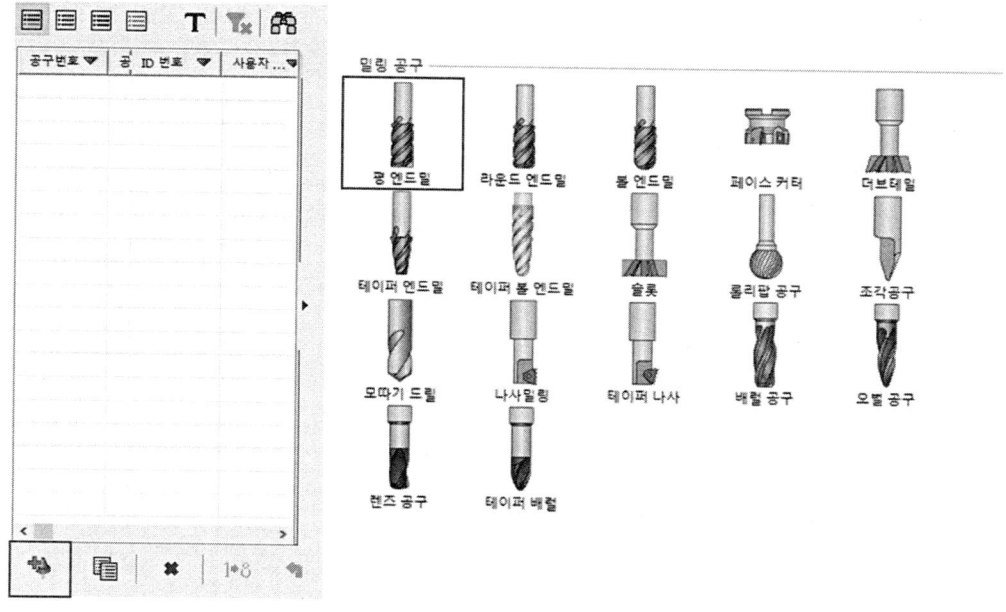

❸ [직경 : 10 → 숄더 및 아버직경 : 10]을 입력하고, [디폴트 공구 데이터]로 넘어간다.

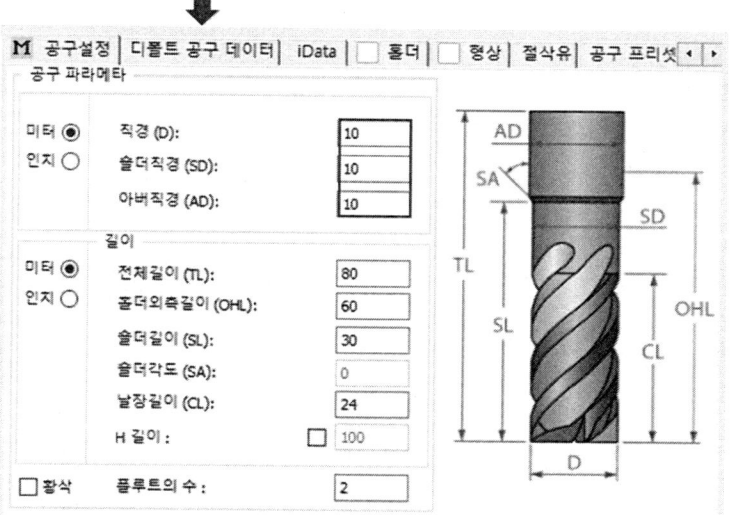

❹ [XY피드 : 300 → Z피드 : 150 → 회전율 : 2500]을 입력하고, [밀링 공구 추가] 버튼을 클릭한다.

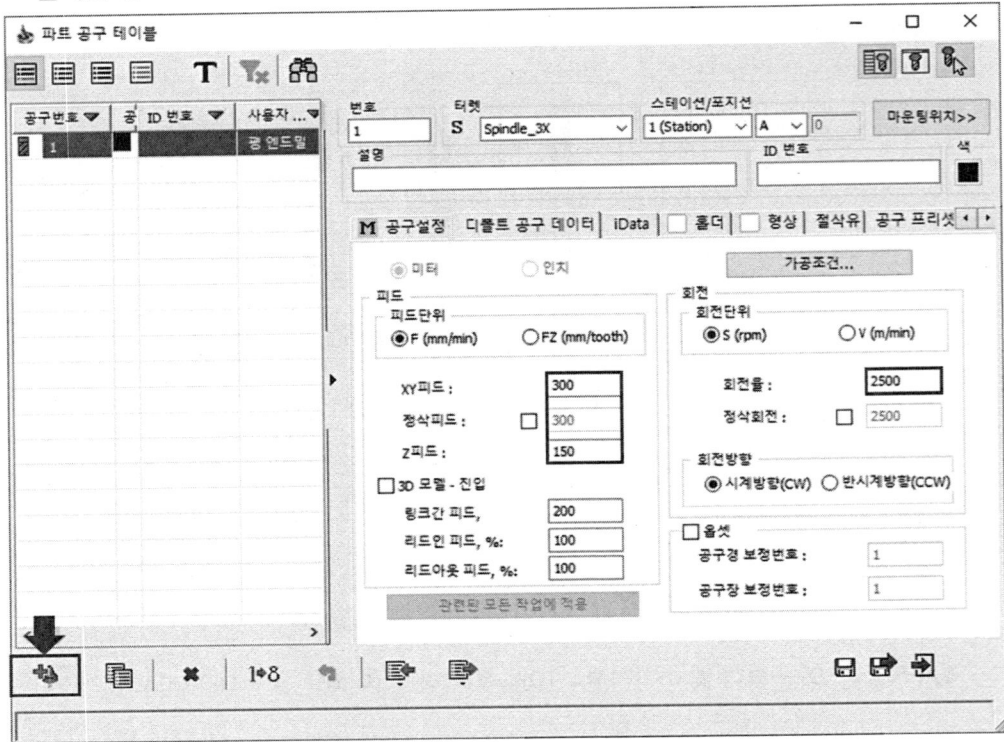

❺ [볼 엔드밀 → 직경 : 6 → 코너반경 : 3 → 숄더 및 아버직경 : 6]을 입력하고, [디폴트 공구 데이터]로 넘어간다.

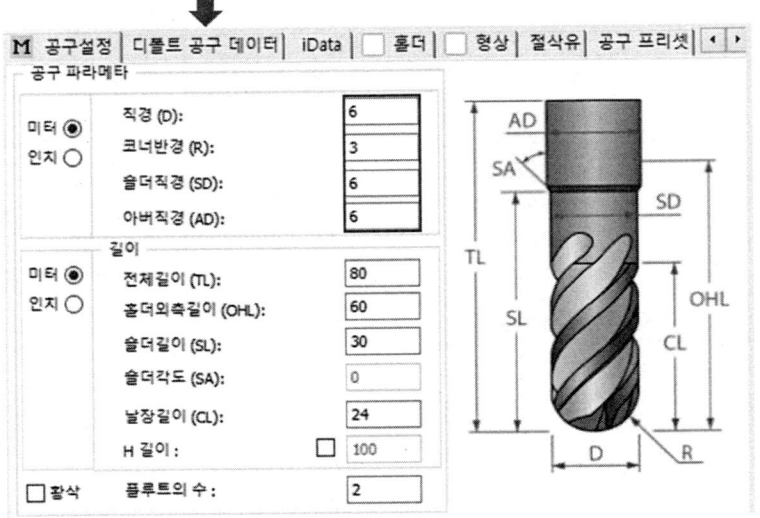

❻ [XY피드 : 200 → Z피드 : 100 → 회전율 : 3500]을 입력하고, 우측 하단의 [저장&나가기]를 클릭한다.

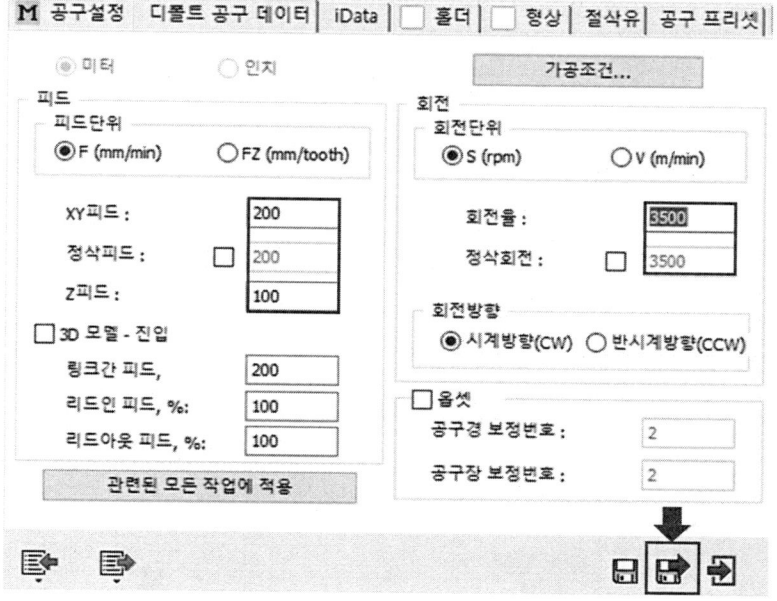

(3) HSR - HM 황삭 작업

❶ [커맨드 매니저 → SolidCAM 3D 탭 → 3D HSR → HM 황삭]을 클릭한다.

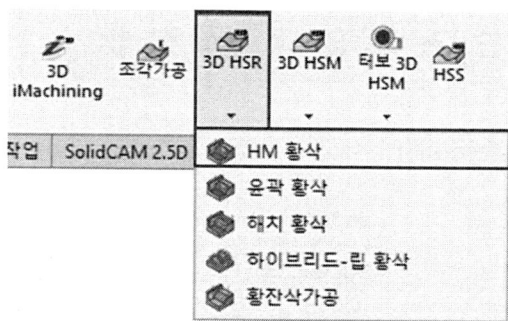

❷ 공구로 이동하여 선택을 클릭한다.

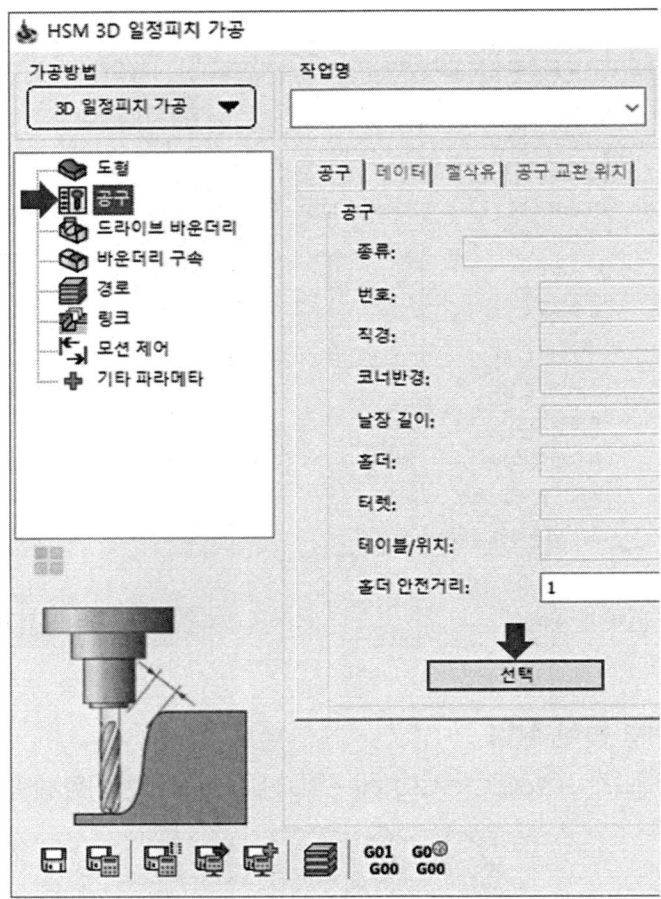

❸ 평 엔드밀을 더블클릭한다.

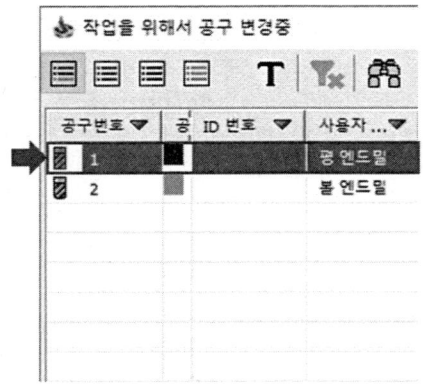

❹ [바운더리 구속 → 바운더리 종류 → 자동생성]을 선택한다.

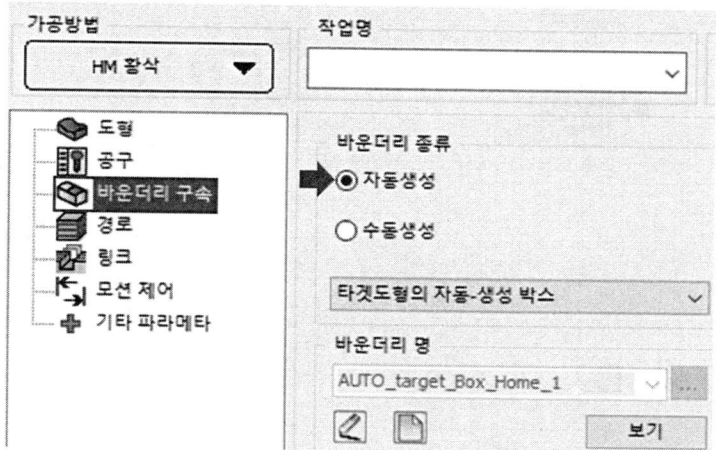

❺ [경로]를 클릭하여 다음과 같이 설정한다.

- 측벽 옵셋 : 0.2
- 바닥 옵셋 : 0.2
- 공차 : 0.04
- 절입량 : 2

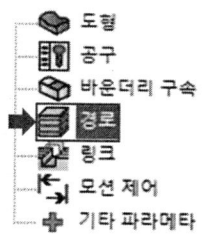
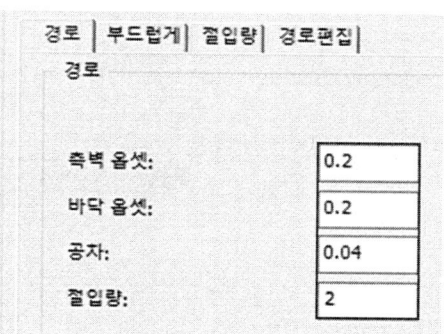

❻ [XY피치 가공방법]의 종류는 캐비티를 사용한다.

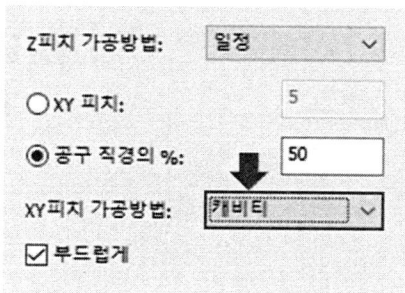

❼ [링크 → 일반 → 최소 윤곽직경 : 2]를 입력한다.

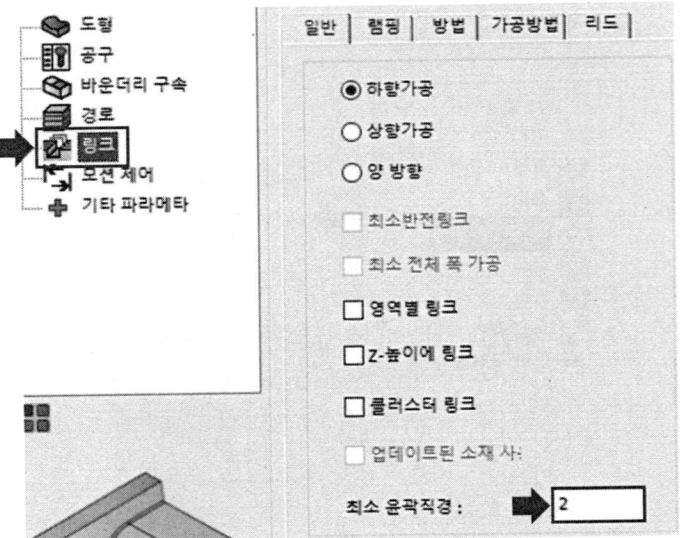

❽ [가공높이 → 파트 안전높이]를 선택한다.

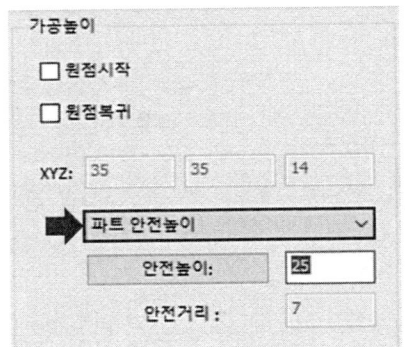

❾ [저장&계산] 버튼을 눌러 공구경로를 생성한다.

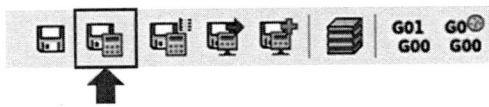

❿ 솔리드캠 관리자에는 생성한 작업이 나열된다. 다음 작업을 위해 체크박스를 해제하여 툴패스를 숨긴다.

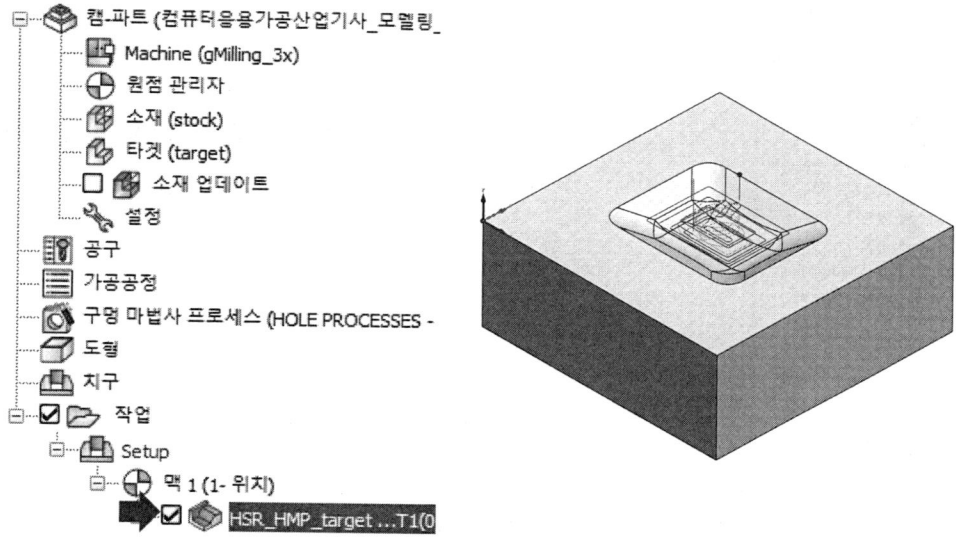

(4) 3D HSM - 3D 일정 피치 가공

❶ [커맨드 매니저 → SolidCAM 3D → 3D HSM → 3D 일정 피치]를 클릭한다.

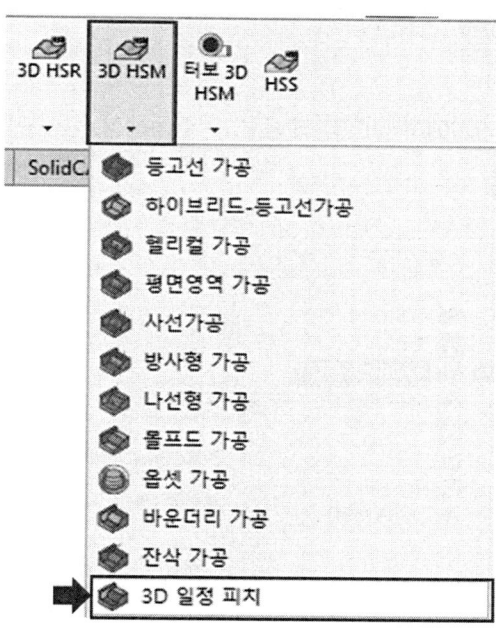

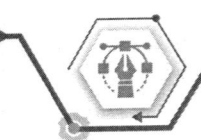

❷ [공구 → 선택 → 볼 엔드밀] 순으로 클릭한다.

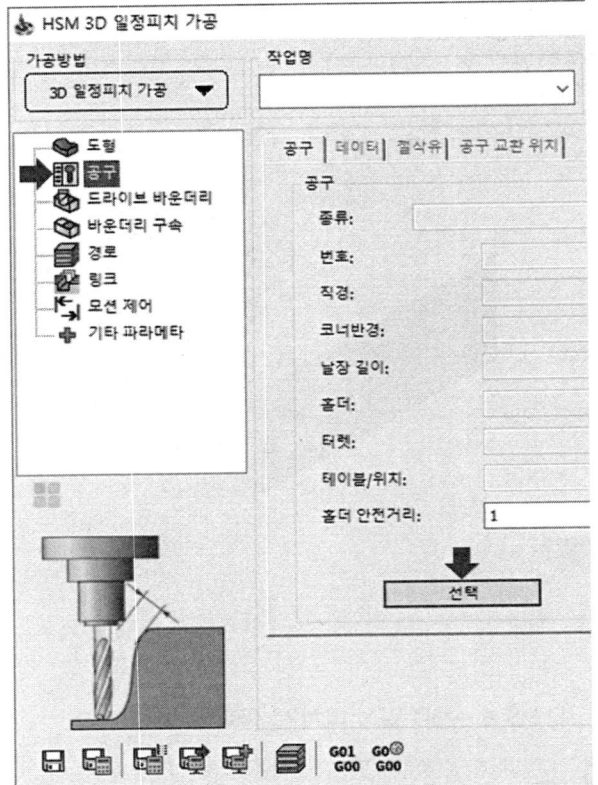
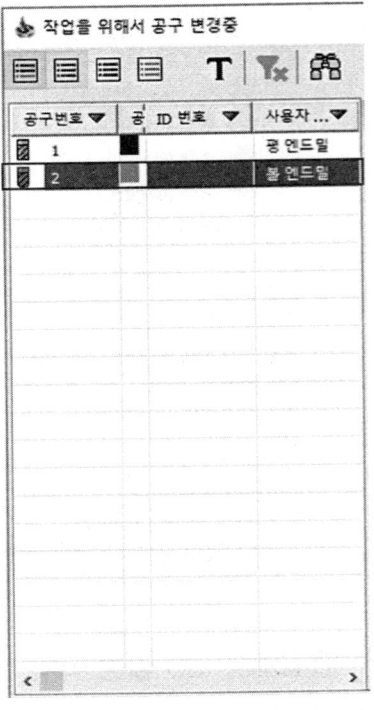

❸ [드라이브 바운더리]에서 [바운더리 종류 → 수동생성 → 신규]를 순서대로 클릭한다.

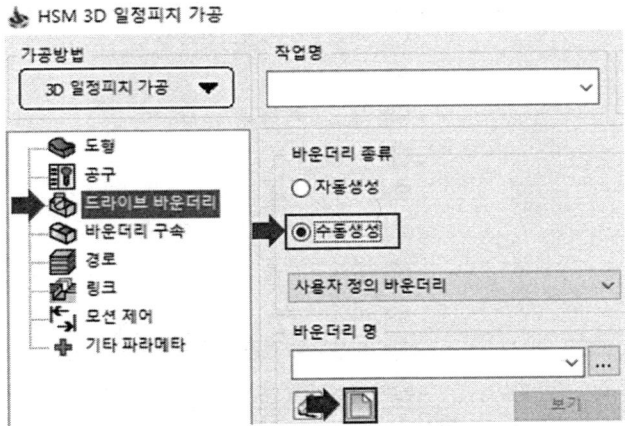

❹ 화살표가 가리키는 선을 클릭하여 체인을 생성한다.

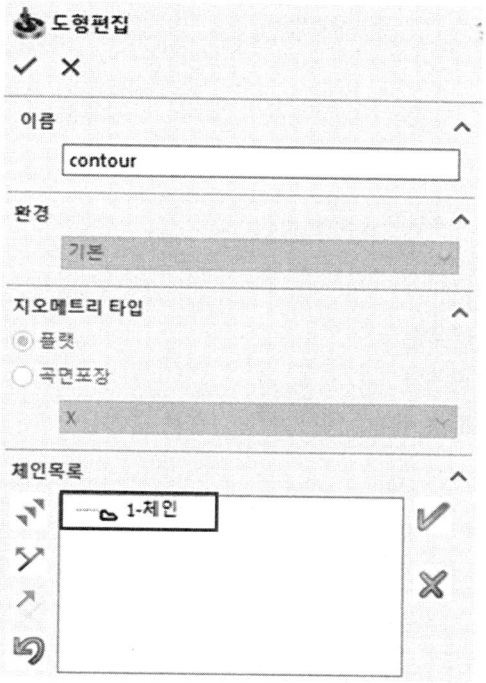
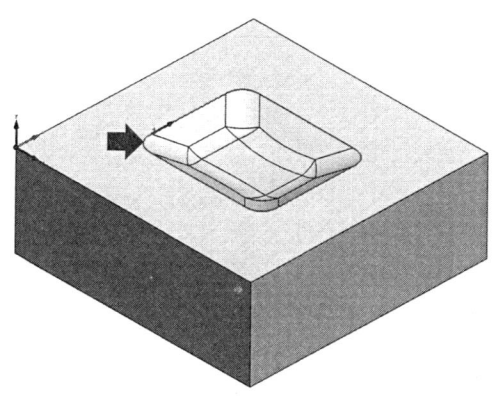

❺ [바운더리 구속]에서 [바운더리 종류 → 수동생성 → 바운더리 명 → 목록 → contour]를 순서대로 클릭한다.

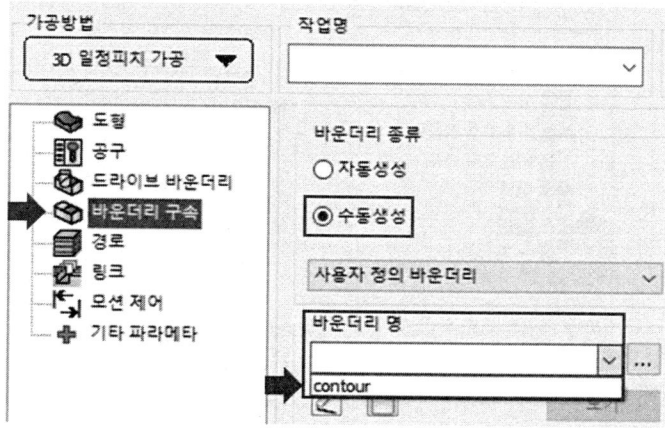

❻ [경로]를 클릭하여 다음과 같이 설정한다.

▶ 수평 가공피치 : 0.3   ▶ 수직 가공피치 : 0.3

❼ [링크 → 경로순서 → 첫 번째 경로]를 체크한다.

❽ [가공높이 → 파트 안전높이]를 선택한다.

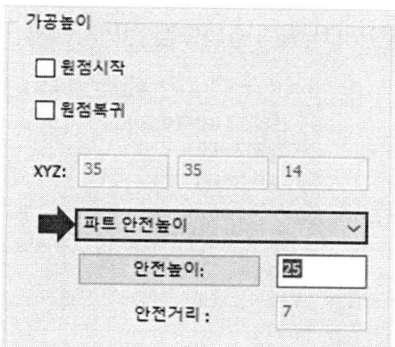

❾ [저장&계산] 버튼을 눌러 공구경로를 생성한다.

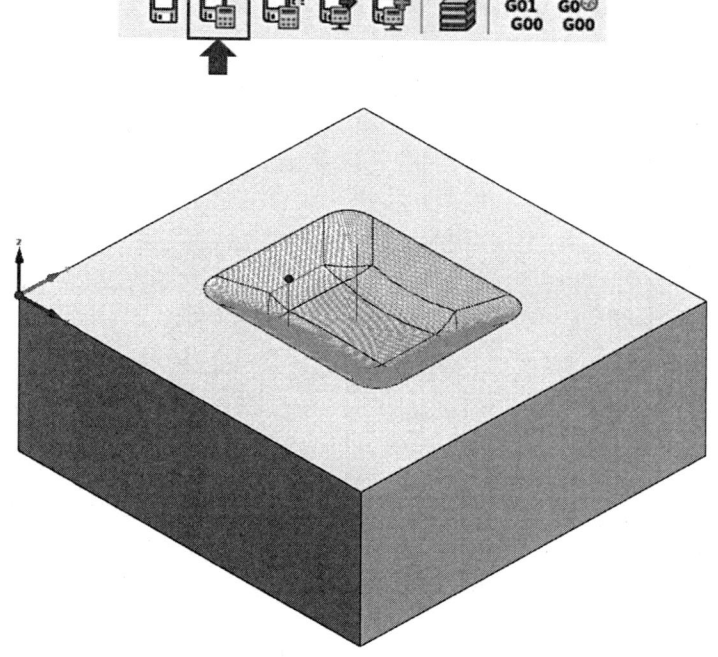

(5) 시뮬레이션 및 G코드 생성

❶ 전체 시뮬레이션을 확인하기 위해 솔리드캠 관리자에서 [작업]을 클릭한다.

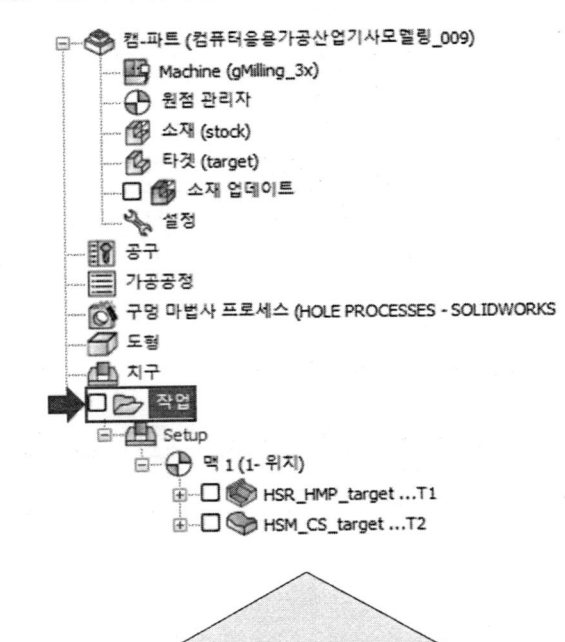

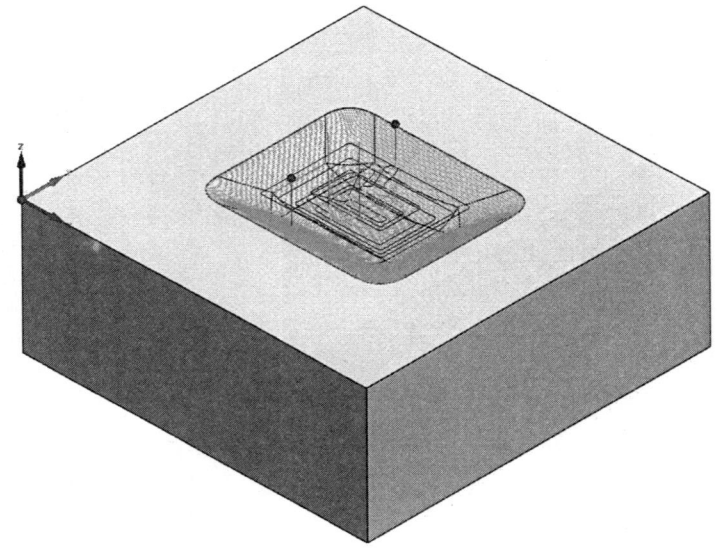

❷ 커맨드 매니저에서 [시뮬레이션]을 클릭한다.

❸ [SolidVerify]를 클릭하고, [재생] 버튼을 클릭하여 시뮬레이션을 확인한다.

 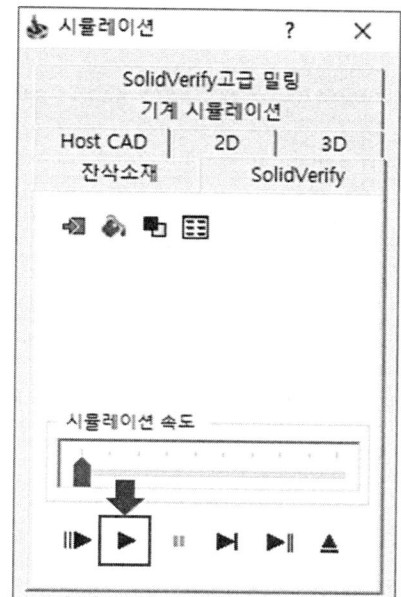

❹ 시뮬레이션을 종료하고, [커맨드 매니저 → G코드 생성]을 클릭한 후 G코드를 확인한다.

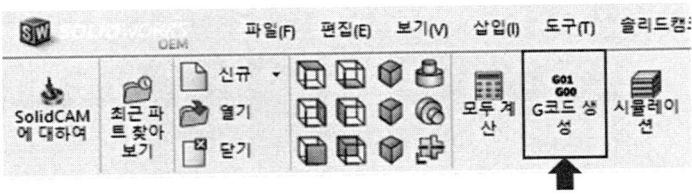

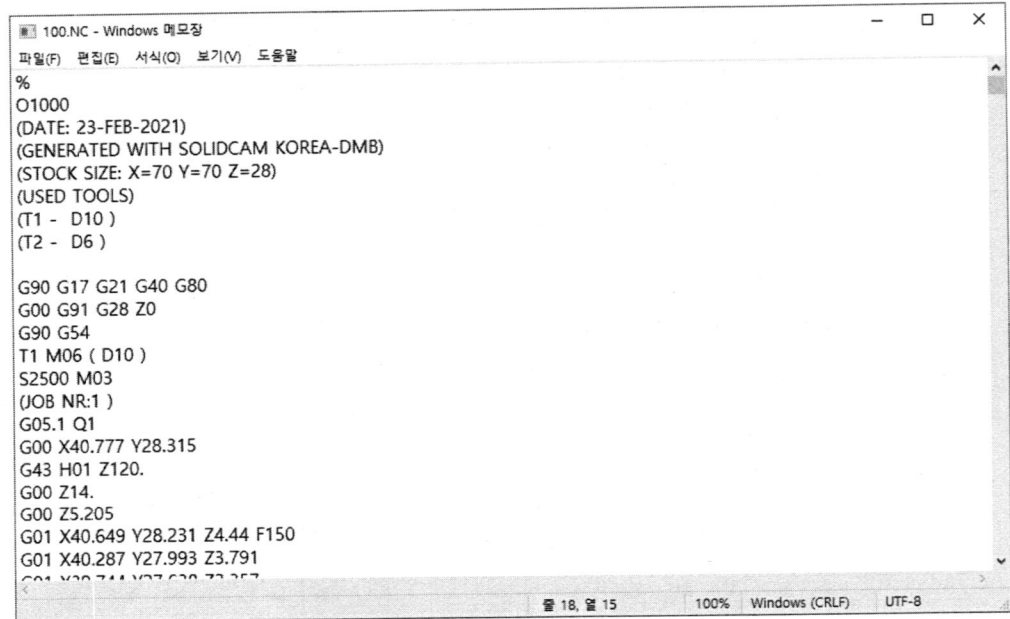

10 컴퓨터응용가공산업기사 따라 하기

1 도면

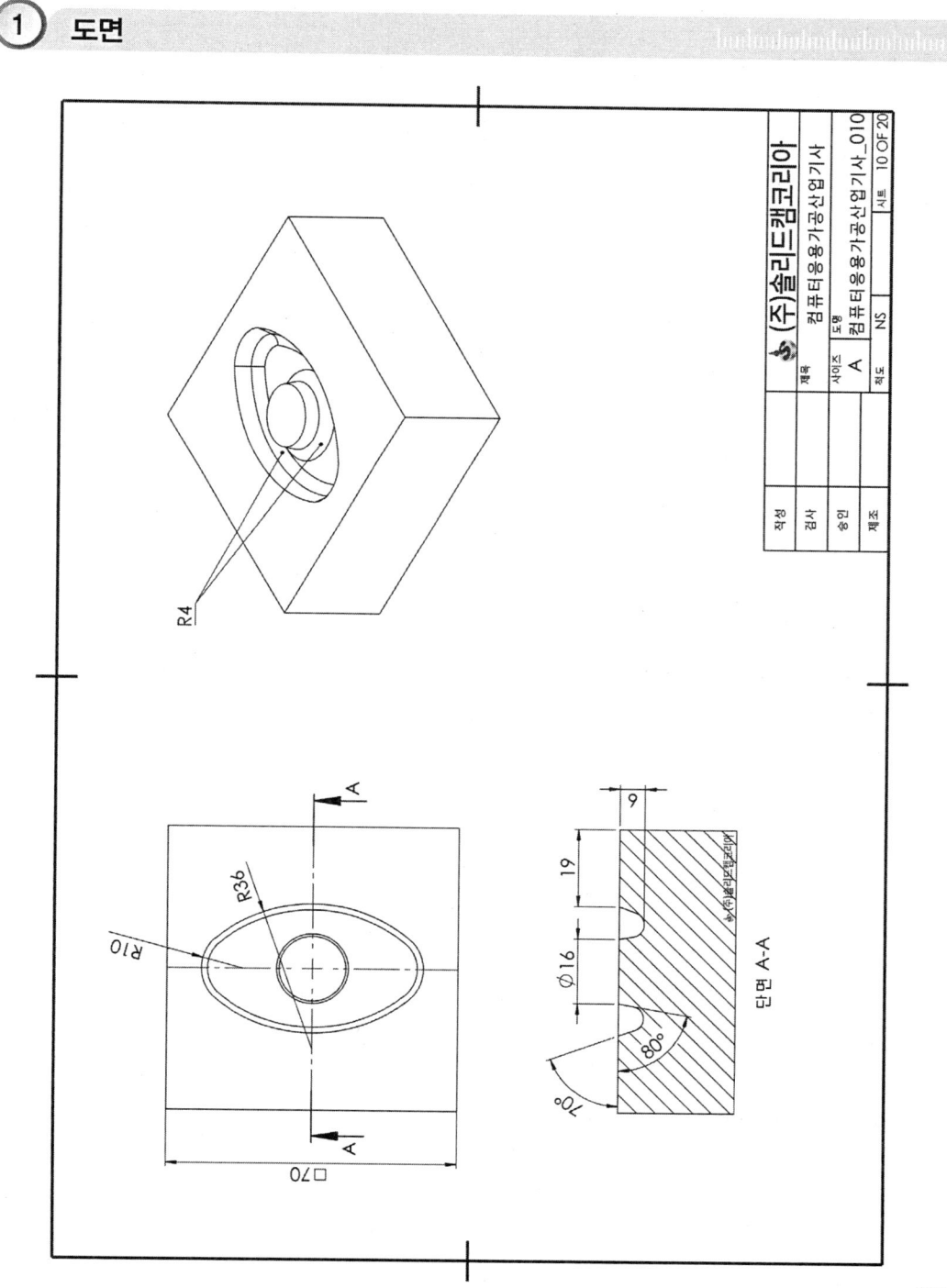

② 추천절삭조건

공구번호	작업내용	공구조건		경로간격	절삭조건				비고
		종류	직경		회전수 (rpm)	이송 (mm/min)	절입량 (mm)	잔량 (mm)	
1	황삭	평E/M	10	5	2500	300	2	0.2	
2	중삭	볼E/M	6	1	3500	200	0.5	0.1	
3	정삭	볼E/M	6	1	3500	200			

1. 수기 가공 도면의 드릴 위치 표시와 비교하여 원점 위치를 작업자가 결정하여 CNC 프로그램을 작업한다.

2. 안전높이는 원점에서 25mm 높은 곳으로 지정한다.

3. 공구번호, 작업내용, 공구조건, 공구경로 간격, 절삭조건 등은 절삭지시서에 준하여 작업한다.

4. 도면의 형상과 같이 포켓 가공을 할 수 있도록 CAM 소프트웨어를 사용하여 작업을 생성하여 NC 데이터를 저장장치에 저장하여 제출한다.

5. 가공 작업의 수는 도면 형상에 맞추어 작업한다.

6. 위 추천 절삭조건은 SolidCAM 프로그램의 기준으로 다른 프로그램일 경우 절삭조건은 변경될 수 있다.

7. 40분 이내로 가공 시간을 맞추어 작업한다.

※ 절삭조건은 시험장에 따라 달라질 수 있다.

컴퓨터응용가공산업기사 실기

③ CAM

(1) SolidCAM 원점, 소재 정의

❶ [주메뉴 바 → 열기]를 통해 파일을 불러온다.

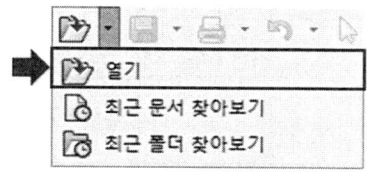

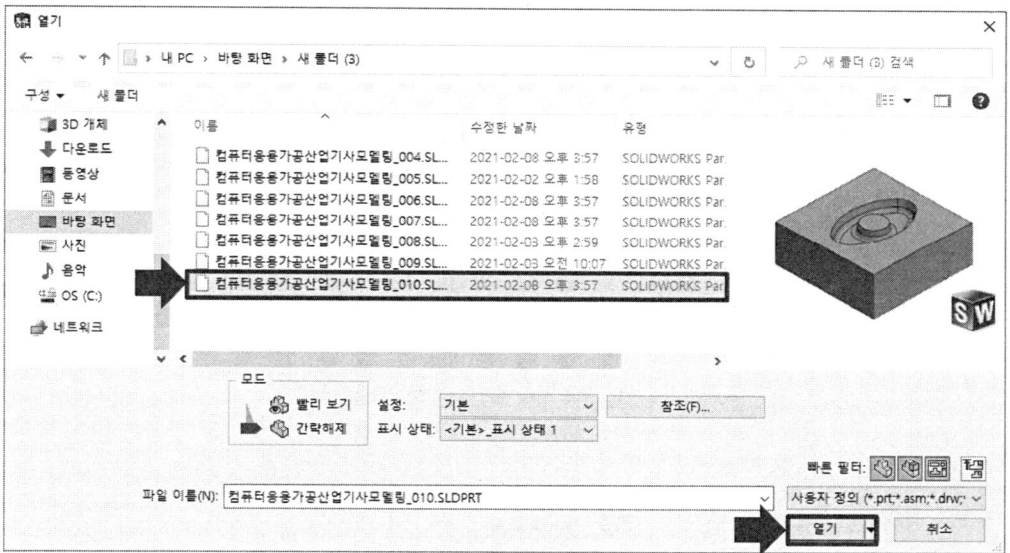

> Tip 이미 모델링 파일이 열려있다면 해당 과정은 생략한다.

❷ [커맨드 매니저 → SolidCAM 파트 설정 탭 → 신규 → 밀링]을 클릭한다.

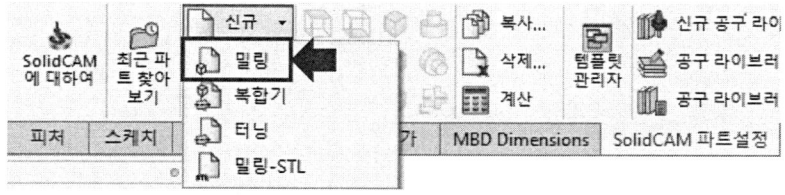

10. 컴퓨터응용가공산업기사 따라 하기 263

❸ [신규 밀링파트 → 캠-파트 생성방법 → 솔리드캠의 파일로 저장 → 단위 → 미터]를 클릭하고 확인을 클릭한다.

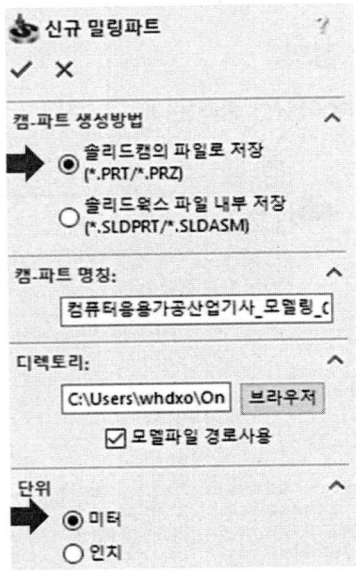

❹ [밀링파트 데이터 → CNC-컨트롤러 → gMilling_3x]를 설정한 후 [정의 → 원점]을 클릭한다.

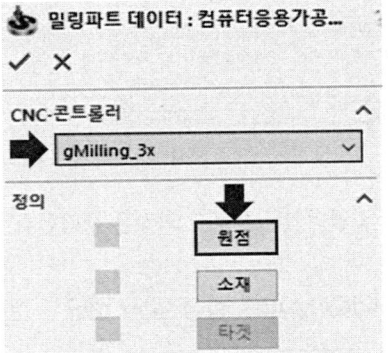

❺ [원점 → 평면원점 → 모델박스의 코너]를 설정하고, 모델링의 윗면을 클릭한 후 확인을 클릭한다.

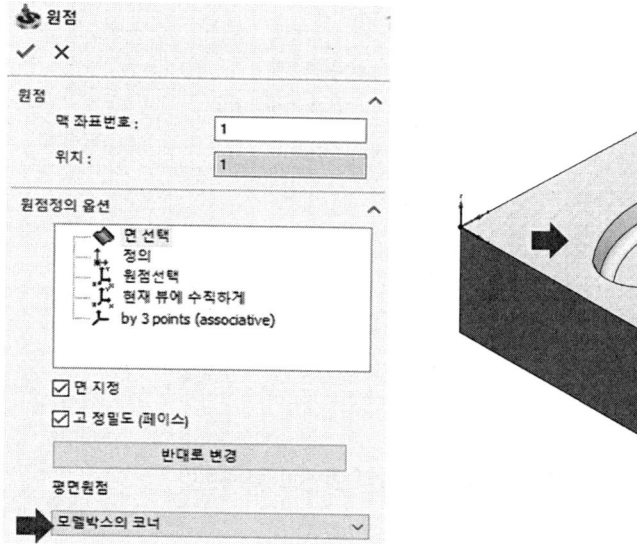
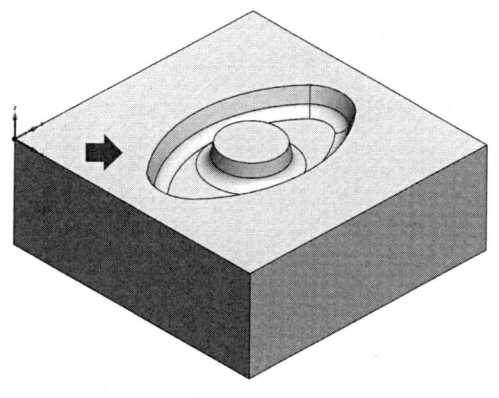

❻ 솔리드캠 관리자에서 [원점 데이터 → 안전 높이 : 25]를 입력하고 확인을 클릭한다.

❼ [원점 관리자 → 확인]을 눌러 [밀링파트 데이터] 창에서 [소재]를 클릭한다.

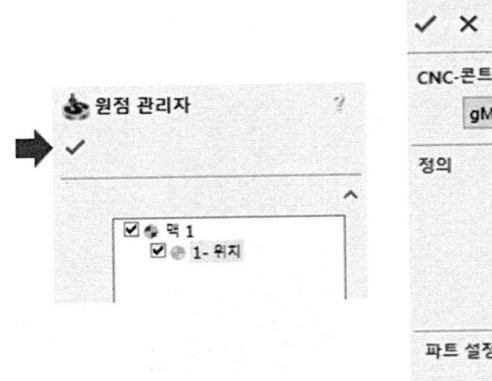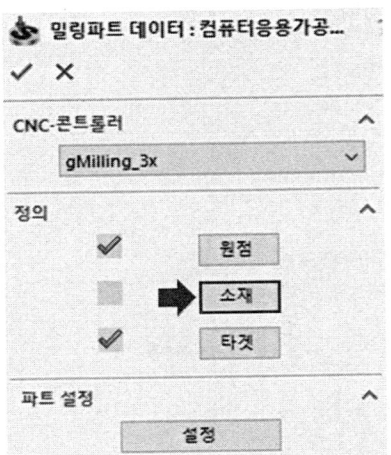

❽ [소재 → 정의 기준 → 박스]를 확인하고 모델링 윗면을 클릭한다.

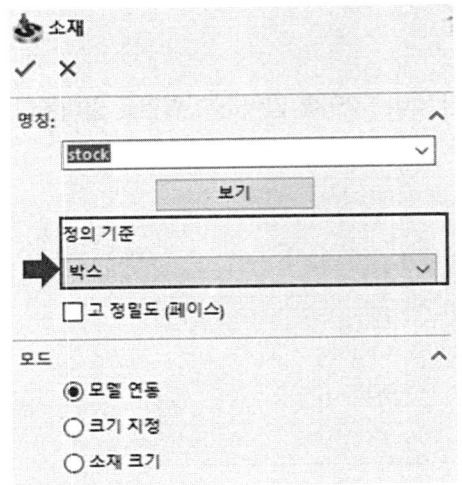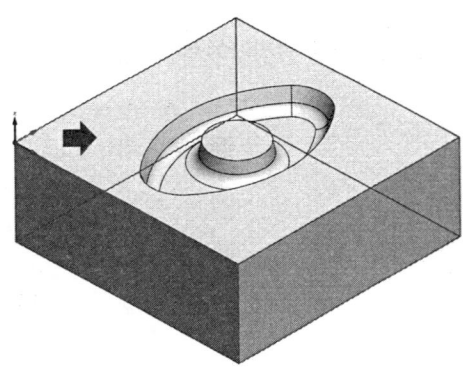

❾ 소재를 정의하고, [박스확장]에서 모든 확장을 0으로 하고 확인을 클릭하여 소재 정의를 마친다.

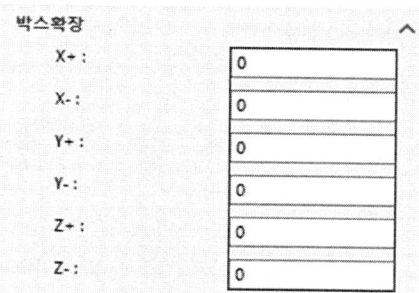

❿ [원점 – 소재 – 타겟] 3곳의 정의가 완료되면 [확인] 버튼을 클릭하여 파트 정의를 마친다.

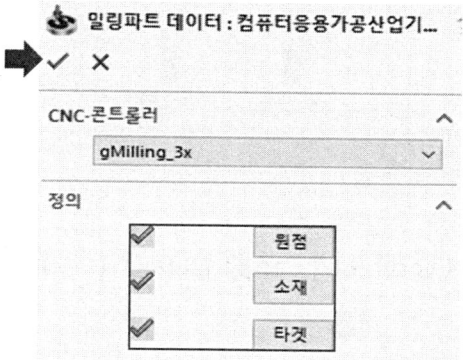

(2) 밀링 공구 작업

❶ [솔리드캠 관리자 → 공구]를 더블클릭한다.

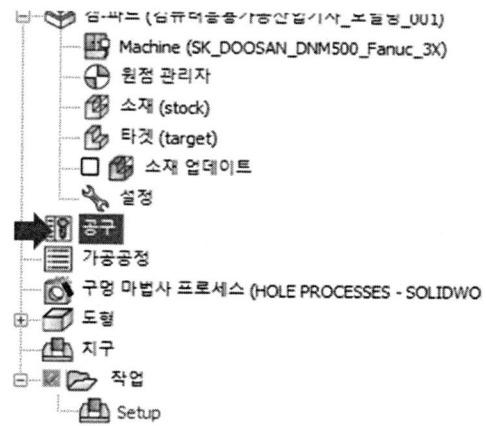

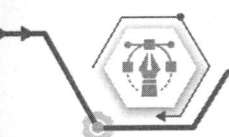

❷ [밀링 공구 추가 → 평 엔드밀]을 클릭한다.

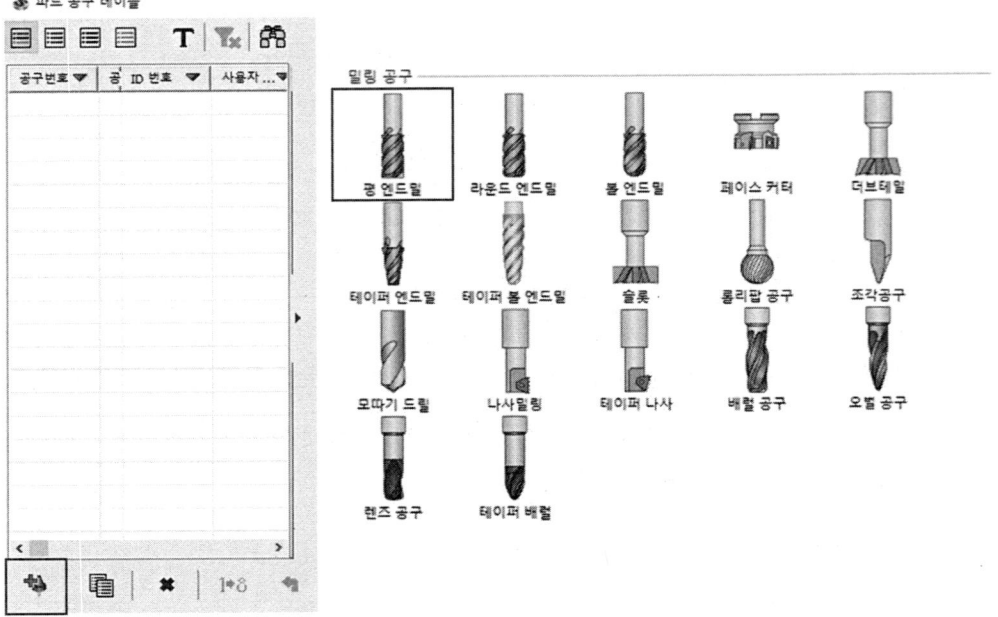

❸ [직경 : 10 → 숄더 및 아버직경 : 10]을 입력하고, [디폴트 공구 데이터]로 넘어간다.

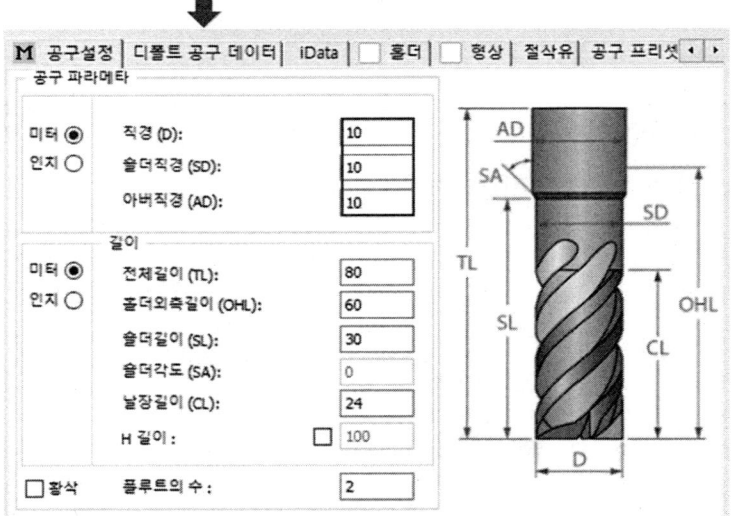

❹ [XY피드 : 300 → Z피드 : 150 → 회전율 : 2500]을 입력하고, [밀링 공구 추가] 버튼을 클릭한다.

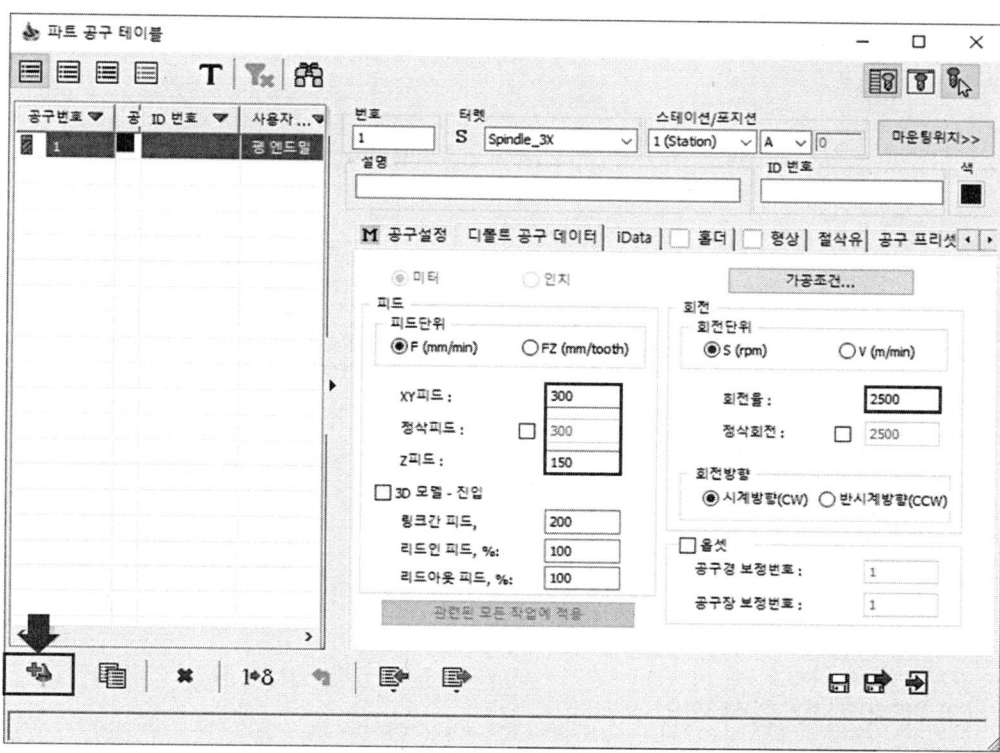

❺ [볼 엔드밀 → 직경 : 6 → 코너반경 : 3 → 숄더 및 아버직경 : 6]을 입력하고, [디폴트 공구 데이터]로 넘어간다.

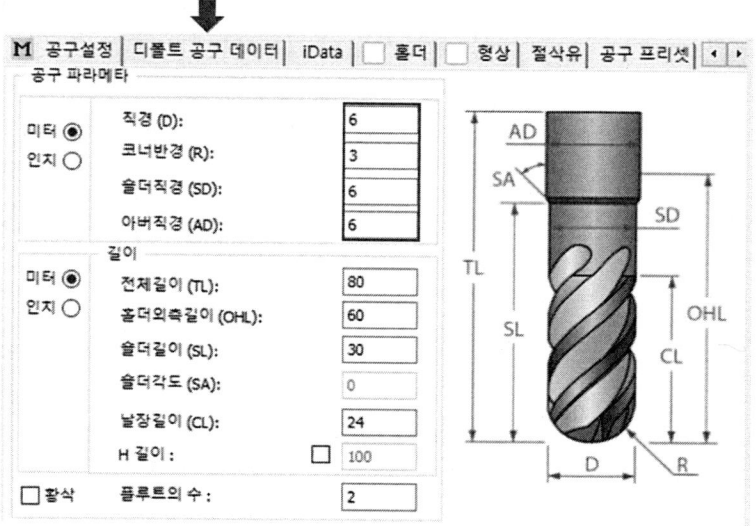

❻ [XY피드 : 200 → Z피드 : 100 → 회전율 : 3500]을 입력하고, 우측 하단의 [저장&나가기]를 클릭한다.

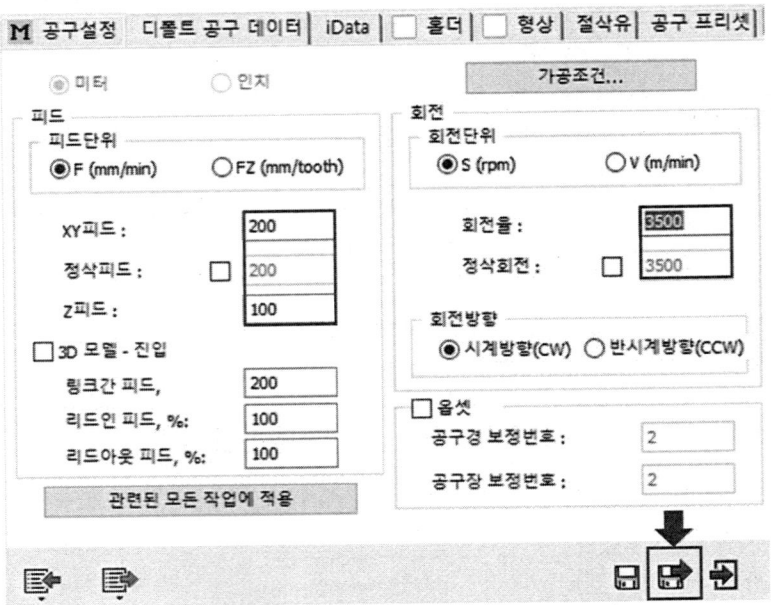

(3) HSR – HM 황삭 작업

❶ [커맨드 매니저 → SolidCAM 3D 탭 → 3D HSR → HM 황삭]을 클릭한다.

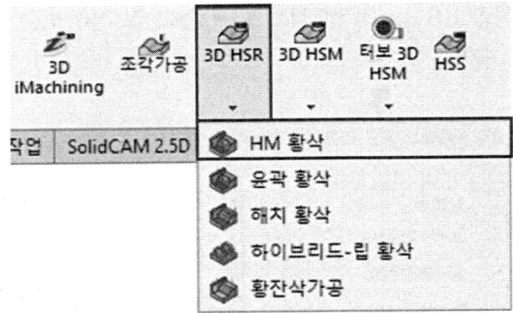

❷ 공구로 이동하여 선택을 클릭한다.

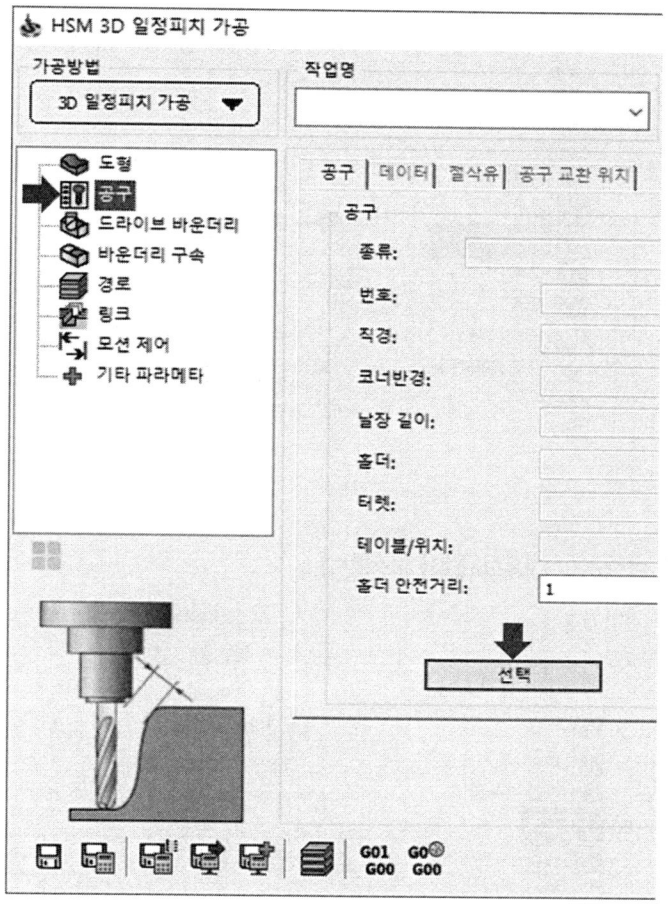

❸ 평 엔드밀을 더블클릭한다.

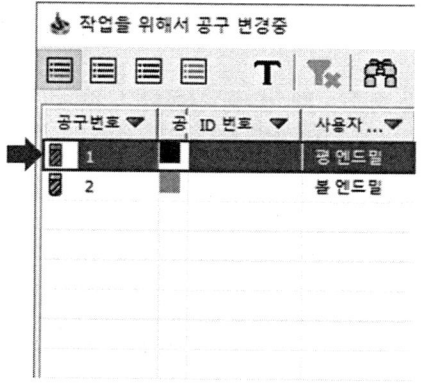

❹ [바운더리 구속 → 바운더리 종류 → 자동생성]을 선택한다.

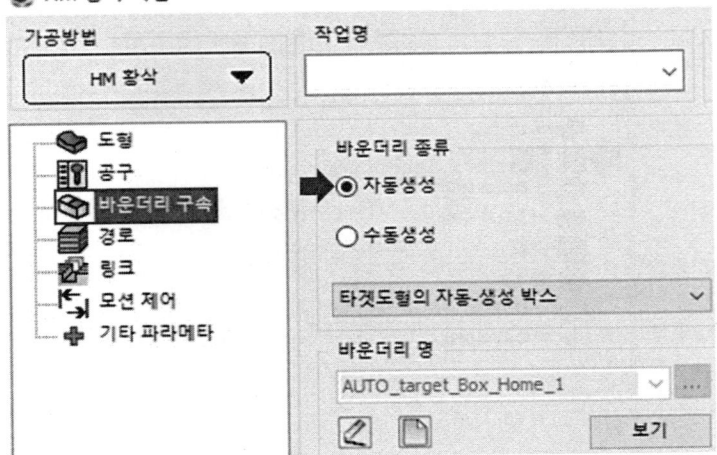

❺ [경로]를 클릭하여 다음과 같이 설정한다.

- 측벽 옵셋 : 0.2
- 바닥 옵셋 : 0.2
- 공차 : 0.04
- 절입량 : 2

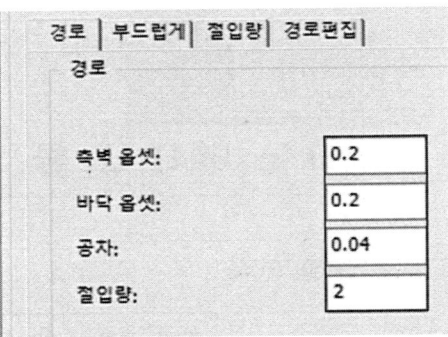

❻ [XY피치 가공방법]의 종류는 캐비티를 사용한다.

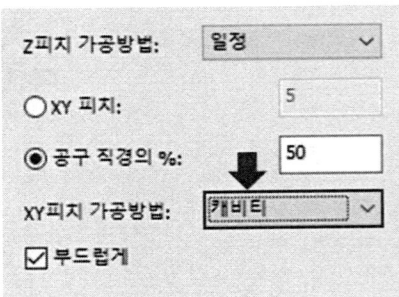

❼ [링크 → 최소 윤곽직경 : 1]를 입력한다.

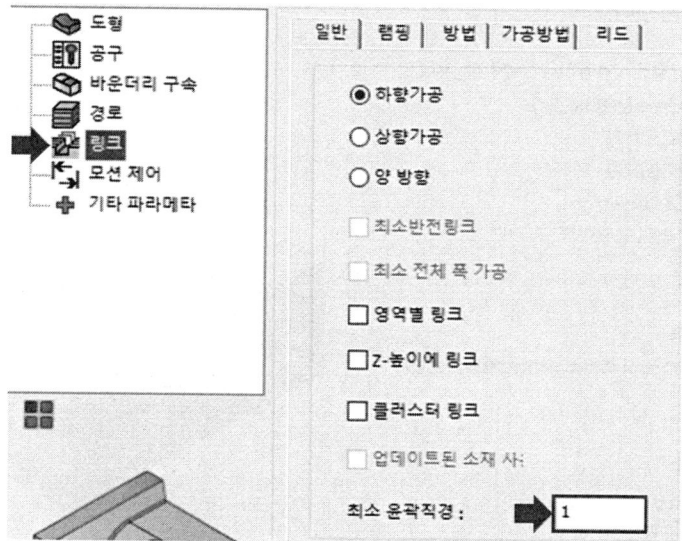

❽ [가공높이 → 파트 안전높이]를 선택한다.

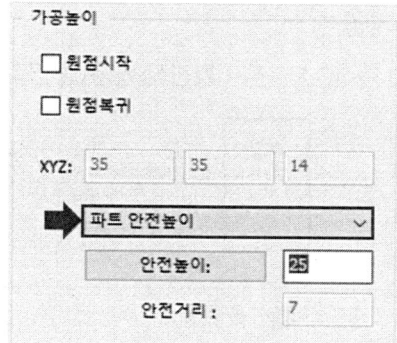

❾ [저장&계산] 버튼을 눌러 공구경로를 생성한다.

❿ 솔리드캠 관리자에는 생성한 작업이 나열된다. 다음 작업을 위해 체크박스를 해제하여 툴 패스를 숨긴다.

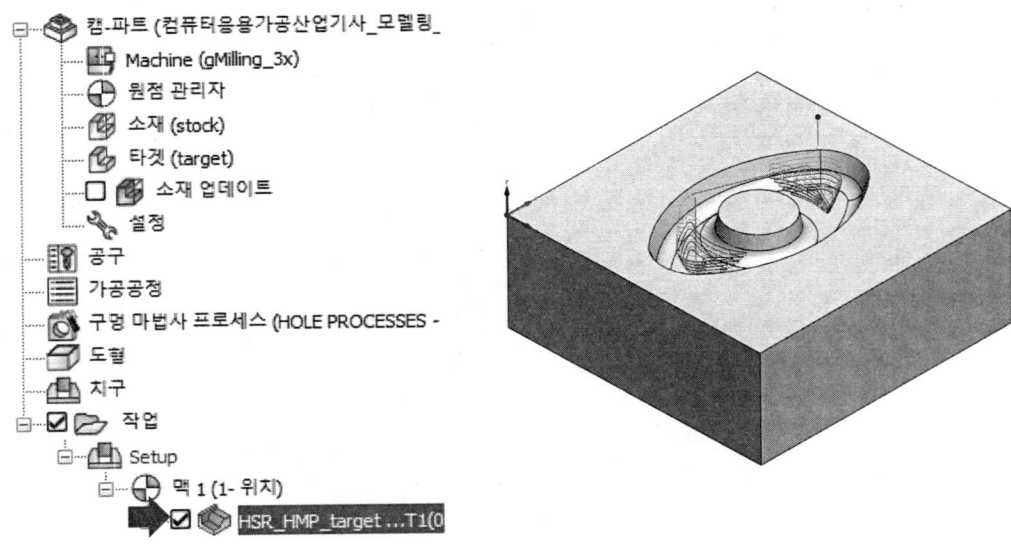

(4) 3D HSR - 황잔삭 가공

❶ [커맨드 매니저 → 3D → 3D HSR → 황잔삭 가공]을 클릭한다.

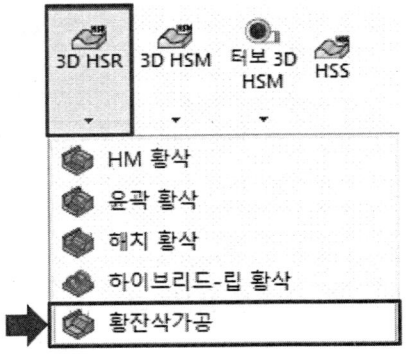

❷ [공구 → 선택 → 볼 엔드밀] 순으로 클릭한다.

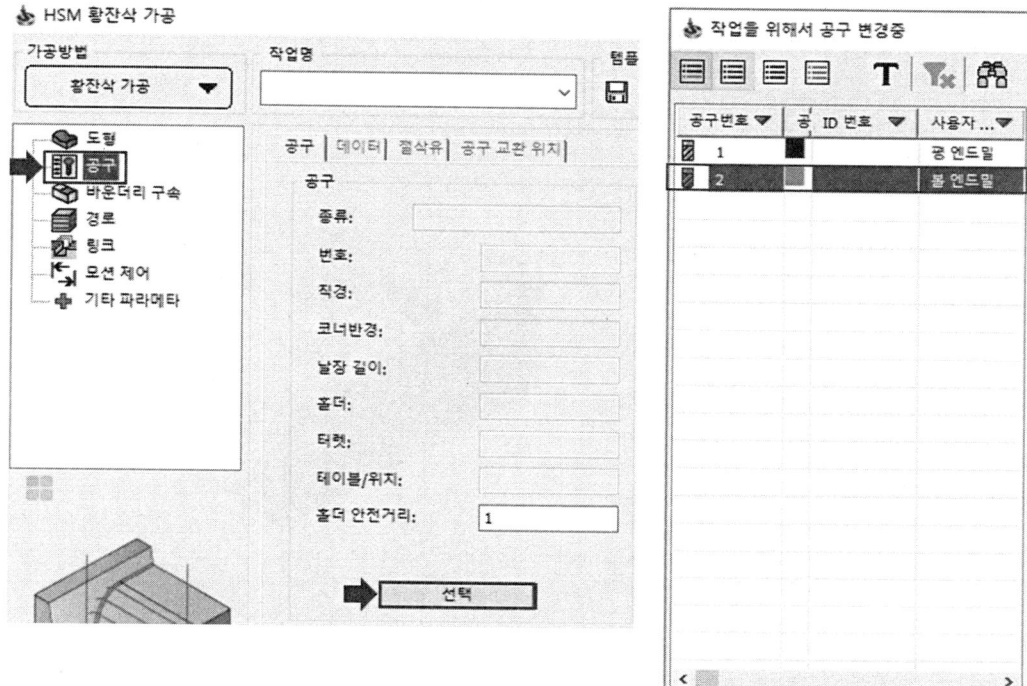

❸ [바운더리 구속 → 바운더리 종류 → 수동생성 → 신규]를 순서대로 클릭한다.

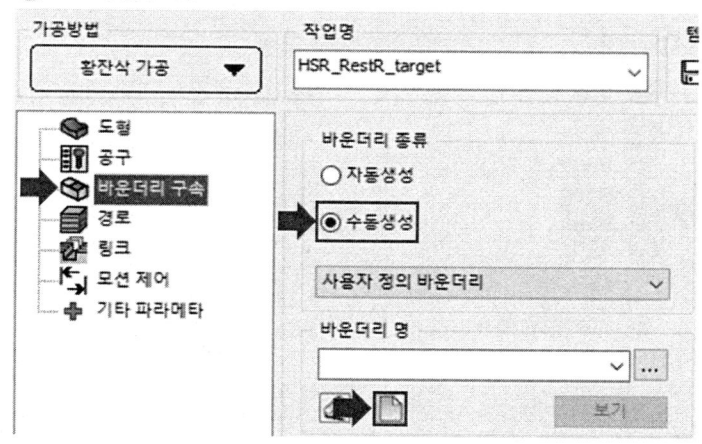

❹ 화살표가 가리키는 선을 클릭하여 체인을 생성한다.

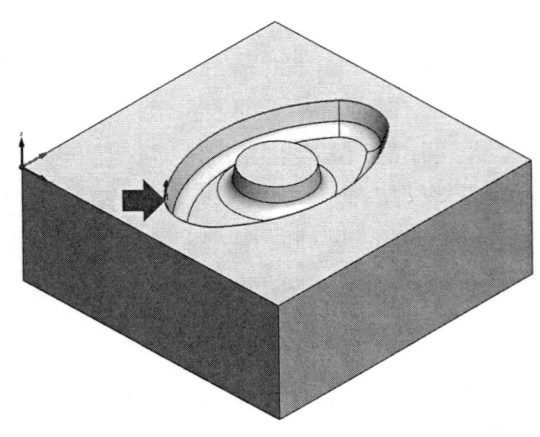

❺ [경로]를 클릭하여 다음과 같이 설정한다.

- 측벽 옵셋 : 0.5
- 바닥 옵셋 : 0.5
- 허용공차 : 0.1
- 절입량 : 1
- 최소옵셋 : 1.5

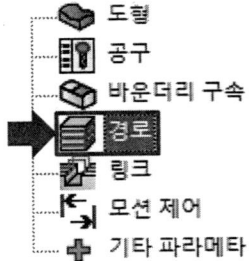

❻ [링크 → 램핑 → 윤곽램핑]을 클릭한다.

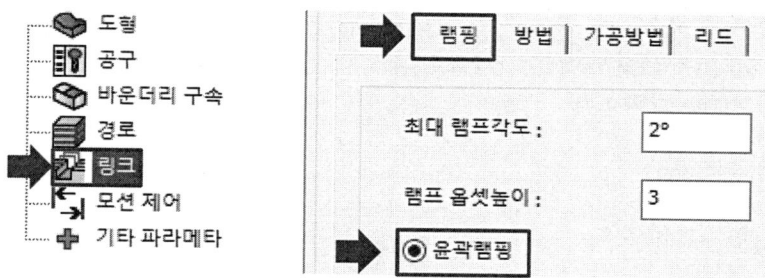

❼ [가공높이 → 파트 안전높이]를 선택한다.

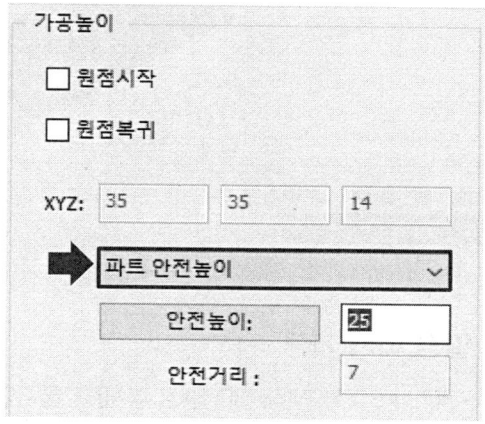

❽ [저장&계산] 버튼을 눌러 공구경로를 생성한다.

❾ 솔리드캠 관리자에는 생성한 작업이 나열된다. 다음 작업을 위해 체크박스를 해제하여 툴패스를 숨긴다.

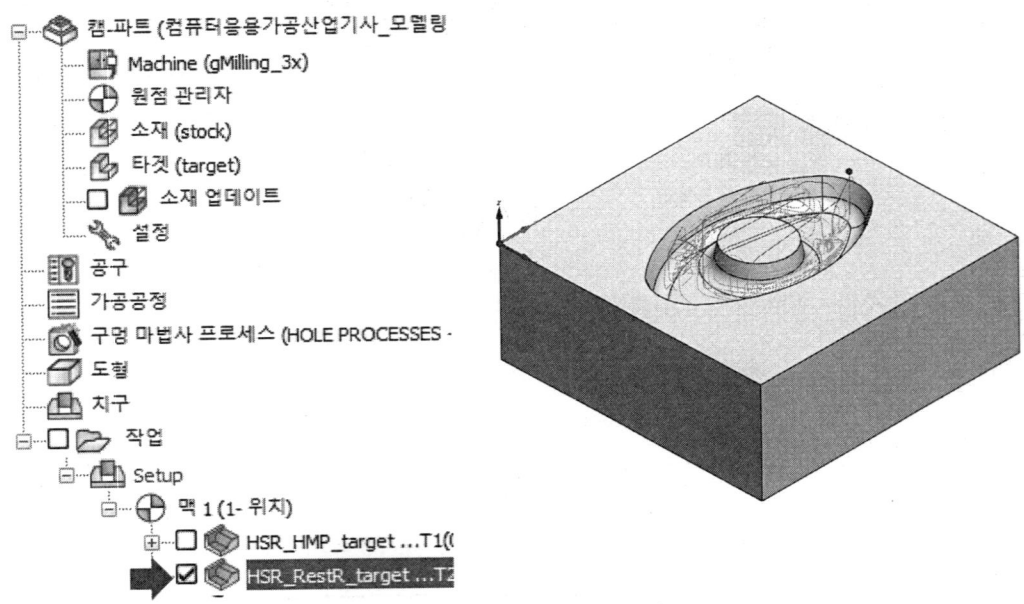

(5) 3D HSM – 3D 일정 피치 가공

❶ [커맨드 매니저 → 3D → 3D HSM → 3D 일정 피치]를 클릭한다.

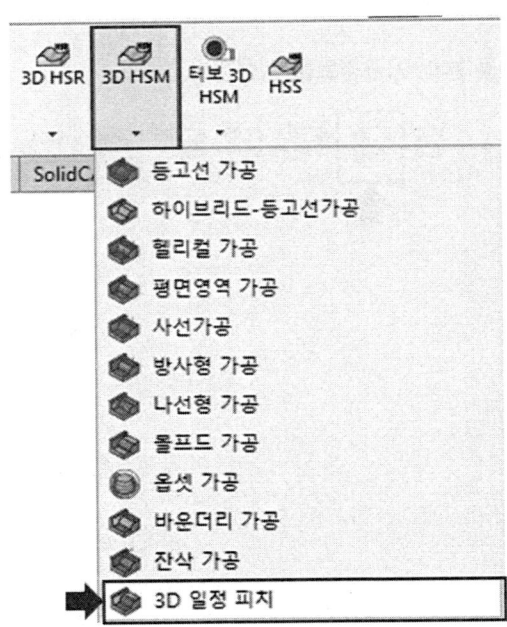

❷ [공구 → 선택 → 볼 엔드밀] 순으로 클릭한다.

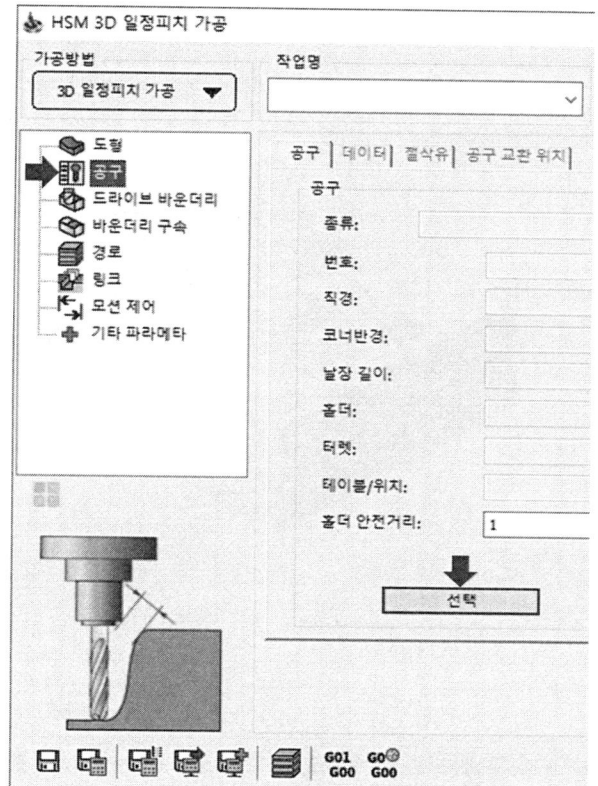

❸ [드라이브 바운더리]에서 [바운더리 종류 → 수동생성 → 신규]를 순서대로 클릭한다.

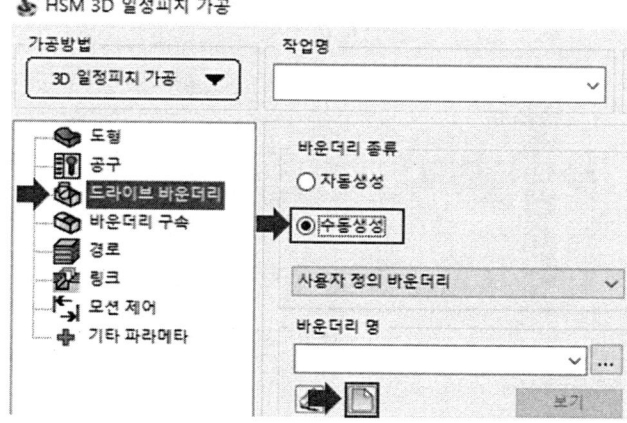

❹ 화살표가 가리키는 선을 클릭하여 체인을 생성한다.

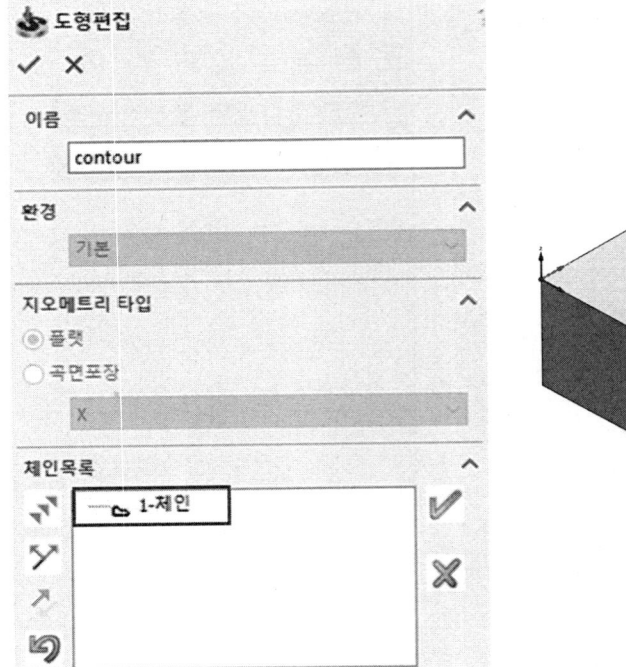
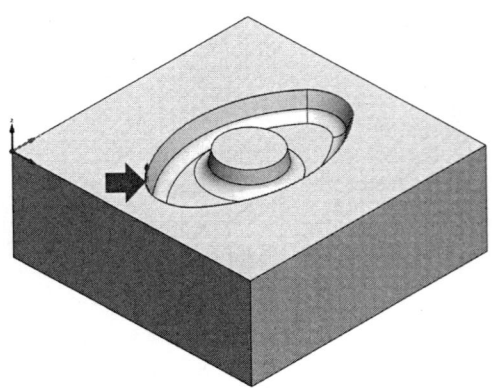

❺ [바운더리 구속]에서 [바운더리 종류 → 수동생성 → 바운더리 명 → 목록 → contour]를 순서대로 클릭한다.

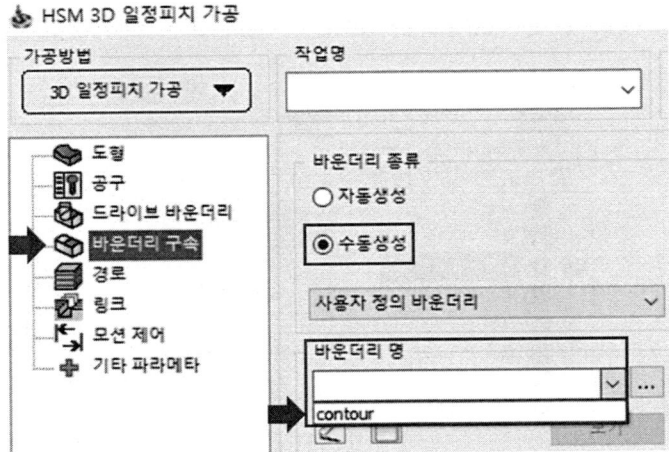

❻ [경로]를 클릭하여 다음과 같이 설정한다.

▶ 수평 가공피치 : 0.4   ▶ 수직 가공피치 : 0.4

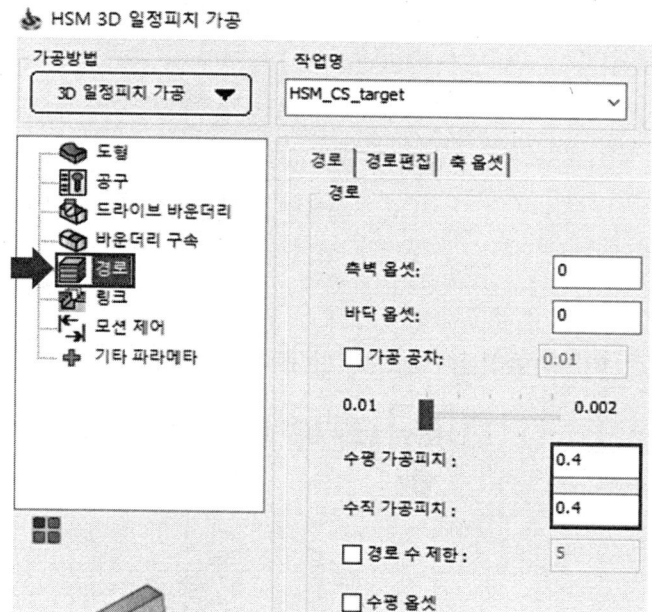

❼ [링크 → 경로순서 → 첫 번째 경로]를 체크한다.

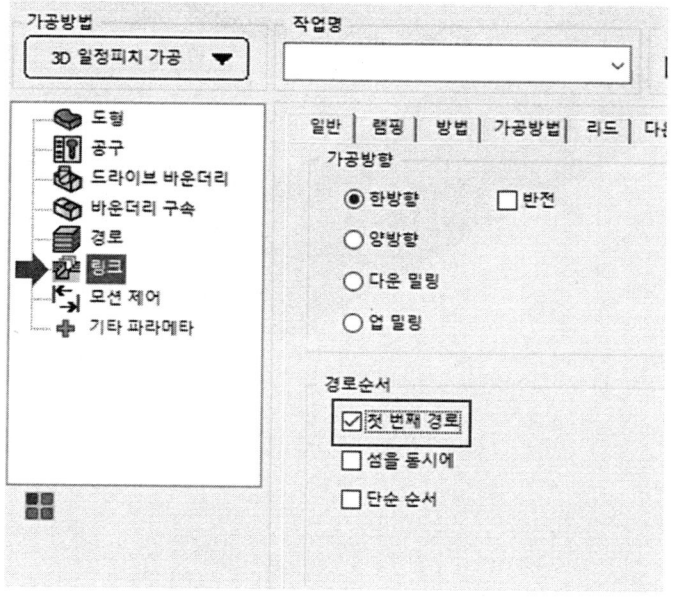

❽ [가공높이 → 파트 안전높이]를 선택한다.

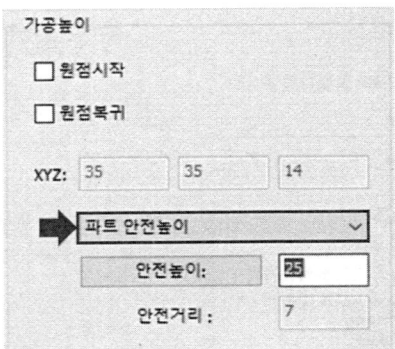

❾ [저장&계산] 버튼을 눌러 공구경로를 생성한다.

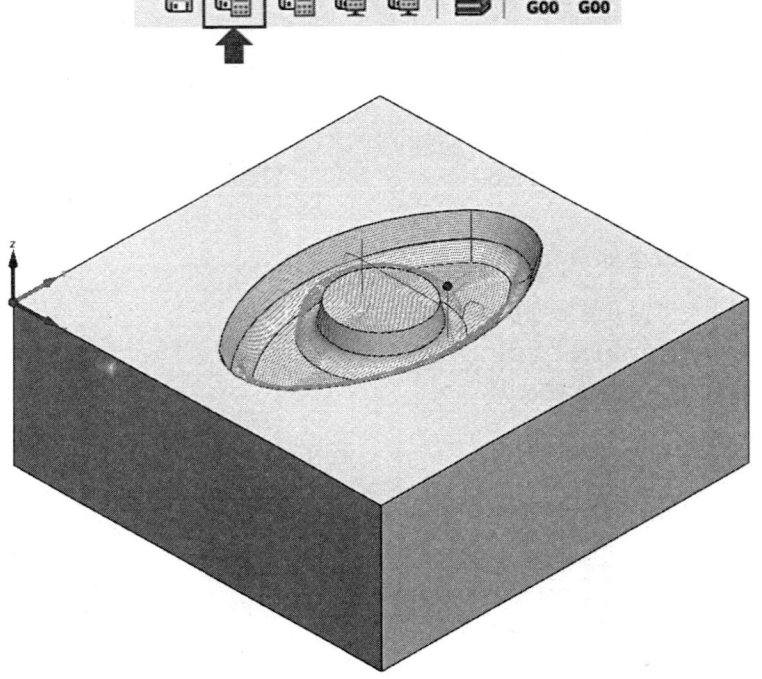

(6) 시뮬레이션 및 G코드 생성

❶ 전체 시뮬레이션을 확인하기 위해 솔리드캠 관리자에서 [작업]을 클릭한다.

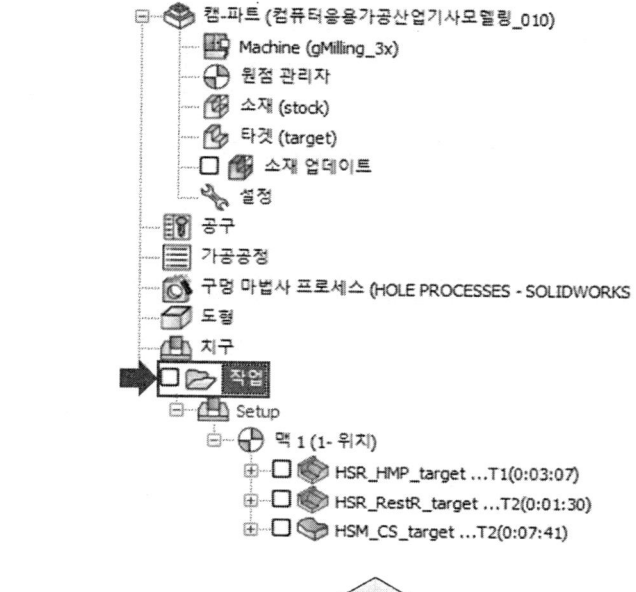

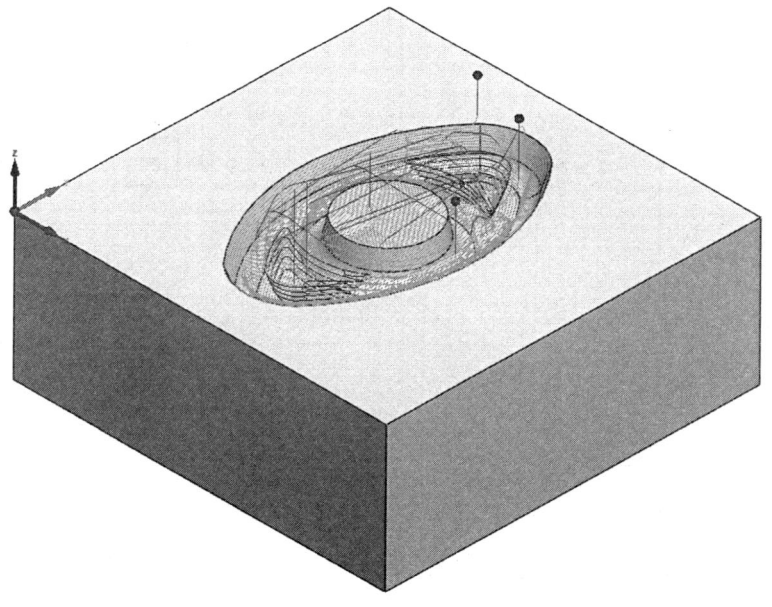

❷ 커맨드 매니저에서 [시뮬레이션]을 클릭한다.

❸ [SolidVerify]를 클릭하고, [재생] 버튼을 클릭하여 시뮬레이션을 확인한다.

 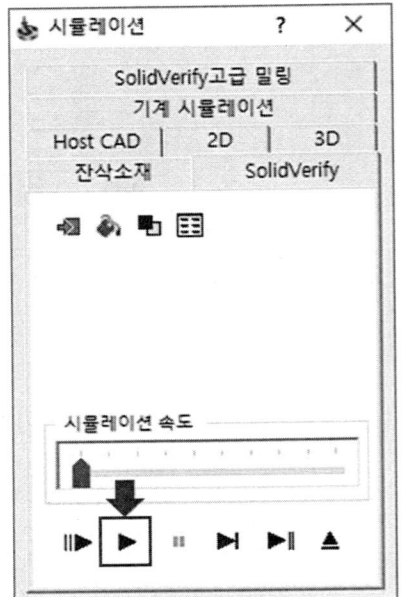

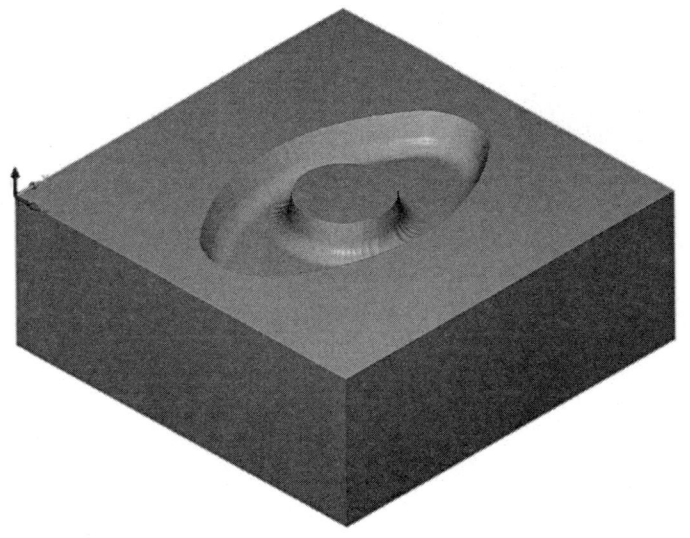

❹ 시뮬레이션을 종료하고, [커맨드 매니저 → G코드 생성]을 클릭한 후 G코드를 확인한다.

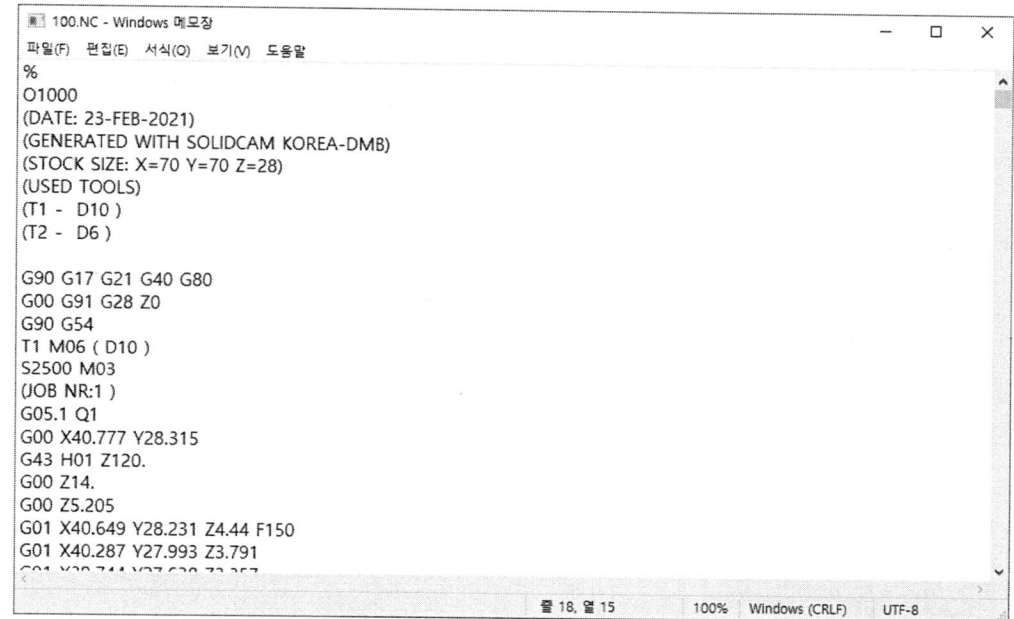

```
%
O1000
(DATE: 23-FEB-2021)
(GENERATED WITH SOLIDCAM KOREA-DMB)
(STOCK SIZE: X=70 Y=70 Z=28)
(USED TOOLS)
(T1 - D10 )
(T2 - D6 )

G90 G17 G21 G40 G80
G00 G91 G28 Z0
G90 G54
T1 M06 ( D10 )
S2500 M03
(JOB NR:1 )
G05.1 Q1
G00 X40.777 Y28.315
G43 H01 Z120.
G00 Z14.
G00 Z5.205
G01 X40.649 Y28.231 Z4.44 F150
G01 X40.287 Y27.993 Z3.791
```

MEMO

컴퓨터응용가공산업기사

예제 도면

1) 컴퓨터응용가공산업기사 예제 도면

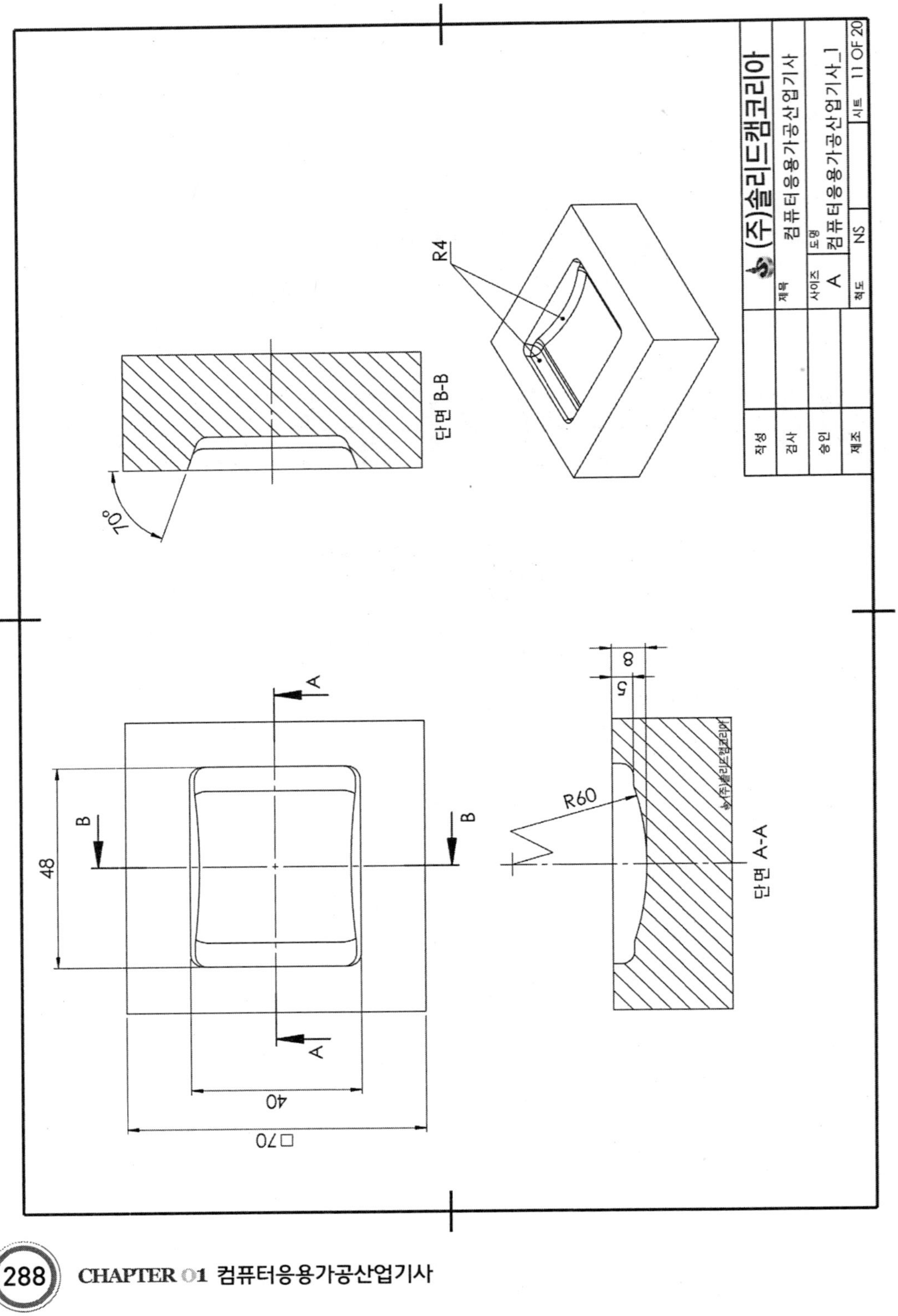

추천절삭조건 1

공구번호	작업내용	공구조건		경로간격	절삭조건				비고
		종류	직경		회전수 (rpm)	이송 (mm/min)	절입량 (mm)	잔량 (mm)	
1	황삭	평E/M	10	5	2500	300	2	0.2	
2	정삭	볼E/M	6	1	3500	200			

1. 수기 가공 도면의 드릴 위치 표시와 비교하여 원점 위치를 작업자가 결정하여 CNC 프로그램을 작업한다.

2. 황삭가공에서 Z 방향 시작높이는 공작물 표면으로부터 10mm 높은 곳으로 지정한다.

3. 안전높이는 원점에서 10mm 높은 곳으로 지정한다.

4. 공구번호, 작업내용, 공구조건, 공구경로 간격, 절삭조건 등은 절삭지시서에 준하여 작업한다.

5. 도면의 형상과 같이 포켓 가공을 할 수 있도록 CAM 소프트웨어를 사용하여 작업을 생성하여 NC 데이터를 저장장치에 저장하여 제출한다.

6. 가공 작업의 수는 도면 형상에 맞추어 작업한다.

7. 40분 이내로 가공 시간을 맞추어 작업한다.

※ 제출 자료 및 작업지시서는 시험장에 따라 달라질 수 있습니다.

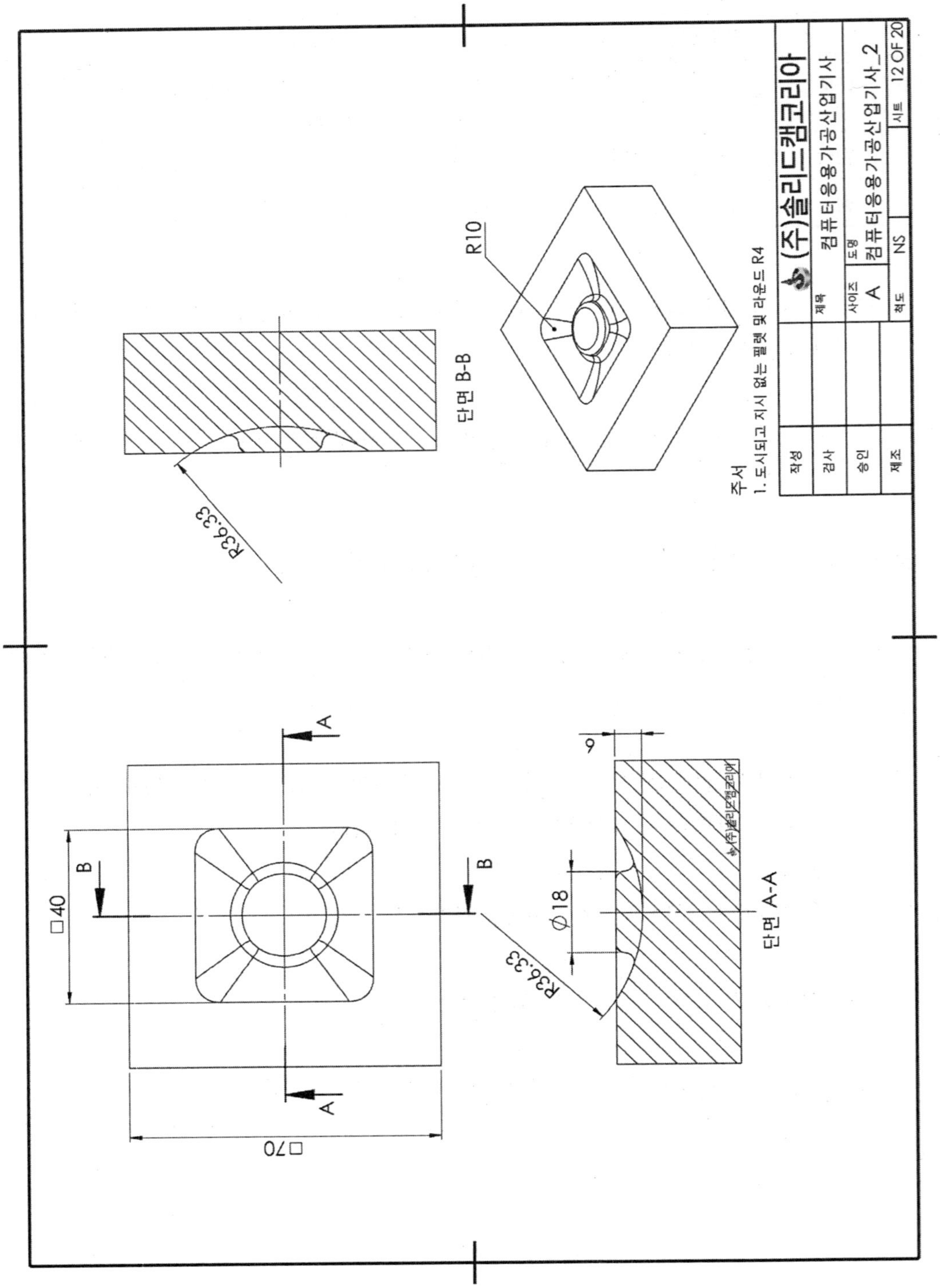

추천절삭조건 2

공구번호	작업내용	공구조건		경로간격	절삭조건				비고
		종류	직경		회전수 (rpm)	이송 (mm/min)	절입량 (mm)	잔량 (mm)	
1	황삭	평E/M	10	5	2500	300	2	0.2	
2	중삭	볼E/M	6	1	3500	200	0.5	0.1	
3	정삭	볼E/M	6	1	3500	200			

1. 수기 가공 도면의 드릴 위치 표시와 비교하여 원점 위치를 작업자가 결정하여 CNC 프로그램을 작업한다.

2. 안전높이는 원점에서 25mm 높은 곳으로 지정한다.

3. 공구번호, 작업내용, 공구조건, 공구경로 간격, 절삭조건 등은 절삭지시서에 준하여 작업한다.

4. 도면의 형상과 같이 포켓 가공을 할 수 있도록 CAM 소프트웨어를 사용하여 작업을 생성하여 NC 데이터를 저장장치에 저장하여 제출한다.

5. 가공 작업의 수는 도면 형상에 맞추어 작업한다.

6. 위 추천 절삭조건은 SolidCAM 프로그램의 기준으로 다른 프로그램일 경우 절삭조건은 변경될 수 있다.

7. 40분 이내로 가공 시간을 맞추어 작업한다.

※ 절삭조건은 시험장에 따라 달라질 수 있다.

③ 컴퓨터응용가공산업기사 예제 도면

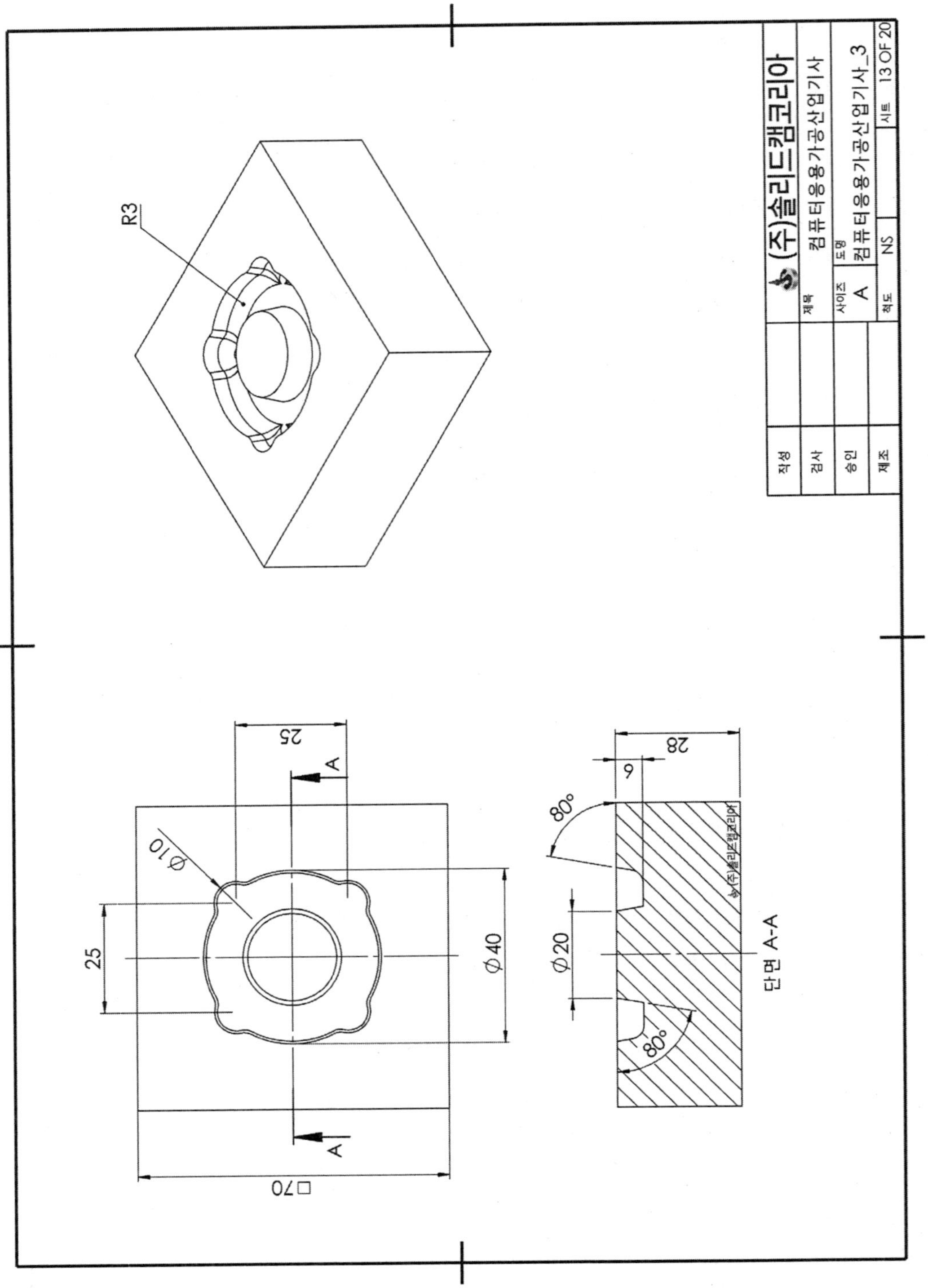

추천절삭조건 3

공구번호	작업내용	공구조건		경로간격	절삭조건				비고
		종류	직경		회전수 (rpm)	이송 (mm/min)	절입량 (mm)	잔량 (mm)	
1	황삭	평E/M	10	5	2500	300	2	0.2	
2	정삭	볼E/M	6	1	3500	200			

1. 수기 가공 도면의 드릴 위치 표시와 비교하여 원점 위치를 작업자가 결정하여 CNC 프로그램을 작업한다.

2. 황삭가공에서 Z 방향 시작높이는 공작물 표면으로부터 10mm 높은 곳으로 지정한다.

3. 안전높이는 원점에서 10mm 높은 곳으로 지정한다.

4. 공구번호, 작업내용, 공구조건, 공구경로 간격, 절삭조건 등은 절삭지시서에 준하여 작업한다.

5. 도면의 형상과 같이 포켓 가공을 할 수 있도록 CAM 소프트웨어를 사용하여 작업을 생성하여 NC 데이터를 저장장치에 저장하여 제출한다.

6. 가공 작업의 수는 도면 형상에 맞추어 작업한다.

7. 40분 이내로 가공 시간을 맞추어 작업한다.

※ 제출 자료 및 작업지시서는 시험장에 따라 달라질 수 있습니다.

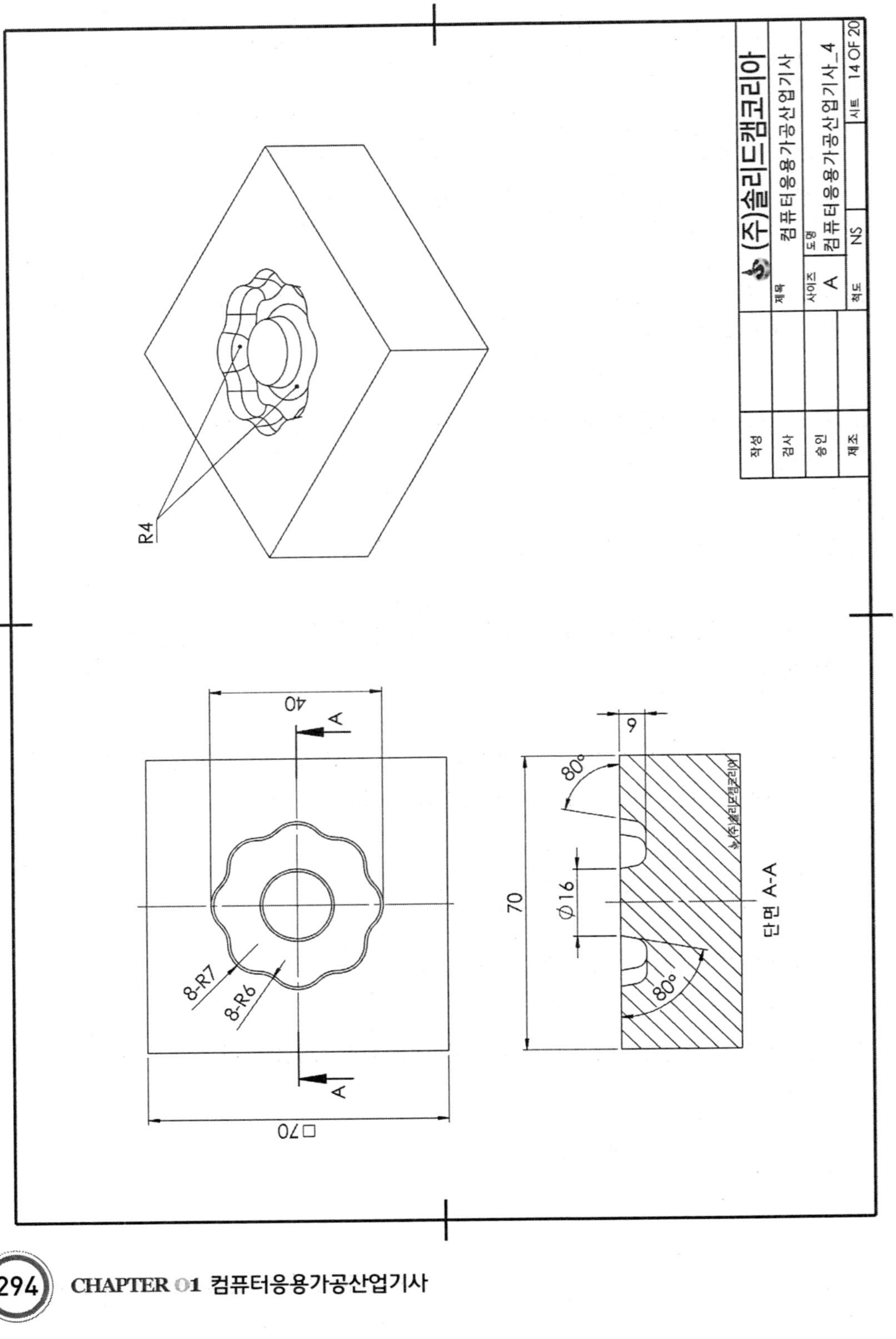

4 컴퓨터응용가공산업기사 예제 도면

추천절삭조건 4

공구번호	작업내용	공구조건		경로간격	절삭조건				비고
		종류	직경		회전수 (rpm)	이송 (mm/min)	절입량 (mm)	잔량 (mm)	
1	황삭	평E/M	10	5	2500	300	2	0.2	
2	중삭	볼E/M	6	1	3500	200	0.5	0.1	
3	정삭	볼E/M	6	1	3500	200			

1. 수기 가공 도면의 드릴 위치 표시와 비교하여 원점 위치를 작업자가 결정하여 CNC 프로그램을 작업한다.

2. 안전높이는 원점에서 25mm 높은 곳으로 지정한다.

3. 공구번호, 작업내용, 공구조건, 공구경로 간격, 절삭조건 등은 절삭지시서에 준하여 작업한다.

4. 도면의 형상과 같이 포켓 가공을 할 수 있도록 CAM 소프트웨어를 사용하여 작업을 생성하여 NC 데이터를 저장장치에 저장하여 제출한다.

5. 가공 작업의 수는 도면 형상에 맞추어 작업한다.

6. 위 추천 절삭조건은 SolidCAM 프로그램의 기준으로 다른 프로그램일 경우 절삭조건은 변경될 수 있다.

7. 40분 이내로 가공 시간을 맞추어 작업한다.

※ 절삭조건은 시험장에 따라 달라질 수 있다.

⑤ 컴퓨터응용가공산업기사 예제 도면

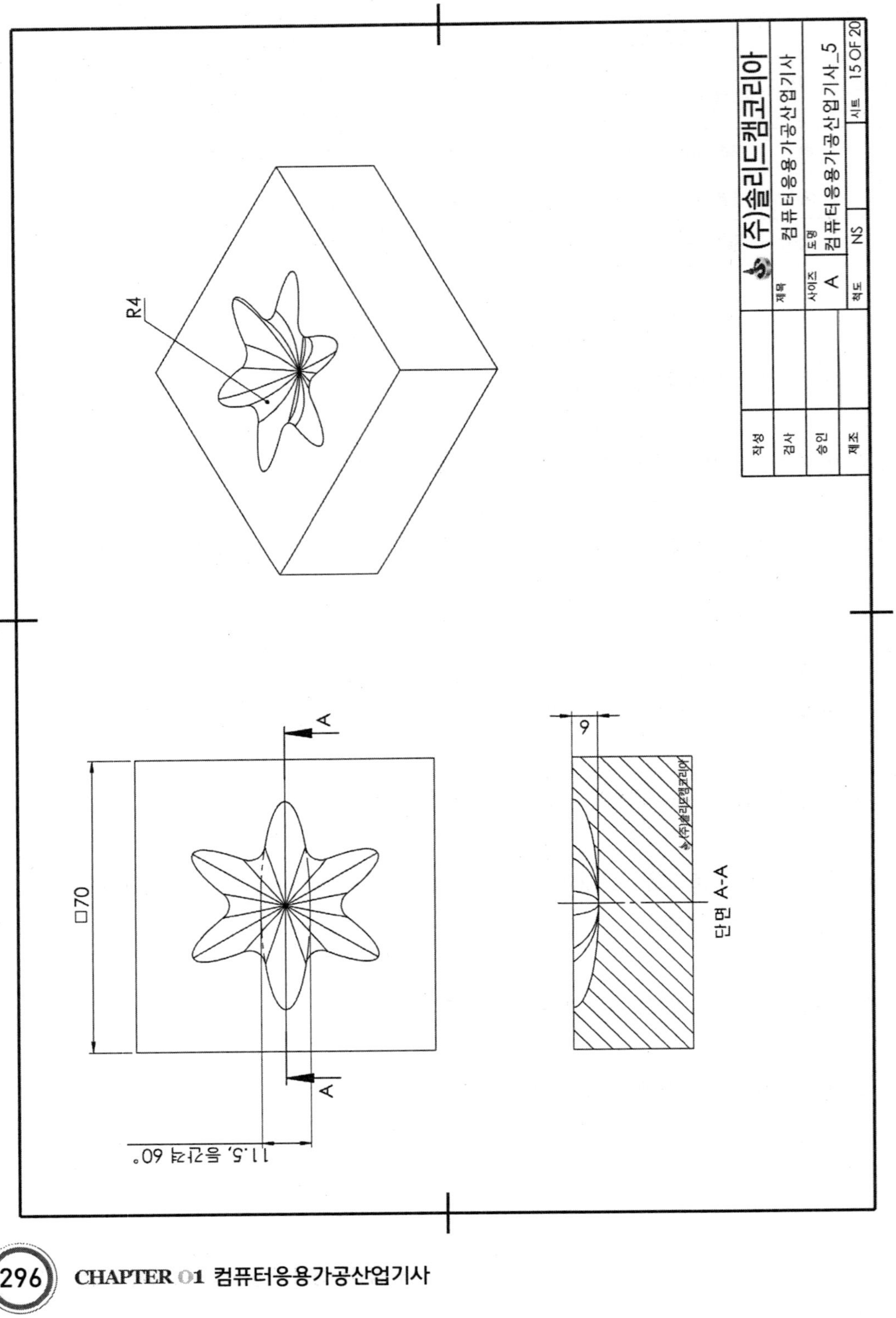

추천절삭조건 5

공구번호	작업내용	공구조건		경로간격	절삭조건				비고
		종류	직경		회전수 (rpm)	이송 (mm/min)	절입량 (mm)	잔량 (mm)	
1	황삭	평E/M	10	5	2500	300	2	0.2	
2	중삭	볼E/M	6	1	3500	200	0.5	0.1	
3	정삭	볼E/M	6	1	3500	200			

1. 수기 가공 도면의 드릴 위치 표시와 비교하여 원점 위치를 작업자가 결정하여 CNC 프로그램을 작업한다.

2. 안전높이는 원점에서 25mm 높은 곳으로 지정한다.

3. 공구번호, 작업내용, 공구조건, 공구경로 간격, 절삭조건 등은 절삭지시서에 준하여 작업한다.

4. 도면의 형상과 같이 포켓 가공을 할 수 있도록 CAM 소프트웨어를 사용하여 작업을 생성하여 NC 데이터를 저장장치에 저장하여 제출한다.

5. 가공 작업의 수는 도면 형상에 맞추어 작업한다.

6. 위 추천 절삭조건은 SolidCAM 프로그램의 기준으로 다른 프로그램일 경우 절삭조건은 변경될 수 있다.

7. 40분 이내로 가공 시간을 맞추어 작업한다.

※ 절삭조건은 시험장에 따라 달라질 수 있다.

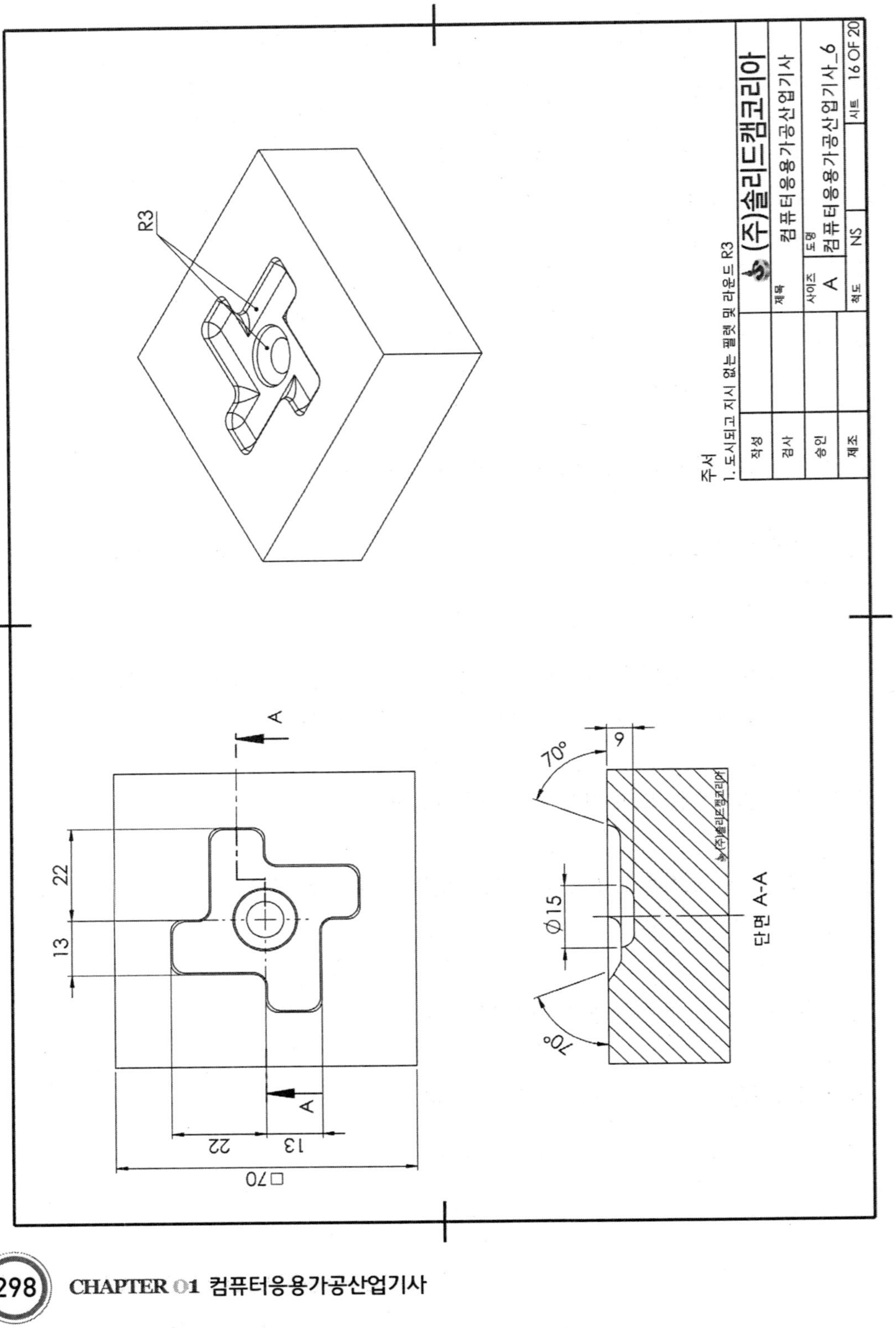

6 컴퓨터응용가공산업기사 예제 도면

주서
1. 도시되고 지시 없는 필렛 및 라운드 R3

단면 A-A

추천절삭조건 6

공구번호	작업내용	공구조건		경로간격	절삭조건				비고
		종류	직경		회전수 (rpm)	이송 (mm/min)	절입량 (mm)	잔량 (mm)	
1	황삭	평E/M	10	5	2500	300	2	0.2	
2	정삭	볼E/M	6	1	3500	200			

1. 수기 가공 도면의 드릴 위치 표시와 비교하여 원점 위치를 작업자가 결정하여 CNC 프로그램을 작업한다.

2. 황삭가공에서 Z 방향 시작높이는 공작물 표면으로부터 10mm 높은 곳으로 지정한다.

3. 안전높이는 원점에서 10mm 높은 곳으로 지정한다.

4. 공구번호, 작업내용, 공구조건, 공구경로 간격, 절삭조건 등은 절삭지시서에 준하여 작업한다.

5. 도면의 형상과 같이 포켓 가공을 할 수 있도록 CAM 소프트웨어를 사용하여 작업을 생성하여 NC 데이터를 저장장치에 저장하여 제출한다.

6. 가공 작업의 수는 도면 형상에 맞추어 작업한다.

7. 40분 이내로 가공 시간을 맞추어 작업한다.

※ 제출 자료 및 작업지시서는 시험장에 따라 달라질 수 있습니다.

▶ 컴퓨터응용가공산업기사 예제 도면

컴퓨터응용가공산업기사 예제 도면

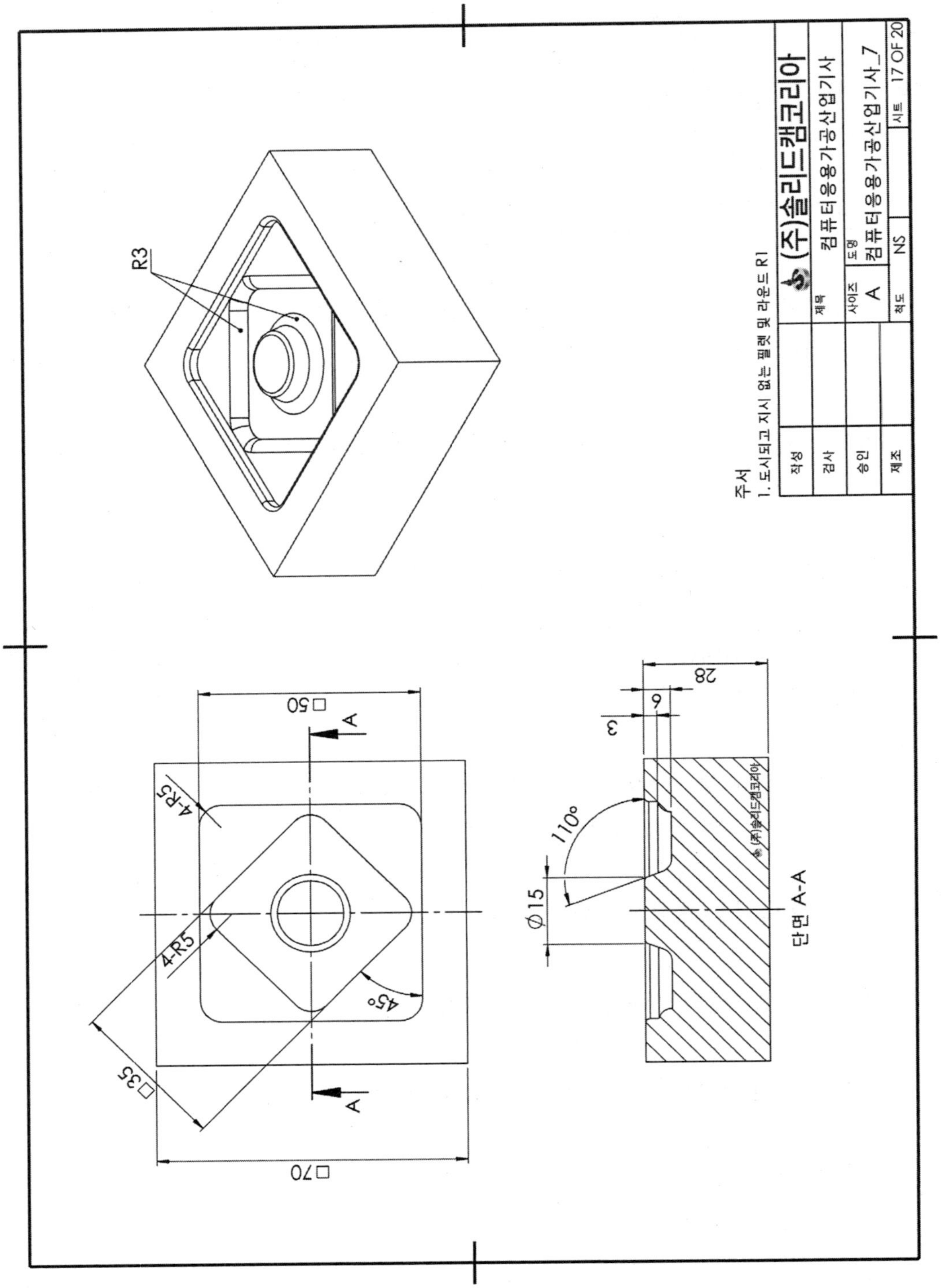

주서
1. 도시되고 지시 없는 필렛 맞 라운드 R1

추천절삭조건 7

공구번호	작업내용	공구조건		경로간격	절삭조건				비고
		종류	직경		회전수 (rpm)	이송 (mm/min)	절입량 (mm)	잔량 (mm)	
1	황삭	평E/M	10	5	2500	300	2	0.2	
2	정삭	볼E/M	6	1	3500	200			

1. 수기 가공 도면의 드릴 위치 표시와 비교하여 원점 위치를 작업자가 결정하여 CNC 프로그램을 작업한다.

2. 황삭가공에서 Z 방향 시작높이는 공작물 표면으로부터 10mm 높은 곳으로 지정한다.

3. 안전높이는 원점에서 10mm 높은 곳으로 지정한다.

4. 공구번호, 작업내용, 공구조건, 공구경로 간격, 절삭조건 등은 절삭지시서에 준하여 작업한다.

5. 도면의 형상과 같이 포켓 가공을 할 수 있도록 CAM 소프트웨어를 사용하여 작업을 생성하여 NC 데이터를 저장장치에 저장하여 제출한다.

6. 가공 작업의 수는 도면 형상에 맞추어 작업한다.

7. 40분 이내로 가공 시간을 맞추어 작업한다.

※ 제출 자료 및 작업지시서는 시험장에 따라 달라질 수 있습니다.

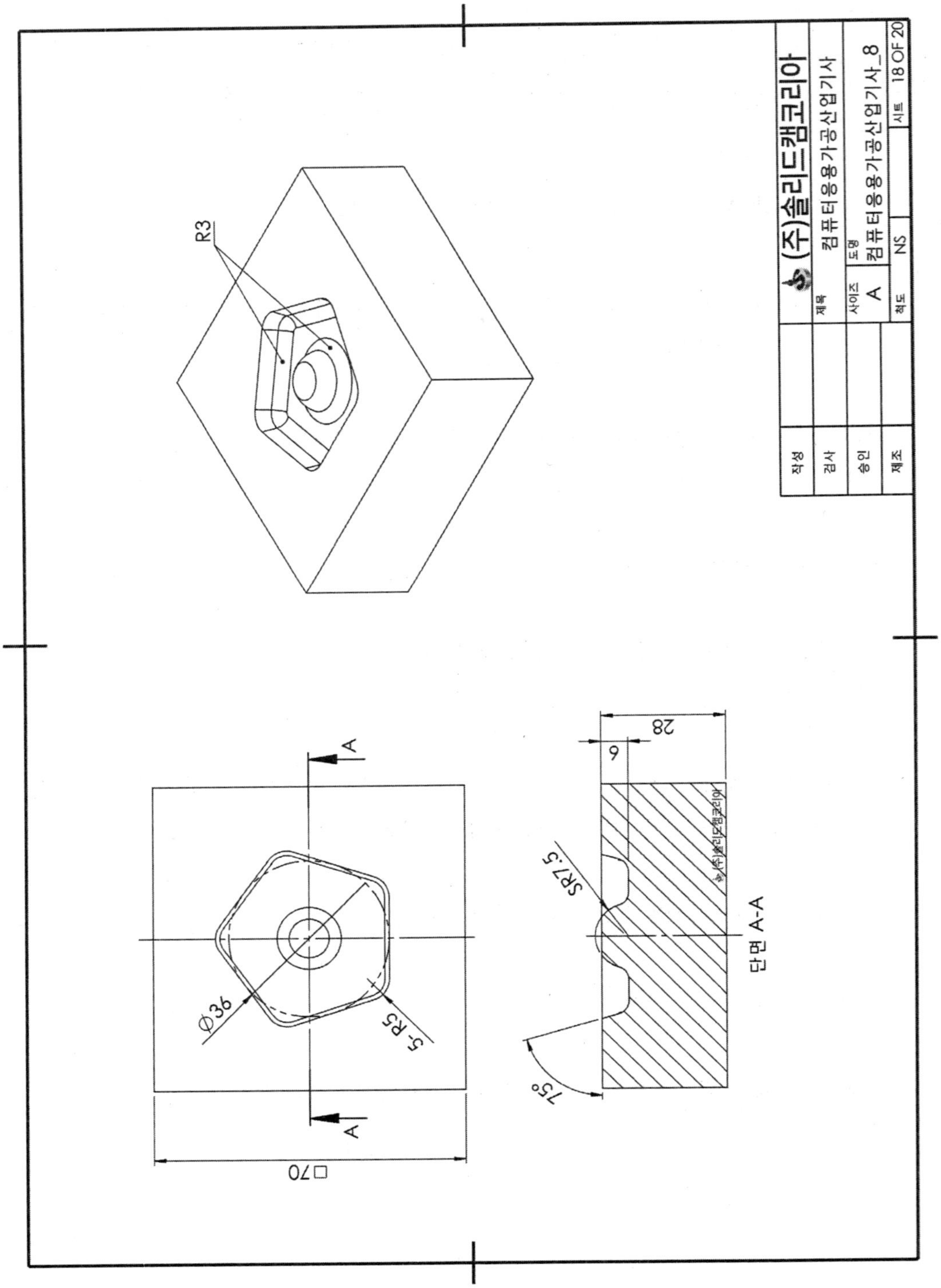

8 컴퓨터응용가공산업기사 예제 도면

추천절삭조건 8

공구번호	작업내용	공구조건		경로간격	절삭조건				비고
		종류	직경		회전수 (rpm)	이송 (mm/min)	절입량 (mm)	잔량 (mm)	
1	황삭	평E/M	10	5	2500	300	2	0.2	
2	중삭	볼E/M	6	1	3500	200	0.5	0.1	
3	정삭	볼E/M	6	1	3500	200			

1. 수기 가공 도면의 드릴 위치 표시와 비교하여 원점 위치를 작업자가 결정하여 CNC 프로그램을 작업한다.

2. 안전높이는 원점에서 25mm 높은 곳으로 지정한다.

3. 공구번호, 작업내용, 공구조건, 공구경로 간격, 절삭조건 등은 절삭지시서에 준하여 작업한다.

4. 도면의 형상과 같이 포켓 가공을 할 수 있도록 CAM 소프트웨어를 사용하여 작업을 생성하여 NC 데이터를 저장장치에 저장하여 제출한다.

5. 가공 작업의 수는 도면 형상에 맞추어 작업한다.

6. 위 추천 절삭조건은 SolidCAM 프로그램의 기준으로 다른 프로그램일 경우 절삭조건은 변경될 수 있다.

7. 40분 이내로 가공 시간을 맞추어 작업한다.

※ 절삭조건은 시험장에 따라 달라질 수 있다.

9. 컴퓨터응용가공산업기사 예제 도면

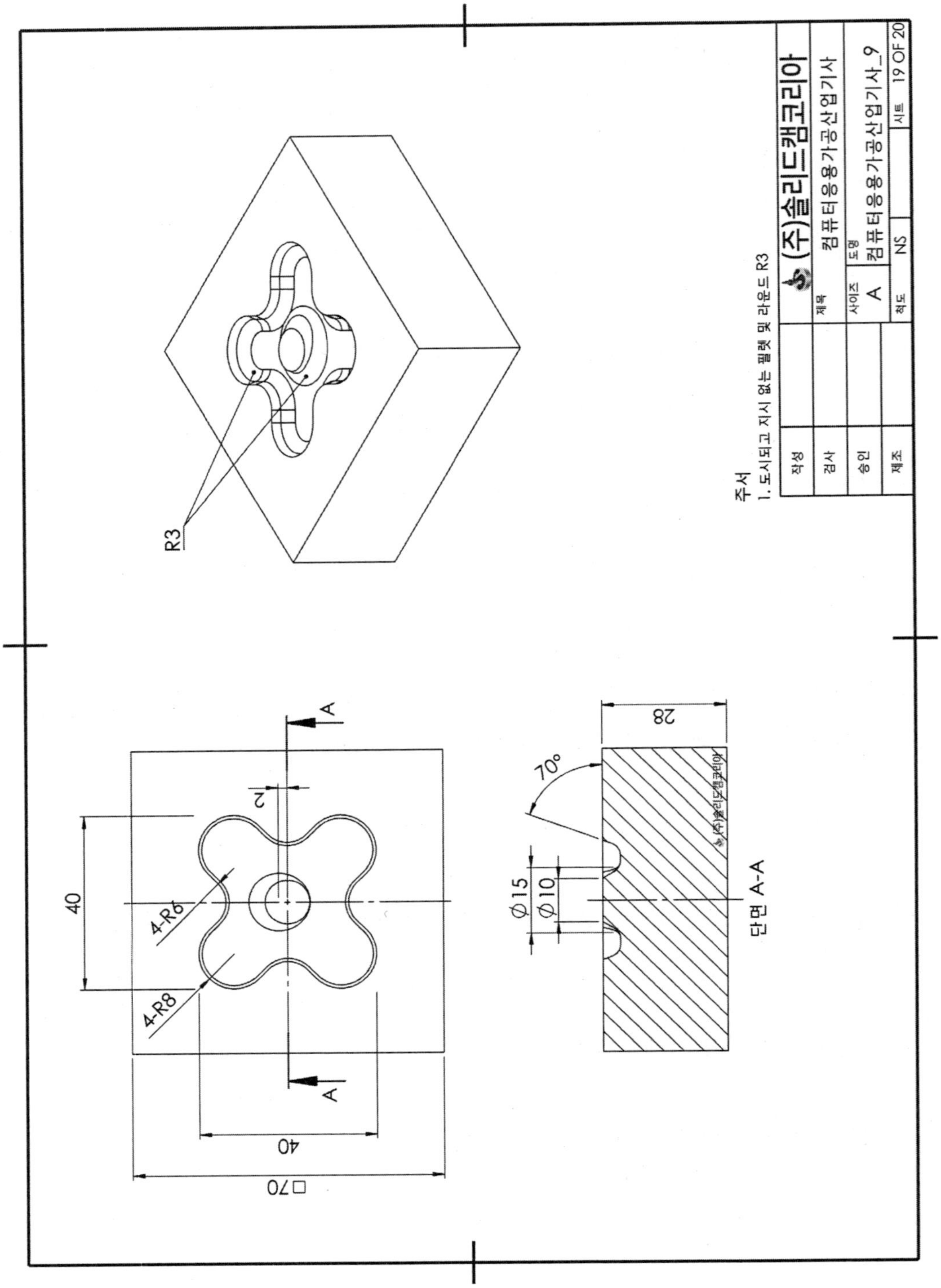

추천절삭조건 9

공구번호	작업내용	공구조건		경로간격	절삭조건				비고
		종류	직경		회전수 (rpm)	이송 (mm/min)	절입량 (mm)	잔량 (mm)	
1	황삭	평E/M	10	5	2500	300	2	0.2	
2	중삭	볼E/M	6	1	3500	200	0.5	0.1	
3	정삭	볼E/M	6	1	3500	200			

1. 수기 가공 도면의 드릴 위치 표시와 비교하여 원점 위치를 작업자가 결정하여 CNC 프로그램을 작업한다.

2. 안전높이는 원점에서 25mm 높은 곳으로 지정한다.

3. 공구번호, 작업내용, 공구조건, 공구경로 간격, 절삭조건 등은 절삭지시서에 준하여 작업한다.

4. 도면의 형상과 같이 포켓 가공을 할 수 있도록 CAM 소프트웨어를 사용하여 작업을 생성하여 NC 데이터를 저장장치에 저장하여 제출한다.

5. 가공 작업의 수는 도면 형상에 맞추어 작업한다.

6. 위 추천 절삭조건은 SolidCAM 프로그램의 기준으로 다른 프로그램일 경우 절삭조건은 변경될 수 있다.

7. 40분 이내로 가공 시간을 맞추어 작업한다.

※ 절삭조건은 시험장에 따라 달라질 수 있다.

추천절삭조건 10

공구 번호	작업 내용	공구조건		경로 간격	절삭조건				비고
		종류	직경		회전수 (rpm)	이송 (mm/min)	절입량 (mm)	잔량 (mm)	
1	황삭	평E/M	10	5	2500	300	2	0.2	
2	중삭	볼E/M	6	1	3500	200	0.5	0.1	
3	정삭	볼E/M	6	1	3500	200			

1. 수기 가공 도면의 드릴 위치 표시와 비교하여 원점 위치를 작업자가 결정하여 CNC 프로그램을 작업한다.

2. 안전높이는 원점에서 25mm 높은 곳으로 지정한다.

3. 공구번호, 작업내용, 공구조건, 공구경로 간격, 절삭조건 등은 절삭지시서에 준하여 작업한다.

4. 도면의 형상과 같이 포켓 가공을 할 수 있도록 CAM 소프트웨어를 사용하여 작업을 생성하여 NC 데이터를 저장장치에 저장하여 제출한다.

5. 가공 작업의 수는 도면 형상에 맞추어 작업한다.

6. 위 추천 절삭조건은 SolidCAM 프로그램의 기준으로 다른 프로그램일 경우 절삭조건은 변경될 수 있다.

7. 40분 이내로 가공 시간을 맞추어 작업한다.

※ 절삭조건은 시험장에 따라 달라질 수 있다.

MEMO

수동프로그램 가공

- 밀링 수동프로그램
- 선반 수동프로그램

01 밀링 수동프로그램

① CNC밀링 G-코드 일람표

G-코드	그룹	기 능	FORMAT	관련기능	비 고
G00	01	급속위치결정	G00 X_ Y_ Z_ ;		
G01		직선보간(절삭)	G01 X_ Y_ Z_ F_ ;	G94, G95	
G02		원호보간(시계방향)	G02, G03 X_ Y_ Z_ R_ ;	G17, G18, G19	헬리컬 보간
G03		원호보간(반시계방향)	G02, G03 X_ Y_ Z_ R_ ;	〃	〃
G04	00	드웰(정지시간지령)	G04		P-소수점 사용 불가
G09		Exact stop	G09 절삭이동 지령 ;	G01, G02, G03	
G10		데이터 설정	G10	L2=G45~G49 보정량 입력	
G15	17	극좌표 지령 무시	G15 X0. Y0. Z0. ;		
G16		극좌표 지령	G16 G90 X_ Y_ Z_ ;	고정사이클	
G17	02	X-Y 평면	G17	원호보간, 공구경보정, 좌표회전, 고정사이클	
G18		Z-X 평면	G18		
G19		Y-Z 평면	G19		
G22	04	금지영역 설정	G22 X_ Y_ Z_ I_ J_ K_ ;	파라메타	
G23		금지영역 설정 무시	G23 ;		
G27	00	원점복귀 Check	G27 X_ Y_ Z_ ;	G28	
G28		기계 원점복귀	G28 X_ Y_ Z_ ;		
G30		제2, 3, 4 원점복귀	G30 P_ X_ Y_ Z_ ;	파라메타	P3=제3원점 P4=제4원점
G31		Skip 기능	G31 P_ X_ Y_ Z_ F_ ;		
G33	01	나사절삭	G33 Z_ F_ ;		
G37	00	자동 공구길이 측정	G37 G90 Z_ ;	공구보정	
G40	07	공구경보정 무시	G40	G00, G01	
G41		공구경보정 좌측	G41 D_ 급속 또는 직선보간 ;	〃	보정번호
G42		공구경보정 우측	G42 D_ 급속 또는 직선보간 ;	〃	〃
G43	08	공구길이 보정 "+"	G43 Z_ H_ ;	G90, G00	〃
G44		공구길이 보정 "-"	G44 Z_ H_ ;		
G49		공구길이 보정 무시	G49 Z_ ;	〃	
G54	14	공작물좌표계 1번 선택	G54 G90 X_ Y_ Z_ ;		

G-코드	그룹	기 능	FORMAT	관련기능	비 고
G73	09	고속 심공드릴 사이클	G73 X_ Y_ Z_ R_ Q_ F_ K_ ;	G17, G18, G19	R=R점 P=드웰시간 Q=1회 절입량 또는 도피량 K=반복횟수 (1회 반복지령 은 생략한다)
G74		왼나사 탭 사이클	G74 X_ Y_ Z_ R_ F_ K_ ;	〃	
G76		정밀 보링 사이클	G76 X_ Y_ Z_ R_ Q_ F_ K_ ;	〃	
G80		고정 사이클 무시	G80 ;		
G81		드릴 사이클	G81 X_ Y_ Z_ R_ F_ K_ ;	G17, G18, G19	
G82		카운트 보링 사이클	G82 X_ Y_ Z_ R_ P_ F_ K_ ;	〃	
G83		심공 드릴 사이클	G83 X_ Y_ Z_ R_ Q_ F_ K_ ;	〃	
G84		탭 사이클	G84 X_ Y_ Z_ R_ F_ K_ ;	〃	
G85		보링 사이클	G85 X_ Y_ Z_ R_ F_ K_ ;	〃	
G86		보링 사이클	G86 X_ Y_ Z_ R_ F_ K_ ;	〃	
G87		백보링 사이클	G87 X_ Y_ Z_ R_ Q_ F_ K_ ;	〃	
G88		보링 사이클	G88 X_ Y_ Z_ R_ P_ F_ K_ ;	〃	
G89		보링 사이클	G89 X_ Y_ Z_ R_ F_ P_ K_ ;	〃	
G90	03	절대지령	G90 이동지령 ;		
G91		상대(증분)지령	G91 이동지령 ;		
G92	00	공작물좌표계 설정	G92 G90 X_ Y_ Z_ S_ ;	S=주축 최고회전수	
G96	13	주속일정제어	G96 S_ ;	M03, M04	
G97		주속일정제어 무시	G97 S_ ;	〃	
G98	10	고정사이클 초기점 복귀	G고정사이클 기능 G98 고정사이클 데이터 ;	G73~G89	
G99		고정사이클 R점 복귀	G고정사이클 기능 G99 고정사이클 데이터 ;	〃	

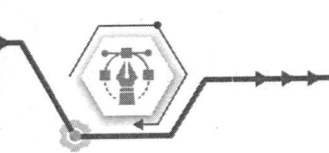

② M-코드 일람표

M-코드	기 능
M00	◇ 프로그램 정지 (실행 중 프로그램을 일시정지 시킨다.)
M01	◇ 선택 프로그램 정지 (조작판의 M01 스위치가 ON인 경우 정지)
M02	◇ 프로그램 끝
M03	◇ 주축 정회전
M04	◇ 주축 역회전
M05	◇ 주축 정지
M06	◇ 공구교환
M08	◇ 절삭유 ON
M09	◇ 절삭유 OFF
M30	◇ 프로그램 끝 & Rewind (프로그램 선두에서 정지하는 경우와 재실행을 파라메타로 결정한다.)
M98	◇ 보조 프로그램 호출
M99	◇ 주 프로그램 호출 (보조 프로그램에서 주 프로그램으로 되돌아 간다.)

3 도면

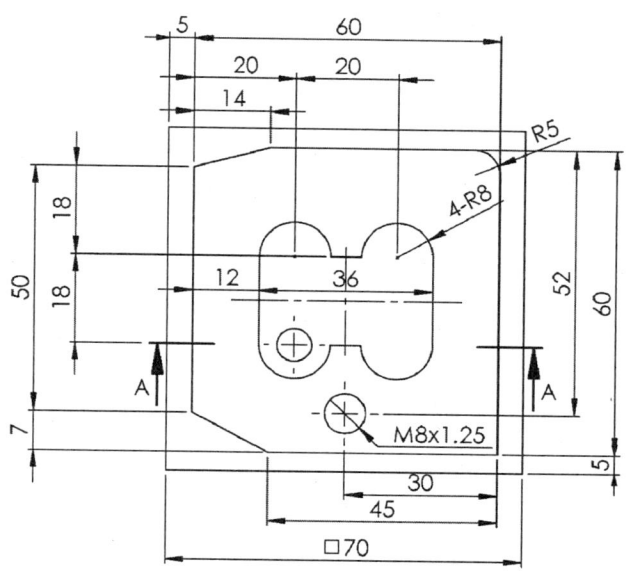

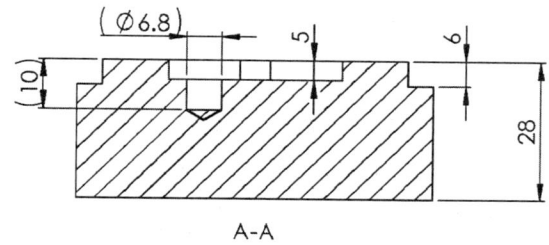

A-A

주서
1. 도시되고 지시 없는 모따기 및 라운드는 C5, R5
2. 일반 모따기 C0.2~C0.3
3. 나사 탭 M8x1.25, 관통

(주)솔리드캠코리아

4 NC 프로그램 해석

O___	
G17 G40 G49 G80;	XY좌표계 사용, 공구경 보정, 공구길이보정, 고정사이클 취소
G91 G28 Z0.;	기계 원점 Z복귀
G91 G28 X0. Y0.;	기계 원점 X, Y 복귀
T02 M06	센터드릴 공구 변경
G54 G90 G00 X35. Y12.;	공작물 좌표계 1번 선택 X, Y 이송
M03 S1000;	주축 정회전 회전수
G43 Z150. H02;	공구길이 보정
G00 Z10.;	Z 급속 이송
G81 G99 Z-3. R5. F50;	드릴 사이클과 R점 복귀 가공
X25. Y26.;	다음 드릴 위치 좌표
G49 G00 Z50.;	공구길이 보정 취소, Z 급속 이송
G80;	사이클 취소
G91 G28 Z0.;	원점복귀 Z 이송
M05;	주축 정지
T03 M06;	드릴 공구 변경
G90 G00 X35. Y12.;	드릴 위치로 좌표 이송
M03 S800;	주축 정회전 회전수
G43 Z150. H03;	공구길이 보정
G00 Z10. M08;	Z 급속 이송 절삭유 ON
G83 G99 Z-30. R5. Q3. F80;	사이클사용 드릴 깊이, 절입량, 후퇴량, 피드 입력
G80 X25. Y26.;	고정사이클 취소 다음 드릴 위치 좌표
G83 G99 Z-10. R5. Q3. F80;	사이클사용 드릴 깊이 절입량 후퇴량 피드 입력
G00 Z50. M09;	Z 급속 이송 절삭유 OFF
G80;	고정사이클 취소
G91 G28 Z0.;	원점복귀 Z 이송
M05;	주축 정지

T04 M06;	탭 공구 변경
G90 G00 X35. Y12.;	탭 위치로 좌표 이송
M03 S200;	주축 정회전 회전수
G43 Z150. H04;	공구 길이 보정
G00 Z10. M08;	Z 이동 절삭유 ON
G84 G99 Z-30. R5. F250;	사이클 사용 탭 깊이와 후퇴량 입력
G49 G00 Z50.;	공구길이 보정 취소, Z 급속 이송
G80;	사이클 취소
G91 G28 Z0.;	원점복귀 Z 이송
M05;	주축 정지
T01 M06;	엔드밀 공구 변경
G90 G00 X-10. Y-10.;	원점으로부터 안전하게 떨어진 거리로 이송
M03 S1000;	주축 정회전 회전수
G43 Z150. H01;	공구 길이 보정
G00 Z10.;	Z 급속 이송
G01 Z-6. F120 M08;	Z 절삭 깊이 이송, 피드 입력, 절삭유 ON
G41 D01 X5.;	공구경 보정
Y62.;	윤곽가공 시작
X19. Y65.;	
X60.;	
G02 X65. Y60. R5.;	
G01 Y5.;	
X20.;	
X5. Y12.;	
X-5.;	
Y-5.;	
G40;	공구경 보정 취소
Z20.;	
G00 X25. Y26.;	포켓 위치 이동

G01 Z-5. F120;	Z 절삭 이송, 피드 입력
G41 D01 X17.;	공구경 보정
Y44.;	
G02 X33. R8.;	
G01 X37.;	
G02 X53. R8.;	
G01 Y26.;	
G02 X37. R8.;	
G01 X33.;	
G02 X17. R8.;	
G01 X25.;	
Z5. M09;	Z 이송, 절삭유 OFF
G00 Z150.;	Z 급속 이송
G40 G49;	공구경, 공구길이 보정 취소
G28 Z0.;	Z 기계 원점복귀
M05;	주축 정지
M02;	프로그램 종료
%	

02 선반 수동프로그램

1. CNC선반 G-코드 일람표

G-코드	그룹	기 능	FORMAT	관련기능	비 고
G00	01	급속위치결정	G00 X_ Z_ ;		
G01		직선보간(절삭)	G01 X_ Z_ F_ ;		
G02		원호보간(시계방향)	G02, G03 X_ Z_ R_ ;		헬리컬 보간
G03		원호보간(반시계방향)	G02, G03 X_ Z_ R_ ;		
G04	00	드웰(정지시간지령)	G04		P-소수점 사용 불가
G09		Exact stop	G09 절삭이동 지령 ;		
G10		데이터 설정	G10		
G15	17	극좌표 지령 무시	G15 X0. Z0. ;	고정사이클	
G16		극좌표 지령	G16 G90 X_ Z_ ;		
G17	02	X-Y 평면	G17		
G18		Z-X 평면	G18		
G19		Y-Z 평면	G19		
G22	04	금지영역 설정	G22 X_ Z_ U_ W_ ;	파라메타	
G23		금지영역 설정 무시	G23 ;		
G27	00	원점복귀 Check	G27 X_ Z_ ;	G28	
G28		자동 원점복귀	G28 X_ Z_ ;		
G30		제2, 3, 4 원점복귀	G30 P_ X_ Z_ ;	파라메타	P3=제3원점 P4=제4원점
G31		Skip 기능	G31 P_ X_ Z_ F_ ;		
G32	01	나사절삭	G32 X_ Z_ F_ ;		
G37	00	자동 공구길이 측정	G37 G90 Z_ ;	공구보정	
G40	07	공구인선 보정 취소			보정번호
G41		공구인선 보정 좌측			
G42		공구인선 보정 우측			
G54	14	공작물좌표계 1번 선택			

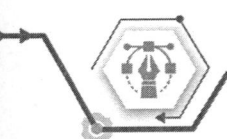

G-코드	그룹	기 능	FORMAT	관련기능	비 고
G70	09	정삭 사이클	G70 P__ Q__ F__ ;		
G71		내·외경 황삭 사이클	G71 P__ Q__ U__ W__ F__ ;		
G72		단면 황삭 사이클	G72 P__ Q__ U__ W__ F__ ;		
G73		형상 반복 가공 사이클	G73 U_ W_ R_ ; G73 P_ Q_ U_ W_ F_ S_ ;		
G74		Z방향 홈가공 사이클	G74 R_ ; G74 X_ Z_ P_ Q_ R_ F_ ;		
G76		나사 절삭 사이클	G76 P_ Q_ R_ ; G76 X_ Z_ P_ Q_ F_ ;		
G90	03	절대지령	G90 이동지령 ;		
G91		상대(증분)지령	G91 이동지령 ;		
G96	13	주속일정제어		M03, M04	
G97		주속일정제어 무시			
G98	10	분당 이송 지정			(mm/min)
G99		회전당 이송 지정			(mm/rev)

② M-코드 일람표

M-코드	기 능
M00	◇ 프로그램 정지 (실행 중 프로그램을 일시정지 시킨다.)
M01	◇ 선택 프로그램 정지 (조작판의 M01 스위치가 ON인 경우 정지)
M02	◇ 프로그램 끝
M03	◇ 주축 정회전
M04	◇ 주축 역회전
M05	◇ 주축 정지
M08	◇ 절삭유 ON
M09	◇ 절삭유 OFF
M30	◇ 프로그램 끝 & Rewind (프로그램 선두에서 정지하는 경우와 재실행을 파라메타로 결정한다.)
M98	◇ 보조 프로그램 호출
M99	◇ 주 프로그램 호출 (보조 프로그램에서 주 프로그램으로 되돌아간다.)

★ 휴지(G04) 기능

지령한 시간 동안 이송을 정지시키는 기능을 휴지 기능이라고 하며, 이 기능은 홈, 드릴 작업 등에서 즉시 후퇴 시 생기는 단차를 제거함으로써 사용한다.
어드레스는 X, U, P와 정지 시간을 수치로 입력한다. P는 소수점을 사용할 수 없고, X와 U는 소수점이하 세 자리까지 가능하다.

EX: G04 X1.5 ; , G04 U1.5 ; , G04 P1500 ;
예시 중에서 하나를 선택하여 사용한다.

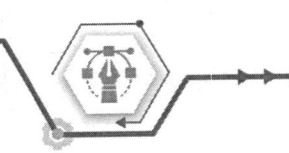

3 도면

도 명	척도	투상
수동프로그램가공	N S	3각법

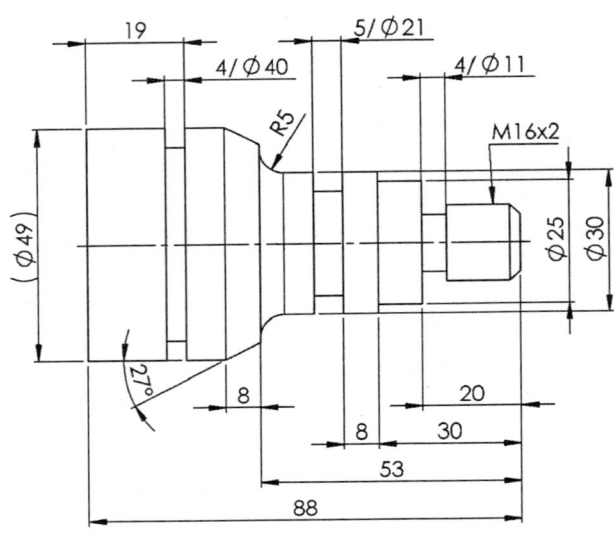

주서
1. 도시되고 지시 없는 라운드는 R5
2. 일반 모따기 C0.2~C0.3

	M16 X2.0 보통급	
수나사	외경	$15.962^{\ 0}_{-0.28}$
	유효경	$14.663^{\ 0}_{-0.16}$

(주)솔리드캠코리아

4 NC 프로그램 해석(1차 : 뒷면 가공)

O___	
G28 U0. W0.;	자동 원점복귀
G50 S2000;	최대 회전수 제한
T0101;	1번(황삭) 공구 변경
G96 S180 M03;	주축 속도 일정 제어, 회전수, 정회전
G00 X54. Z5. M08;	X, Z 위치 이송, 절삭유 ON
X-2.;	X 급속 이송
G01 Z0. F0.2;	Z 절삭 이송, 피드 입력
X49.;	X 이송
Z-30.;	Z 이송
X55.;	X 이송
G28 U0. W0. M09;	자동 원점복귀, 절삭유 OFF
T0505;	5번 공구 (홈) 사용
G97 S800 M03;	주축 속도 일정 제어 무시, 회전수, 정회전
G00 X55. Z-19. M08;	위치 급속 이송, 절삭유 ON
G01 X40. F0.08;	X 절삭 이송, 피드 입력
G04 X1.5;	드웰(휴지) 기능
G01 X52.;	X 이송
G28 U0. W0. M09;	자동 원점복귀, 절삭유 OFF
M05;	주축 정지
M02;	프로그램 정지

⑤ NC 프로그램 해석(2차 : 앞면 가공)

O____	
G28 U0. W0.;	자동 원점복귀
G50 S2000 ;	최대회전수 제한
T0101;	1번(황삭) 공구 사용
G96 S180 M03;	주축 속도 일정제어, 회전수, 정회전
G00 X54. Z5. M08;	X, Z 위치 이동, 절삭유 ON
G72 W1. R0.5;	단면 황삭 반복 사이클 사용
G72 P10 Q20 U0.1 W0.1 F0.2;	전개 번호 지정, 절입량, 피드 입력
N10 G00 Z0.;	사이클 전개 시작
G01 X-2.;	X 절삭 이송
N20 G00 Z10.;	사이클 전개 종료
G42 G00 X54. Z2.;	공구 우측 인선 보정(외경 가공 시 사용)
G71 U1.5 R0.5;	내·외경 황삭 사이클 사용
G71 P30 Q40 U0.2 W0.1 F0.2;	전개 번호, 잔삭량, 피드 입력 (P30 = N30, Q40 = N40)
N30 G00 X12.;	사이클 전개 시작
G01 Z0.;	Z 절삭 이송
X16. Z-2.;	윤곽 가공 시작
Z-20.;	
X25.;	
Z-30.;	
X30.;	
Z-48.;	
G02 X40. Z-53. R5.;	원호보간 이송
G01 X40.84;	★ 삼각함수 계산식 활용
X49. Z-61.;	
Z-65.;	윤곽 가공 종료

N40 G01 X51.;	사이클 전개 종료
G40 G28 U0. W0. M09;	공구 인선 보정 취소, 원점복귀, 절삭유 OFF
T0303;	3번 공구 (정삭) 사용
G96 S180 M03;	주축 속도 일정 제어, 회전수, 정회전
G00 X55. Z5. M08;	위치 이송, 절삭유 ON
G01 X-2. F0.1;	X 절삭 이송, 피드 입력
G42 G00 X55. Z5.;	공구 우측 인선 보정(외경 가공 시 사용)
G70 P30 Q40 F0.1;	내·외경 정삭 사이클 사용
G40 G28 U0. W0. M09;	공구 인선 보정 취소, 원점복귀, 절삭유 OFF
T0505;	5번 공구 (홈) 사용
G97 S800 M03;	주축 속도 일정 제어 무시, 회전수, 정회전
G00 X35. Z-43. M08;	위치 이동, 절삭유 ON
G01 X21. F0.08;	X 절삭 이송, 피드 입력
G04 X1.5;	드웰(휴지) 기능
G01 X35.;	X 절삭 이송
Z-42.;	Z 이송
X21. F0.08;	X 절삭 이송, 피드 입력
G04 X1.5;	드웰(휴지) 기능
G01 X35.;	X 이송
Z-20.;	Z 이송
X11. F0.08;;	X 이송, 피드 입력
G04 X1.5;	드웰(휴지) 기능
G01 X25.;	X 절삭 이송
G28 U0. W0. M09;	자동 원점복귀, 절삭유 OFF
T0707;	7번 공구 (나사) 사용
G97 S800 M03;	주축 회전수 일정 제어 무시, 회전수, 정회전
G00 X18. Z-2. M08;	위치 이동 절삭유 ON
G76 P011060 Q50 R20;	나사 사이클 사용
G76 X13.62 Z-18. P1190 Q350 F2.0;	나사 사이클 사용

G01 X25.;	X 절삭 이송
G28 U0. W0. M09;	자동 원점복귀, 절삭유 OFF
M05;	주축 정지
M02;	프로그램 정지

★ 삼각함수 a와 A의 값을 알고 있을 경우 b를 구하는 법(직각삼각형)

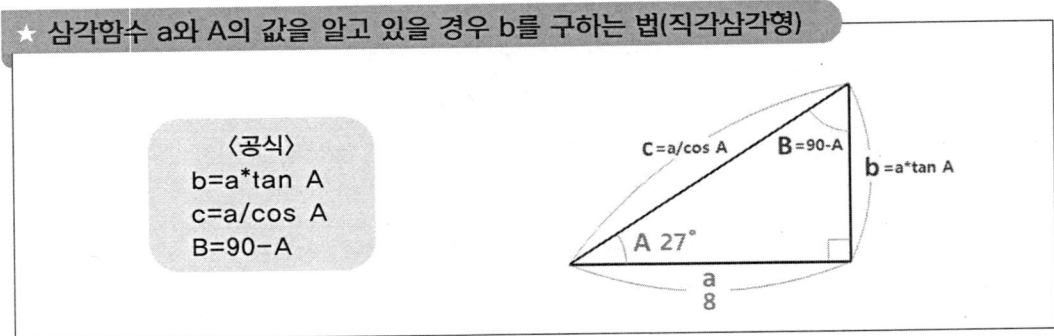

〈공식〉
b=a*tan A
c=a/cos A
B=90−A

★ CNC선반 나사 절삭 데이터(참고용)

절입횟수	피치	1회	2회	3회	4회	5회	6회	7회	8회	계
매회 절삭 깊이	1.5	0.35	0.20	0.14	0.10	0.05	0.05	0	0	0.89
	2.0	0.35	0.25	0.19	0.12	0.10	0.08	0.05	0.05	1.19

부록

컴퓨터응용선반기능사

- 컴퓨터응용선반기능사 따라 하기 1~2
- 컴퓨터응용선반기능사 예제 도면

출제기준(실기)

▶ 적용기간: 2021. 1. 1 ~ 2026. 12. 31

직무분야	기계	중직무분야	기계제작	자격종목	컴퓨터응용선반기능사

○ **직무내용**: 부품을 가공하기 위하여 가공 도면을 해독하고 작업계획을 수립하며 적합한 공구를 선택하여 내·외경, 홈, 테이퍼, 나사 등을 선반과 CNC선반을 운용하여 가공하고, 공작물의 측정 및 수정작업 등을 하는 직무 수행

○ **수행준거**:
1. CNC선반과 범용선반 가공작업의 완료 후 주변을 정리하고 작업결과를 문서화할 수 있다.
2. CNC선반과 범용선반 작업에서 수행하는 전반적인 작업수행을 할 수 있다.
3. CNC선반과 범용선반 가공에서 제품의 형상 특성에 따른 기준면을 선정하고 내·외경, 드릴링, 널링가공을 수행할 수 있다.
4. CNC선반과 범용선반 가공에서 제품의 형상 특성에 따른 기준면을 선정하고 내·외경, 홈, 나사, 테이퍼 가공을 수행할 수 있다.
5. CNC선반과 범용선반 가공작업에 있어서 도면을 파악하고 주요치수 및 공차를 검토할 수 있다.
6. CNC선반과 범용선반 가공작업에 있어서 안전수칙을 확인하여 준수할 수 있다.
7. 가공된 부품 외관의 결함을 육안으로 판별할 수 있다.
8. 기계가공 전후의 결과를 기본측정기를 이용하여 정량적으로 나타낼 수 있다.

실기과목명	컴퓨터응용선반가공 실무	실기검정방법	작업형	시험시간	3시간 정도

주요항목	세부항목	세세항목
1. 작업장 유지관리(밀링 가공)	1. 공구·장비 정리하기	1. 작업이 끝난 후 각종 공구를 정해진 위치에 정리할 수 있다. 2. 장비의 부착물을 청소하고 이상 유무를 판단할 수 있다.
	2. 작업장 정리하기	1. 장비 주변을 청결하게 할 수 있다. 2. 작업 완성품을 다음 공정으로 이동이 편리하도록 적재할 수 있다. 3. 작업을 위한 소재를 적재할 수 있는 공간을 확보할 수 있다.
	3. 장비 일상점검하기	1. 해당 작업장의 표준화된 장비운영 체크리스트에 의하여 정기점검을 수행할 수 있다. 2. 해당 작업장의 표준화된 장비운영 체크리스트의 기준에 의하여 윤활유 및 절삭유 주유·소모품 교체를 수행할 수 있다.
	4. 작업일지 작성하기	1. 해당 사업장의 운영 절차에 의하여 작업결과를 작업일지에 빠짐없이 작성할 수 있다. 2. 필요시 작업에서 발생한 문제점을 관련자에게 문서로 보고할 수 있다. 3. 다음 공정에 전달할 특이사항이 있으면 구두로 전달하거나 기록물을 작성하여 전달할 수 있다.

주요항목	세부항목	세세항목
2. 기본작업(선반가공)	1. 작업 준비하기	1. 제품의 형상에 적합한 절삭공구를 선택할 수 있다. 2. 공작물의 설치방법에 따라 공작물을 설치할 수 있다. 3. 절삭공구를 작업순서 및 사용빈도를 고려하여 공구대에 설치할 수 있다. 4. 도면에 의해서 제품의 형상, 특성에 따른 기준면을 설정할 수 있다.
	2. 본가공 수행하기	1. 작업요구사항과 작업표준서에 따라 장비를 설정할 수 있다. 2. 수동작업 시 가공조건을 충족할 수 있도록 이송속도, 이송 범위, 절삭깊이를 조절할 수 있다. 3. 이상 발생 시 작업표준서에 따라 조치를 취하고 보고할 수 있다. 4. 가공조건이 부적합할 경우 수정할 수 있다. 5. 공작물의 가공 여유를 주고 공작물의 흑피를 제거할 수 있다. 6. 기준면 가공에 적합한 절삭조건을 산출하고 적용할 수 있다. 7. 절삭 칩이 공작물에 감겨 회전하지 않도록 칩브레이커를 사용하여 절삭 칩을 끊어 주면서 가공할 수 있다. 8. 상황에 따라 건식 및 습식 절삭을 할 수 있다.
	3. 검사·수정하기	1. 측정 대상별 측정방법과 측정기의 종류를 파악하여 측정오차가 생기지 않도록 측정할 수 있다. 2. 공구수명 단축원인 및 가공치수 불량의 원인을 파악하고 적절한 대처방안을 강구할 수 있다. 3. 측정 후 불량부위 발생 시 수정 여부를 결정할 수 있다.
3. 단순형상작업	1. 작업 준비하기	1. 제품의 형상에 적합한 절삭공구를 선택할 수 있다. 2. 공작물의 설치방법에 따라 부속장치를 사용하여 공작물을 설치할 수 있다. 3. 절삭공구를 작업순서 및 사용빈도를 고려하여 공구대에 설치할 수 있다. 4. 도면에 의해서 제품의 형상, 특성에 따른 기준면을 설정할 수 있다.
	2. 본가공 수행하기	1. 작업요구사항과 작업표준서에 따라 장비를 설정할 수 있다. 2. 수동작업 시 가공조건을 충족할 수 있도록 이송속도, 이송 범위, 절삭깊이를 조절할 수 있다. 3. 이상 발생 시 작업표준서에 따라 조치를 취하고 보고할 수 있다. 4. 가공조건이 부적합할 경우 수정할 수 있다.

출제기준(실기)

주요항목	세부항목	세세항목
3. 단순형상작업	2. 본가공 수행하기	5. 공작물의 가공 여유를 주고 공작물의 흑피를 제거할 수 있다. 6. 기준면 가공에 적합한 절삭조건을 산출하고 적용할 수 있다. 7. 절삭 칩이 공작물에 감겨 회전하지 않도록 칩브레이커를 사용하여 절삭 칩을 끊어 주면서 가공할 수 있다. 8. 드릴작업 시 드릴이 공작물을 관통할 때 이동속도를 감속할 수 있다. 9. 상황에 따라 건식 및 습식 절삭을 할 수 있다. 10. 널링 가공 시 공작물의 크기와 재질에 따라 절삭조건을 선정할 수 있다.
	3. 검사·수정하기	1. 측정 대상별 측정방법과 측정기의 종류를 파악하여 측정오차가 생기지 않도록 측정할 수 있다. 2. 공구수명 단축원인 및 가공치수 불량의 원인을 파악하고 적절한 대처 방안을 강구할 수 있다. 3. 측정 후 불량부위 발생 시 수정 여부를 결정할 수 있다.
4. 홈·테이퍼 작업	1. 작업 준비하기	1. 제품의 형상에 적절한 공구를 선택할 수 있다. 2. 공작물의 설치방법에 따라 공작물을 설치할 수 있다. 3. 절삭공구를 작업순서 및 사용빈도를 고려하여 공구대에 설치할 수 있다. 4. 도면에 의해서 제품의 형상, 특성에 따른 기준면을 설정할 수 있다.
	2. 본가공 수행하기	1. 작업요구사항과 작업표준서에 의거하여 장비를 설정할 수 있다. 2. 수동작업 시 가공조건을 충족할 수 있도록 이송속도, 이송범위, 절삭깊이를 조절할 수 있다. 3. 이상 발생 시 작업표준서에 의거하여 조치를 취하고, 보고할 수 있다. 4. 가공조건이 부적합할 경우 수정할 수 있다. 5. 테이퍼 가공법과 절삭방법의 종류를 파악하고, 가공할 수 있다. 6. 내경 홈절삭 시 절삭공구의 중심높이를 중심선단 높이보다 높게 설정하여 가공할 수 있다. 7. 적절한 테이퍼 가공방법을 결정하고 테이퍼 값을 계산할 수 있다.
	3. 검사·수정하기	1. 측정 대상별 측정방법과 측정기의 종류를 파악하여 측정오차가 생기지 않도록 측정할 수 있다. 2. 공구수명 단축원인 및 가공치수 불량의 원인을 파악하고 적절한 대처방안을 강구할 수 있다. 3. 측정 후 불량 부위 발생 시 수정 여부를 결정할 수 있다.

주요항목	세부항목	세세항목
5. 도면해독 (선반가공)	1. 도면 파악하기	1. 도면에서 해당 부품의 주요 가공부위를 선정하고, 주요 가공치수를 파악할 수 있다. 2. 가공공차에 대한 가공정밀도를 이해하고 그에 적합한 가공설비 및 치공구를 선정할 수 있다. 3. 도면에서 해당 부품에 대한 특이사항을 고려하여 작업방법을 결정할 수 있다. 4. 도면에서 해당 부품에 대한 재질 특성을 파악하여 가공 가능성을 결정할 수 있다.
	2. 주요치수 및 공차 검토하기	1. 가공도면의 치수기입 방법 및 표준공차를 확인할 수 있다. 2. 조립도에서 요소부품들의 조립관계를 파악하고 주요 치수 및 공차를 검토할 수 있다. 3. 요소부품의 가공정밀도를 파악하고 표면거칠기 및 기하공차를 검토할 수 있다. 4. 검토된 도면의 공차 범위에 맞게 가공공차를 결정할 수 있다.
6. 안전규정준수 (선반가공)	1. 안전수칙 확인하기	1. 선반가공 작업장에서 안전사고를 예방하기 위한 안전수칙을 확인할 수 있다. 2. 정기 또는 수시로 안전수칙을 확인하여 보완을 요청할 수 있다.
	2. 안전수칙 준수하기	1. 안전수칙에 따라 안전장구를 착용할 수 있다. 2. 안전수칙에 따라 제품을 운반할 수 있다. 3. 작업도구의 구성과 안전규격을 알고 선택할 수 있다. 4. 안전수칙에 따라 준수사항을 적용할 수 있다. 5. 안전사고를 방지하기 위한 예방활동을 할 수 있다.
7. 육안검사	1. 작업계획 파악하기	1. 작업지시서와 도면으로부터 검사하고자 하는 부분을 파악할 수 있다. 2. 작업지시서와 도면으로부터 검사방법을 파악할 수 있다.
	2. 외관형상 검사하기	1. 제품의 형상이 도면의 요구사항에 부합하는지 판단할 수 있다. 2. 가공의 누락 여부를 판단할 수 있다. 3. 조립된 제품의 틈새가 적절한지 판단할 수 있다. 4. 가공된 부위가 깨끗한지 판단할 수 있다. 5. 가공부위의 위치와 형상이 적절한지 판단할 수 있다.
	3. 표면상태 검사하기	1. 표면의 거칠기가 요구사항에 부합하는지 판단할 수 있다. 2. 표면에 찍힌 자국을 식별하여 결격사유가 되는지 판단할 수 있다. 3. 표면에 흠집을 식별하여 결격사유가 되는지 판단할 수 있다.

출제기준(실기)

주요항목	세부항목	세세항목
7. 육안검사	3. 표면상태 검사하기	4. 표면의 크랙을 식별하여 결격사유가 되는지 판단할 수 있다. 5. 표면의 파손부위를 식별하여 결격사유가 되는지 판단할 수 있다. 6. 표면의 부식 여부를 판단할 수 있다. 7. 표면의 오염 여부를 판단할 수 있다. 8. 한도시편과 비교하여 이상 여부를 판단할 수 있다. 9. 기계의 정밀도 불량으로 인한 피측정물의 이상을 식별할 수 있다. 10. 간단한 육안 측정용 보조 재료를 필요에 따라 사용할 수 있다. 11. 제품의 표면 품질을 판단할 수 있다.
8. 기본측정기 사용	1. 작업계획 파악하기	1. 작업지시서와 도면으로부터 측정하고자 하는 부분을 파악할 수 있다. 2. 작업지시서와 도면으로부터 측정방법을 파악할 수 있다.
	2. 측정기 선정하기	1. 제품의 형상과 측정 범위, 허용공차, 치수 정도에 알맞은 측정기를 선정할 수 있다. 2. 측정에 필요한 보조기구를 선정할 수 있다.
	3. 기본측정기 사용하기	1. 측정에 적합하도록 측정물을 설치할 수 있다. 2. 측정기의 0점 세팅을 수행할 수 있다. 3. 측정오차요인이 측정기나 공작물에 영향을 주지 않도록 조치할 수 있다. 4. 작업표준 또는 측정기의 사용법에 따라 측정을 수행할 수 있다. 5. 측정기 지시값을 읽을 수 있다. 6. 측정된 결과가 도면의 요구사항에 부합하는지 판단할 수 있다.
9. CNC선반 조작	1. CNC선반 조작 준비하기	1. CNC선반 장비의 취급설명서를 숙지하고 장비를 조작할 수 있다. 2. CNC선반 장비의 안전운전 준수사항을 숙지하고 안전하게 장비를 조작할 수 있다. 3. 소재를 적절한 압력으로 척에 고정할 수 있다. 4. 소프트조(soft jaw)를 장착할 수 있다. 5. 작업공정 순으로 절삭공구를 공구대(turret)에 설치할 수 있다. 6. CNC선반 장비의 유지보수 설명서를 숙제하고 장비를 유지 관리할 수 있다. 7. CNC선반 컨트롤러의 주요 알람 메시지에 관한 정보를 이해할 수 있다.

주요항목	세부항목	세세항목
	2. CNC선반 조작하기	1. 공작물 좌표계 설정을 할 수 있다. 2. 작업공정에서 선정된 각 공구의 공구 보정(tool offset)을 할 수 있다. 3. CNC 프로그램을 전송 매체를 활용하거나 수동 입력을 통해 CNC선반 컨트롤러에 가공 프로그램을 등록할 수 있다. 4. 자동운전모드에서 안전하게 시제품을 가공할 수 있다. 5. 가공부품을 확인하고 공작물 좌표계 보정량 및 공구 보정량을 수정할 수 있다. 6. 생산성을 높이기 위하여 절삭조건 수정 및 프로그램을 수정할 수 있다. 7. 공구의 수명주기나 손상을 확인하고 교체할 수 있다.
	3. 측정 · 검사하기	1. 부품의 형상과 측정위치 공차 범위를 고려하여 측정기를 선정할 수 있다. 2. 도면사양에 일치하게 부품을 제작하고 측정기 사용법을 준수하여 측정 및 검사를 할 수 있다. 3. 불량 발생 시 원인을 규명하고 수정할 수 있다. 4. 부품의 검사기준을 정하고 검사 성적서를 작성하고 보고할 수 있다.

※ 자세한 출제기준은 한국산업인력공단(http://www.q-net.or.kr/)에서 확인하실 수 있습니다.

작업지시서

1. CAM 프로그램을 사용하여 CNC 프로그램을 작성한다.

2. 안전높이는 수험자가 결정하여 CNC 프로그램을 작성한다.

3. 황삭 가공의 X 방향 시작 높이는 수험자가 결정하여 CNC 프로그램을 작성한다.

4. 프로그램의 원점은 수험자가 결정하여 CNC 프로그램을 작성한다.

5. 회전수, 절삭속도 등 가공조건은 도면의 하단을 참고하여 CNC 프로그램을 작성한다.

6. CNC선반 CAM 프로그램 작업은 40분 이내로 완료한다.

7. 입력된 CNC 프로그램을 활용하여 부품을 자동운전으로 가공한다.

※ 제출 자료 및 작업지시서는 시험장에 따라 달라질 수 있습니다.

01 컴퓨터응용선반기능사 따라 하기

1 도면

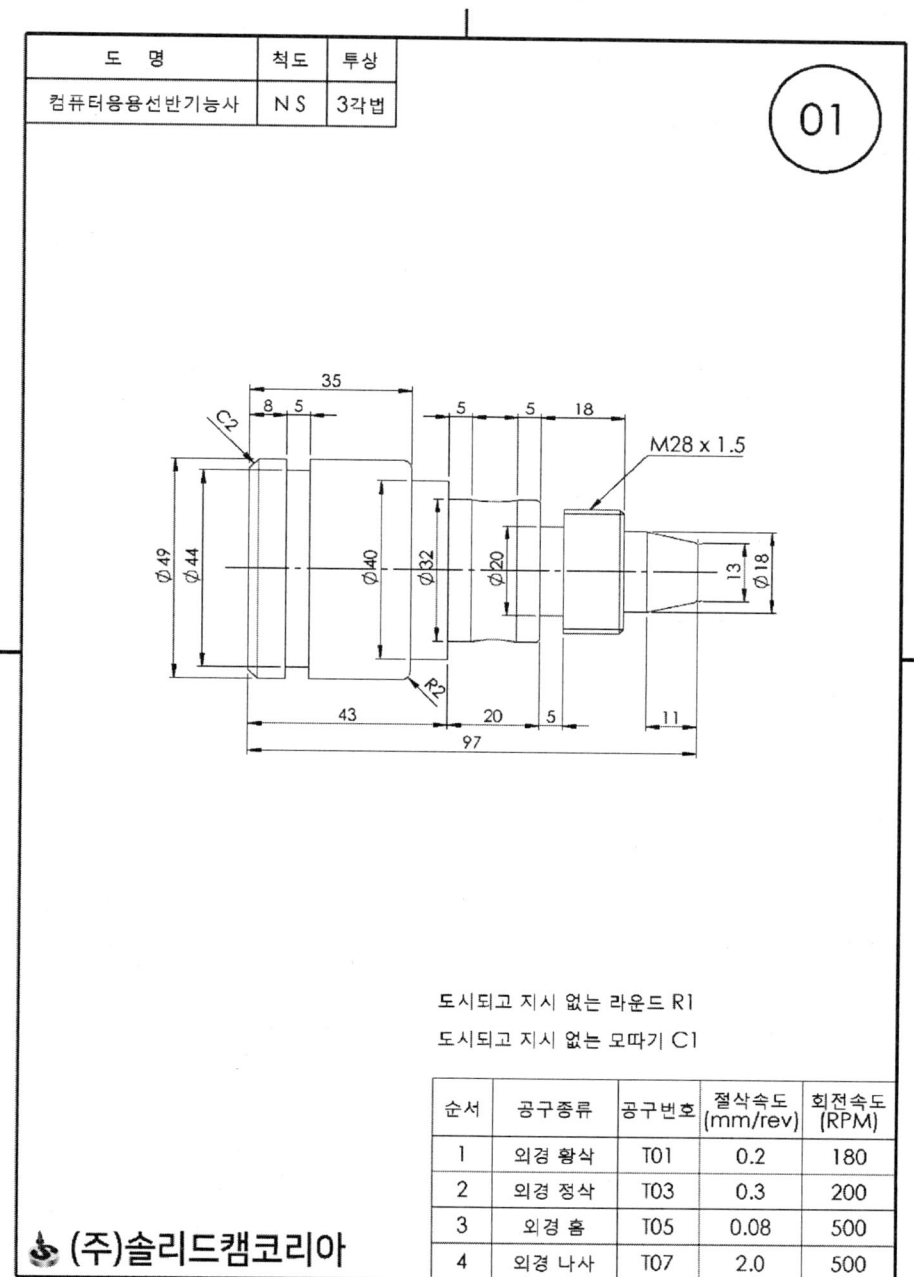

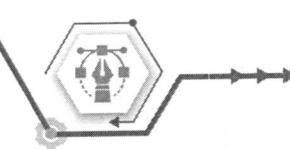

② 모델링

(1) 스케치 평면 선택

❶ [주메뉴 바 → 새 문서 → 파트]를 선택하고 확인을 클릭한다.

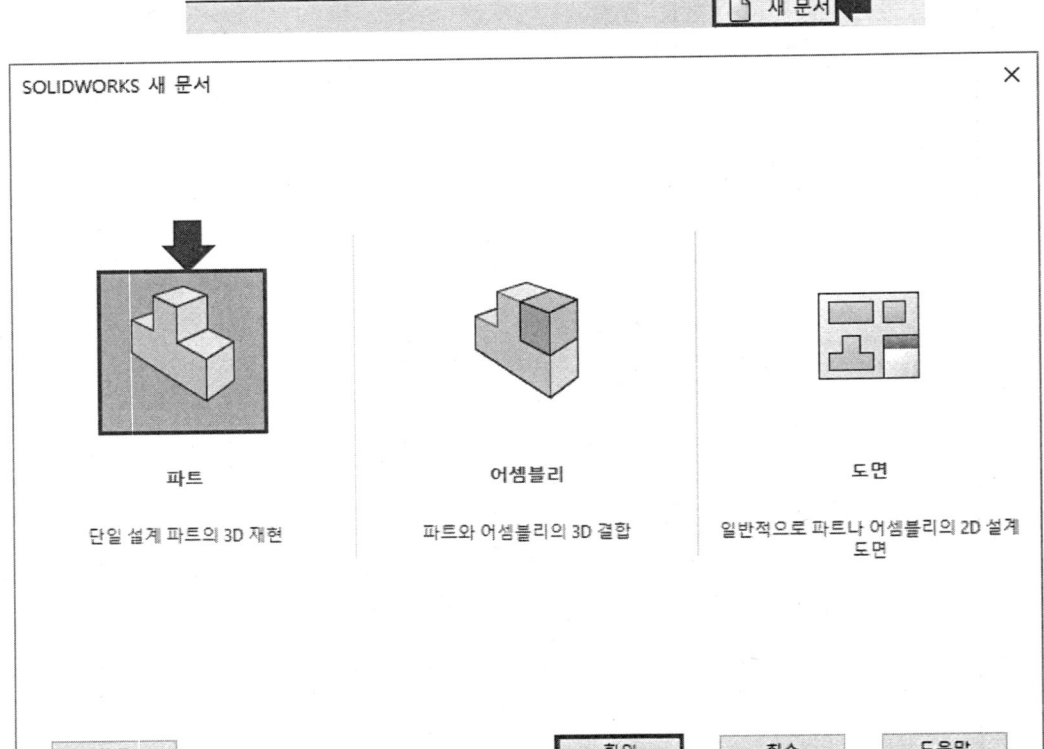

❷ 좌측 디자인 트리에서 정면을 선택한다.

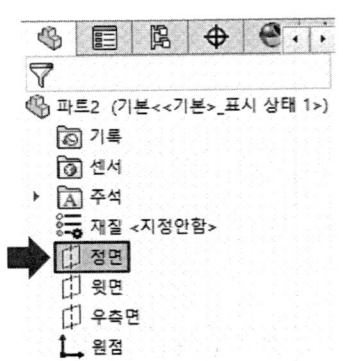

❸ 상단 커맨드 매니저에서 [스케치]를 클릭한다.

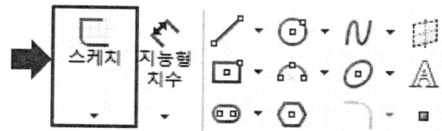

(2) 선 스케치

❶ [커맨드 매니저 → 스케치 탭 → 선 → 중심선]을 클릭한다.

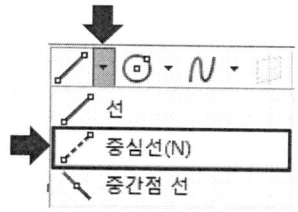

❷ 원점을 클릭하고 수평이 되도록 중심선을 스케치한다.

❸ [커맨드 매니저 → 스케치 탭 → 선]을 클릭한다.

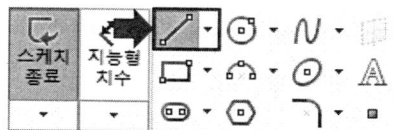

❹ 원점을 클릭하고 수직이 되도록 선을 스케치한다.

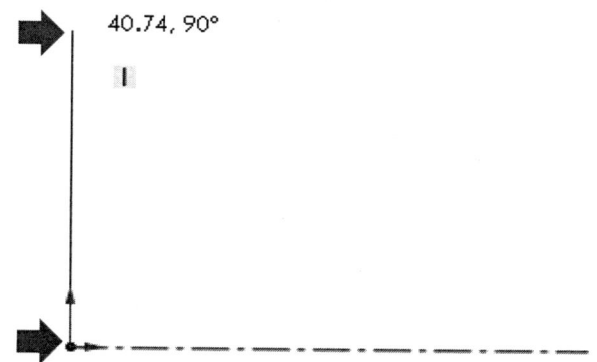

❺ 수직선의 끝점을 클릭하고 수평이 되도록 선을 스케치한다.

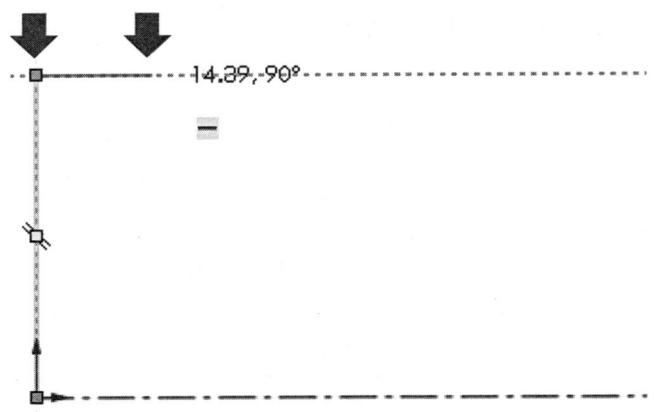

❻ 같은 방법으로 도면을 참고하여 스케치를 진행한다.

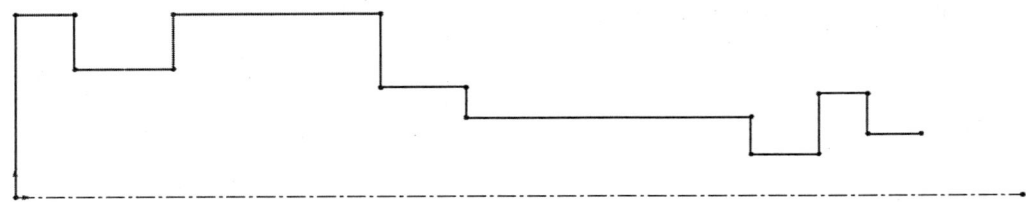

❼ 수평선의 끝점에서부터 대각선이 되도록 선을 스케치한다.

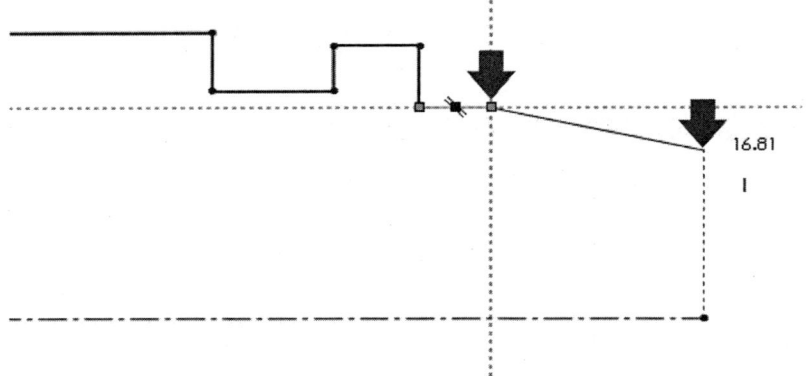

❽ 대각선의 끝점에서부터 중심선의 끝점을 클릭한다.

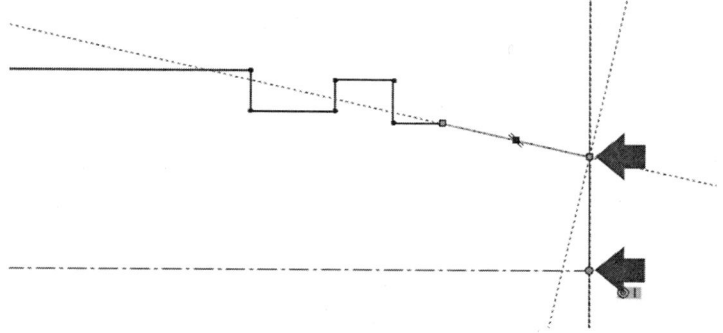

❾ 상단 커맨드 매니저에서 [지능형 치수]를 클릭한다.

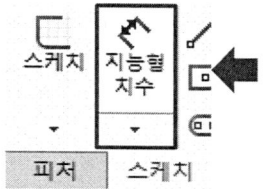

❿ 화살표가 가리키는 수직선을 클릭하여 치수 값 [26]을 입력한다.

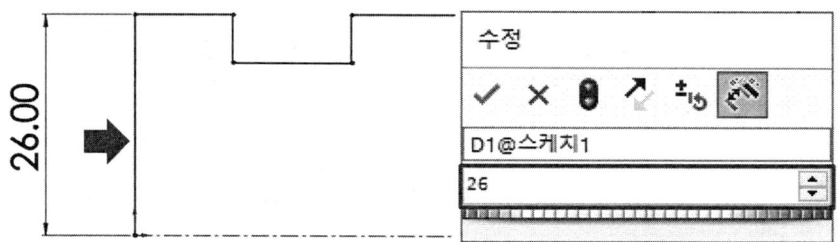

⓫ 화살표가 가리키는 수평선을 클릭하여 치수 값 [8]을 입력한다.

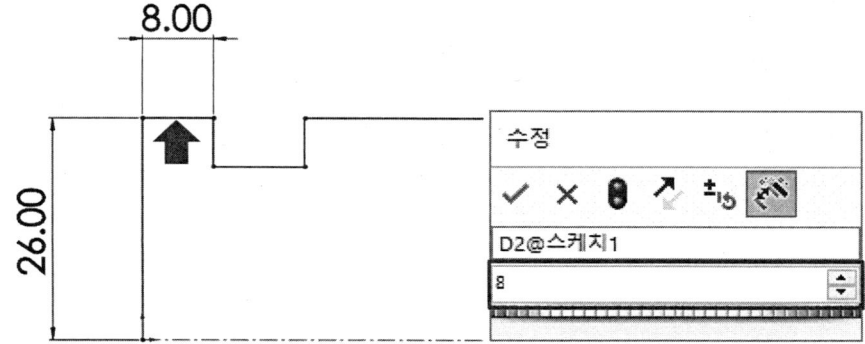

⑫ 같은 방법으로 치수를 아래 그림과 같이 입력한다.

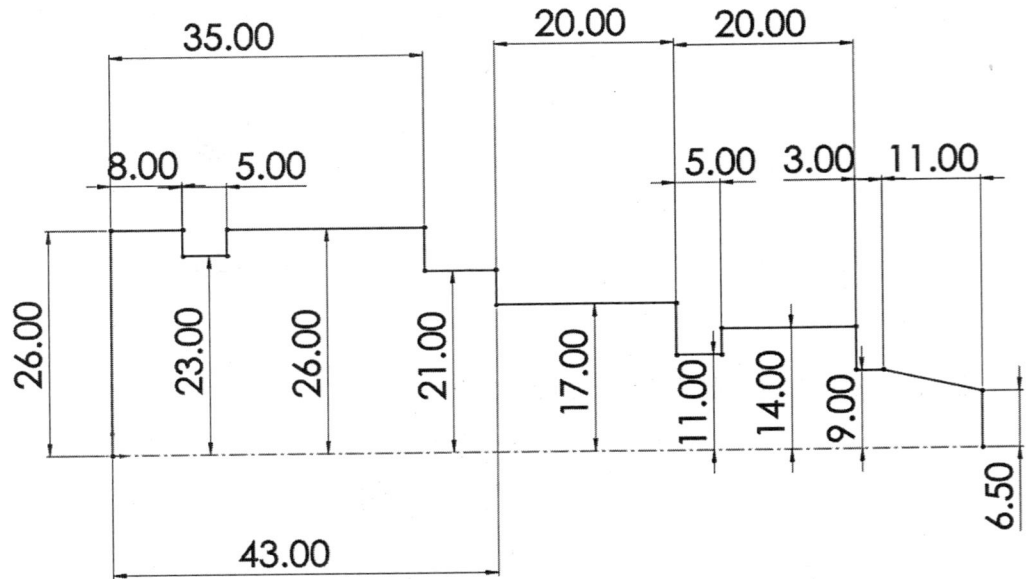

⑬ [커맨드 매니저 → 스케치 탭 → 3점호 → 3점호]를 클릭한다.

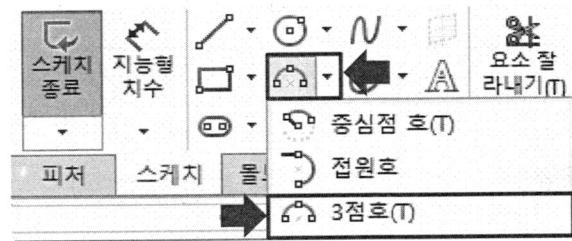

⑭ 아래 그림과 같은 위치의 3점호를 스케치 한다.

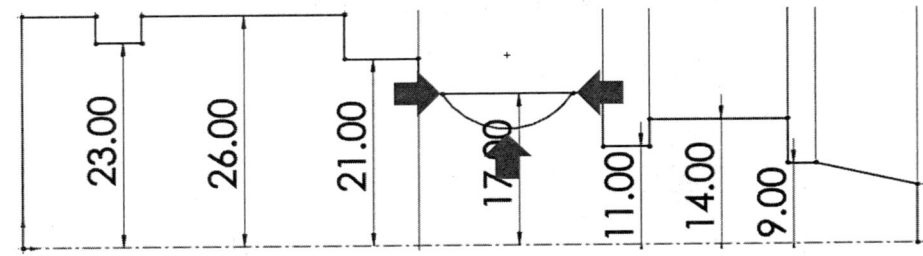

⑮ 상단 커맨드 매니저에서 [지능형 치수]를 클릭한다.

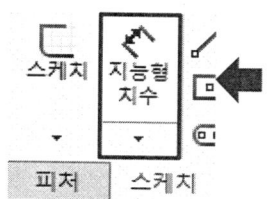

⑯ 왼쪽의 선과 3점호의 끝점을 클릭하고 거리값 [5]를 입력한다.

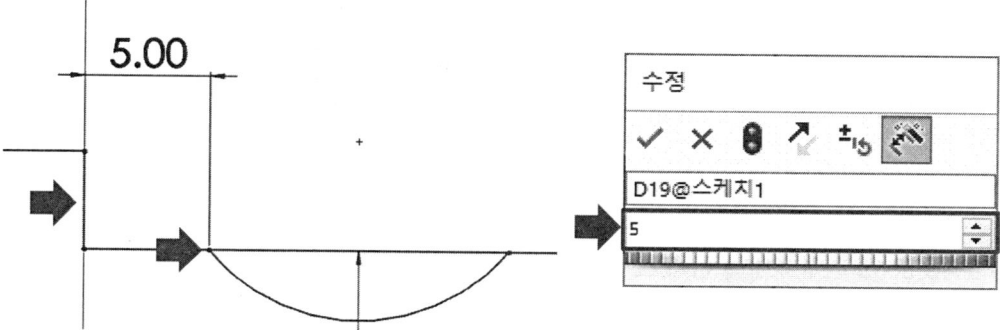

⑰ 오른쪽의 선과 3점호의 끝점을 클릭하고 거리값 [5]를 입력한다.

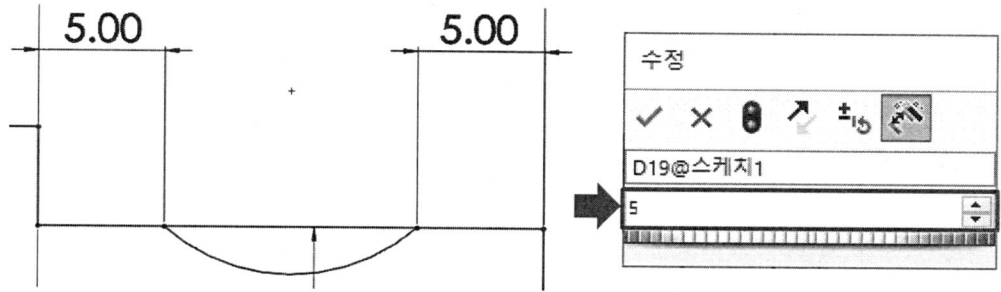

⑱ 원호를 클릭하고 반지름값 [30]을 입력한다.

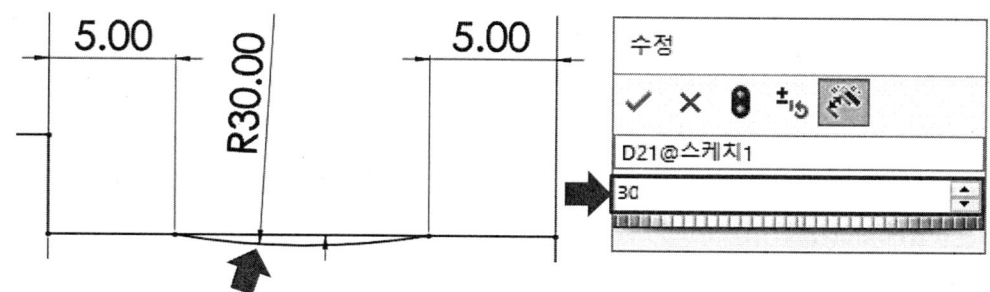

⑲ [커맨드 매니저 → 스케치 탭 → 요소 잘라내기]를 클릭한다.

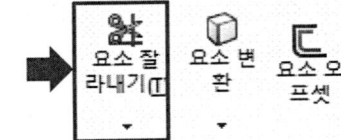

⑳ 요소 잘라내기를 사용하여 불필요한 선을 잘라낸다.

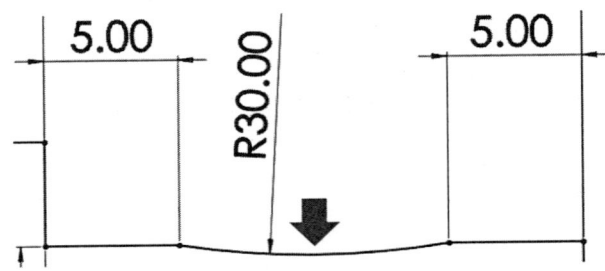

(3) 회전 보스/베이스

❶ [커맨드 매니저 → 피처 탭 → 회전 보스/베이스]를 클릭한다.

❷ 다음 그림과 같이 미리 보기가 나타나면 확인을 클릭한다.

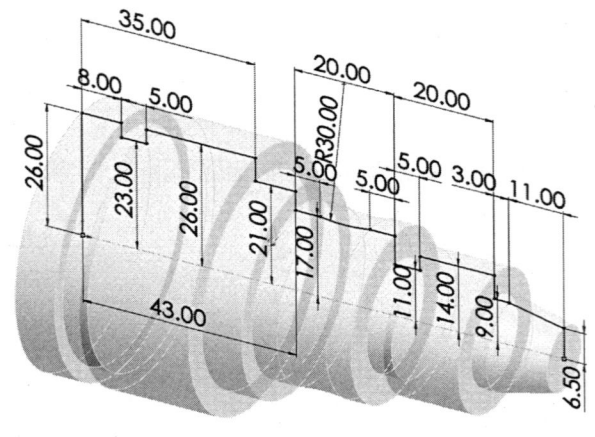

(4) 모따기

❶ [커맨드 매니저 → 피처 탭 → 필렛 → 모따기]를 클릭한다.

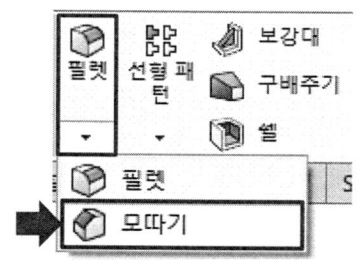

❷ 모따기 값 [2]를 입력하고, 화살표가 가리키는 모델링 모서리를 클릭한 후 확인을 클릭한다.

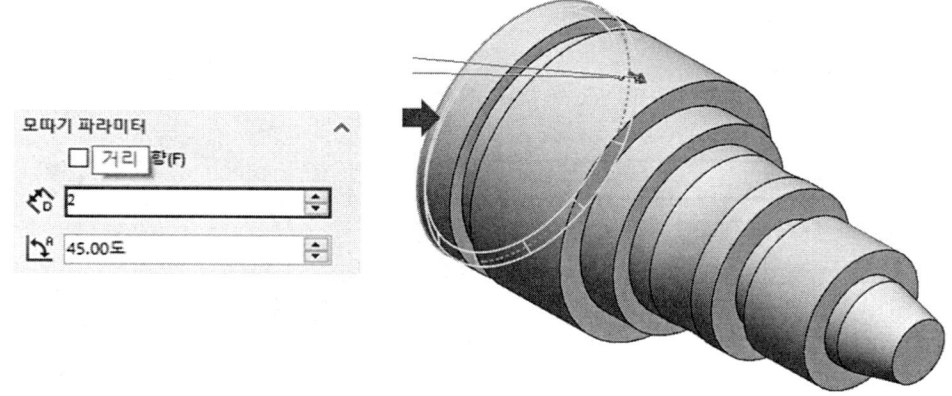

❸ 다시 모따기로 이동하여 모따기 값 [1]를 입력하고, 화살표가 가리키는 모서리를 클릭한 후 확인을 클릭한다.

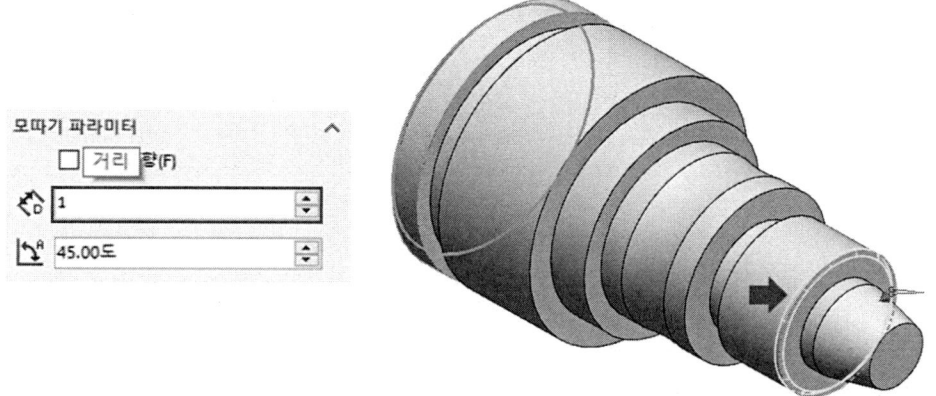

(5) 필렛

❶ [커맨드 매니저 → 피처 탭 → 필렛]을 클릭한다.

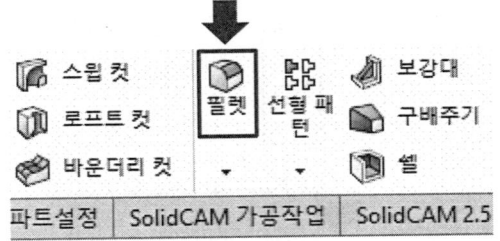

❷ 필렛 값 [1]를 입력하고, 화살표가 가리키는 모델링 모서리를 클릭한 후 확인을 클릭한다.

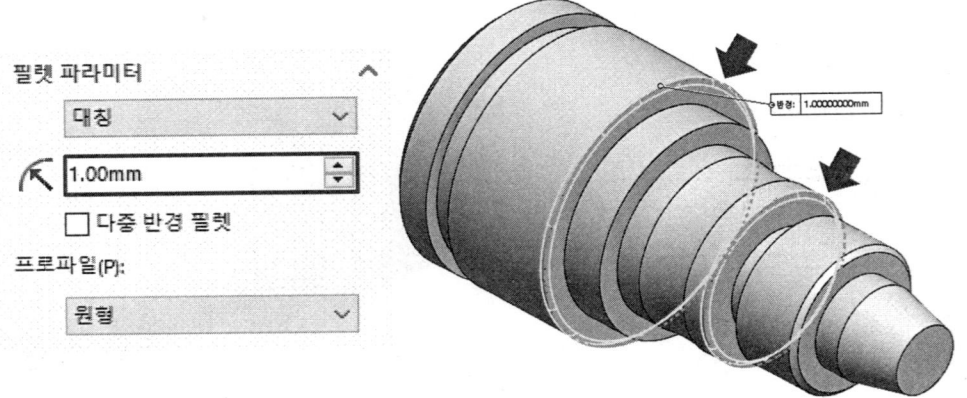

(6) 확인 저장

❶ 완료된 형상을 확인한 후 [주메뉴 바 → 파일 → 다른 이름으로 저장]을 선택하여 저장한다.

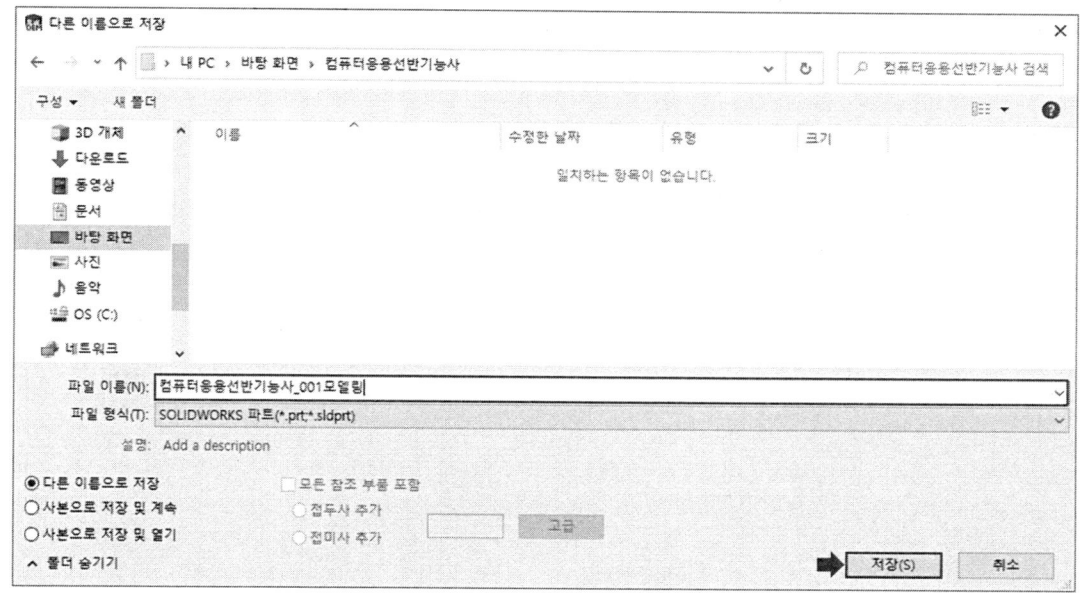

③ CAM

(1) SolidCAM 원점, 소재 정의

❶ [주메뉴 바 → 열기]를 통해 파일을 불러온다.

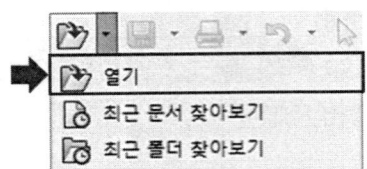

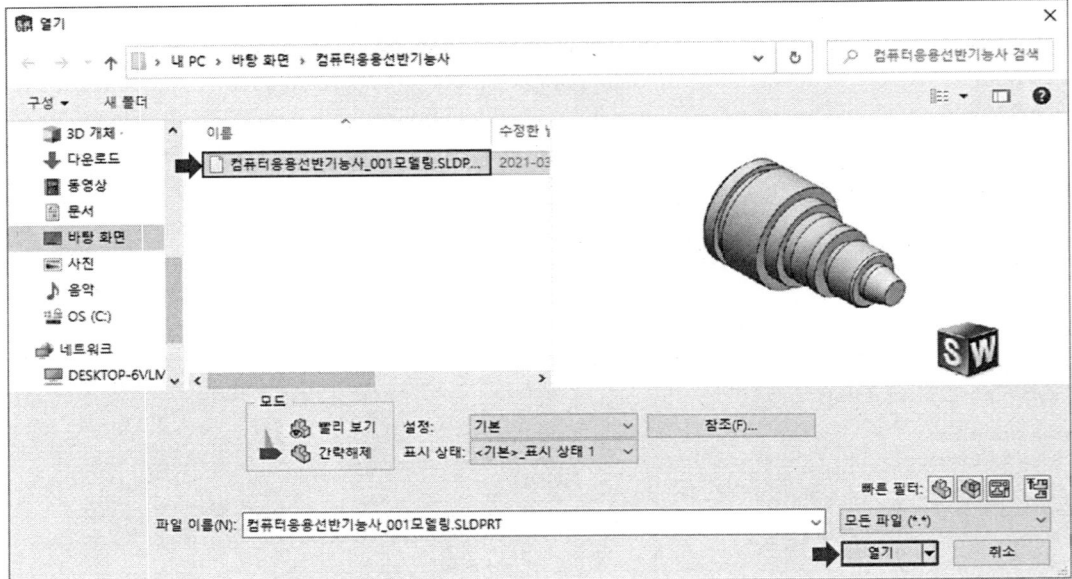

Tip 이미 모델링 파일이 열려있다면 해당 과정은 생략한다.

❷ [커맨드 매니저 → SolidCAM 파트 설정 탭 → 신규 → 터닝]을 클릭한다.

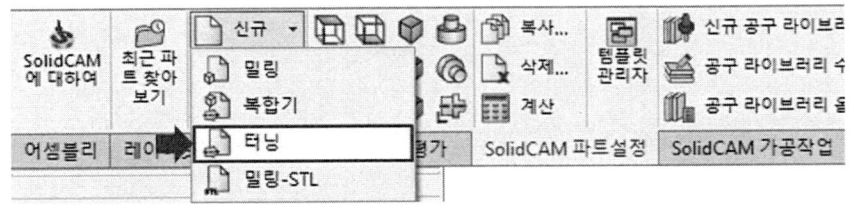

❸ [솔리드캠의 파일로 저장 → 단위 → 미터]를 선택하고 확인을 클릭한다.

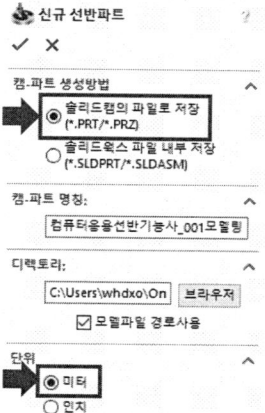

❹ [CNC-컨트롤러 → OKUMALL]을 선택한 후 [정의 → 원점]을 클릭한다.

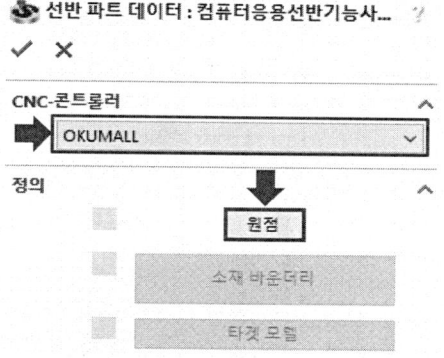

❺ [좌측 대화상자 → 평면원점 → 회전면의 중심 → 모델링 회전면]을 클릭하고 원점이 나타나면 [확인]을 클릭한다.

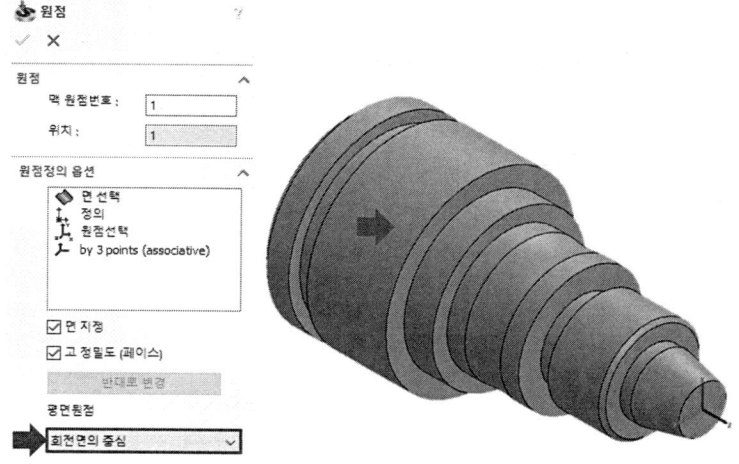

❻ 솔리드캠 관리자에서 [선반 파트 데이터] 창에서 [소재 바운더리]를 클릭한다.

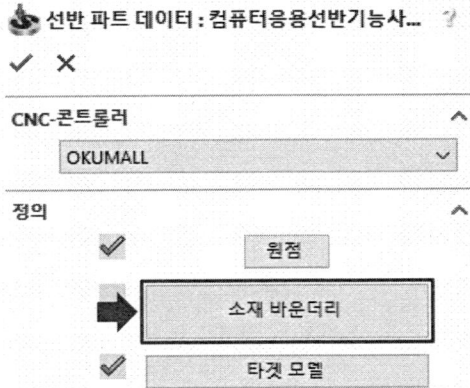

❼ 모델링을 클릭하여 형상을 정의하고 [옵셋 → 우측 및 외측 : 1]을 입력한 후 확인을 클릭하여 소재를 정의한다.

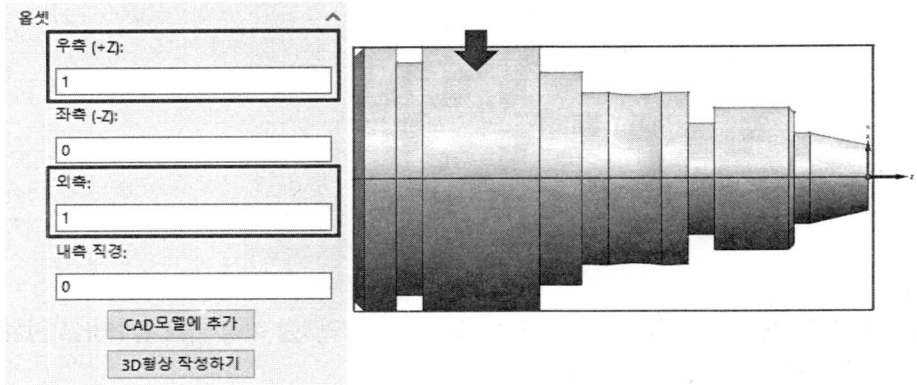

❽ 원점, 소재, 타겟의 정의가 모두 완료되면 [확인] 버튼을 클릭하여 파트 정의를 마친다.

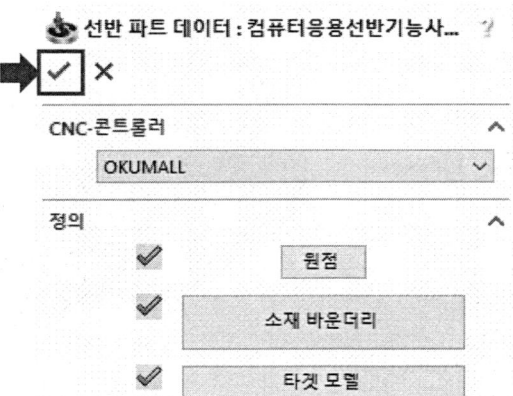

❾ [Setup 우클릭 → 편집 → Table_Pos1]을 클릭하고 [Z : 80]으로 입력한다.

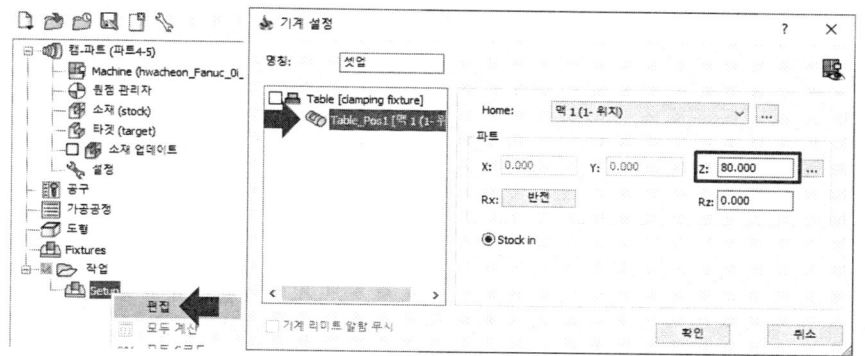

(2) 황삭 가공

❶ [커맨드 매니저 → SolidCAM 선반 탭 → 터닝]을 클릭한다.

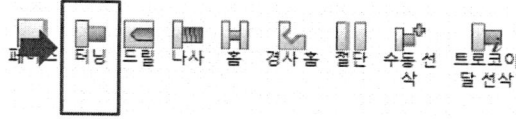

❷ [지오메트리 → 솔리드 → 신규]를 클릭한다.

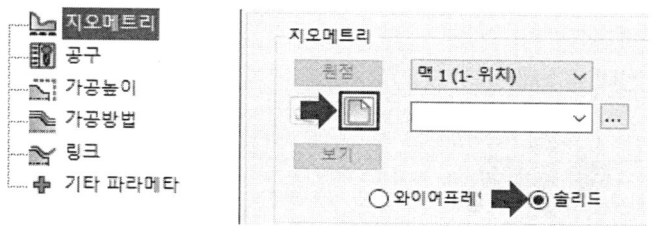

❸ 가공이 시작되는 면과 끝나는 면을 클릭하고 [수락] 버튼을 클릭하여 체인을 생성한다.

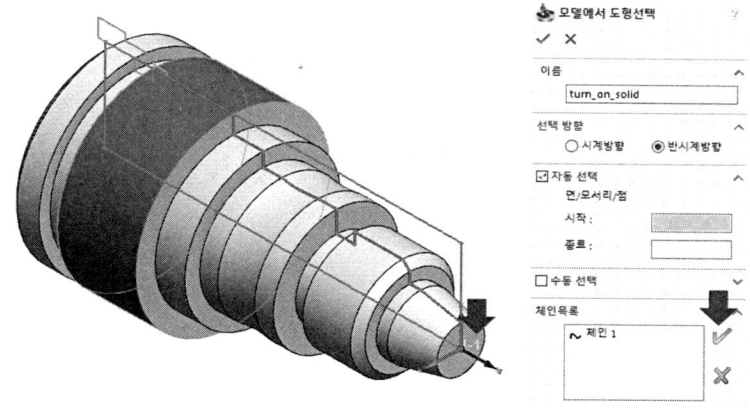

❹ [지오메트리 수정 → 체인시작점 연장/축소 → 거리값 : 3]을 입력하고 [체인 끝점 연장/축소 : 거리값 : -10]을 입력한 뒤 확인을 클릭한다.

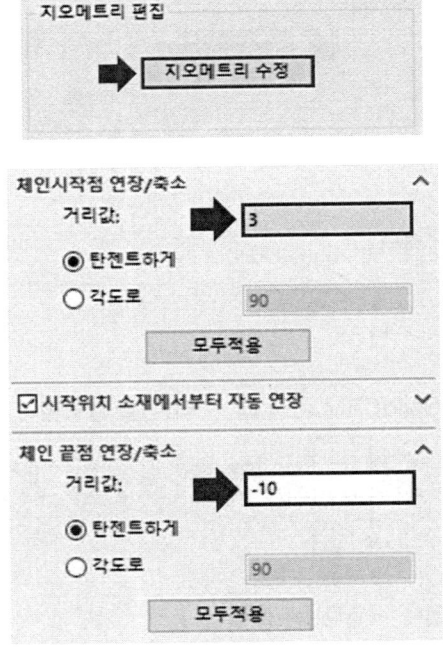

❺ [공구 → 선택]을 클릭한다.

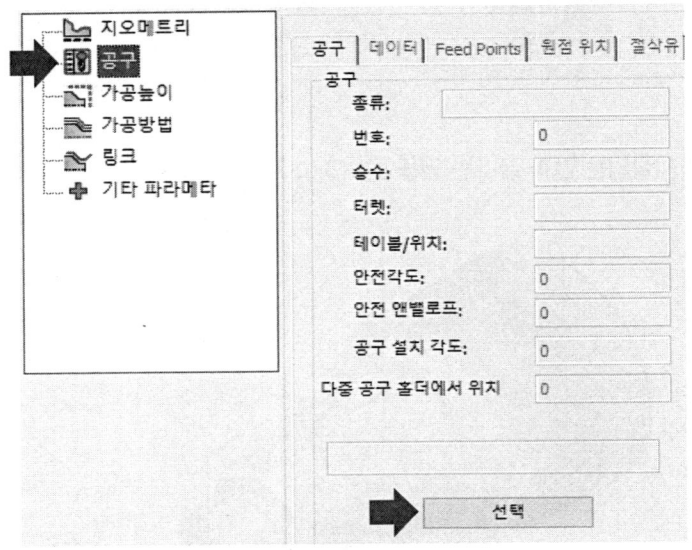

❻ [선반 공구 추가 → Ext. Turning]을 선택한다.

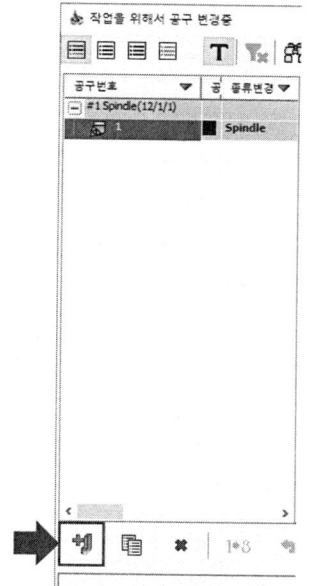
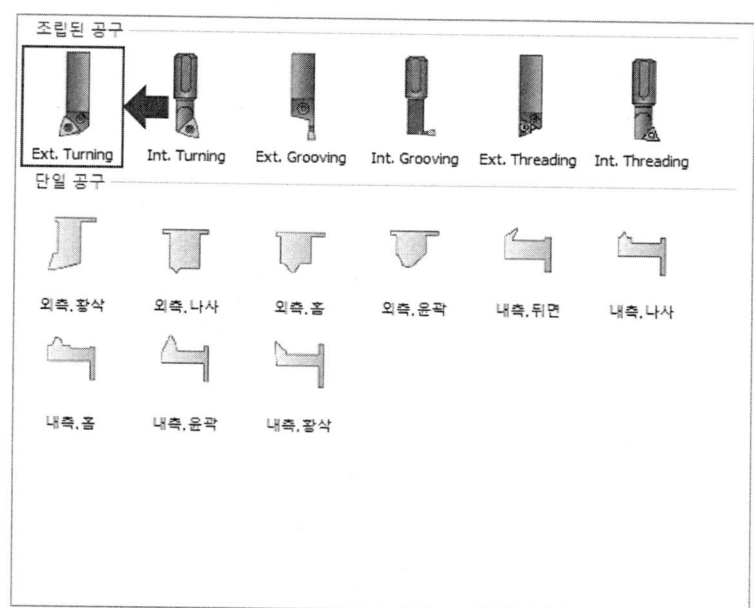

❼ 공구 데이터를 클릭하고 [일반, 정삭피드 : 0.2 → 일반, 정삭 회전 : 180 → 최대회전수 : 2000]을 입력한다.

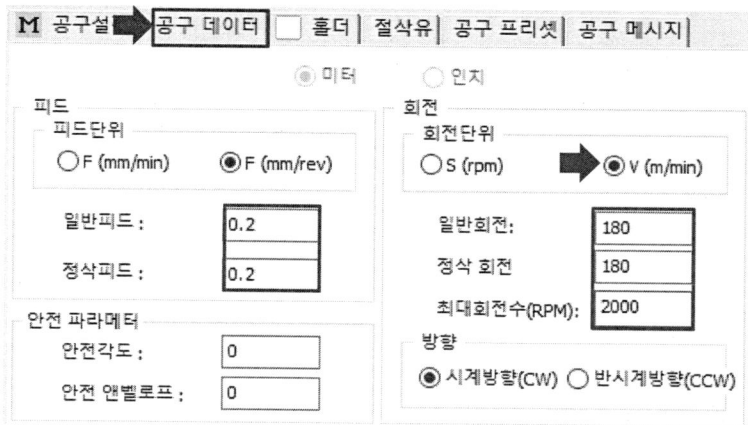

❽ [마운팅위치>>]를 클릭한다.

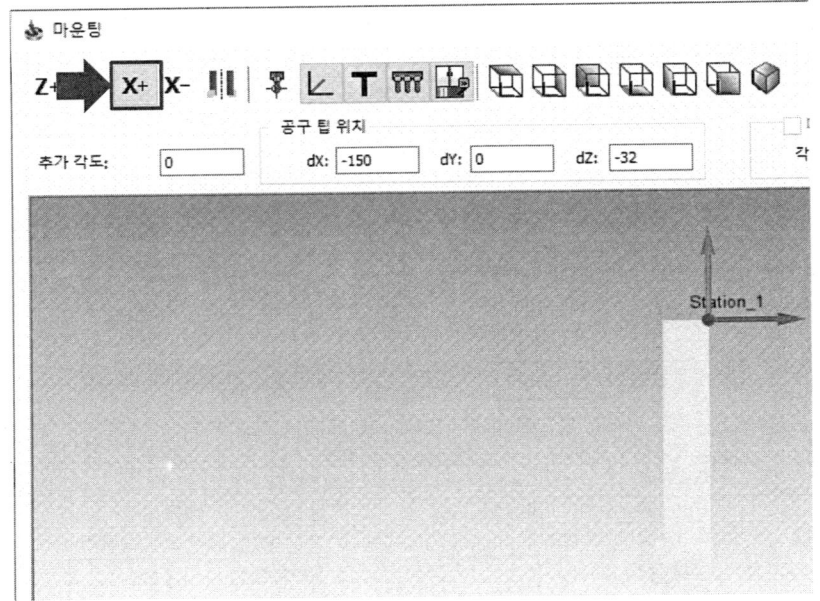

❾ [X+]를 클릭하여 공구 형상이 X축에 수직이 되도록 하고 확인을 클릭한다.

❿ [가공방법 → 작업종류 → 황삭]을 클릭한다.

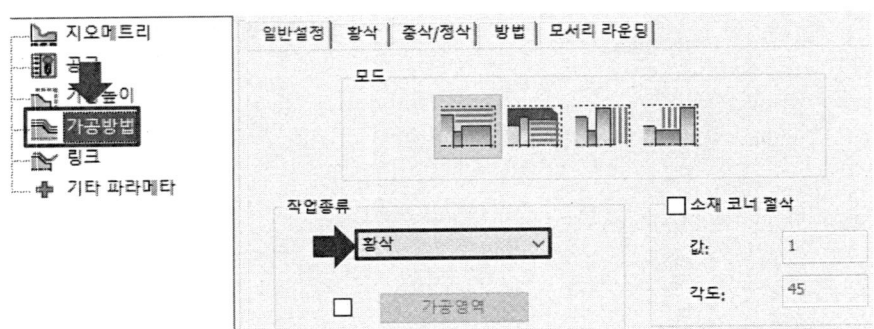

⑪ [가공 방법 → 황삭 → 황삭 옵셋 → ZX]을 클릭하고 다음과 같이 설정한다.

   ▸ 퇴피거리 : 0.5   ▸ X거리 : 0.2   ▸ Z : 0.2

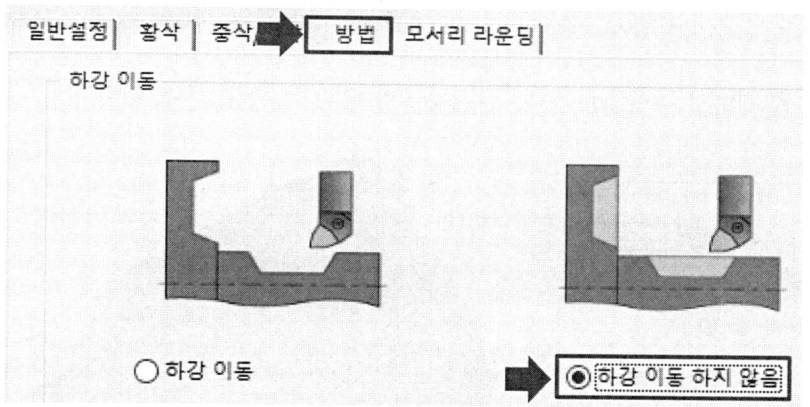

⑫ [방법 → 하강 이동 하지 않음]을 클릭한다.

⑬ [저장&계산] 버튼을 클릭하여 공구경로를 생성한다.

(3) 황삭 시뮬레이션 실행

❶ [시뮬레이션] 버튼을 클릭한다.

❷ [시뮬레이션 → 선반가공 → 실행]을 클릭한다.

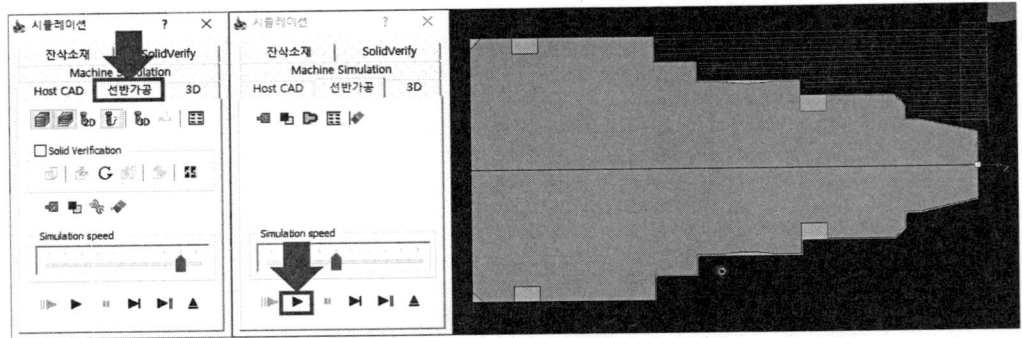

❸ [시뮬레이션 → SolidVerify → 실행]을 클릭하여 시뮬레이션을 확인한다.

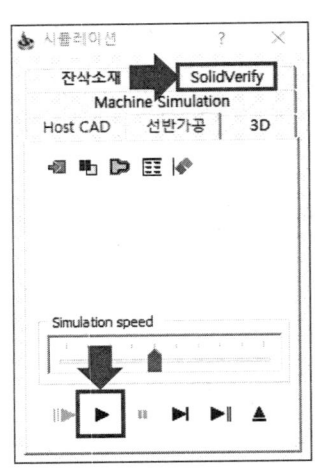
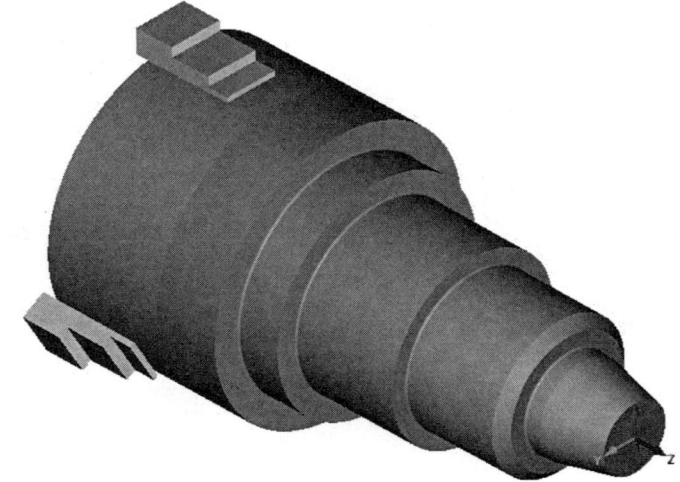

(4) 정삭 작업

❶ [황삭 작업 우클릭 → 복사 → 붙여넣기]를 클릭한다.

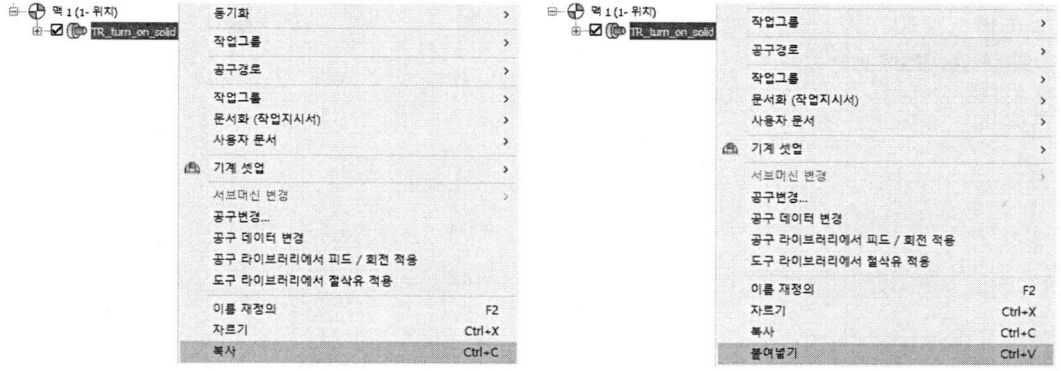

❷ 복사된 작업을 더블클릭한다.

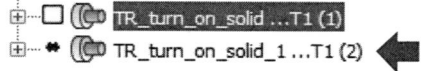

❸ [공구 → 선택]을 클릭한다.

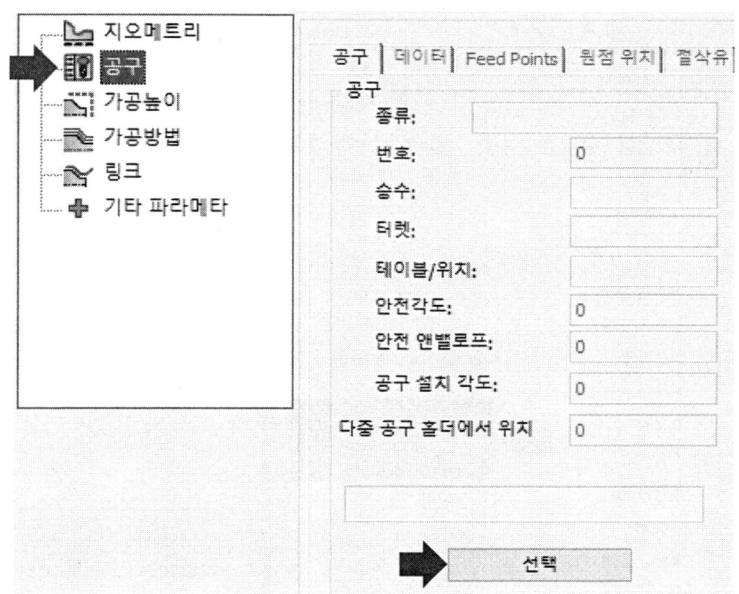

❹ [선반 공구 추가 → Ext. Turning]을 선택한다.

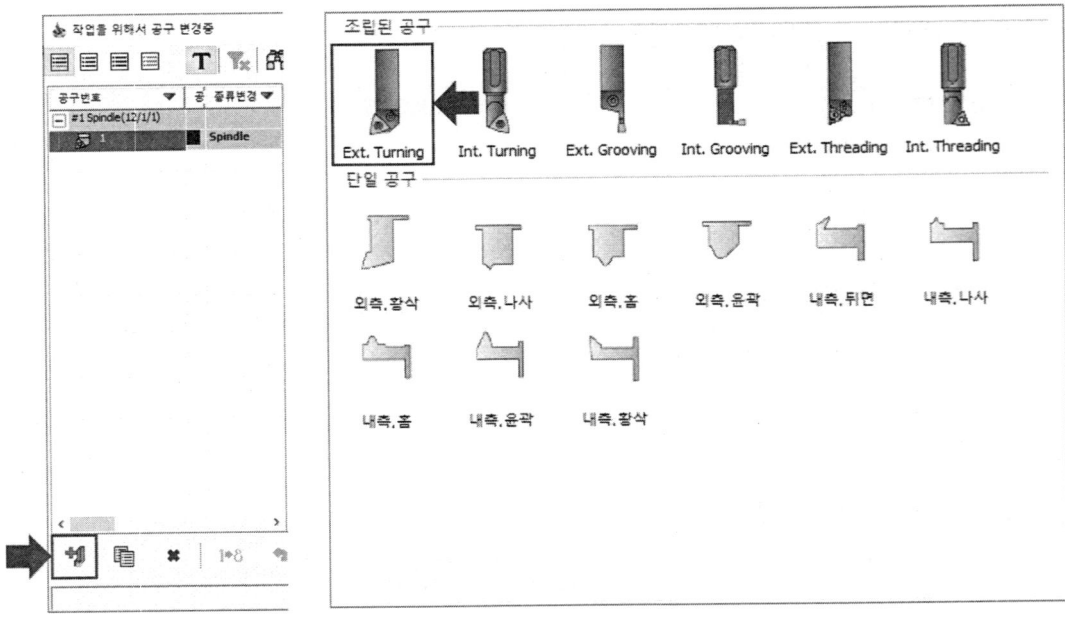

❺ [번호 : 3 → 공구설정 → 인서트 형상 → D(55deg)]를 클릭한다.

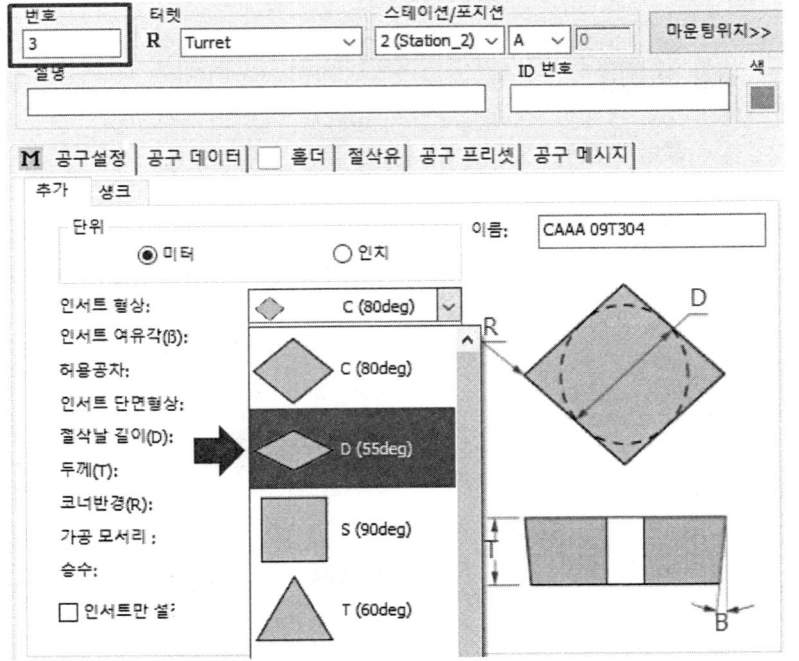

❻ [공구 데이터 → 일반, 정삭피드 : 0.3 → 회전단위 → V (m/min) → 일반, 정삭 회전 : 200 → 최대회전수 : 2000]을 그림과 같이 값을 입력한다.

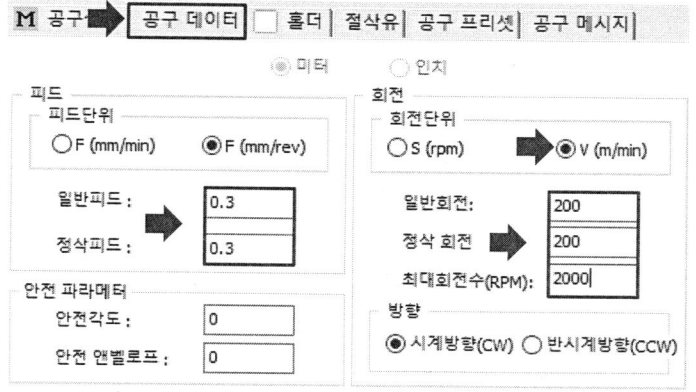

❼ [마운팅위치>>]를 클릭한다.

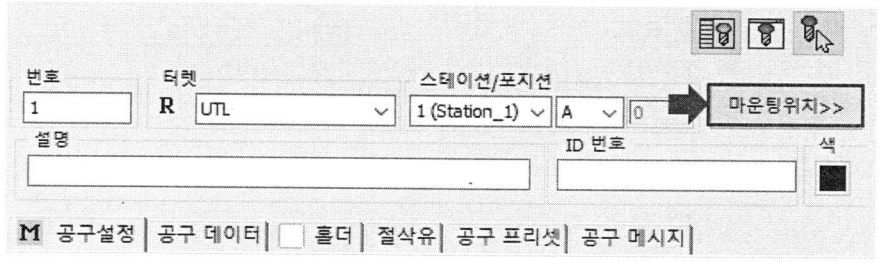

❽ [X+]를 클릭하여 공구 형상이 X축에 수직이 되도록 하고 확인을 클릭한다.

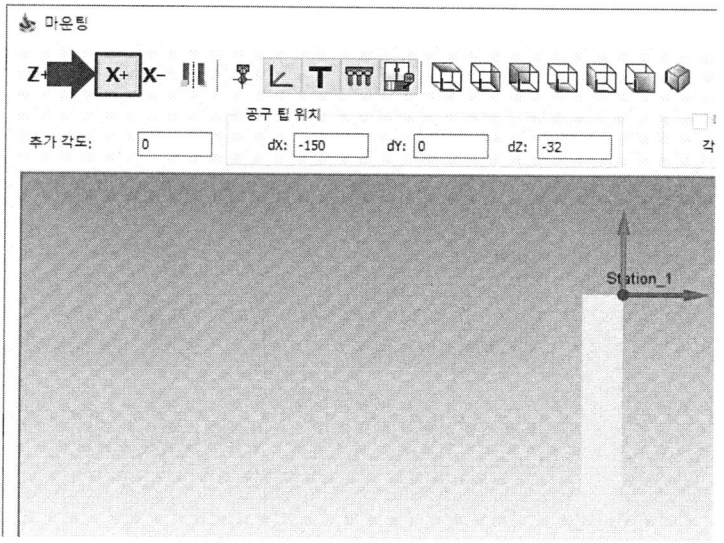

❾ [가공방법 → 작업종류 → 윤곽]을 클릭한다.

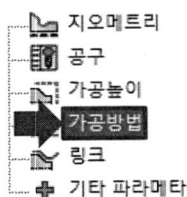
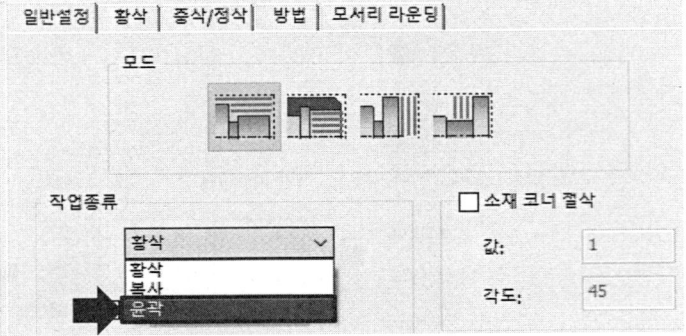

❿ [중삭/정삭 → 정삭 → ISO-선반가공방법 → 정삭 방법 → 전체 도형]을 선택한다.

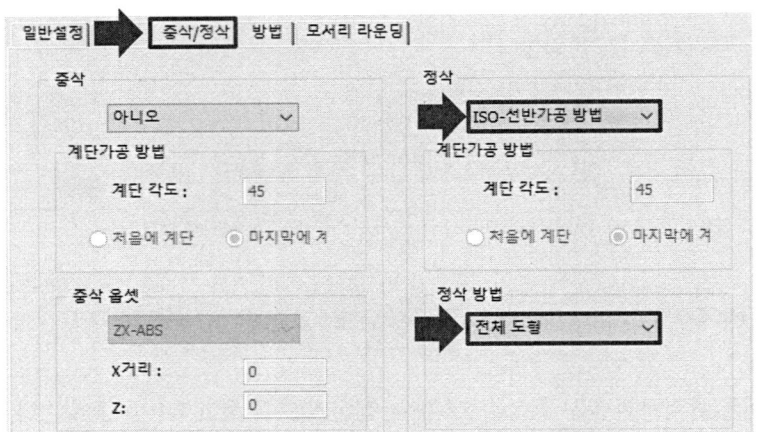

⓫ [방법 → 하강 이동 하지 않음]을 클릭한다.

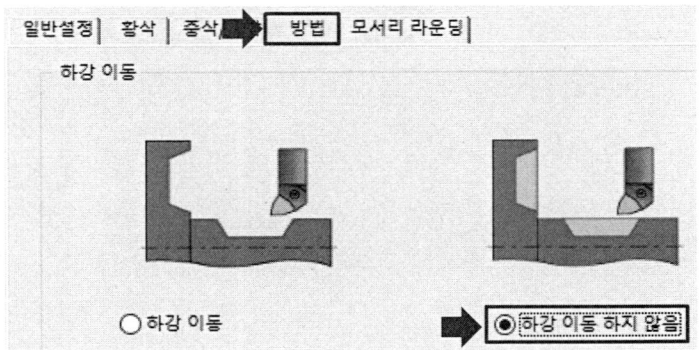

❿ [저장&계산] 버튼을 클릭하여 공구경로를 생성한다.

(5) 정삭 가공 시뮬레이션 실행

❶ [시뮬레이션] 버튼을 클릭한다.

❷ [시뮬레이션 → 선반가공 → 실행]을 클릭한다.

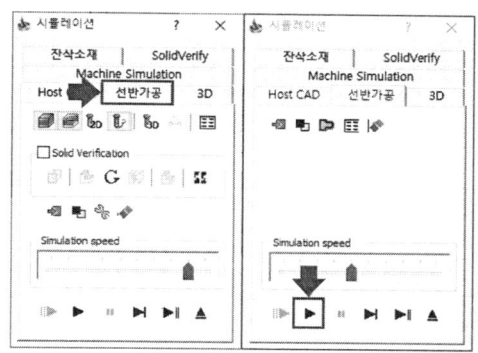
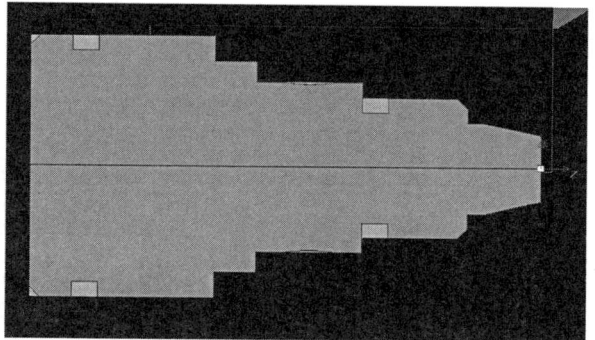

❸ [시뮬레이션 → SolidVerify → 실행]을 클릭하여 시뮬레이션을 확인한다.

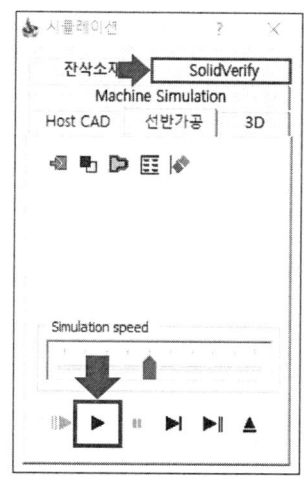
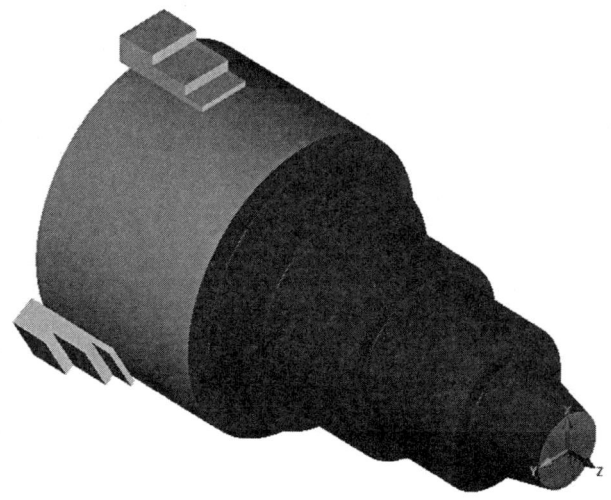

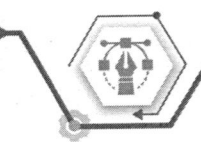

(6) 윤곽 라운딩 작업

❶ [정삭 작업 우클릭 → 복사 → 붙여넣기]를 클릭한다.

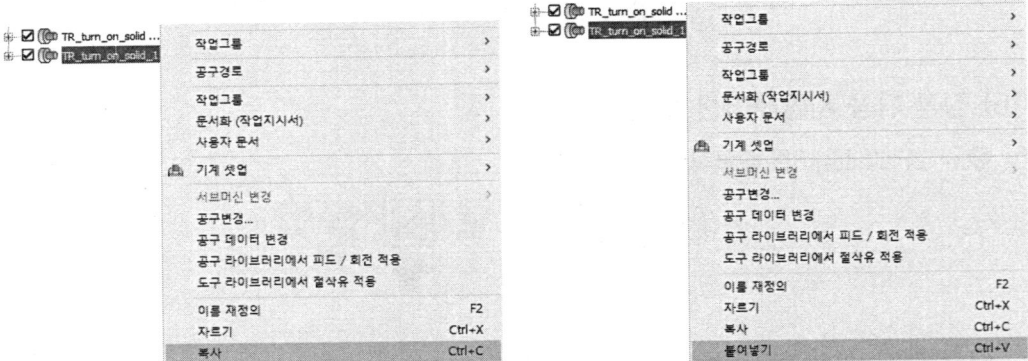

❷ 복사된 작업을 더블클릭한다.

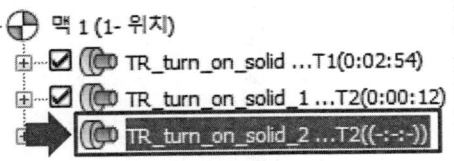

❸ [지오메트리 → 와이어프레임 → 신규]를 클릭한다.

 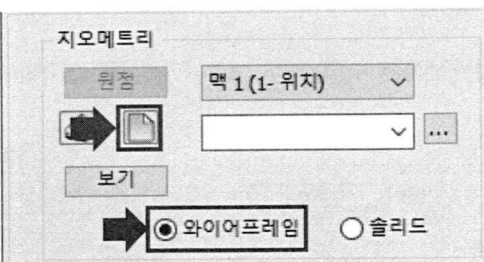

❹ 화살표가 향하는 선을 클릭하여 체인을 생성하고 확인을 클릭한다.

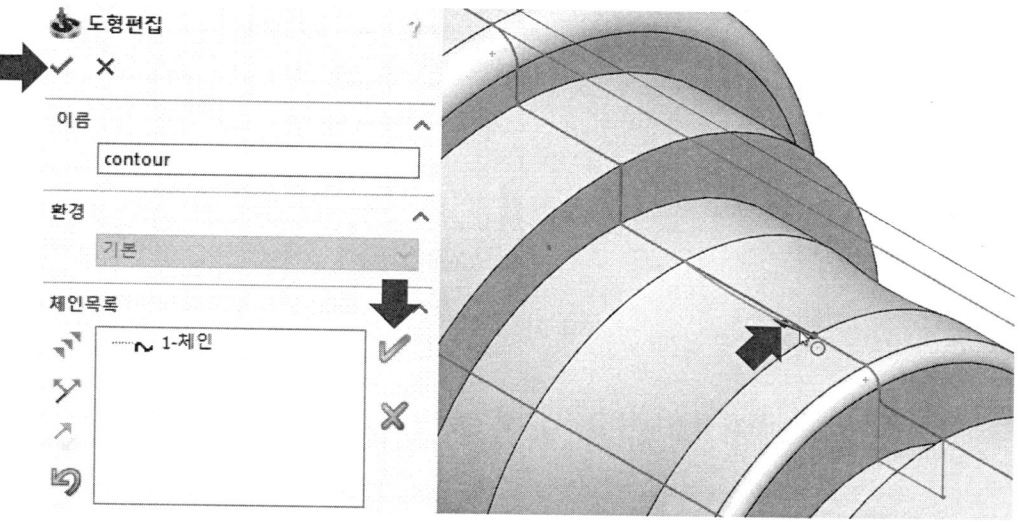

❺ [지오메트리 수정 → 체인시작점 연장/축소 → 거리값 : 3]을 입력하고 [체인 끝점 연장/축소 : 거리값 2]를 입력한 뒤 확인을 클릭한다.

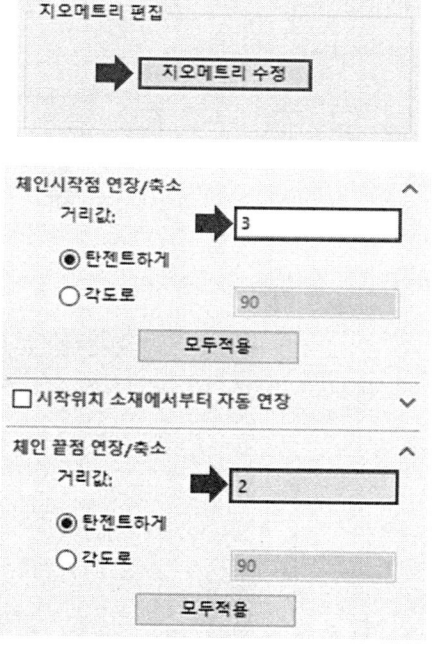

01. 컴퓨터응용선반기능사 따라 하기　359

❻ [가공방법 → 방법 → 하강 이동]을 클릭한다.

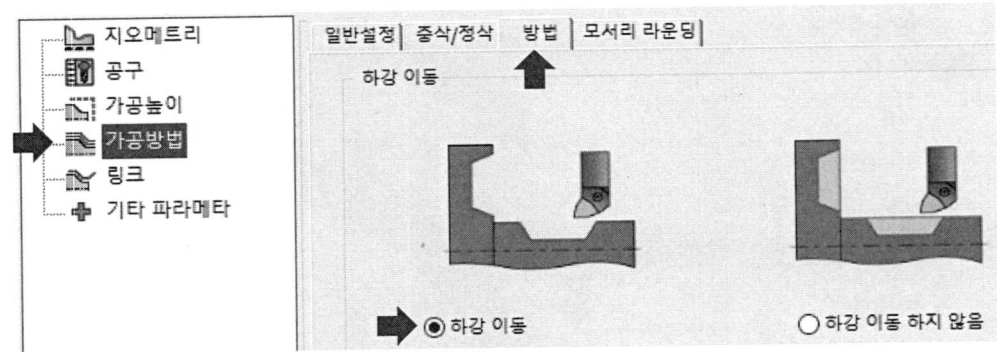

❼ [저장&계산] 버튼을 클릭하여 공구경로를 생성한다.

(7) 윤곽 라운딩 시뮬레이션 실행

❶ [시뮬레이션] 버튼을 클릭한다.

❷ [시뮬레이션 → 선반가공 → 실행]을 클릭한다.

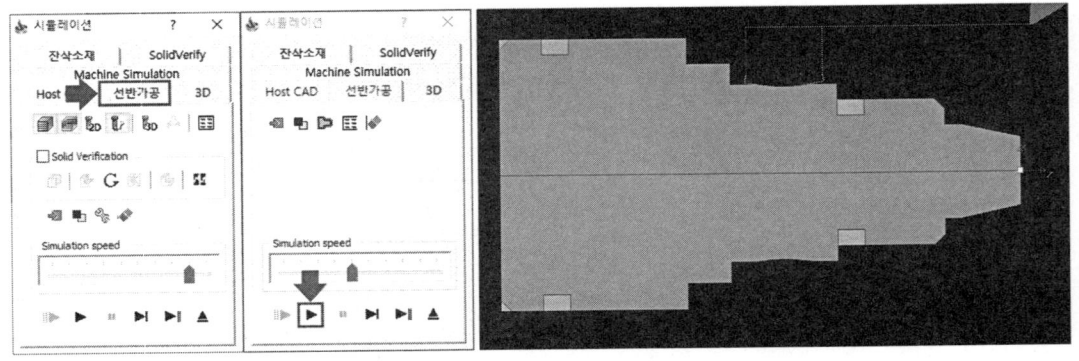

❸ [시뮬레이션 → SolidVerify → 실행]을 클릭하여 시뮬레이션을 확인한다.

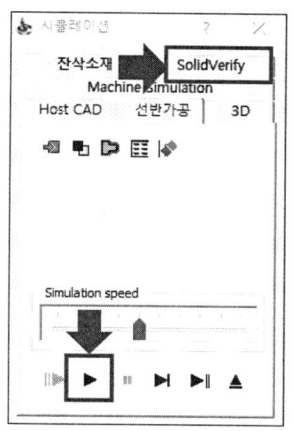
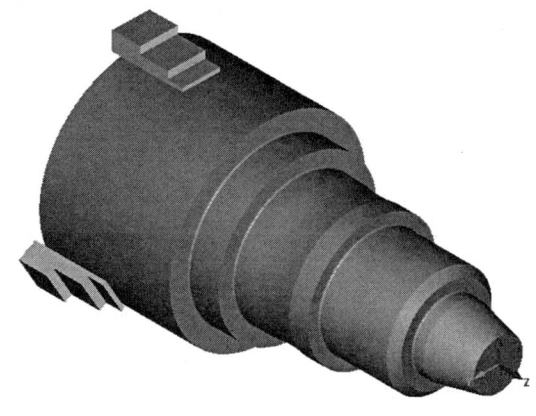

(8) 홈 가공

❶ [커맨드 매니저 → 홈]을 클릭한다.

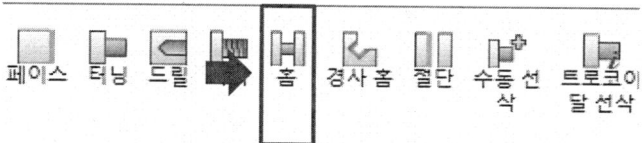

❷ [도형 → 와이어프레임 → 신규]를 클릭한다.

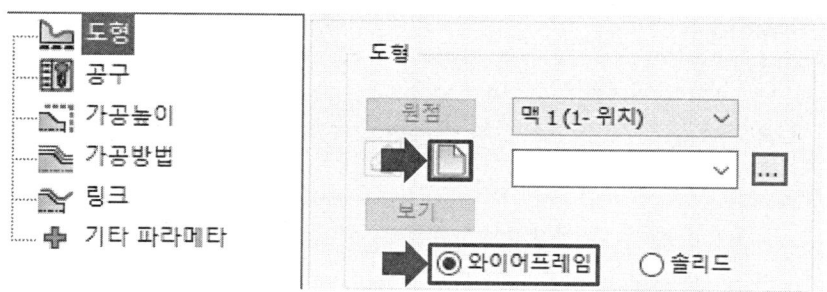

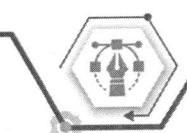

❸ 화살표가 향하는 선을 선택하고 체인을 설정한 후 확인을 클릭한다.

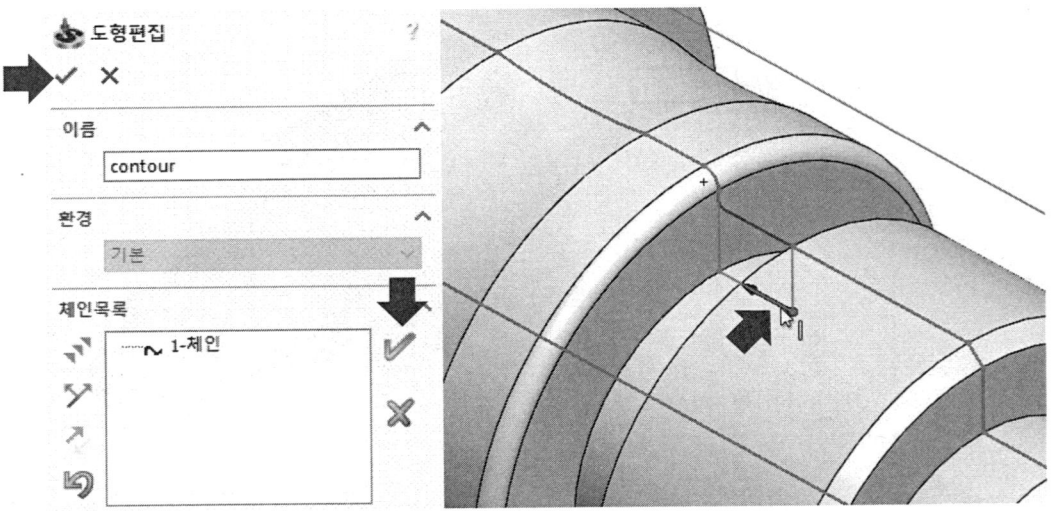

❹ [지오메트리 → 지오메트리 편집 → 지오메트리 수정]을 클릭한다.

❺ [시작위치 소재에서부터 자동 연장 → 체크 해제 → 확인]을 클릭한다.

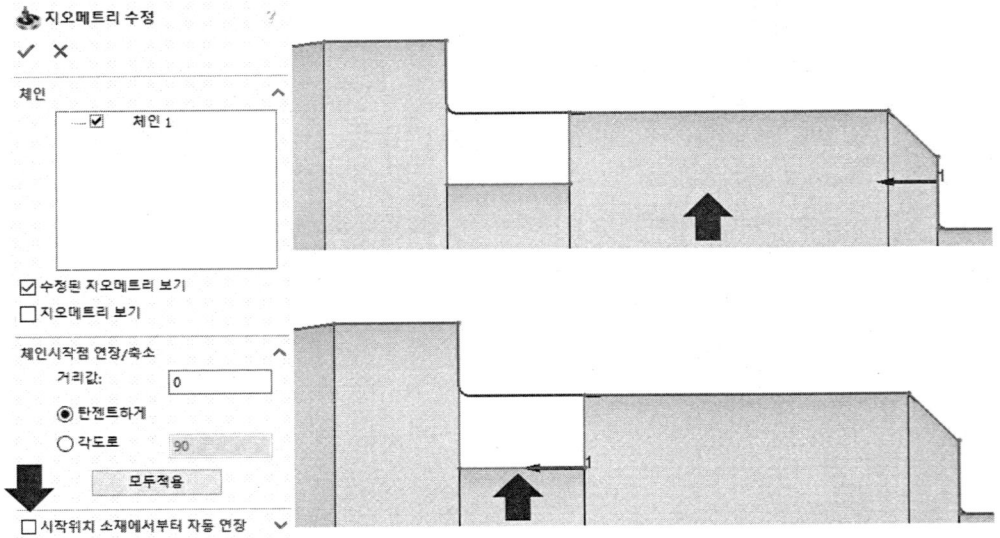

❻ [공구 → 선택]을 클릭한다.

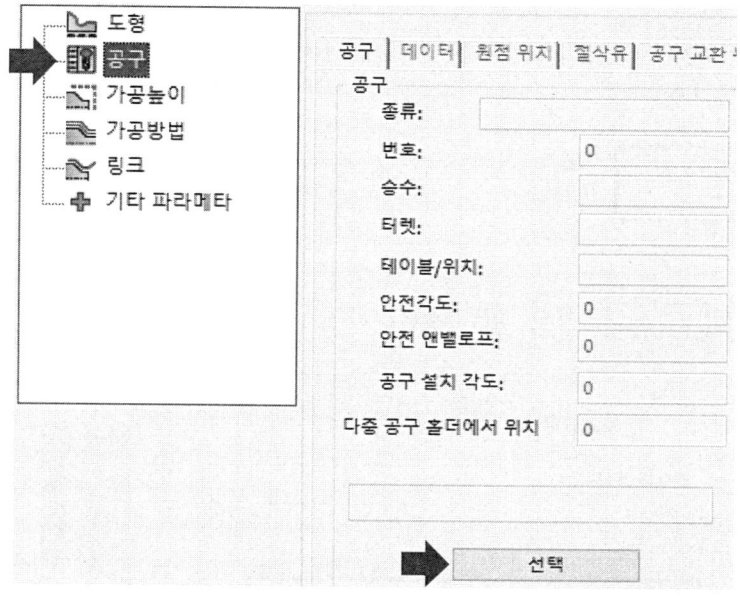

❼ [선반 공구추가 → Ext. Grooving]을 선택하고 확인을 클릭한다.

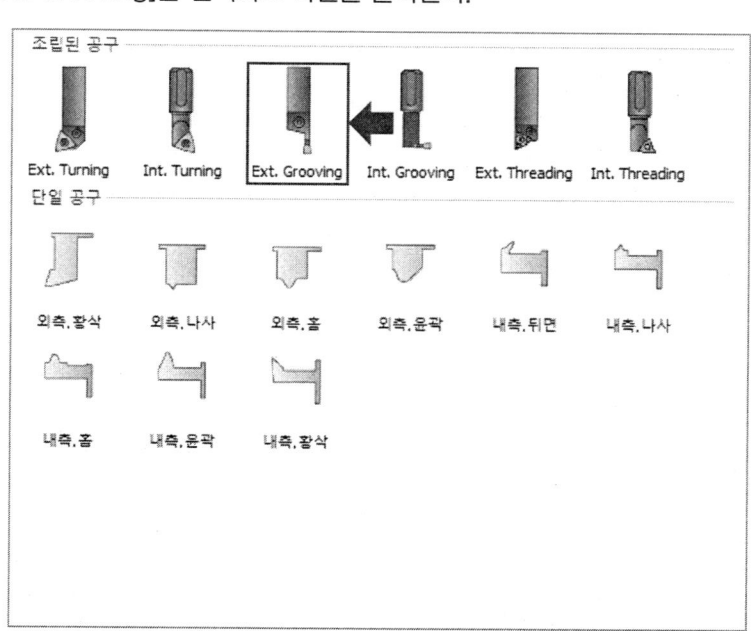

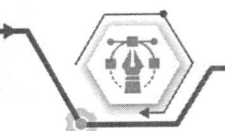

❽ [번호 : 5]를 입력하고 그림과 같이 공구설정값을 설정한다.

- A : 3
- H : 12
- W : 3
- La : 6
- Ra : 0.2
- 코너두께 펙터 : 6

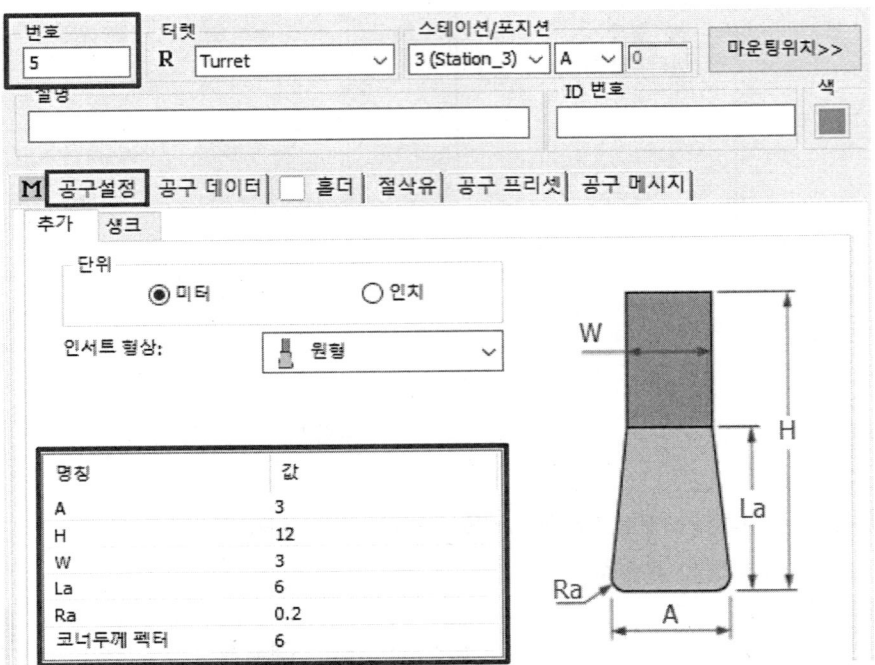

❾ [공구 데이터 → 일반, 정삭피드 : 0.08 → 회전단위 → S(rpm) → 일반, 정삭 회전 : 500 → 최대회전수 : 500]을 입력한다.

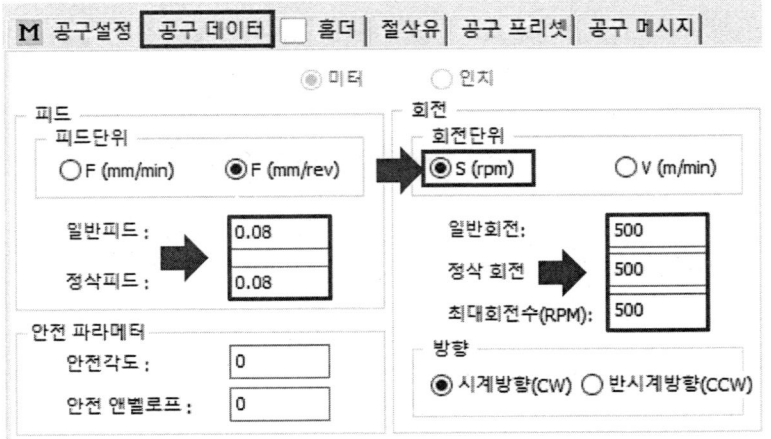

부록 ▶ 컴퓨터응용선반기능사

❿ [마운팅위치>>]를 클릭한다.

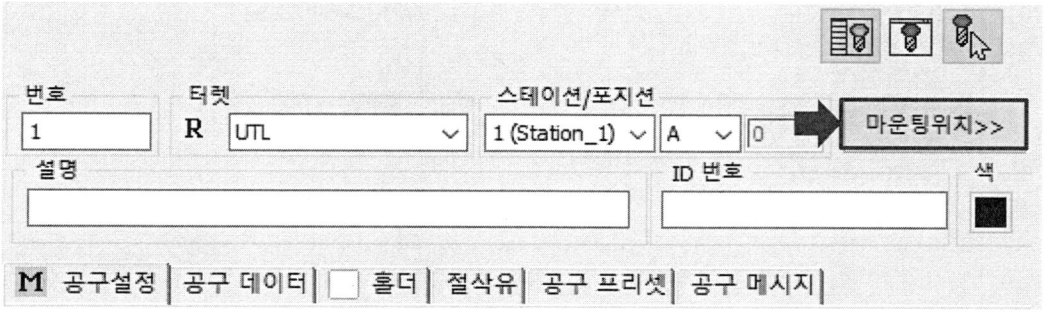

⓫ [X+]를 클릭하여 공구 형상이 X축에 수직이 되도록 하고 확인을 클릭한다.

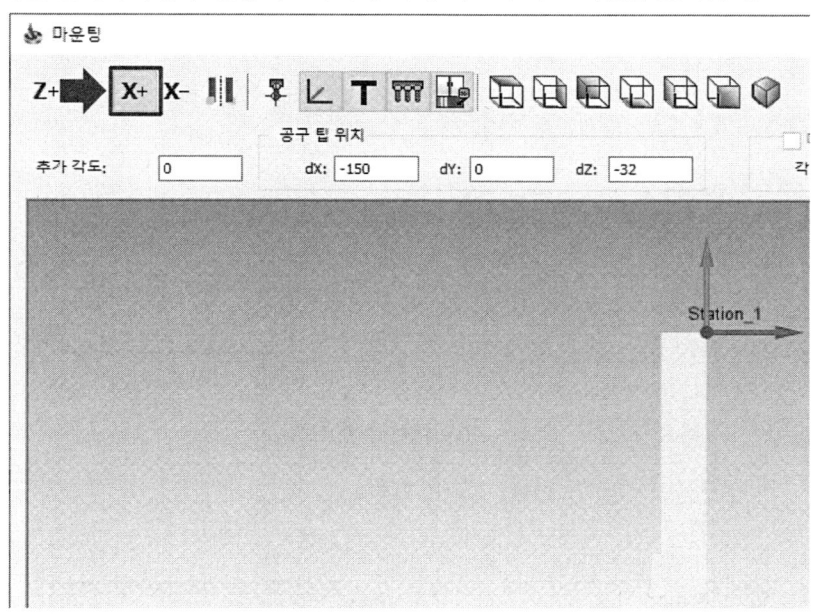

⓬ [가공높이 → 안전거리 : 5]를 입력한다.

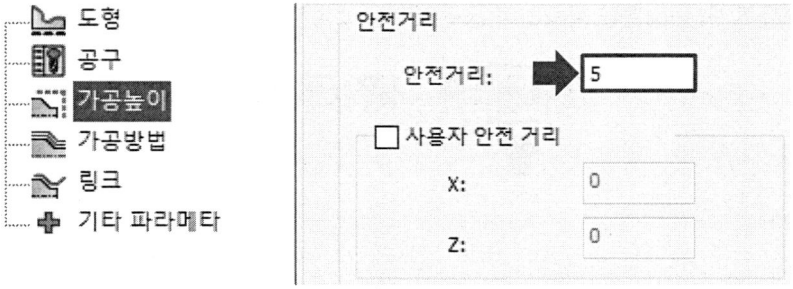

⓭ [가공방법 → 작업종류 : 황삭 → 사이클 사용 : 아니오]를 선택한다.

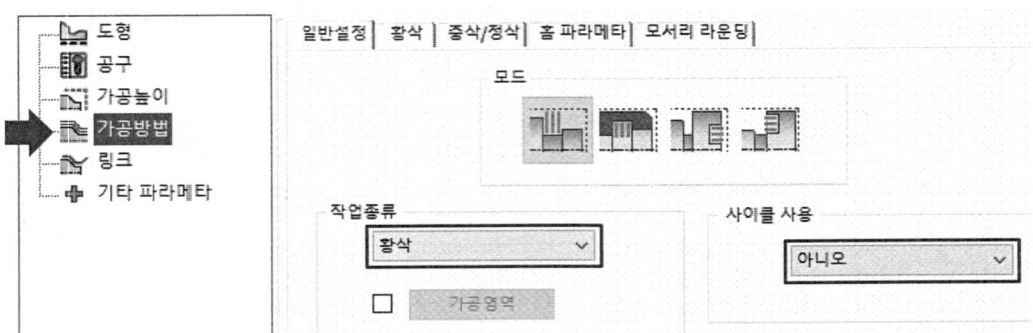

⓮ [가공방법 → 황삭 → 절입량 → 없음 → 황삭 옵셋]을 다음과 같이 입력한다.

▶ x거리 : 0   ▶ z거리 : 0

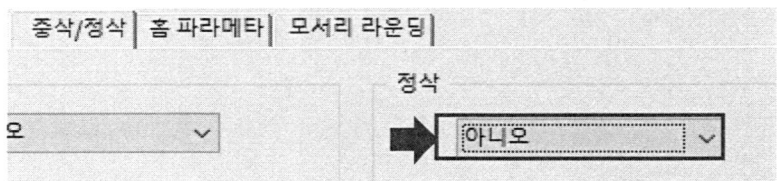

⓯ [가공방법 → 중삭/정삭 → 정삭 → 아니오]을 클릭한다.

⓰ [저장&계산] 버튼을 클릭하여 공구경로를 생성한다.

(9) 홈 가공 시뮬레이션 실행

❶ [시뮬레이션] 버튼을 클릭한다.

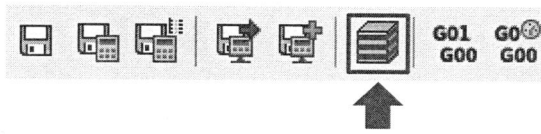

❷ [시뮬레이션 → 선반가공 → 실행]을 클릭한다.

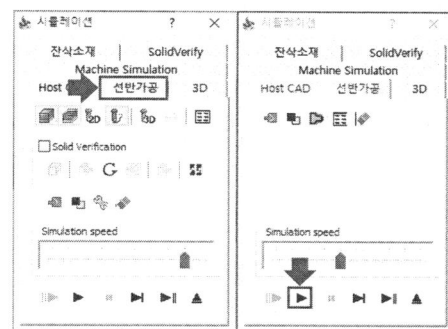 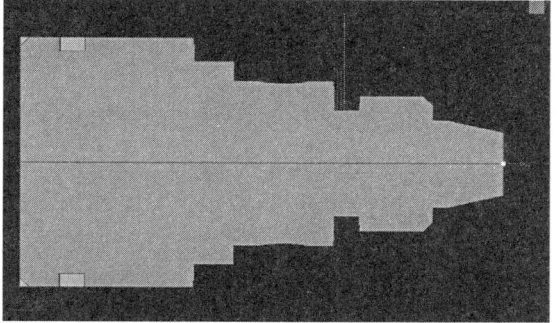

❸ [시뮬레이션 → SolidVerify → 실행]을 클릭하여 시뮬레이션을 확인한다.

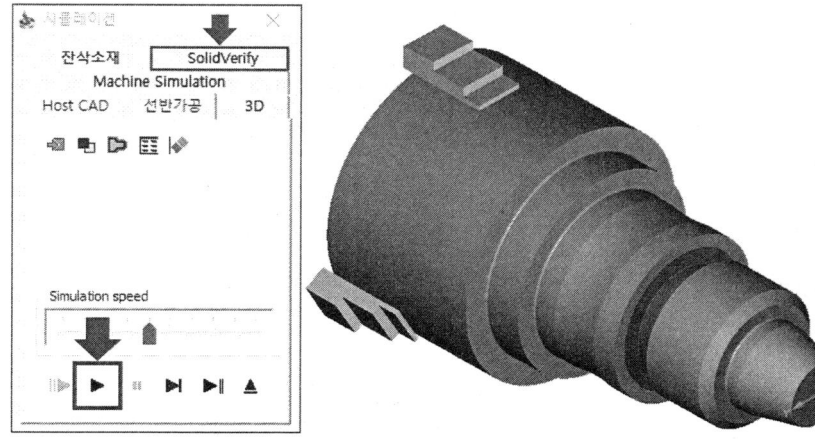

(10) 나사 가공

❶ [커맨드 매니저 → SolidCAM 선반 탭 → 나사 → 와이어프레임 → 신규]를 클릭한다.

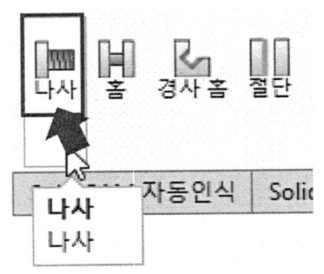 

❷ 그림에서 화살표가 향하는 선을 클릭하고 체인이 생성된 걸 확인 후 확인을 클릭한다.

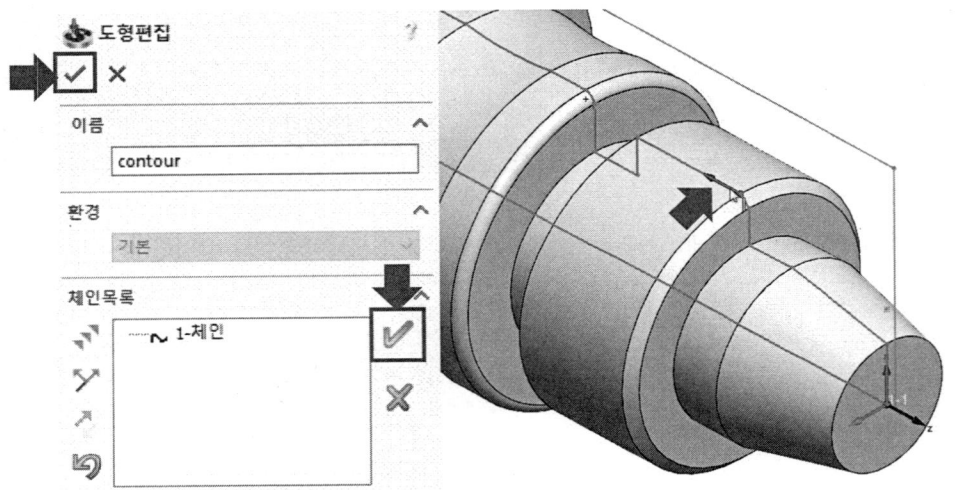

❸ [지오메트리 → 지오메트리 편집 → 지오메트리 수정] 클릭한다.

❹ [체인시작점 연장/축소 → 거리값 5]를 입력하고 [체인 끝점 연장/축소 : 거리값 2]를 입력한 뒤 확인을 클릭한다.

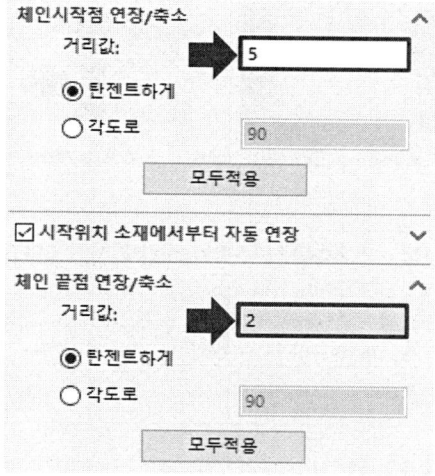

❺ [공구 → 선택]을 클릭한다.

❻ [선반 공구추가 → Ext. Threading]을 선택하고 확인을 클릭한다.

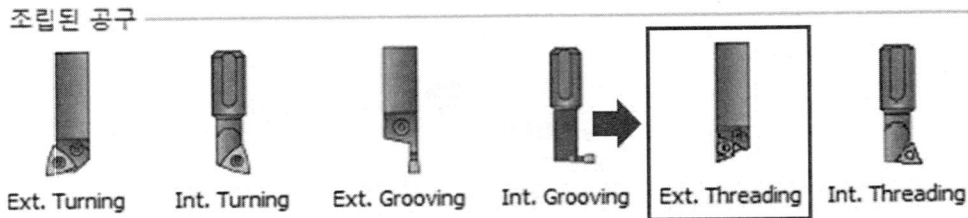

❼ [번호 : 7 → 공구설정 → 나사규격 → Metric(ISO)]를 선택한다.

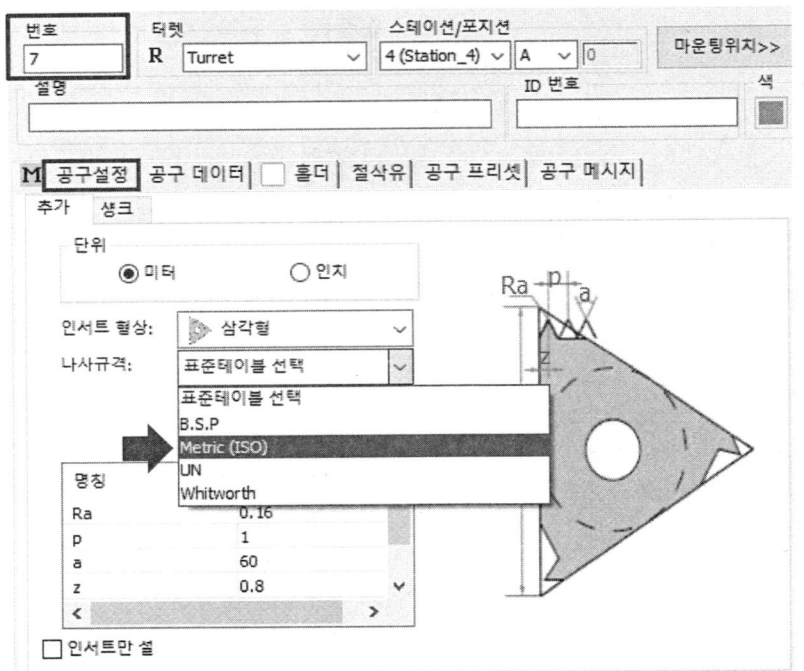

❽ [M28 x 1.5]를 선택하고 [확인]을 클릭한다.

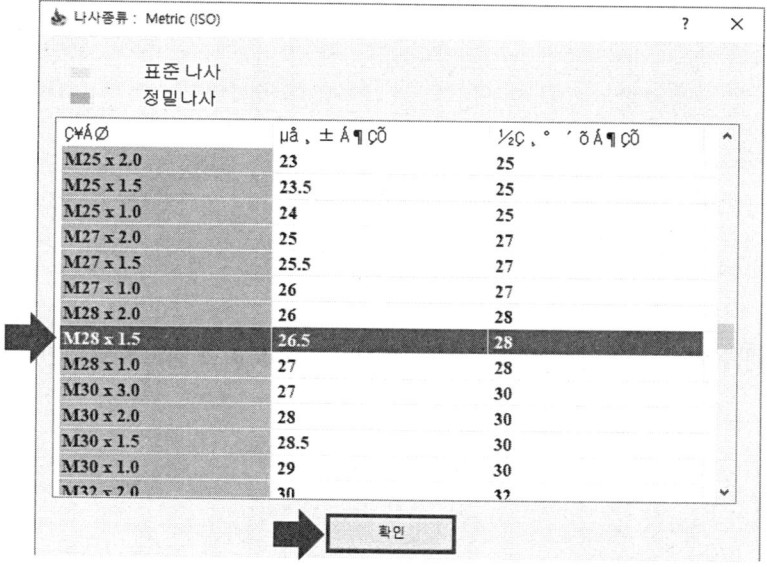

❾ [공구설정 → 공구 데이터 → 일반피드 : 1.5 → S(rpm) → 일반회전 : 500]을 입력한다.

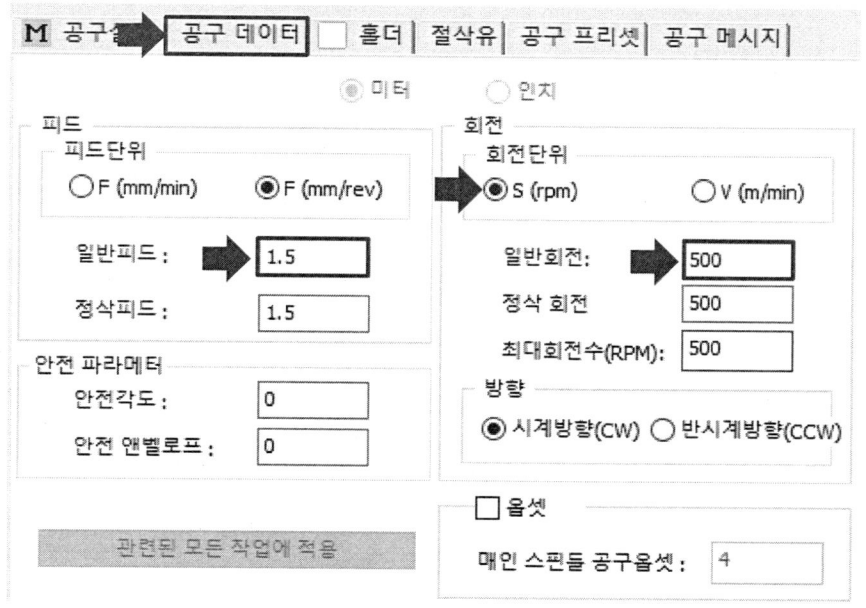

⑩ [마운팅위치>>]를 클릭한다.

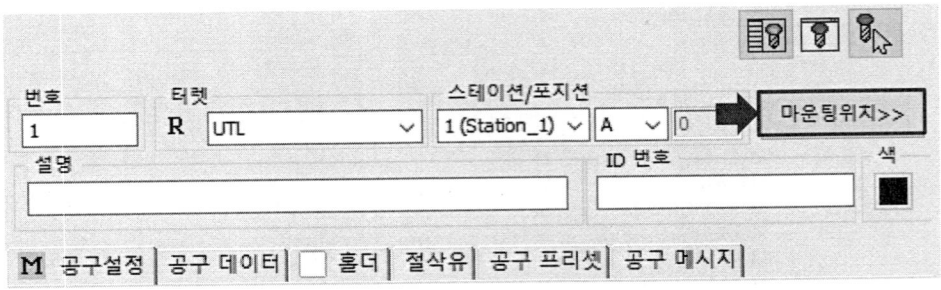

⑪ [X+]를 클릭하여 공구 형상이 X축에 수직이 되도록 하고 확인을 클릭한다.

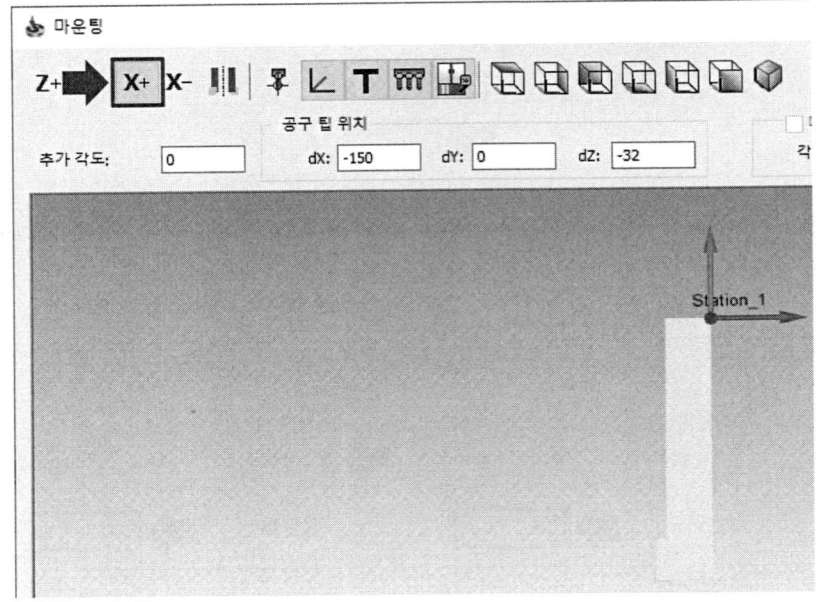

⑫ [가공방법 → 나사 기본 규격 → 테이블 → 표준테이블 선택 → Metric (ISO)]을 클릭한다.

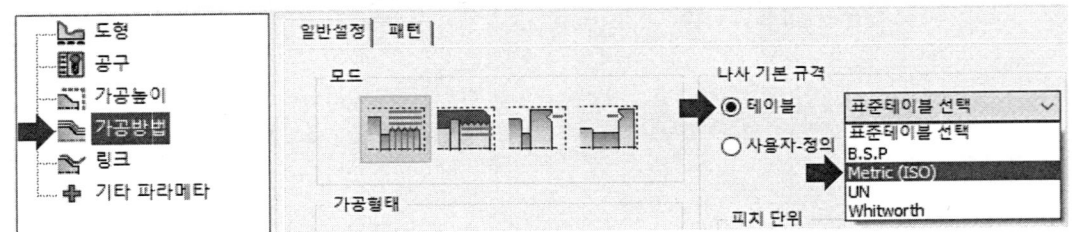

⑬ [M28 x 1.5]를 선택하고 [확인]을 클릭한다.

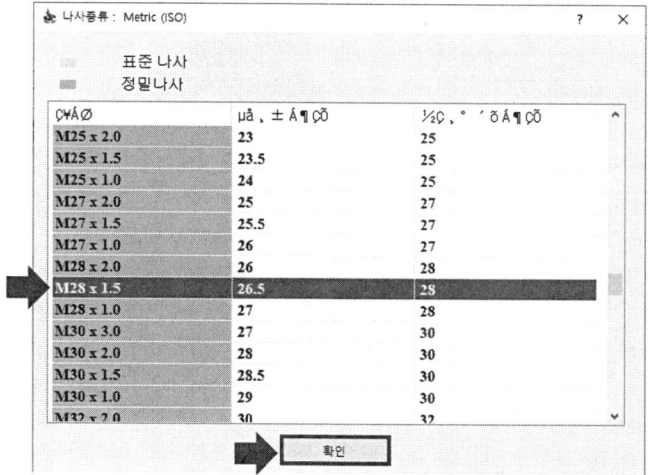

⑭ [저장&계산] 버튼을 클릭하여 공구경로를 생성한다.

(11) 나사 가공 시뮬레이션 실행

❶ [시뮬레이션] 버튼을 클릭한다.

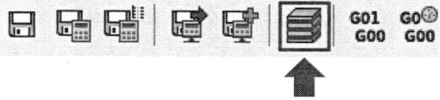

❷ [시뮬레이션 → 선반가공 → 실행]을 클릭한다.

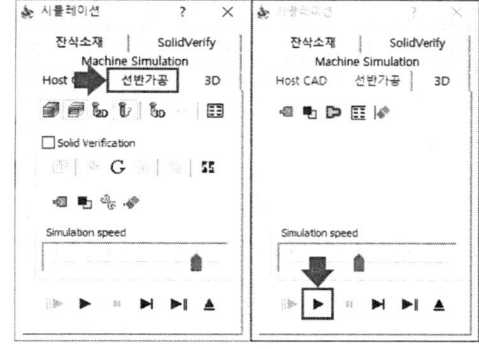
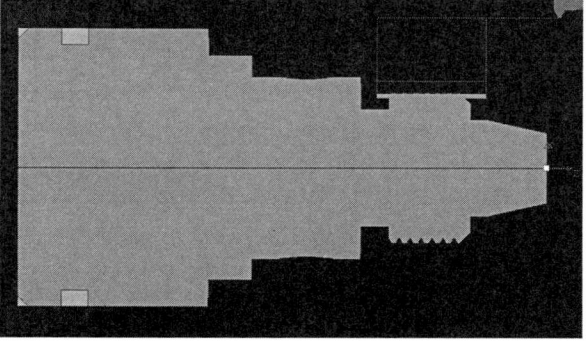

❸ [시뮬레이션 → SolidVerify → 실행]을 클릭하여 시뮬레이션을 확인한다.

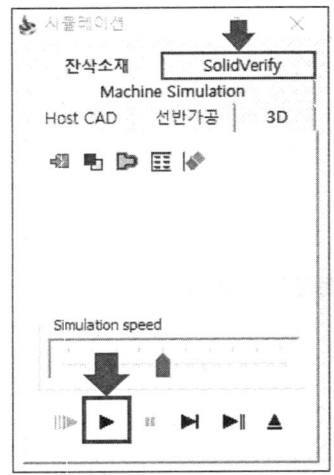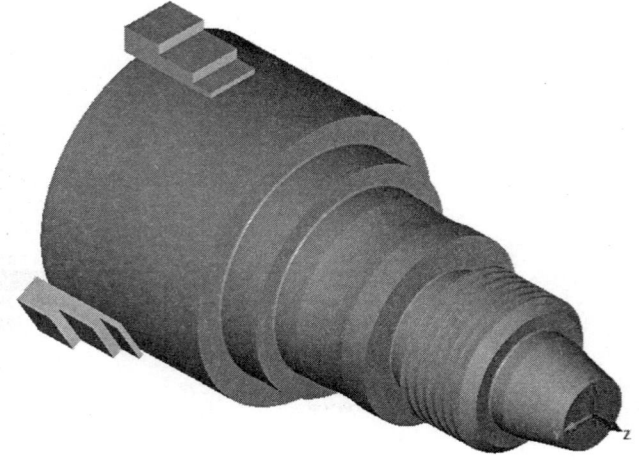

(12) 시뮬레이션 및 G코드 생성

❶ [솔리드캠 관리자 → 작업]을 클릭한다.

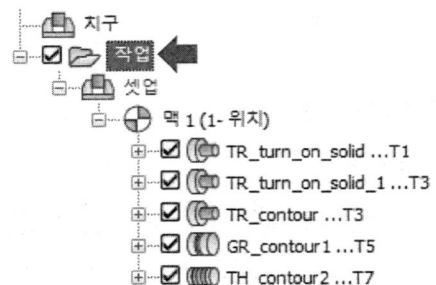

❷ [커맨드 매니저 → 시뮬레이션]을 클릭한다.

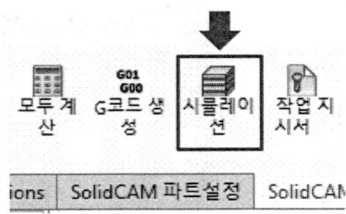

❸ [시뮬레이션 → 선반가공 또는 SoildVerify → 실행]을 클릭하여 모든 작업에 대한 시뮬레이션을 확인한다.

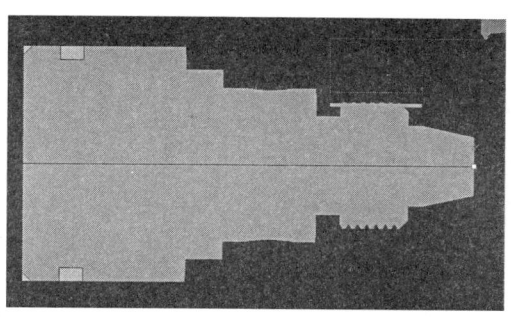
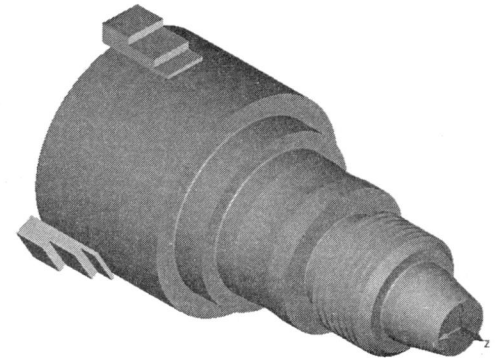

❹ [커맨드 매니저 → G코드 생성]을 클릭한다.

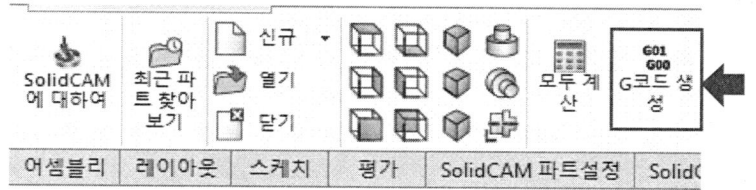

❺ G코드를 확인 후 [다른 이름으로 저장]으로 저장한다.

(13) 뒷면 가공 초기 설정하기

❶ [솔리드캠 관리자 → 공구 → 더블클릭 → 공구 내보내기]를 클릭한다.

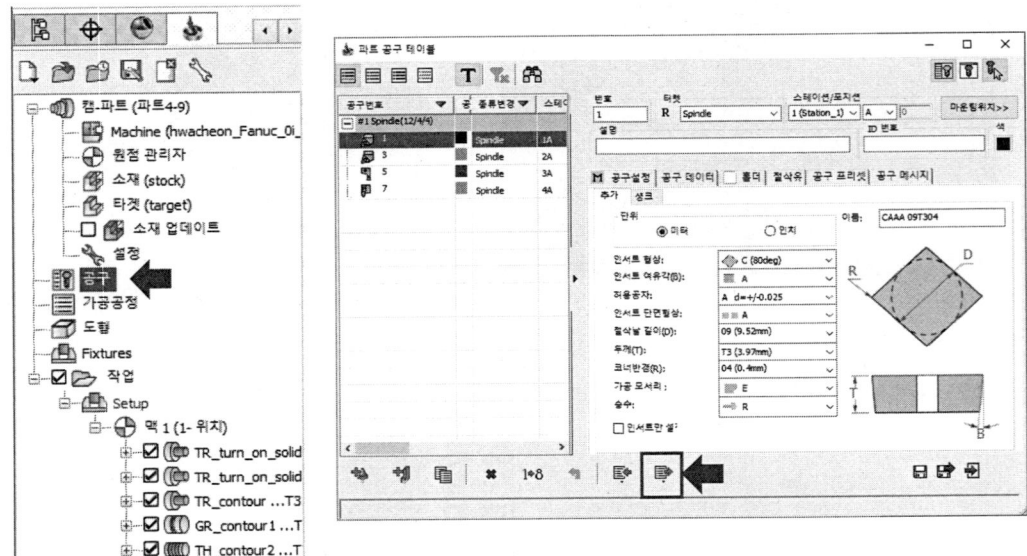

❷ [공구 내보내기 → Export All → 파일 이름 입력 → Export]를 클릭한다.

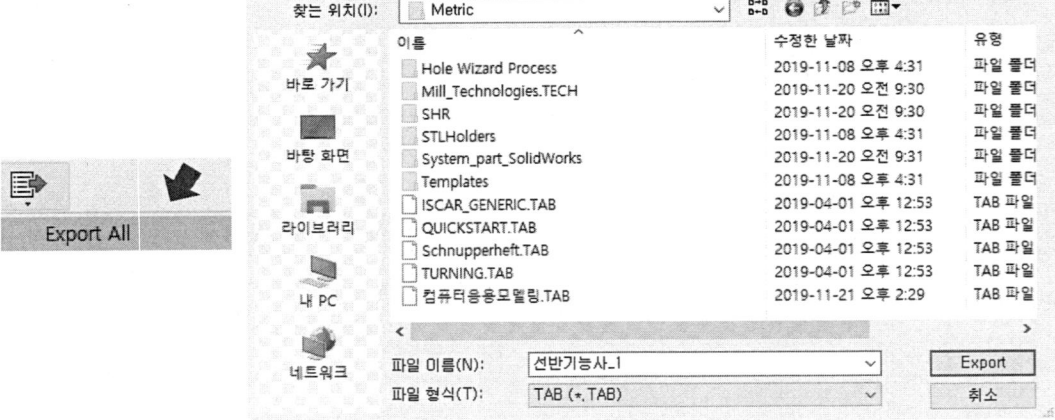

❸ [주메뉴 바 → 열기]를 통해 파일을 불러온다.

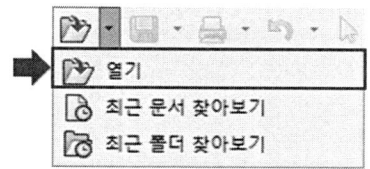

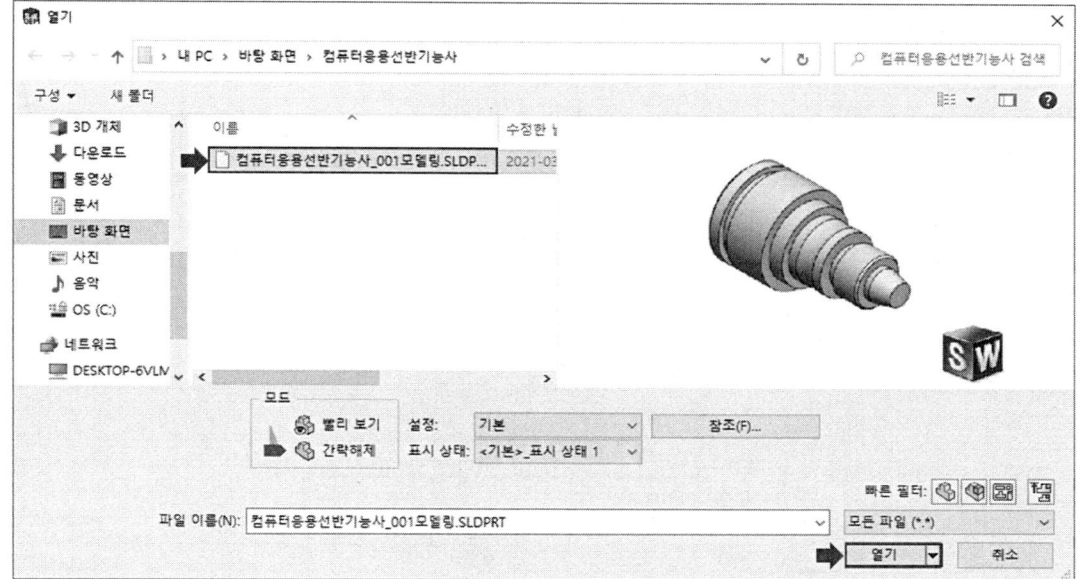

Tip 이미 모델링 파일이 열려있다면 해당 과정은 생략한다.

❹ [커맨드 매니저 → SolidCAM 파트 설정 탭 → 신규 → 터닝]을 클릭한다.

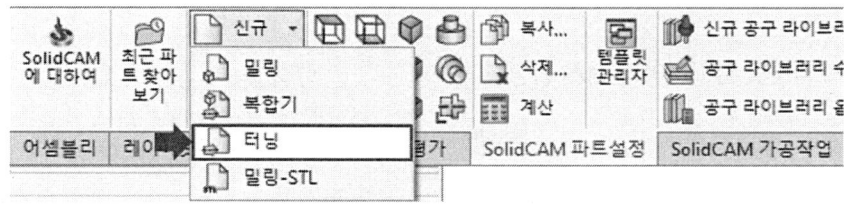

❺ [좌측 대화상자 → 캠-파트 생성방법 → 솔리드캠의 파일로 저장 → 단위 → 미터]를 선택하고 확인을 클릭한다.

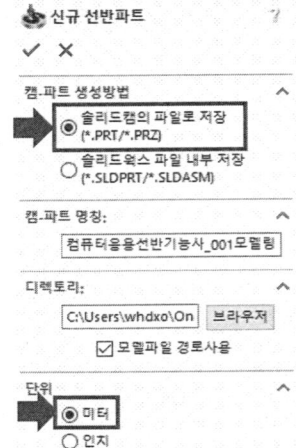

❻ [솔리드캠 관리자 → CNC-컨트롤러 → OKUMALL]을 설정한 후 [정의 → 원점]을 클릭한다.

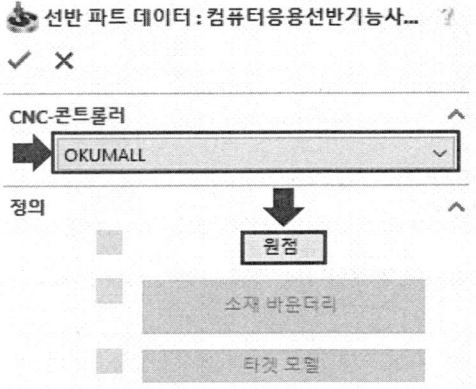

❼ 모델링을 클릭하여 원점을 생성한다.

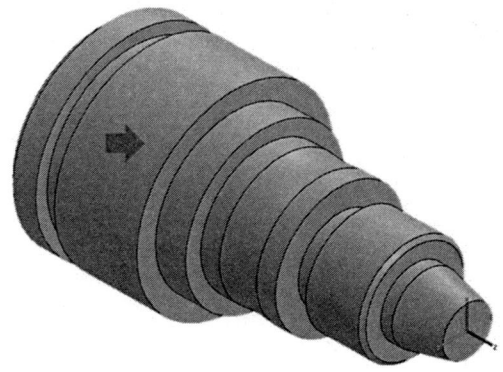

❽ [반대로 변경]을 클릭하고 원점의 위치가 변경된걸 확인 후 [확인] 버튼을 클릭하여 원점 정의를 마친다.

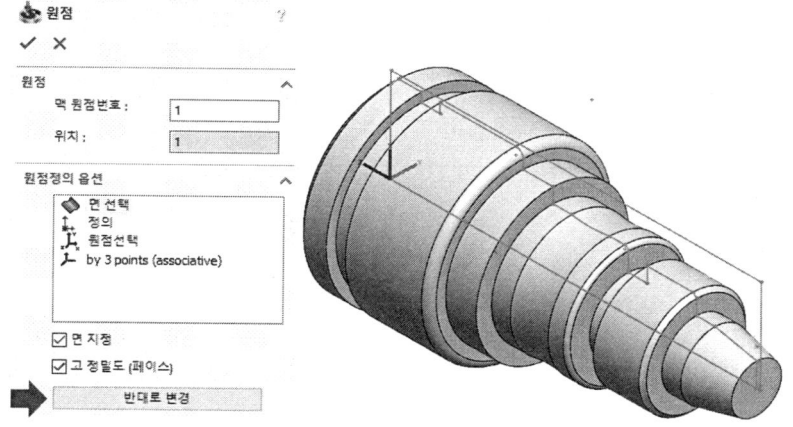

❾ [소재 바운더리]를 클릭한다.

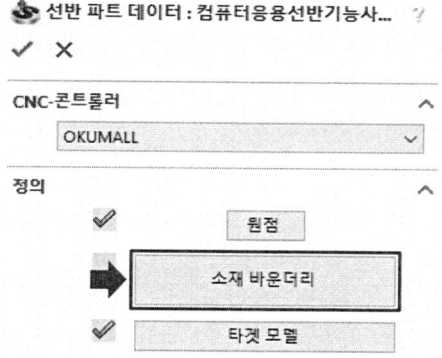

❿ 모델링을 클릭하여 형상을 정의하고 [옵셋 → 우측 및 외측 : 1]을 입력한 후 확인을 클릭하여 소재를 정의한다.

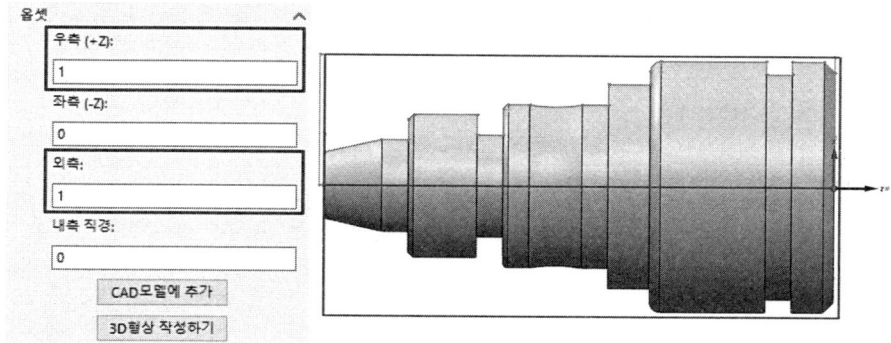

01. 컴퓨터응용선반기능사 따라 하기

⓫ 원점, 소재, 타겟의 정의가 모두 완료되면 [확인] 버튼을 클릭하여 파트 정의를 마친다.

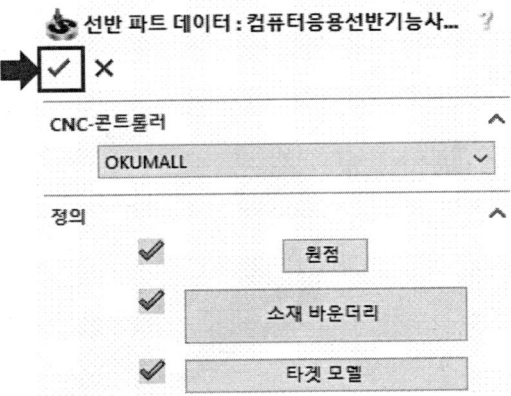

⓬ [공구 → 더블클릭 → 공구 불러오기]를 클릭한다.

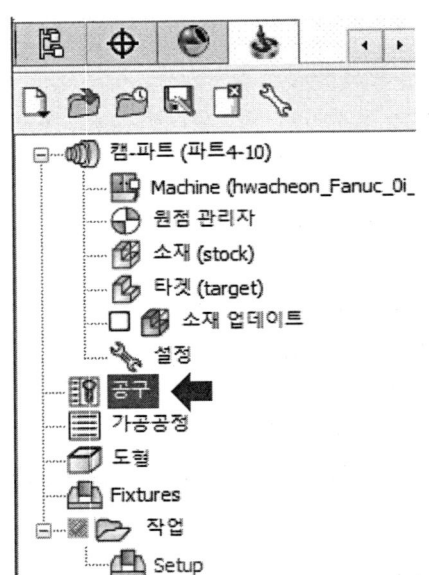
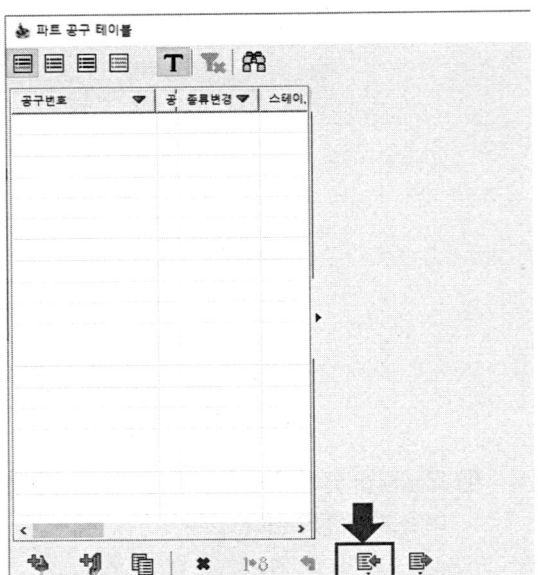

⑬ [공구테이블에서 불러오기 → 라이브 → 저장해놓은 공구 파일 이름]을 클릭한다.

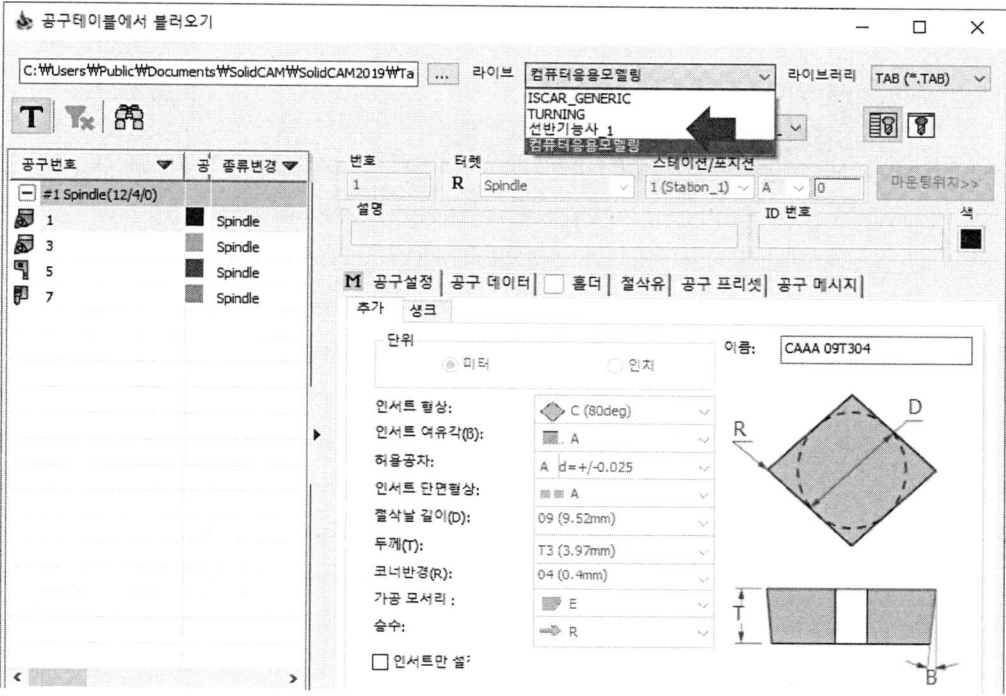

⑭ [공구목록 우클릭 → Import All tools → with tool numbering]을 클릭한다.

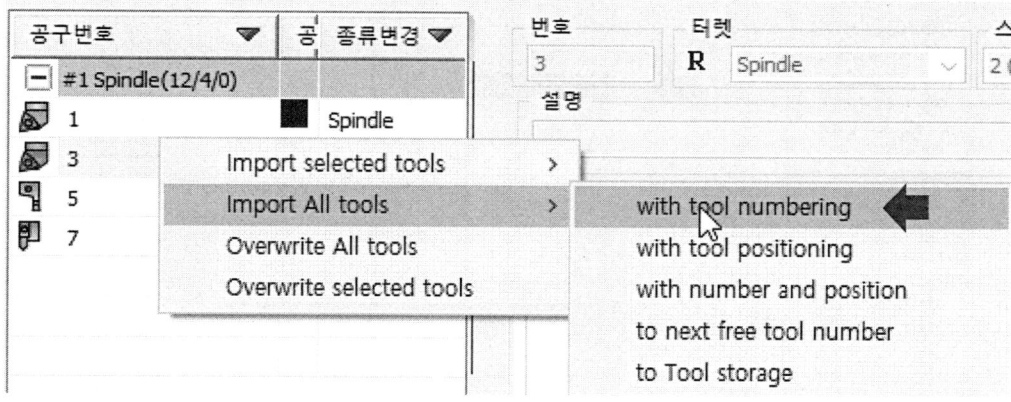

⓯ [공구테이블에서 불러오기] 작업 창을 닫은 후 [파트 공구 테이블] 작업 창에서 [저장 & 나가기] 버튼을 클릭한다.

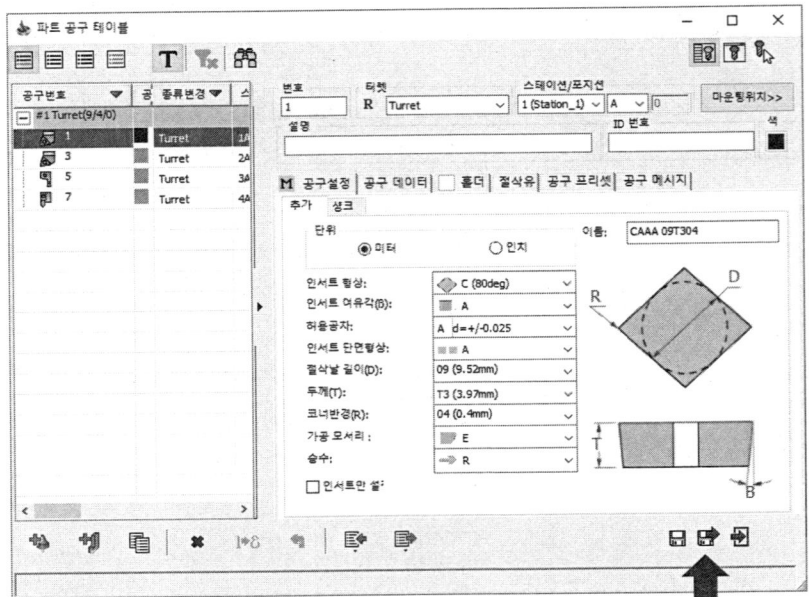

⓰ [Setup 우클릭 → 편집 → Table_Pos1]을 클릭하고 [Z : 80]으로 입력한다.

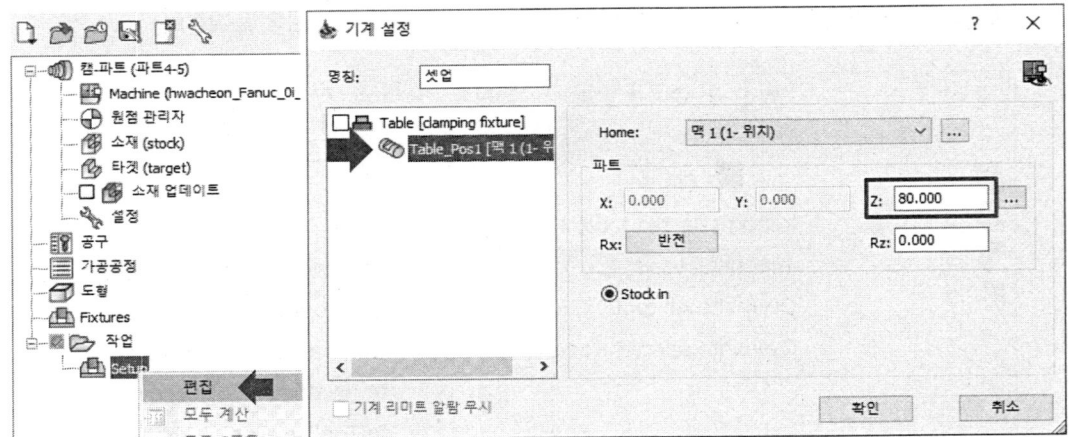

(14) 뒷면 황삭 가공

❶ [커맨드 매니저 → SolidCAM 선반 탭 → 터닝]을 클릭한다.

❷ [지오메트리 → 솔리드 → 신규]를 클릭한다.

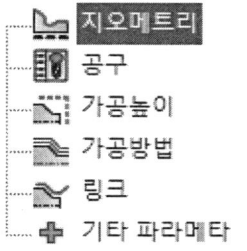 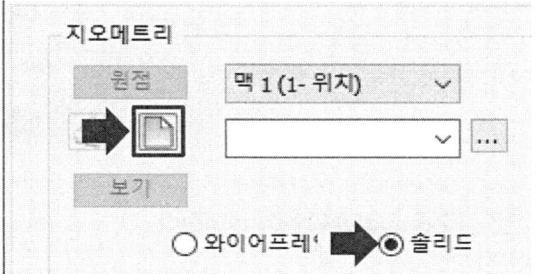

❸ 가공이 시작되는 면과 끝나는 면을 클릭하고 [수락] 버튼을 클릭하여 체인을 생성한다.

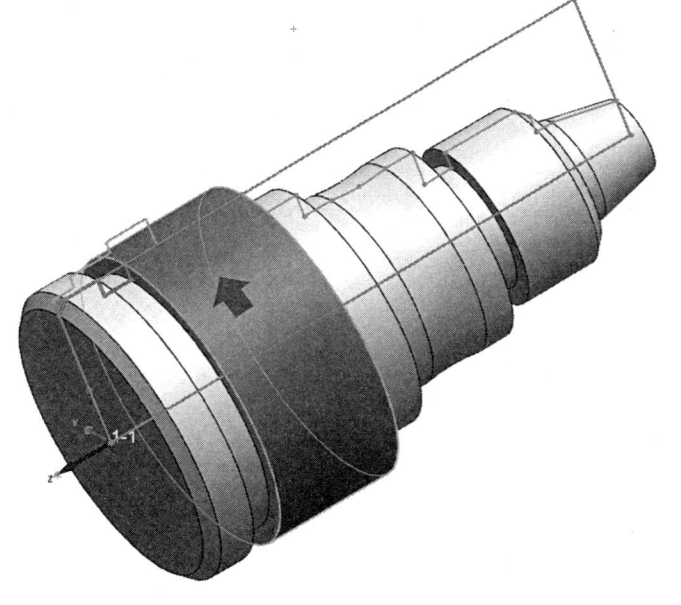 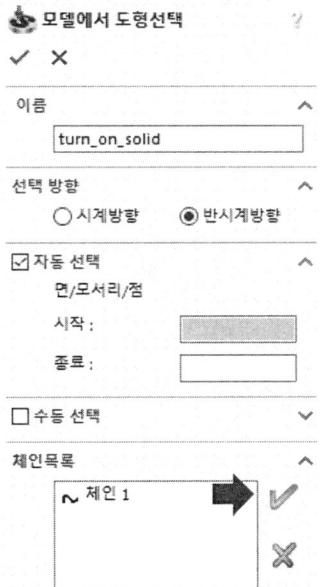

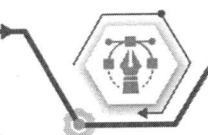

❹ [공구 → 선택]을 클릭한다.

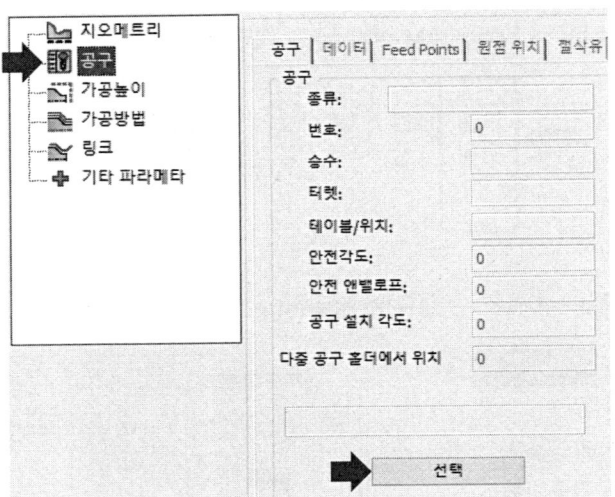

❺ 1번 공구를 더블클릭하여 선택한다.

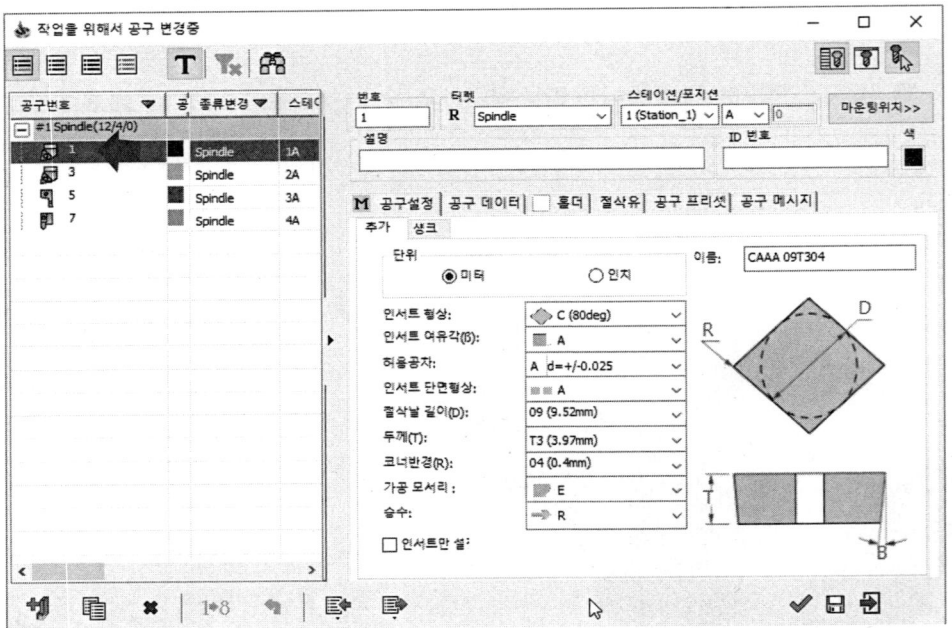

❻ [가공방법 → 작업종류 → 황삭]을 클릭한다.

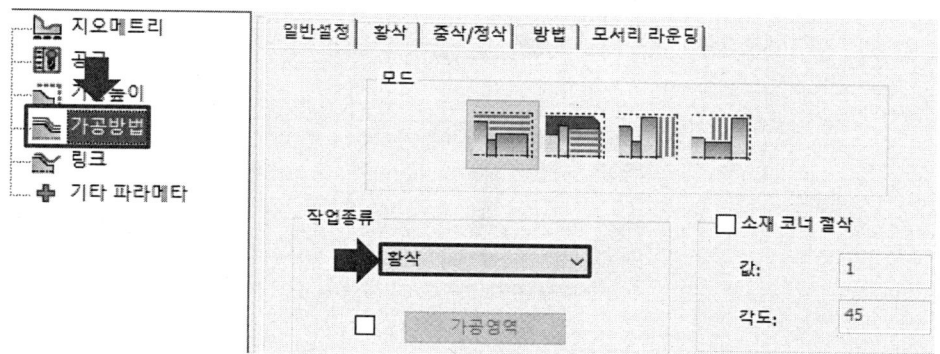

❼ [가공방법 → 황삭] 아래와 같이 값을 설정한다.

▶ x거리 : 0 　　　　　　　　　▶ z : 0

❽ [방법 → 하강 이동 하지 않음]을 클릭한다.

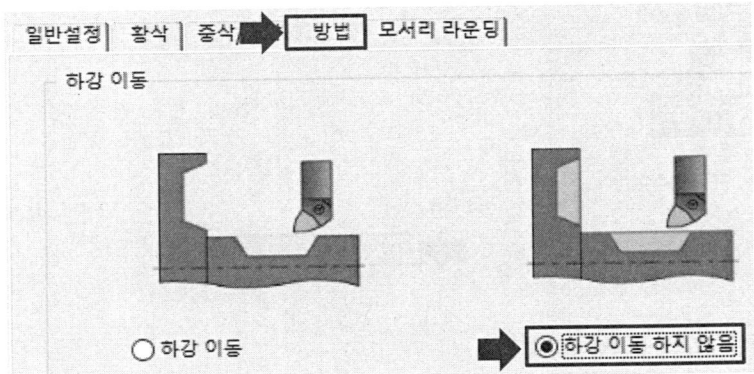

❾ [저장&계산] 버튼을 클릭하여 공구경로를 생성한다.

(15) 뒷면 황삭 가공 시뮬레이션 실행

❶ [시뮬레이션] 버튼을 클릭한다.

❷ [시뮬레이션 → 선반가공 → 실행]을 클릭한다.

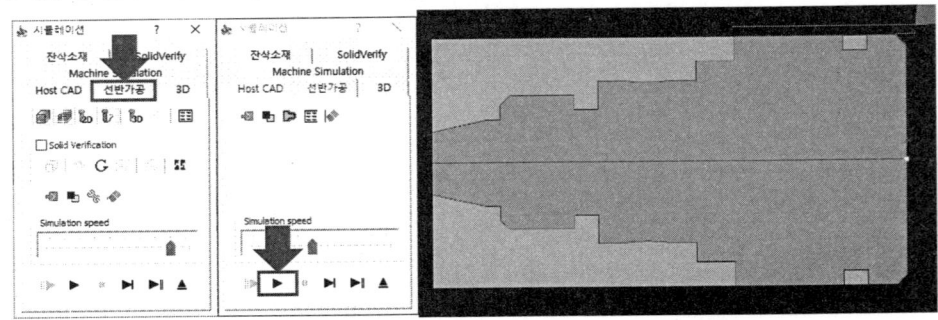

❸ [시뮬레이션 → SolidVerify → 실행]을 클릭하여 시뮬레이션을 확인한다.

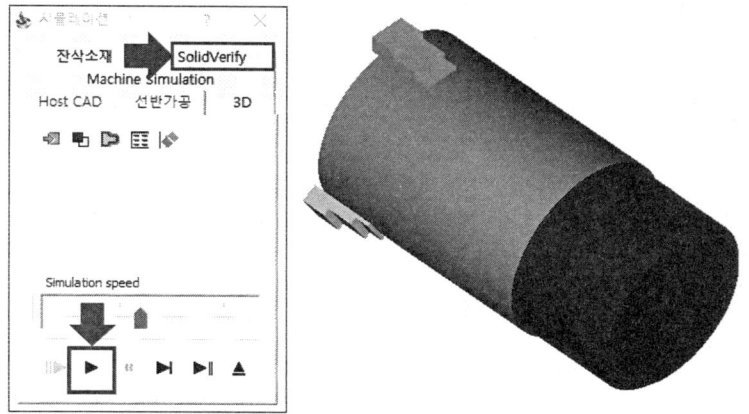

(16) 뒷면 홈 가공

❶ [SolidCAM 선반 탭 → 홈 → 와이어프레임 → 신규]를 클릭한다.

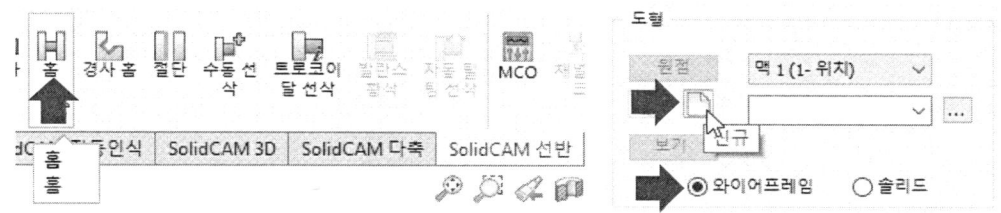

❷ 화살표가 향하는 선을 선택하고 체인을 설정한 후 확인을 클릭한다.

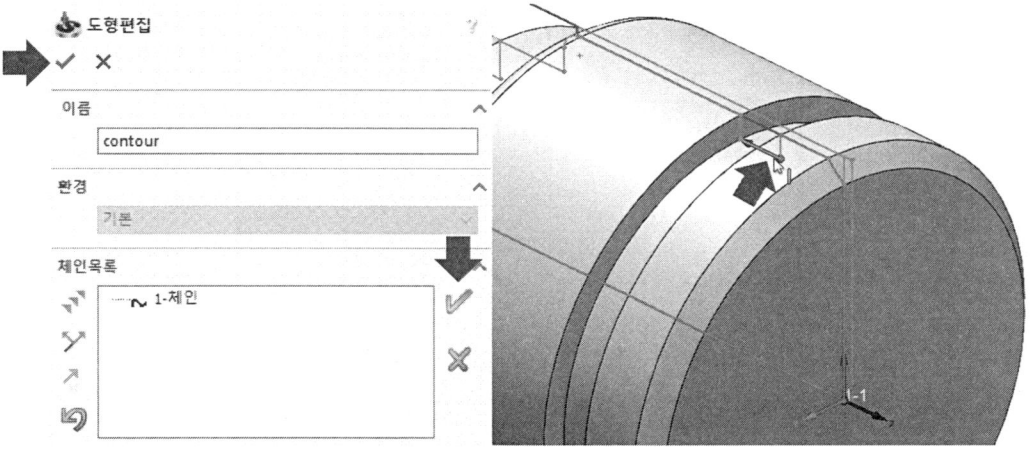

❸ [지오메트리 → 지오메트리 편집 → 지오메트리 수정] 클릭한다.

❹ [시작위치 소재에서부터 자동 연장 → 체크 해제 → 확인]을 클릭한다.

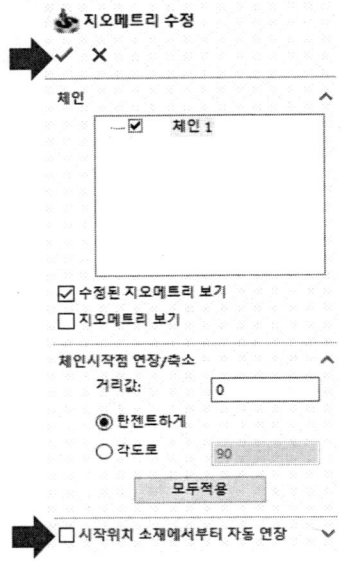

❺ [공구 → 선택]을 클릭한다.

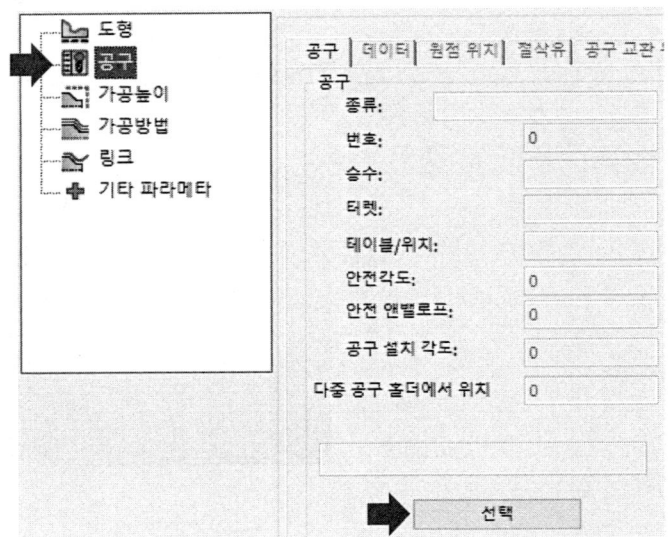

❻ 5번 공구 홈바이트를 더블클릭하여 선택한다.

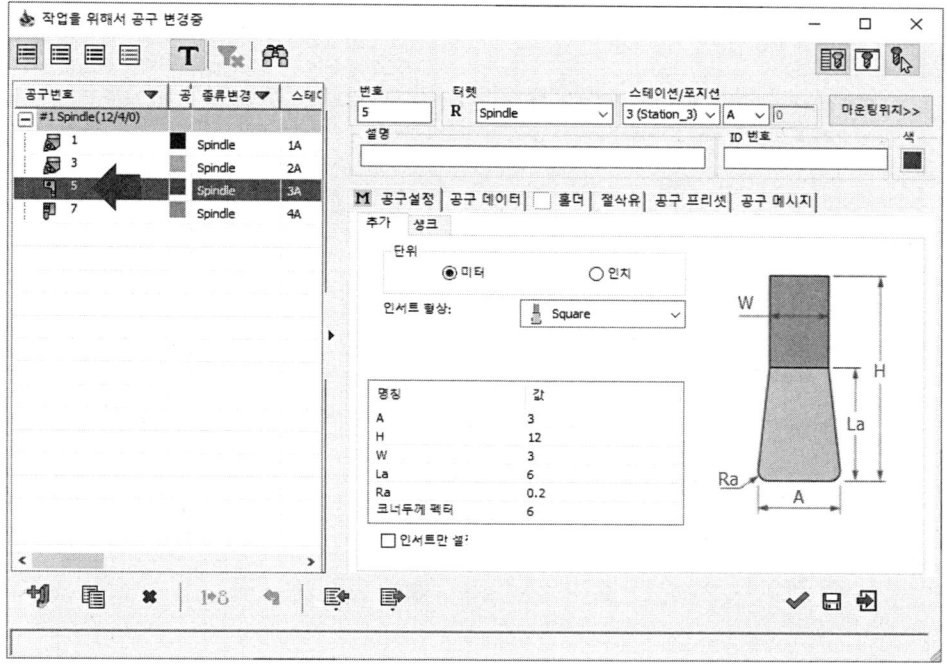

❼ [가공 높이 → 안전거리 : 5]를 입력한다.

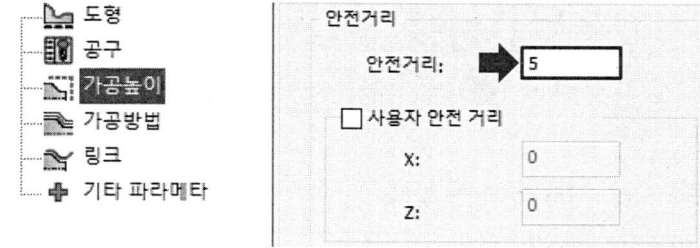

❽ [가공방법 → 작업종류 : 황삭 → 사이클 사용 : 아니오]를 선택한다.

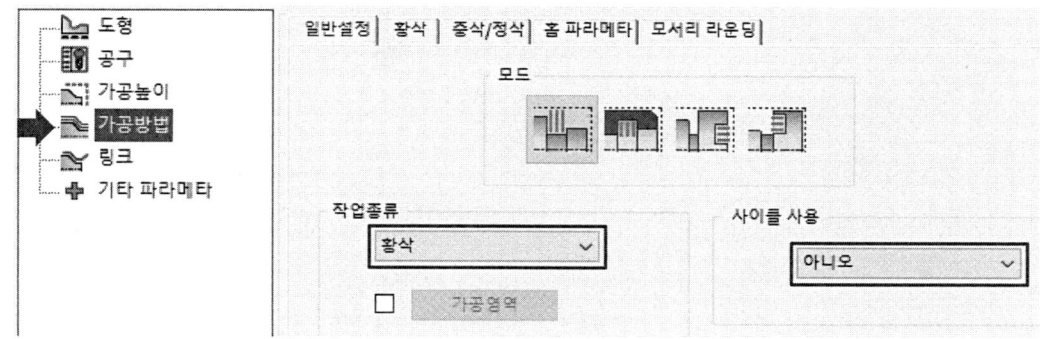

❾ [가공방법 → 황삭 → 절입량 → 없음 → 황삭 옵셋]을 다음과 같이 입력한다.

▸ x거리 : 0   ▸ z거리 : 0

❿ [가공방법 → 중삭/정삭 → 정삭 → 아니오]을 선택한다.

⓫ [저장&계산] 버튼을 클릭하여 공구경로를 생성한다.

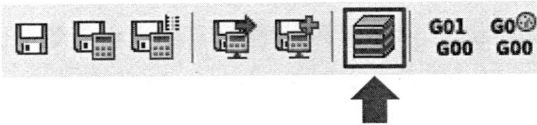

(17) 뒷면 홈 가공 시뮬레이션 실행

❶ [시뮬레이션] 버튼을 클릭한다.

❷ [시뮬레이션 → 선반가공 → 실행]을 클릭한다.

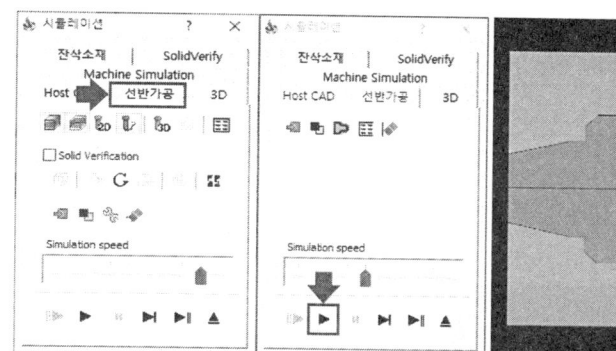 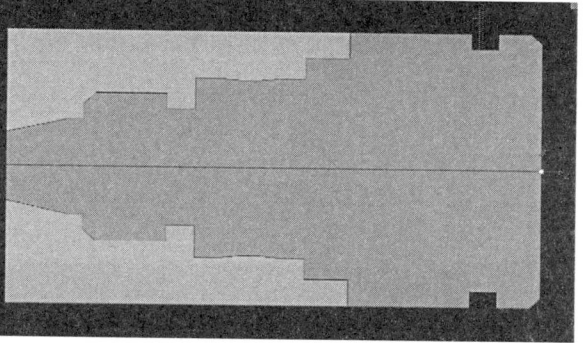

❸ [시뮬레이션 → SolidVerify → 실행]을 클릭하여 시뮬레이션을 확인한다.

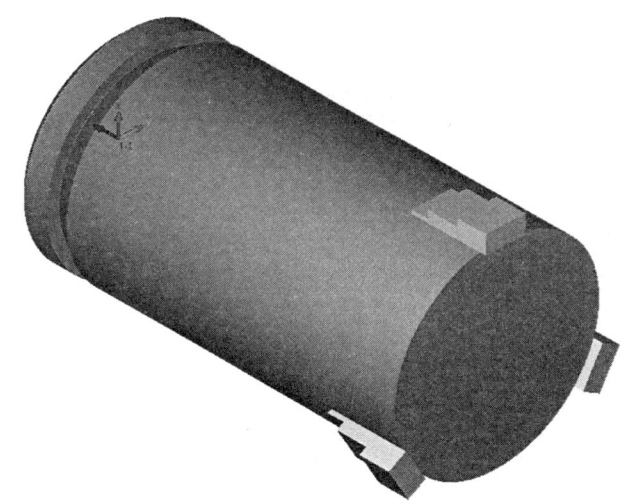

(18) 시뮬레이션 및 G코드 생성

❶ [솔리드캠 관리자 → 작업]을 클릭한다.

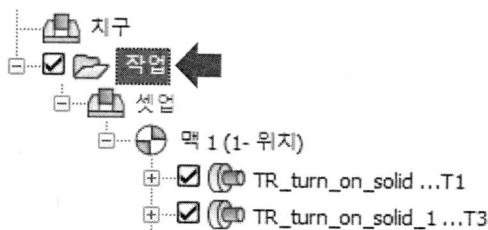

❷ [커맨드 매니저 → 시뮬레이션]을 클릭한다.

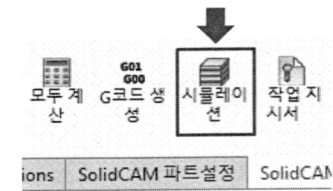

❸ [시뮬레이션 → 선반가공 또는 SoildVerify → 실행]을 클릭하여 모든 작업에 대한 시뮬레이션을 확인한다.

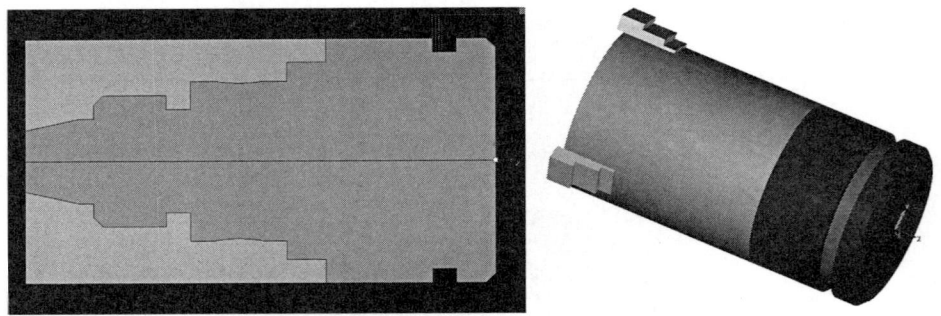

❹ [커맨드 매니저 → G코드 생성]을 클릭한다.

❺ G코드를 확인 후 [다른 이름으로 저장]으로 저장한다.

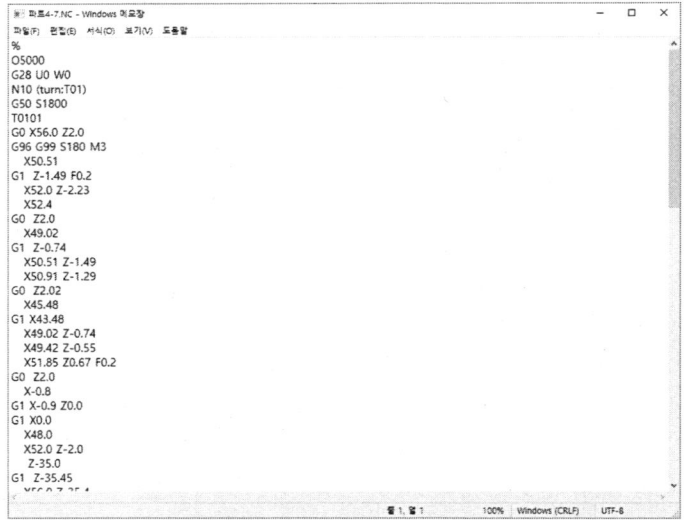

02 컴퓨터응용선반기능사 따라 하기

① 도면

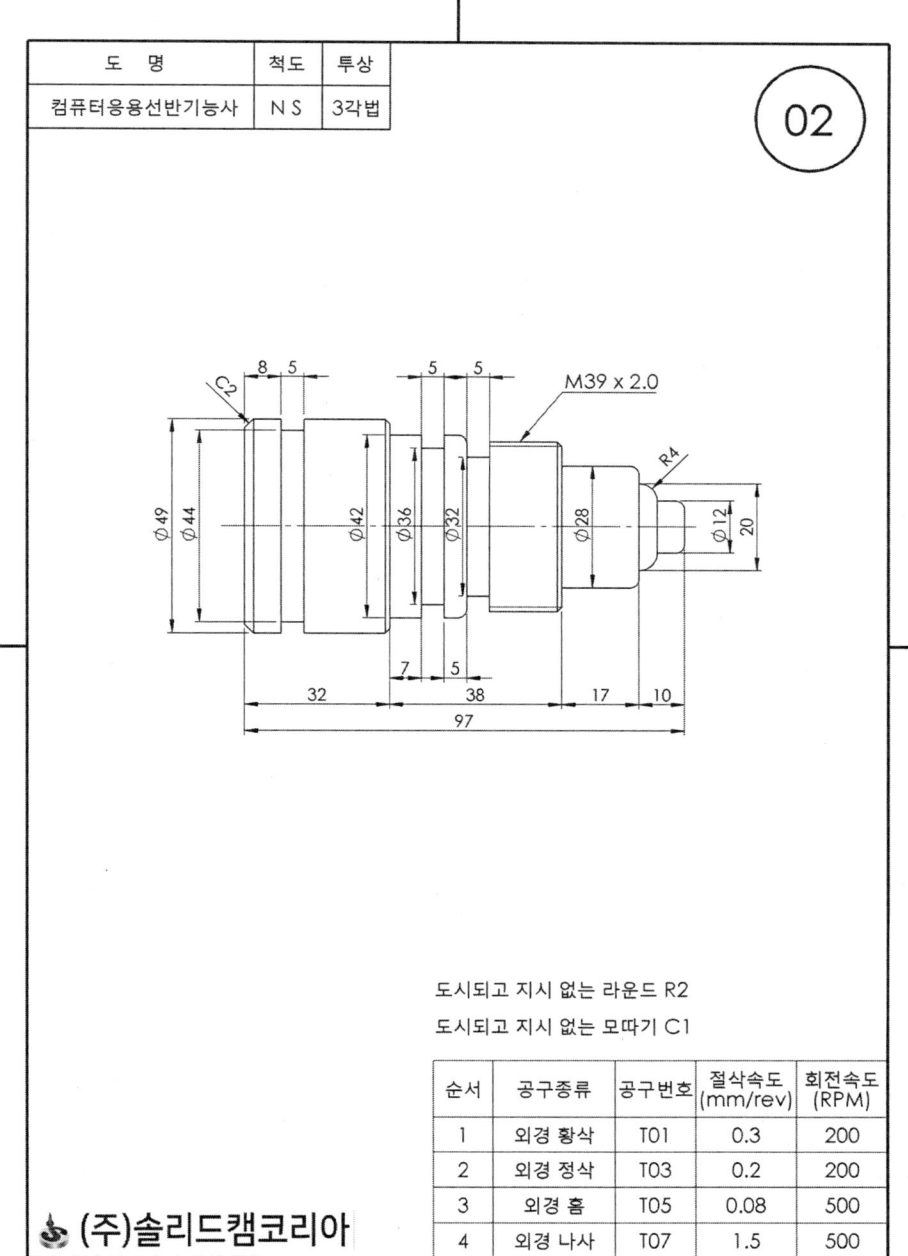

② 모델링

(1) 스케치 평면 선택

❶ [주메뉴 바 → 새 문서 → 파트]를 선택하고 확인을 클릭한다.

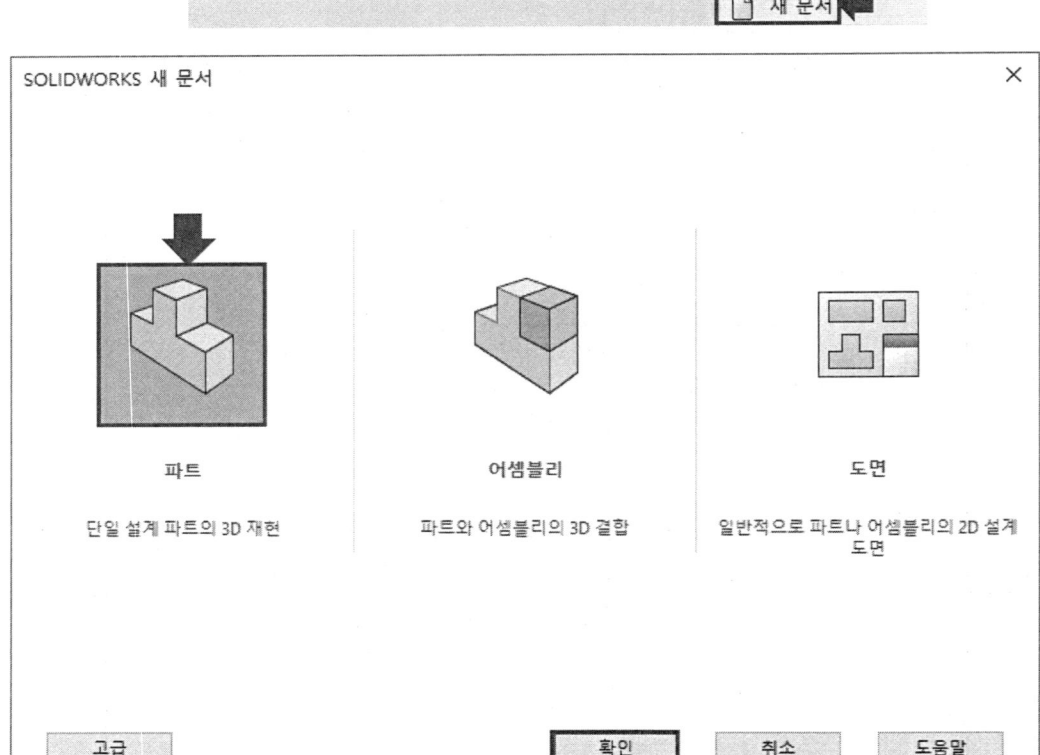

❷ 좌측 디자인 트리에서 정면을 선택한다.

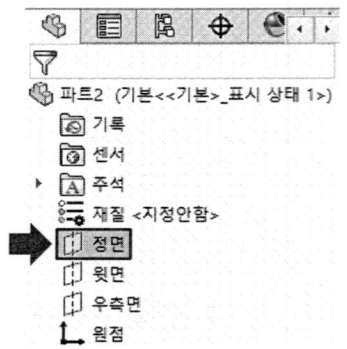

❸ 상단 커맨드 매니저에서 [스케치]를 클릭한다.

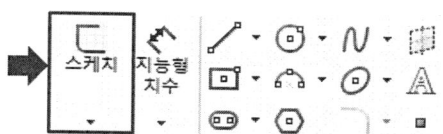

(2) 선 스케치

❶ [커맨드 매니저 → 스케치 탭 → 선 → 중심선]을 클릭한다.

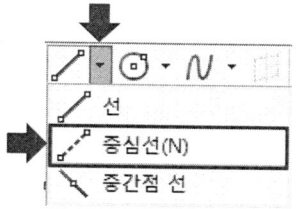

❷ 원점을 클릭하고 수평이 되도록 중심선을 스케치한다.

❸ [커맨드 매니저 → 스케치 탭 → 선]을 클릭한다.

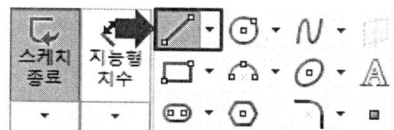

❹ 원점을 클릭하고 수직이 되도록 선을 스케치한다.

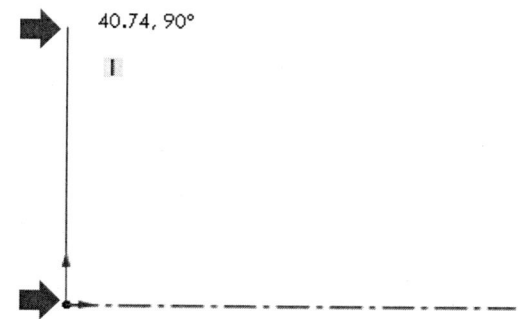

❺ 수직선의 끝점을 클릭하고 수평이 되도록 선을 스케치한다.

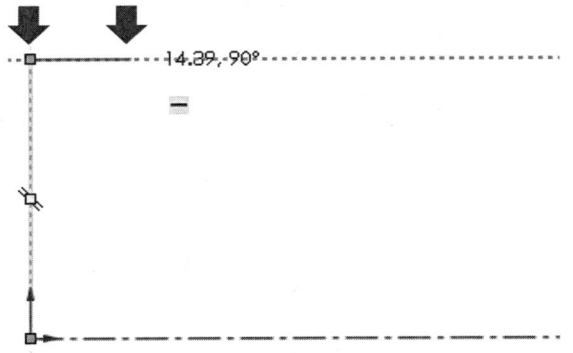

❻ 같은 방법으로 도면을 참고하여 스케치를 진행한다.

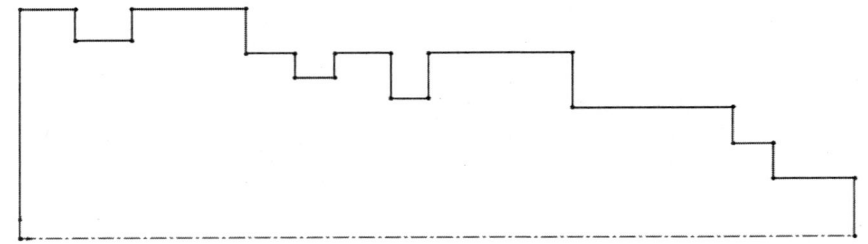

❼ 상단 커맨드 매니저에서 [지능형 치수]를 클릭한다.

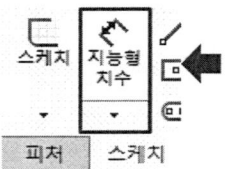

❽ 화살표가 가리키는 수직선을 클릭하여 치수 값 [24.5]를 입력한다.

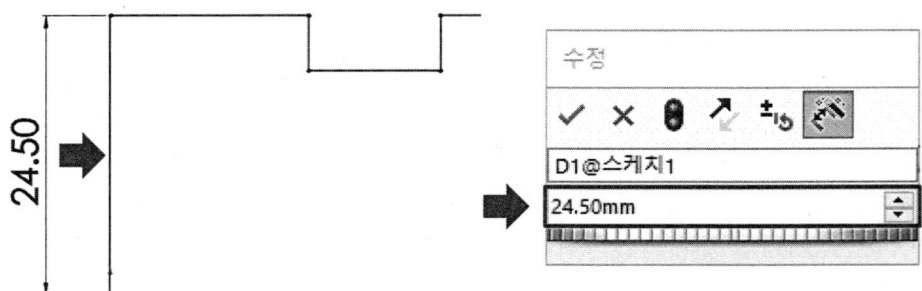

❾ 화살표가 가리키는 수평선을 클릭하여 치수 값 [8]를 입력한다.

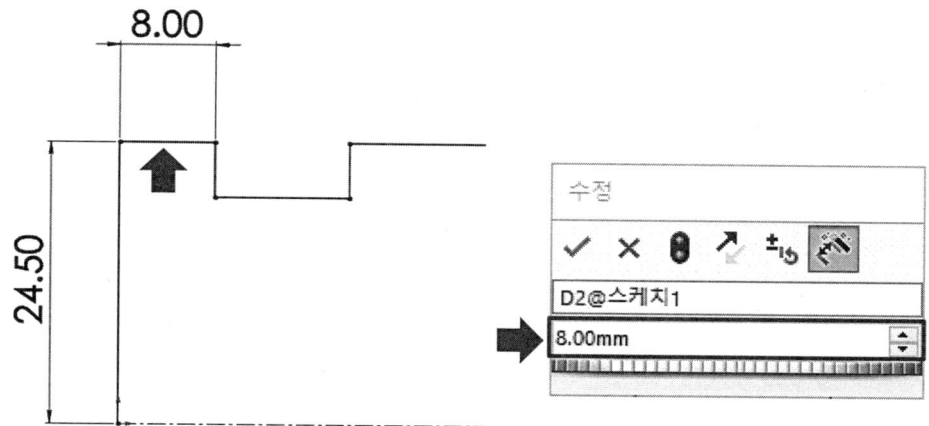

❿ 같은 방법으로 치수를 아래 그림과 같이 입력한다.

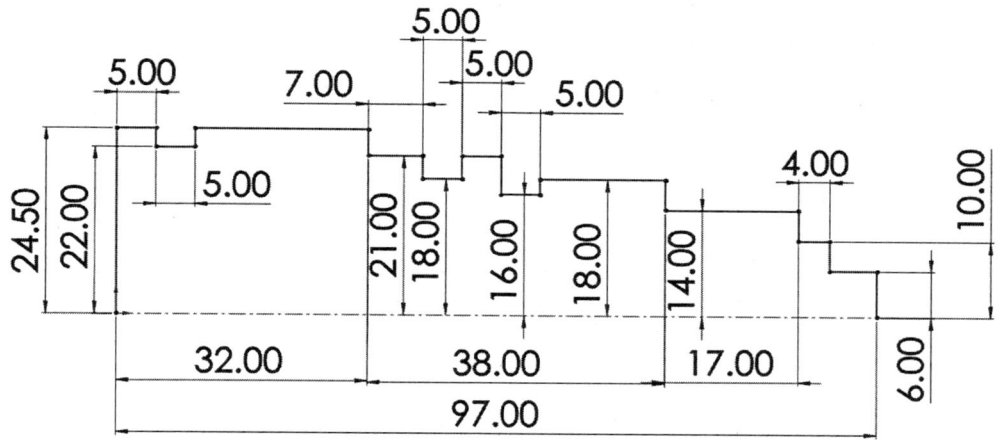

(3) 회전 보스/베이스

❶ [커맨드 매니저 → 피처 탭 → 회전 보스/베이스]를 클릭한다.

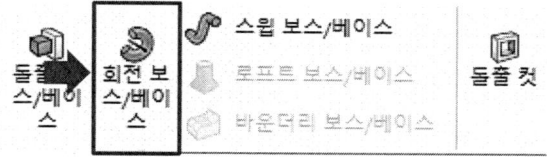

❷ 다음 그림과 같이 미리 보기가 나타나면 확인을 클릭한다.

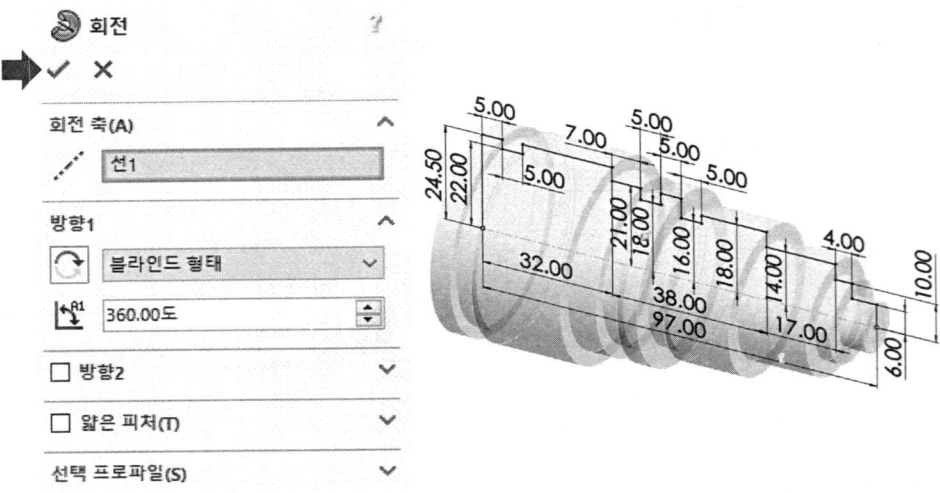

(4) 모따기

❶ [커맨드 매니저 → 피처 탭 → 필렛 → 모따기]를 클릭한다.

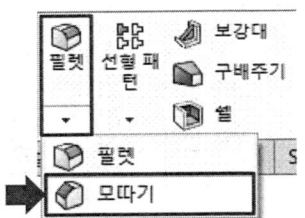

❷ 모따기 값 [2]를 입력하고, 화살표가 가리키는 모델링 모서리를 클릭한 후 확인을 클릭한다.

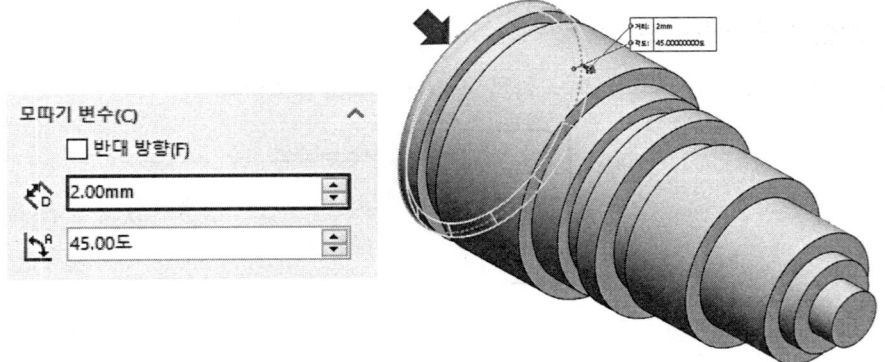

❸ 다시 모따기로 이동하여 모따기 값 [1]를 입력하고, 화살표가 가리키는 모서리를 클릭한 후 확인을 클릭한다.

(5) 필렛

❶ [커맨드 매니저 → 피처 탭 → 필렛]을 클릭한다.

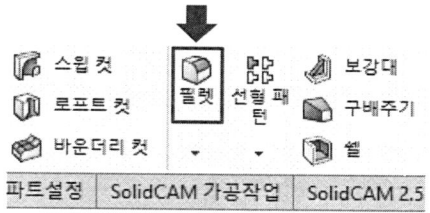

❷ 필렛 값 [4]를 입력하고, 화살표가 가리키는 모델링 모서리를 클릭한 후 확인을 클릭한다.

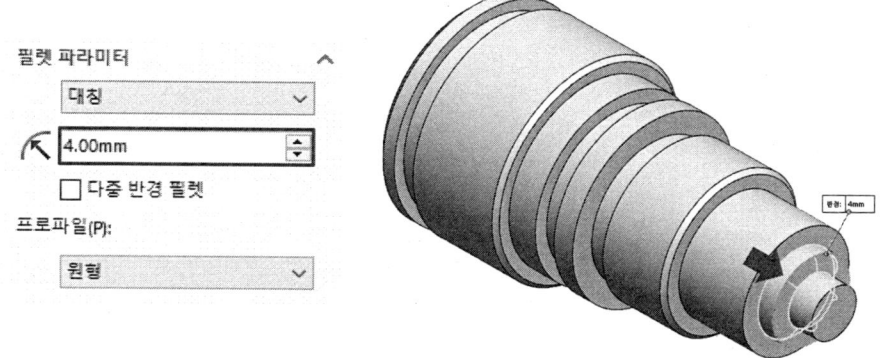

❸ 다시 필렛으로 이동하여 필렛 값 [2]를 입력하고, 화살표가 가리키는 모서리를 클릭한 후 확인을 클릭한다.

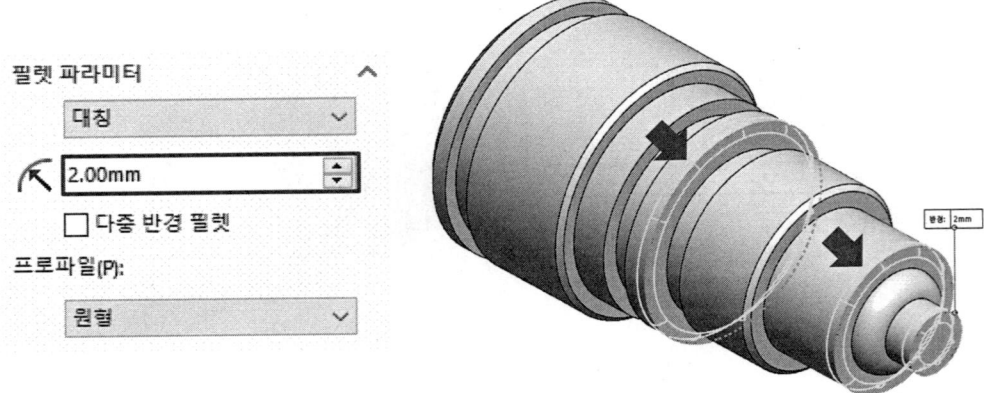

(6) 확인 저장

❶ 완료된 형상을 확인한 후 [주메뉴 바 → 파일 → 다른 이름으로 저장]을 선택하여 저장한다.

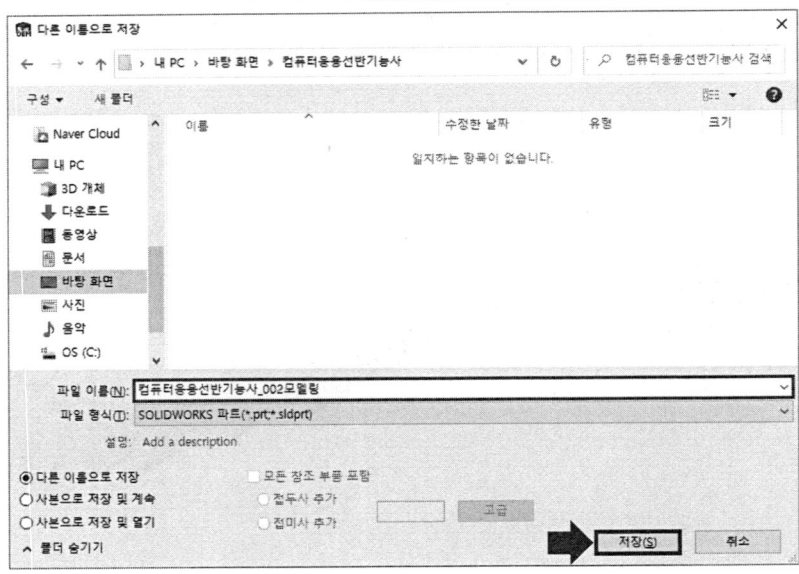

③ CAM

(1) SolidCAM 원점, 소재 정의

❶ [주메뉴 바 → 열기]를 통해 파일을 불러온다.

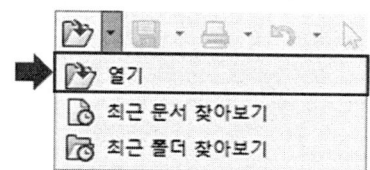

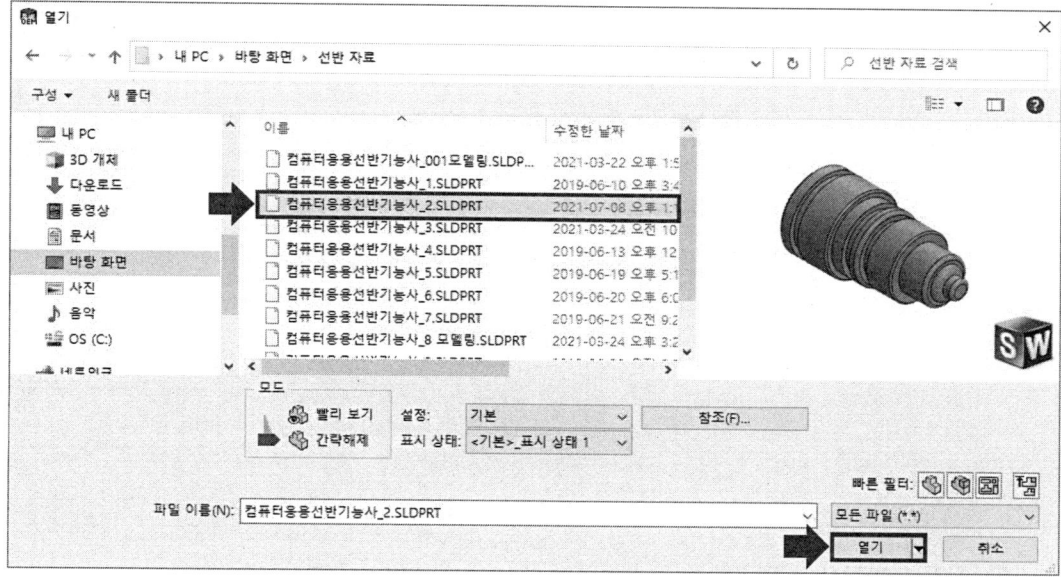

Tip 이미 모델링 파일이 열려있다면 해당 과정은 생략한다.

❷ [커맨드 매니저 → SolidCAM 파트 설정 탭 → 신규 → 터닝]을 클릭한다.

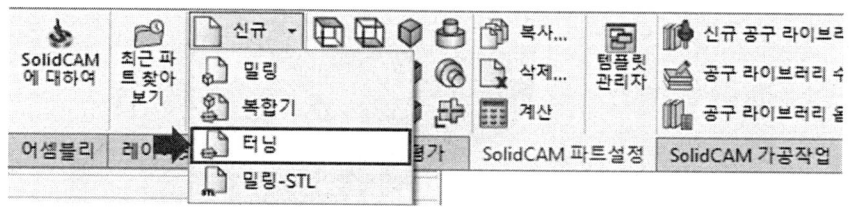

❸ [솔리드캠의 파일로 저장 → 단위 → 미터]를 선택하고 확인을 클릭한다.

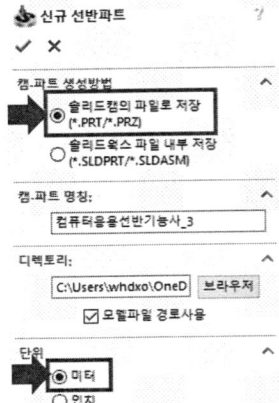

❹ [CNC-컨트롤러 → OKUMALL]를 설정한 후 [정의 → 원점]을 클릭한다.

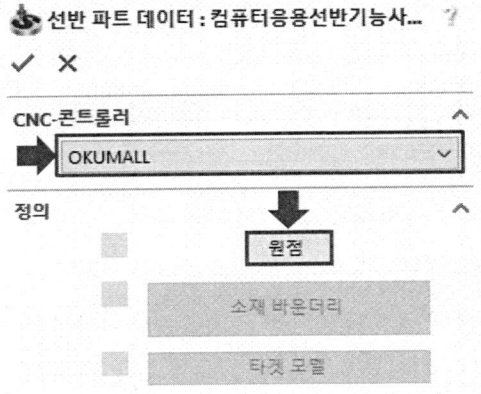

❺ [좌측 대화상자 → 평면원점 → 회전면의 중심 → 모델링 회전면]을 클릭한다.

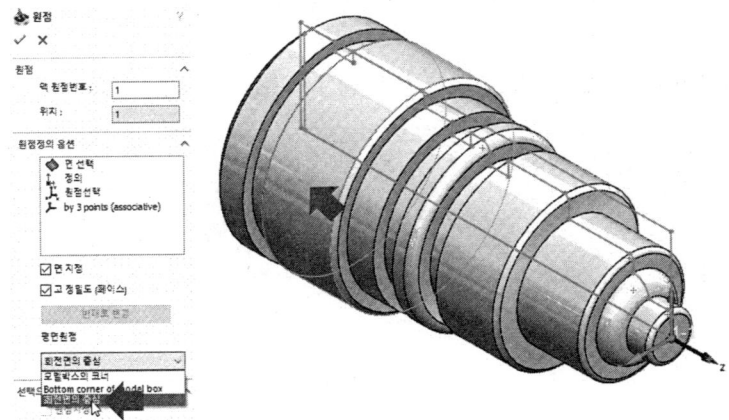

❻ 솔리드캠 관리자에서 [선반 파트 데이터] 창에서 [소재 바운더리]를 클릭한다.

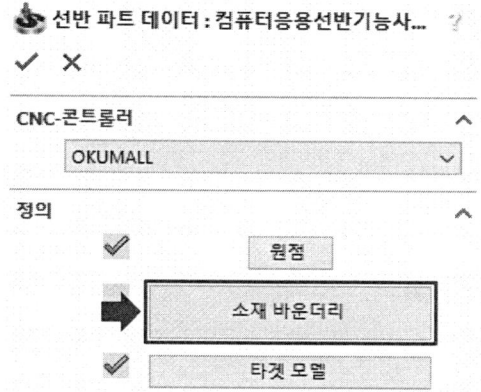

❼ 모델링을 클릭하여 형상을 정의하고, [옵셋 → 우측 및 외측 : 1]을 입력한 후 확인을 클릭하여 소재를 정의한다.

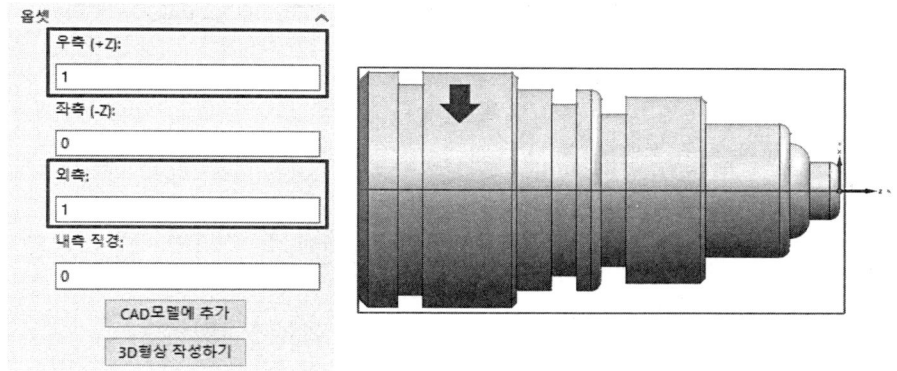

❽ 원점, 소재, 타겟의 정의가 모두 완료되면 확인 버튼을 클릭하여 파트 정의를 마친다.

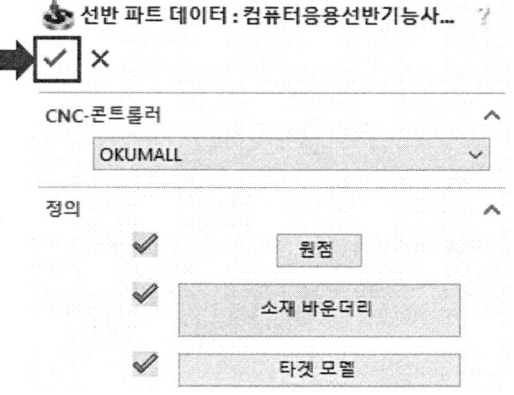

❾ [Setup 우클릭 → 편집 → Table_Pos1]을 클릭하고 [Z : 80]을 입력한다.

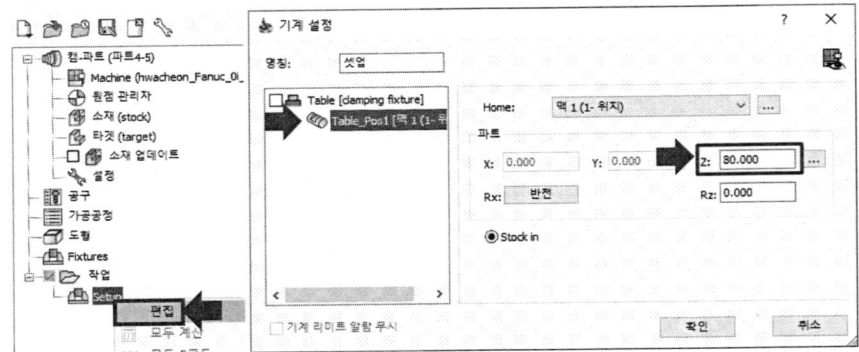

(2) 황삭 가공

❶ [커맨드 매니저 → SolidCAM 선반 탭 → 터닝]을 클릭한다.

❷ [지오메트리 → 솔리드 → 신규]를 클릭한다.

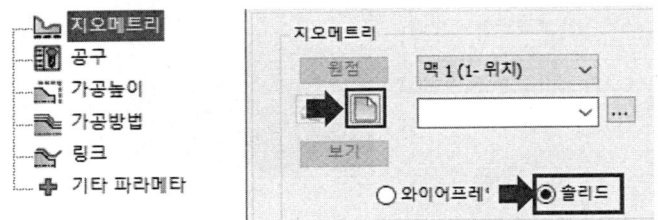

❸ 가공이 시작되는 면과 끝나는 면을 클릭하고, [수락] 버튼을 클릭하여 체인을 생성한다.

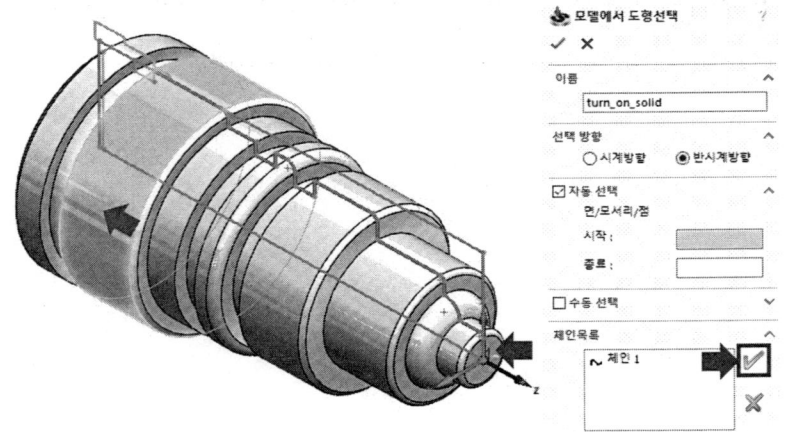

❹ [지오메트리 수정 → 체인시작점 연장/축소 → 거리값 : 3]을 입력하고, [체인 끝점 연장/축소 : 거리값 : -10]을 입력한 뒤 확인을 클릭한다.

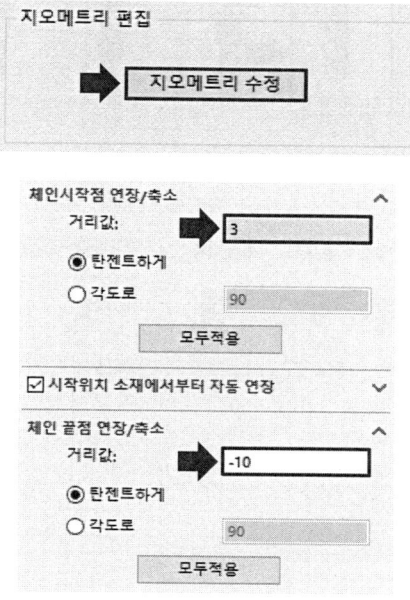

❺ [공구 → 선택]을 클릭한다.

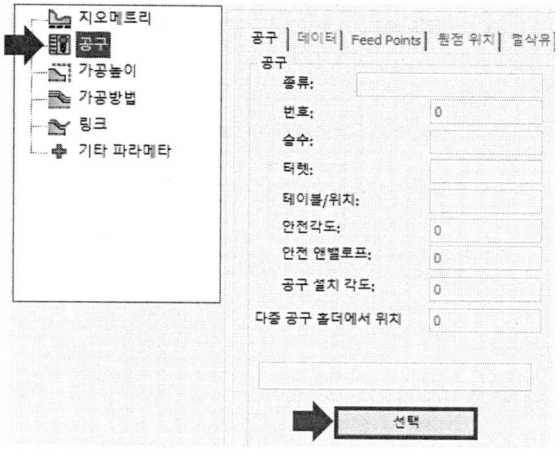

❻ [선반 공구 추가 → Ext. Turning]을 선택한다.

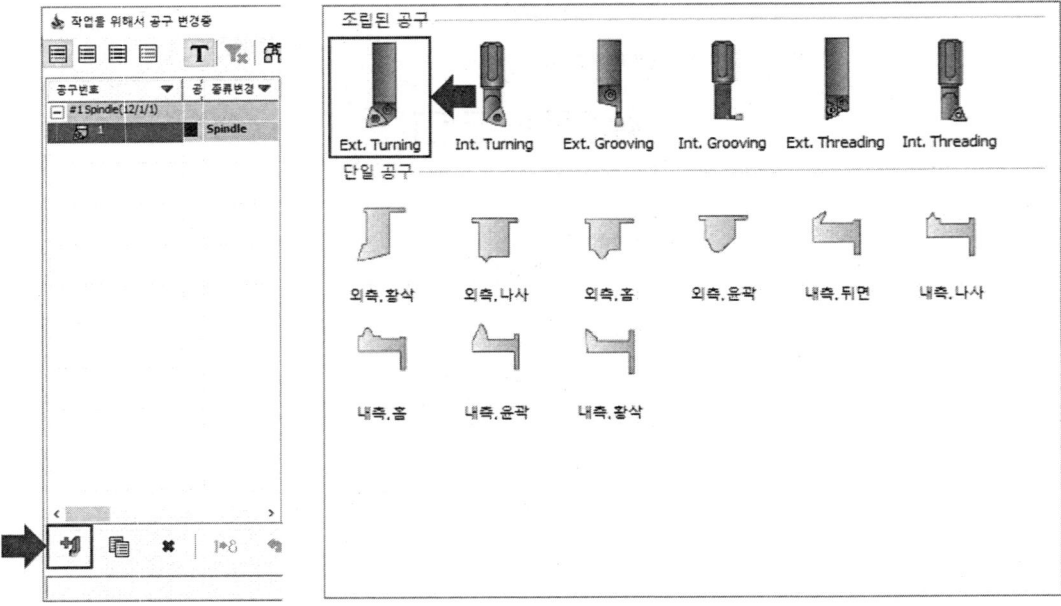

❼ 공구 데이터를 클릭하고 [일반, 정삭피드 : 0.3 → 일반, 정삭 회전 : 200 → 최대회전수 : 2000]을 입력한다.

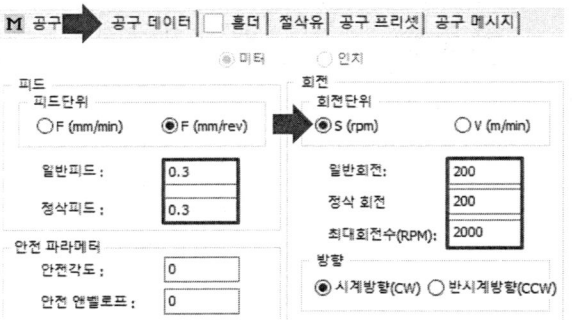

❽ [마운팅위치>>]를 클릭한다.

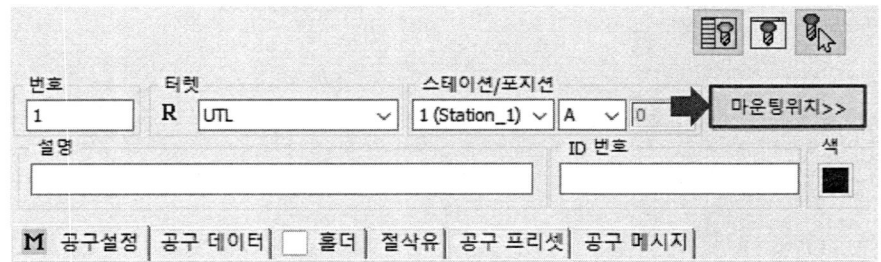

❾ [X+]를 클릭하여 공구 형상이 X축에 수직이 되도록 하고 확인을 클릭한다.

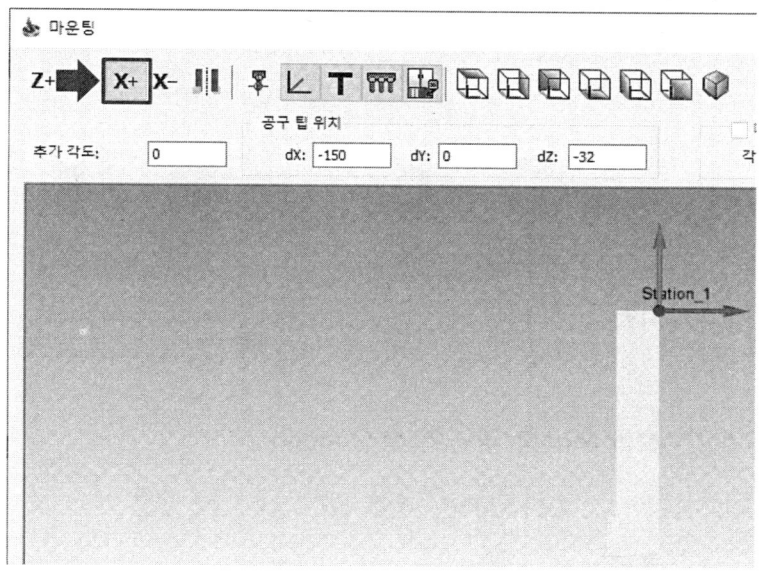

❿ [가공방법 → 작업종류 → 황삭]을 클릭한다.

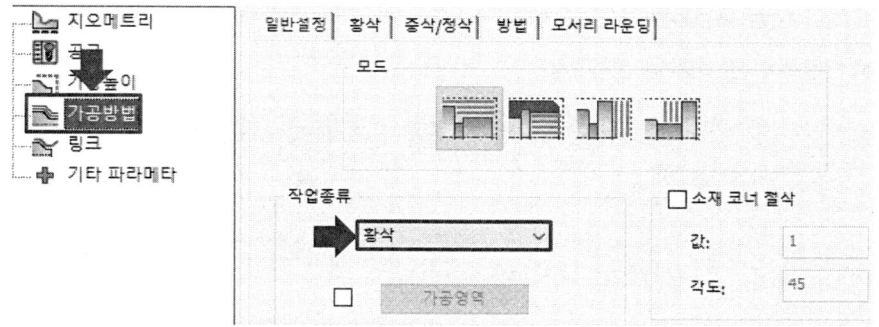

⓫ [가공방법 → 황삭 → 황삭 옵셋 → ZX]을 클릭하고 다음과 같이 설정한다.

▶ 퇴피거리 : 0.5   ▶ X거리 : 0.2   ▶ Z : 0.2

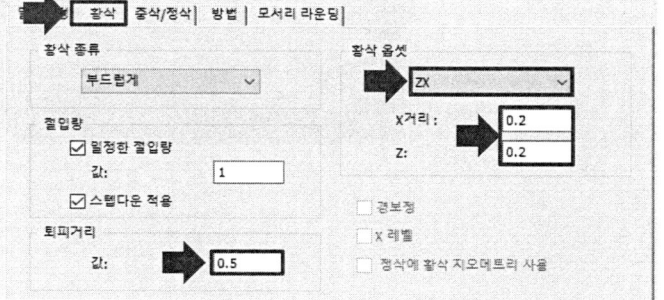

⓬ [방법 → 하강 이동 하지 않음]을 클릭한다.

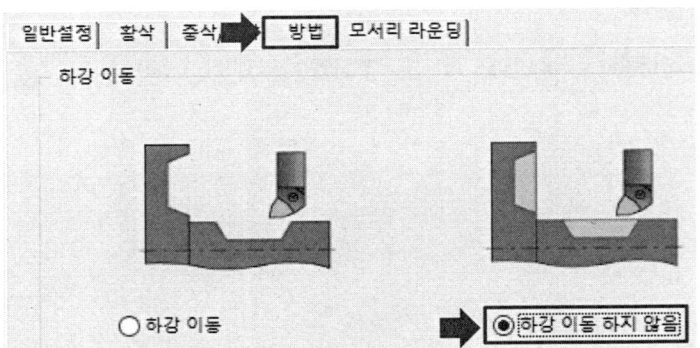

⓭ [저장&계산] 버튼을 클릭하여 공구경로를 생성한다.

(3) 황삭 가공 시뮬레이션 실행

❶ [시뮬레이션] 버튼을 클릭한다.

❷ [시뮬레이션 → 선반가공 → 실행]을 클릭한다.

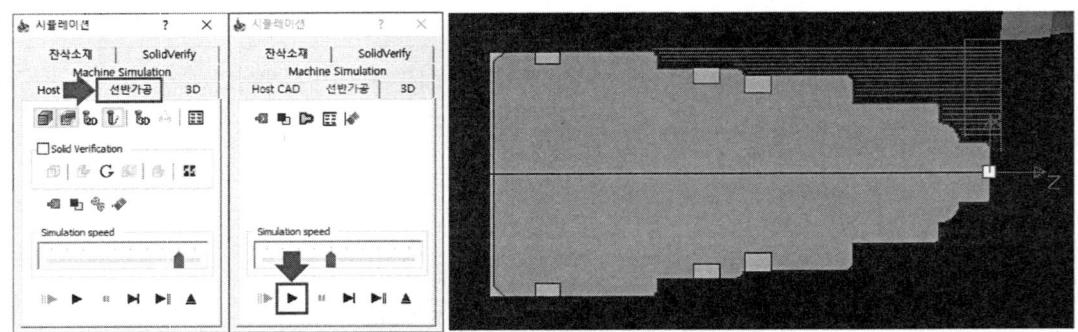

컴퓨터응용선반기능사 실기

❸ [시뮬레이션 → SolidVerify → 실행]을 클릭하여 시뮬레이션을 확인한다.

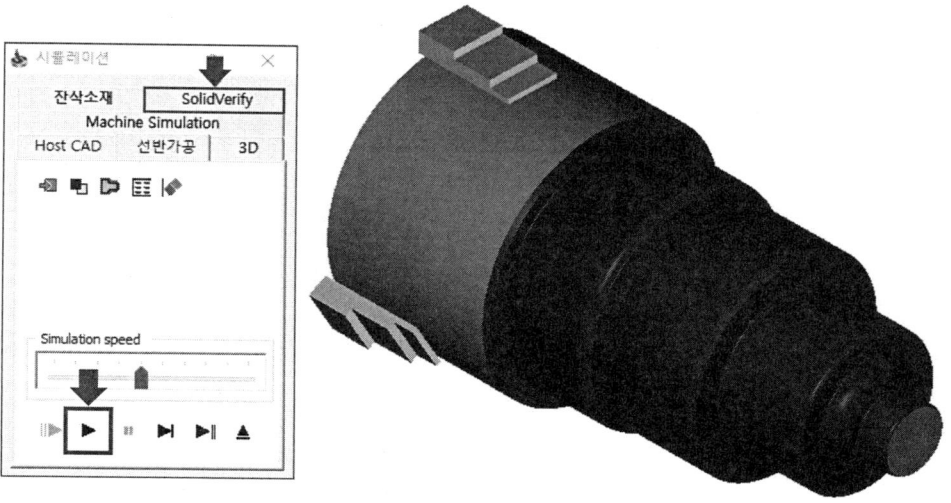

(4) 정삭 가공

❶ [황삭 작업 우클릭 → 복사 → 붙여넣기]를 클릭한다.

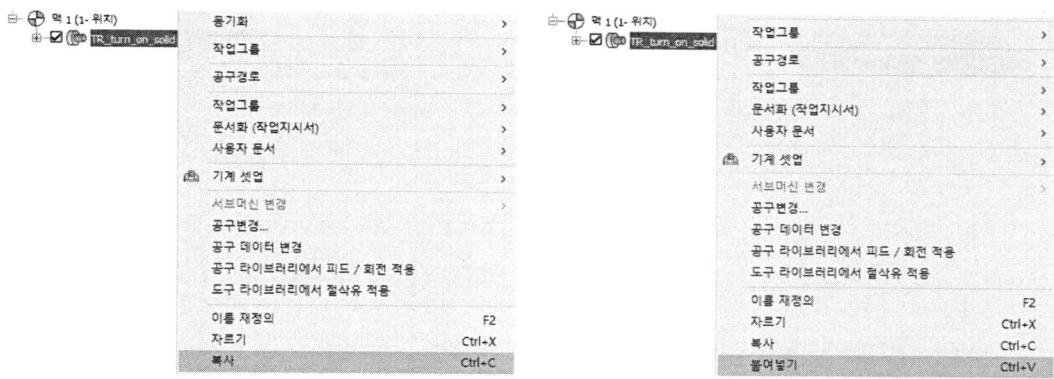

❷ 복사된 작업을 더블클릭한다.

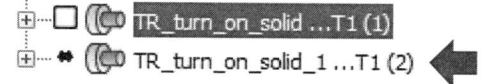

❸ [공구 → 선택]을 클릭한다.

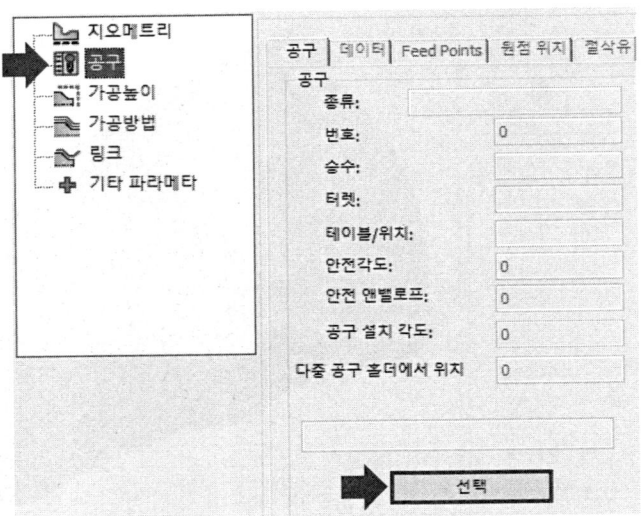

❹ [선반 공구 추가 → Ext. Turning]을 선택한다.

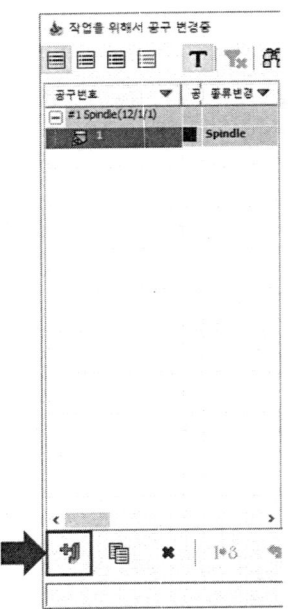
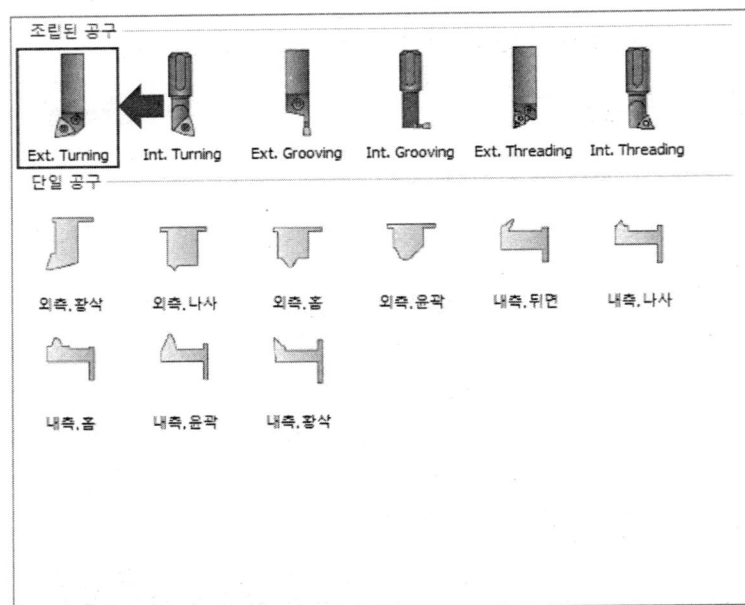

❺ [번호 : 3 → 공구설정 → 인서트 형상 → D(55deg)]를 클릭한다.

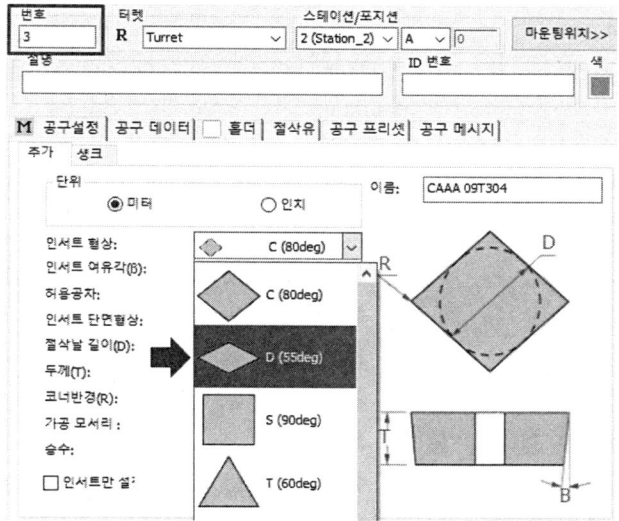

❻ [공구 데이터 → 일반, 정삭피드 : 0.2 → 회전단위 → V (m/min) → 일반, 정삭 회전 : 200 → 최대회전수 : 2000]을 그림과 같이 값을 입력한다.

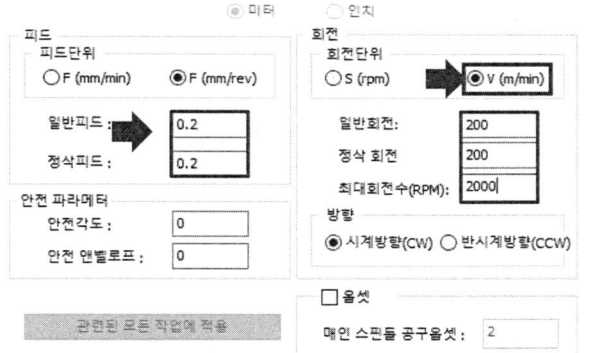

❼ [마운팅위치>>]를 클릭한다.

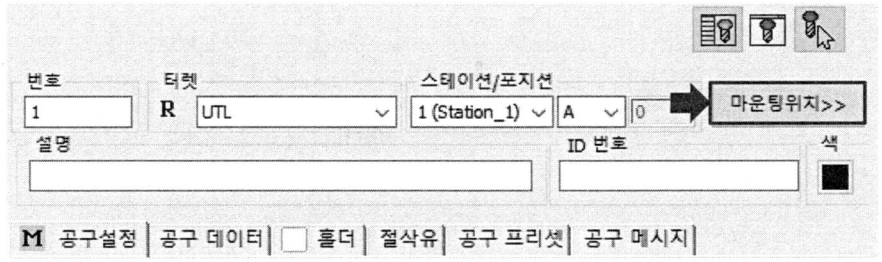

❽ [X+]를 클릭하여 공구 형상이 X축에 수직이 되도록 하고 확인을 클릭한다.

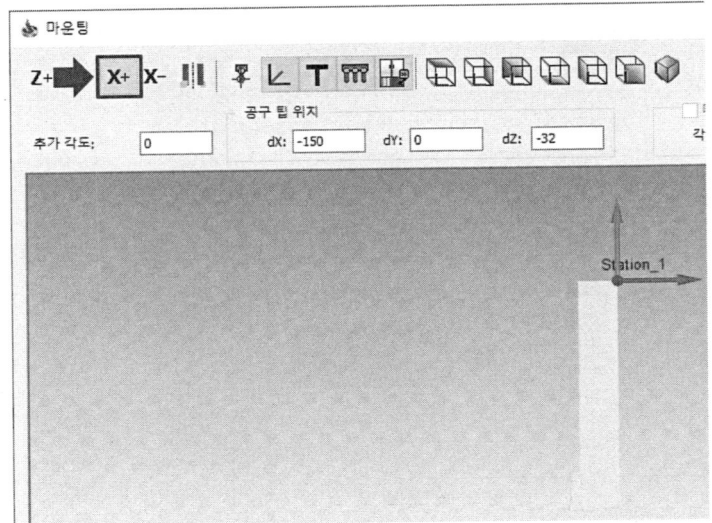

❾ [가공방법 → 작업종류 → 윤곽]을 클릭한다.

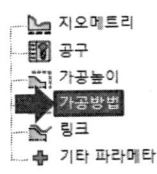
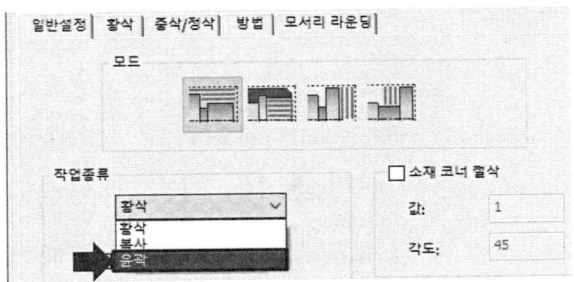

❿ [중삭/정삭 → 정삭 → ISO-선반가공방법 → 정삭 방법 → 전체 도형]을 선택한다.

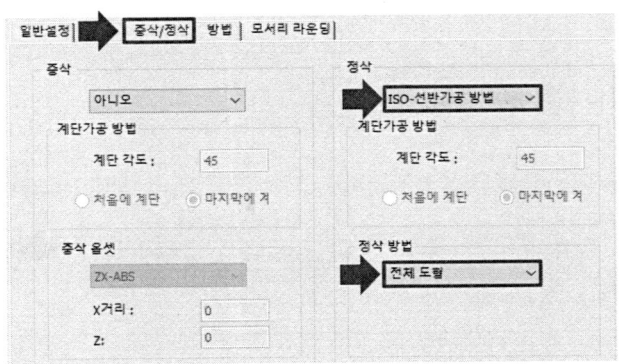

❶ [방법 → 하강 이동 하지 않음]을 클릭한다.

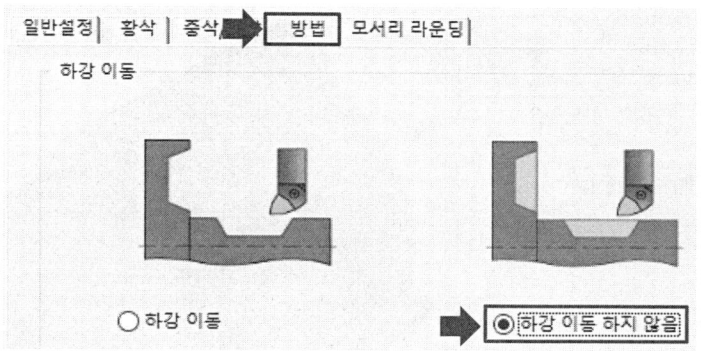

❷ [저장&계산] 버튼을 클릭하여 공구경로를 생성한다.

(5) 정삭 가공 시뮬레이션 실행

❶ 커맨드 매니저에서 [시뮬레이션]을 클릭한다.

❷ [시뮬레이션 → 선반가공 → 실행]을 클릭한다.

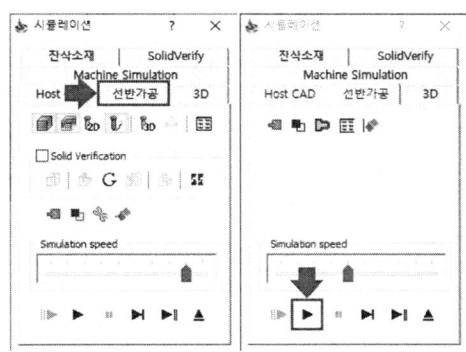
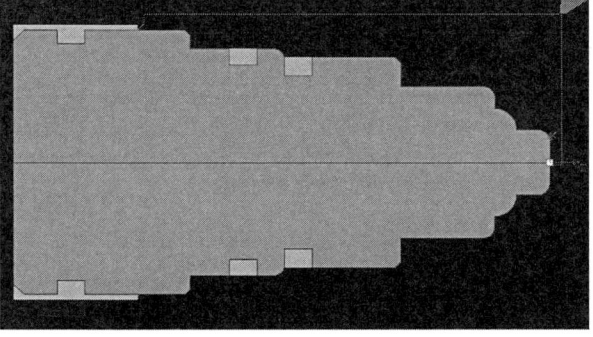

❸ [시뮬레이션 → SolidVerify → 실행]을 클릭하여 시뮬레이션을 확인한다.

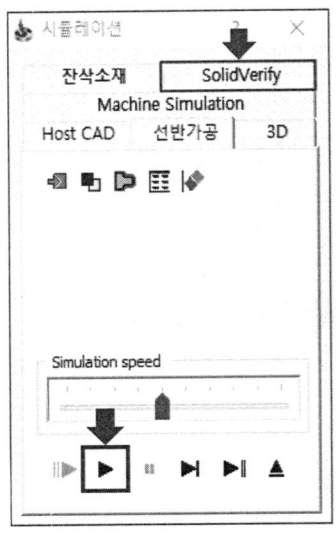
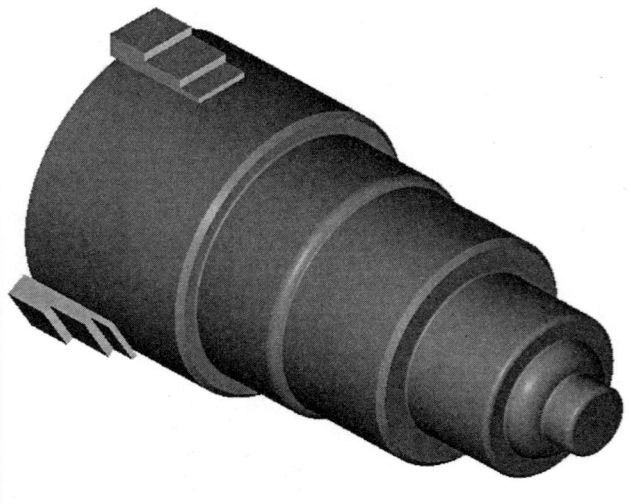

(6) 홈 가공

❶ [커맨드 매니저 → 홈]을 클릭한다.

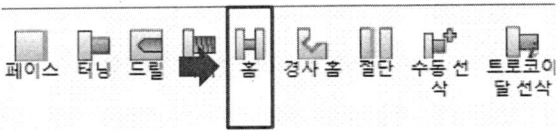

❷ [도형 → 와이어프레임 → 신규]를 클릭한다.

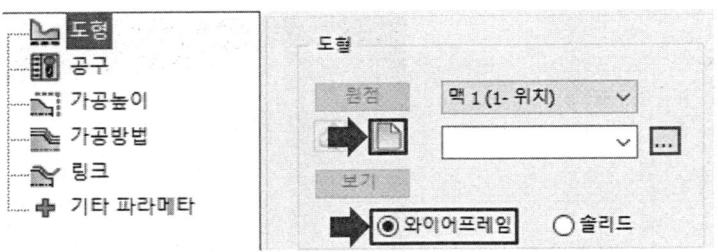

❸ 화살표가 향하는 선을 선택하고, [체인수락] 버튼을 클릭한다.

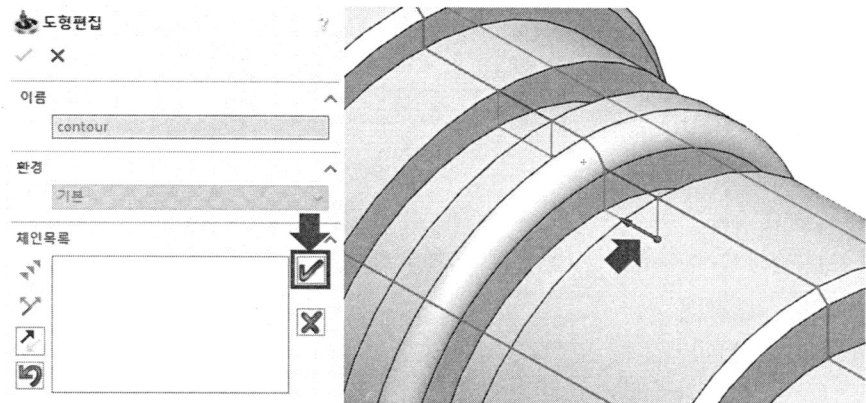

❹ 두 번째 홈 가공 위치에 있는 선을 선택하고, [체인수락] 버튼을 클릭한다.

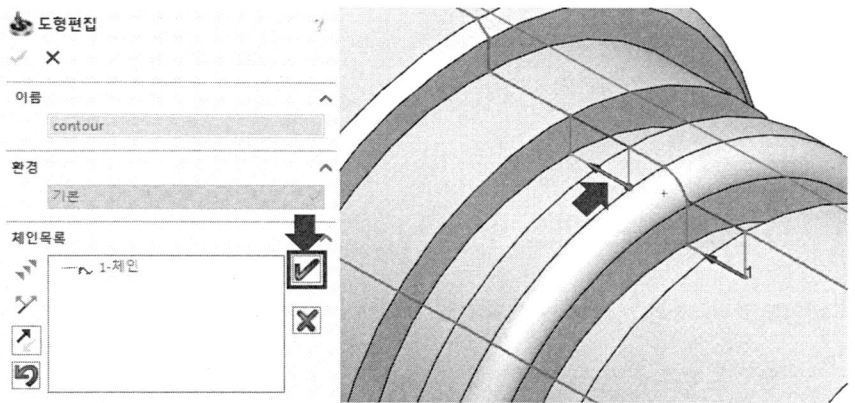

❺ 2개의 체인이 선택 되었다면 [확인] 버튼을 클릭한다.

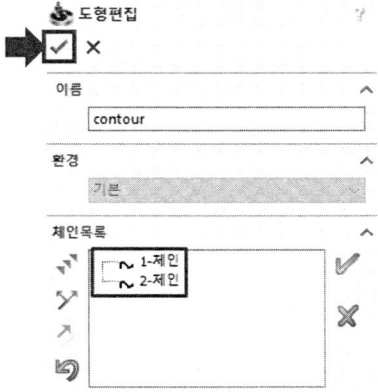

❻ [지오메트리 → 지오메트리 편집 → 지오메트리 수정] 클릭한다.

❼ [시작위치 소재에서부터 자동 연장 → 체크 해제 → 확인]을 클릭한다.

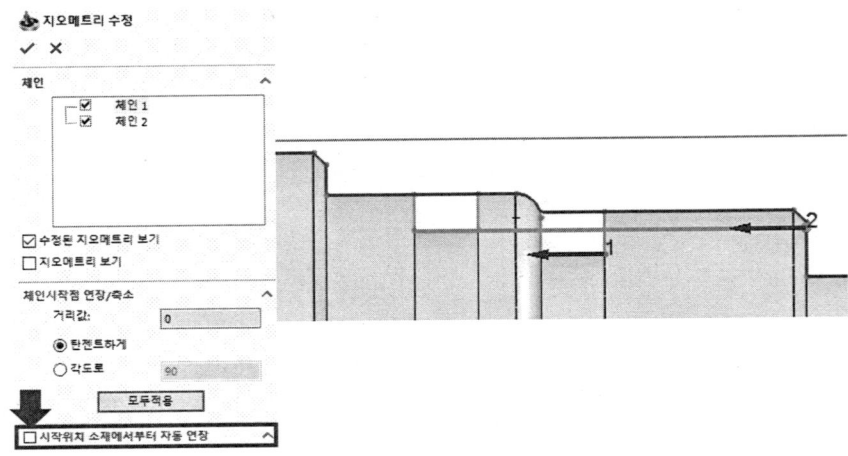

❽ [체인목록 → 체인 2 선택 → 시작위치 소재에서부터 자동 연장 → 체크 해제]한다.

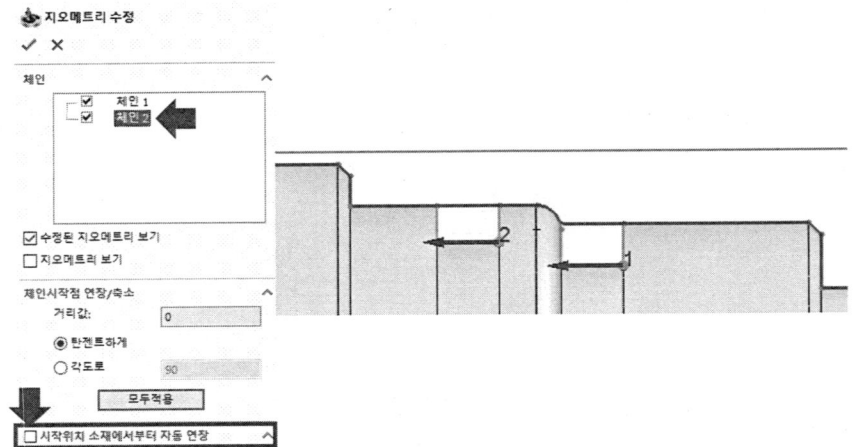

❾ [공구 → 선택]을 클릭한다.

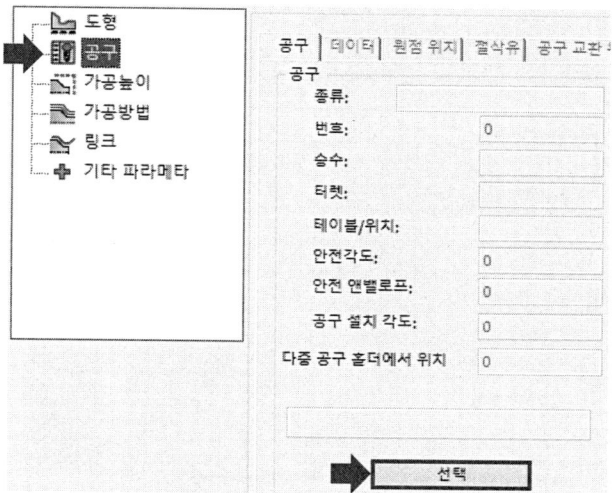

❿ [선반 공구추가 → Ext. Grooving]을 선택하고 확인을 클릭한다.

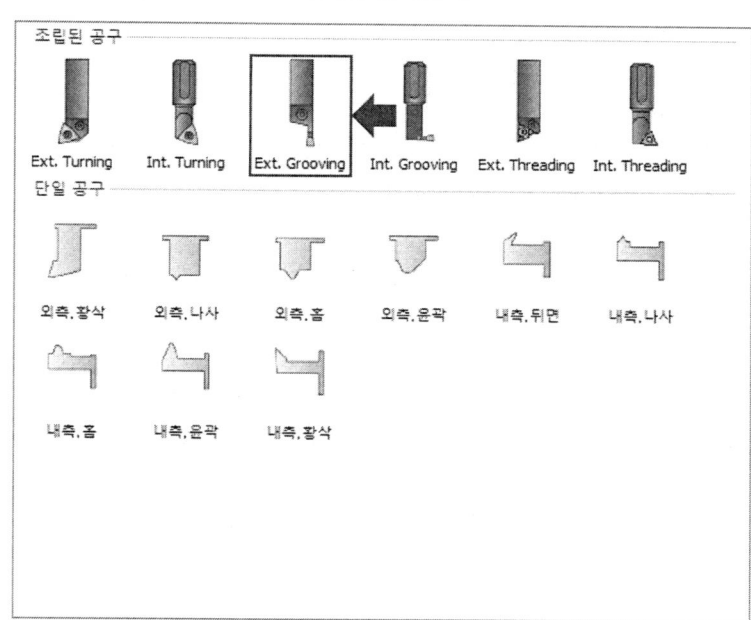

⑪ [번호 : 5]를 입력하고 그림과 같이 공구설정값을 설정한다.

- A : 3
- H : 12
- W : 3
- La : 6
- Ra : 0.2
- 코너두께 펙터 : 6

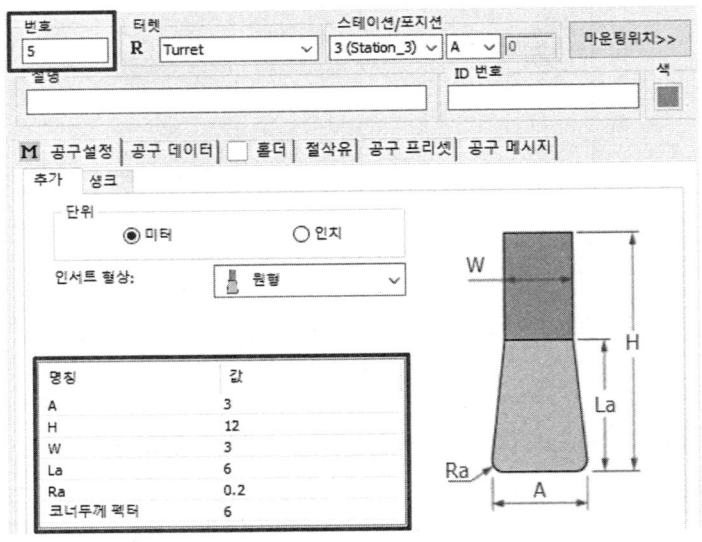

⑫ [공구 데이터 → 일반, 정삭피드 : 0.08 → 회전단위 → S(rpm) → 일반, 정삭 회전 : 500 → 최대회전수 : 500]을 입력한다.

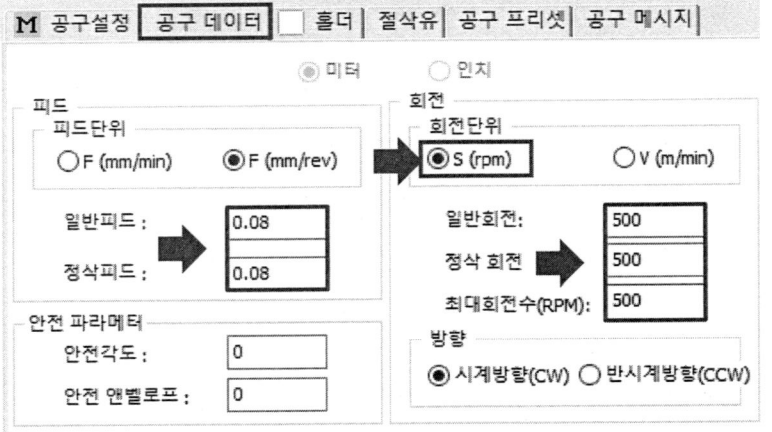

⓭ [마운팅위치>>]를 클릭한다.

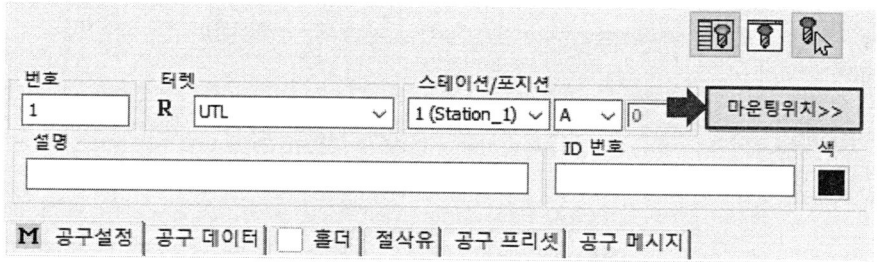

⓮ [X+]를 클릭하여 공구 형상이 X축에 수직이 되도록 하고 확인을 클릭한다.

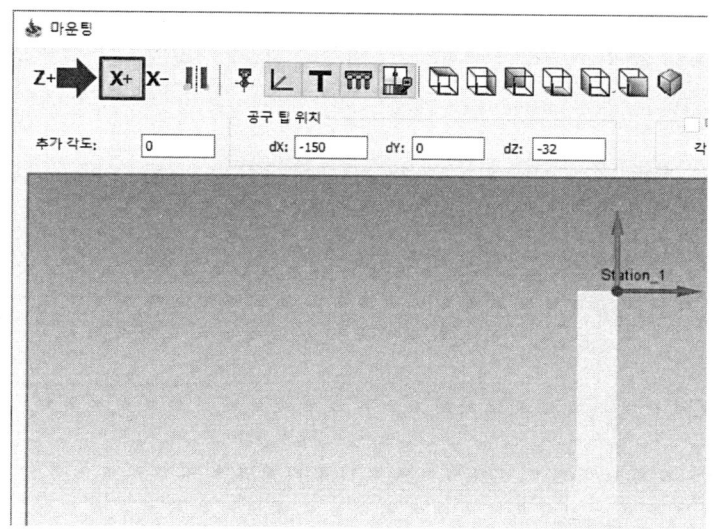

⓯ [가공 높이 → 안전거리 : 5]를 입력한다.

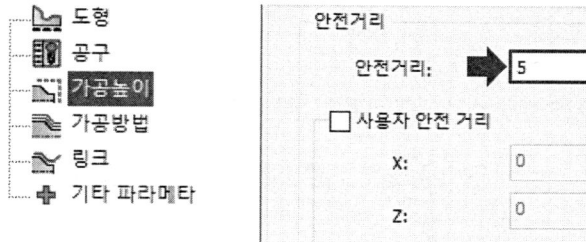

⓰ [가공방법 → 작업종류 : 황삭 → 사이클 사용 : 아니오]를 선택한다.

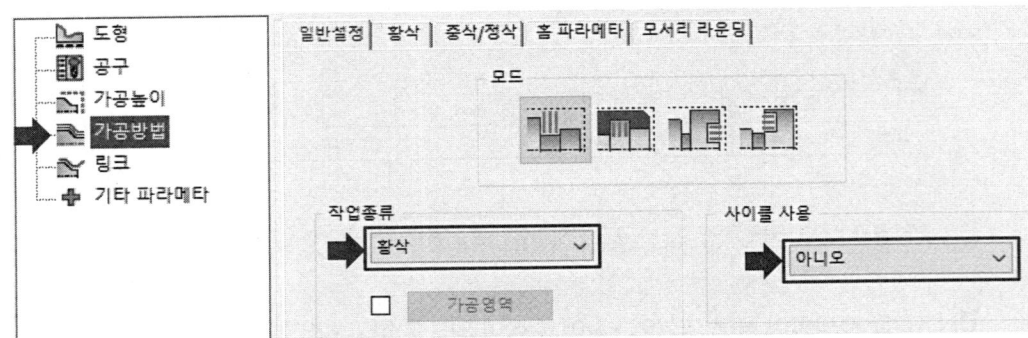

⓱ [가공방법 → 황삭 → 절입량 → 없음 → 황삭 옵셋]을 다음과 같이 입력한다.

▸ x거리 : 0　　　　　　　　　　▸ z거리 : 0

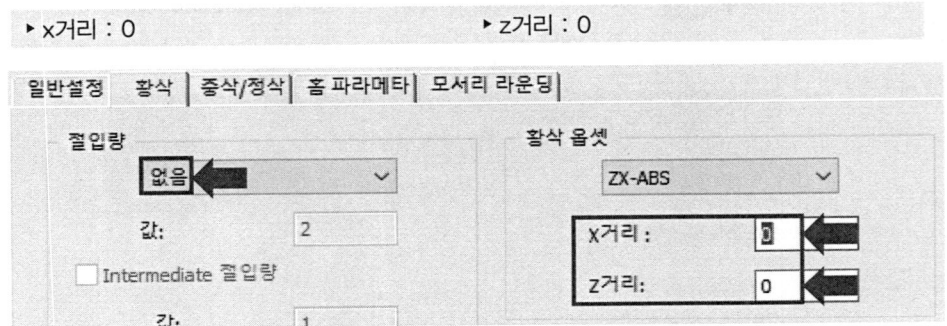

⓲ [가공방법 → 중삭/정삭 → 정삭 → 아니오]를 클릭한다.

⓳ [저장&계산] 버튼을 클릭하여 공구경로를 생성한다.

(7) 홈 가공 시뮬레이션 실행

❶ [시뮬레이션] 버튼을 클릭한다.

❷ [시뮬레이션 → 선반가공 → 실행]을 클릭한다.

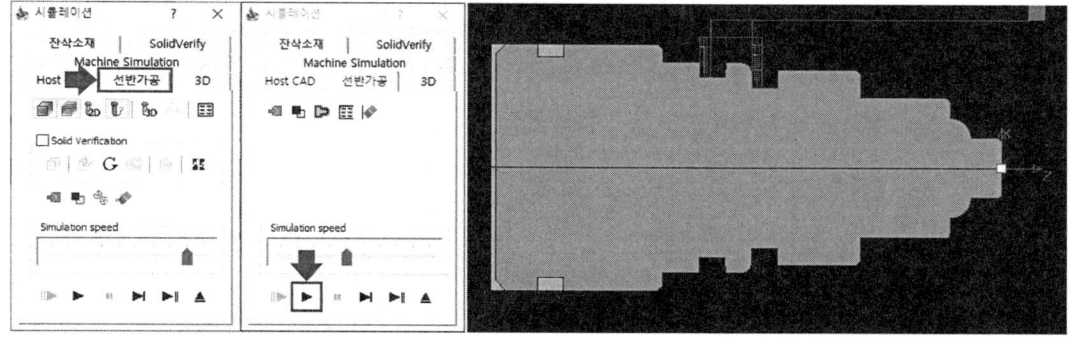

❸ [시뮬레이션 → SolidVerify → 실행]을 클릭하여 시뮬레이션을 확인한다.

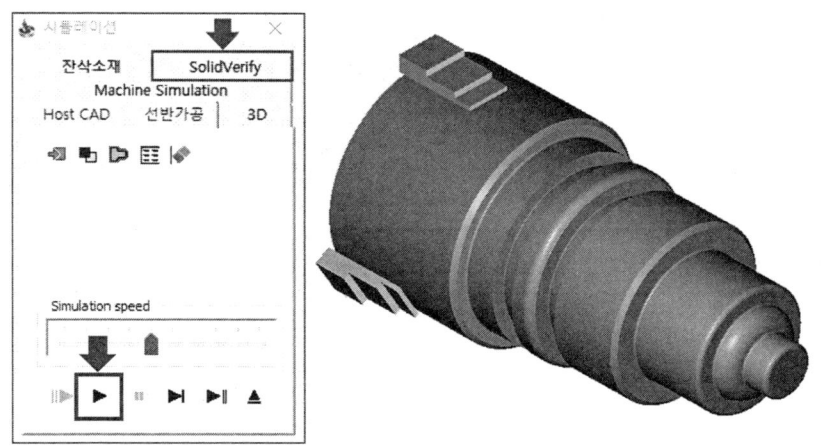

(8) 나사 가공

❶ [커맨드 매니저 → SolidCAM 선반 탭 → 나사 → 와이어프레임 → 신규]를 클릭한다.

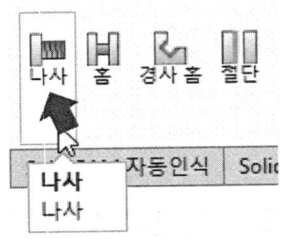

❷ 그림에서 화살표가 향하는 선을 클릭하여 체인 생성을 확인한 후 확인을 클릭한다.

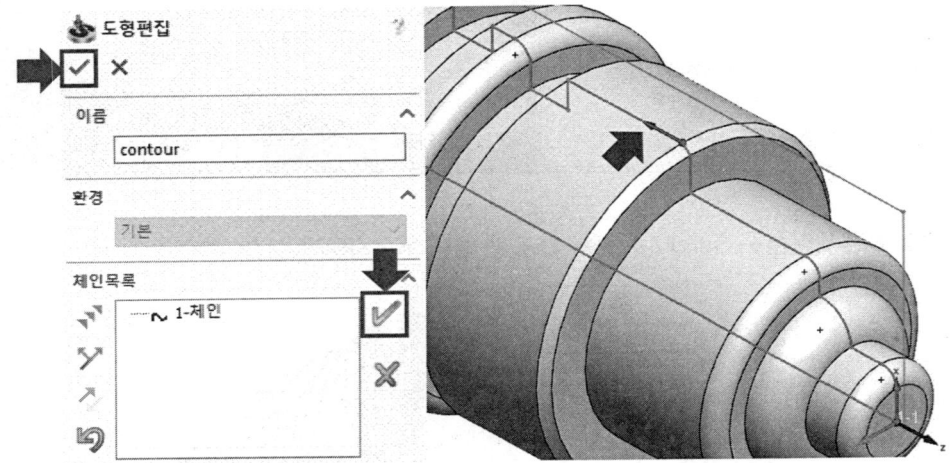

❸ [지오메트리 → 지오메트리 편집 → 지오메트리 수정] 클릭한다.

❹ [체인시작점 연장/축소 → 거리값 5]을 입력하고, [체인 끝점 연장/축소 : 거리값 2]를 입력한 뒤 확인을 클릭한다.

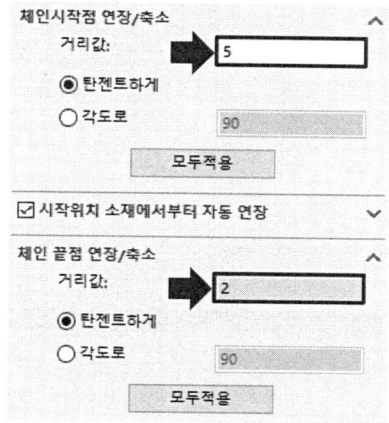

❺ [공구 → 선택]을 클릭한다.

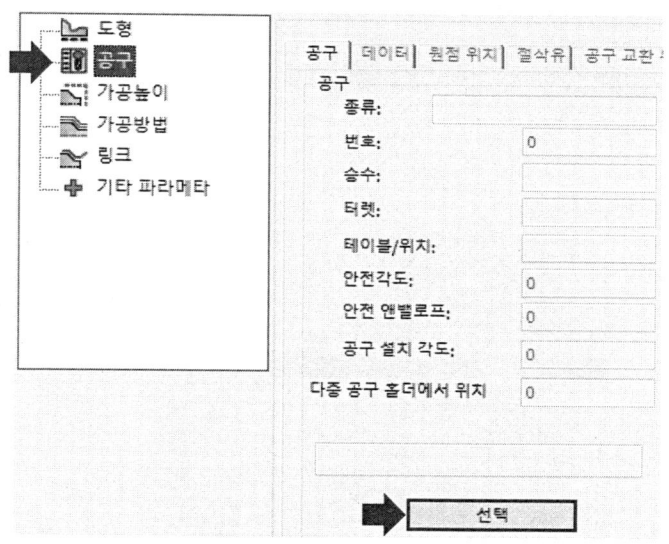

❻ [선반 공구추가 → Ext. Threading]을 선택하고 확인을 클릭한다.

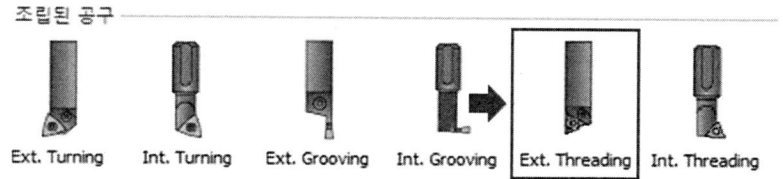

❼ [번호 : 7 → 공구설정 → 나사규격 → Metric(ISO)]를 선택한다.

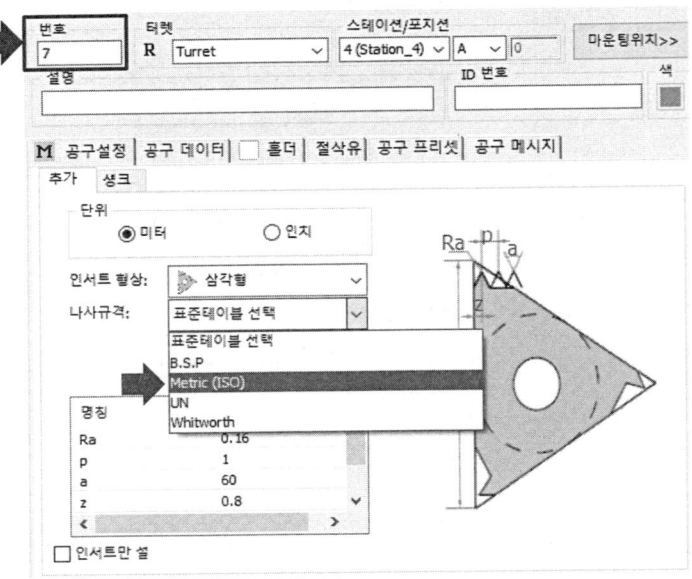

❽ [M39 × 2.0]을 선택하고, [확인]을 클릭한다.

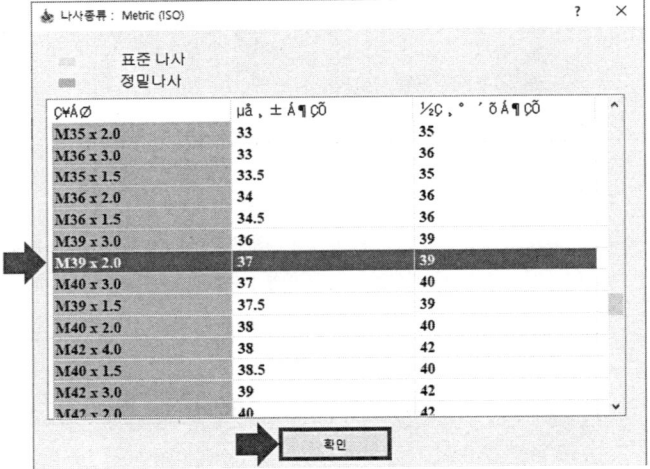

❾ [공구설정 → 공구 데이터 → 일반, 정삭피드 : 2.0 → S(rpm) → 일반, 정삭 회전 : 500 → 최대회전수 : 500]을 입력한다.

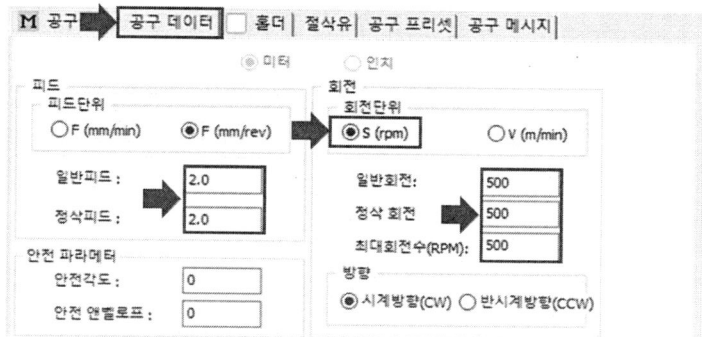

❿ [마운팅위치>>]를 클릭한다.

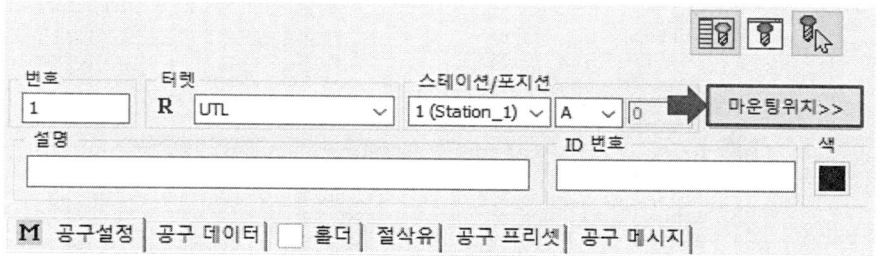

⓫ [X+]를 클릭하여 공구 형상이 X축에 수직이 되도록 하고 확인을 클릭한다.

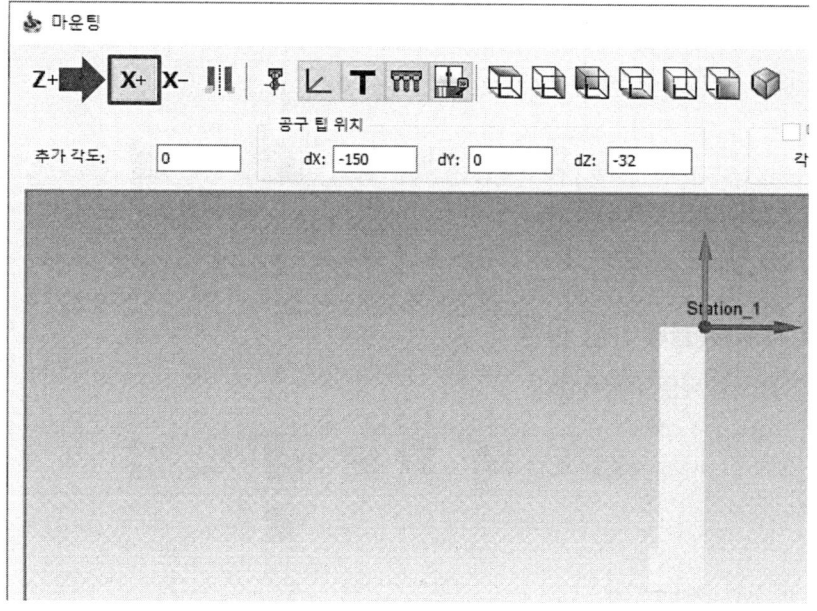

⑫ [가공방법 → 나사 기본 규격 → 테이블 → 표준테이블 선택 → Metric (ISO)]를 클릭한다.

⑬ [M39 x 2.0]을 선택하고, [확인]을 클릭한다.

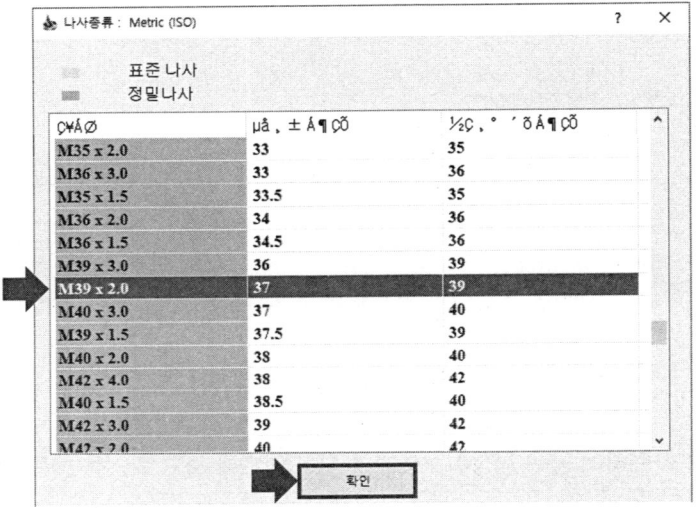

⑭ [저장&계산] 버튼을 클릭하여 공구경로를 생성한다.

(9) 나사 가공 시뮬레이션 실행

❶ [시뮬레이션] 버튼을 클릭한다.

❷ [시뮬레이션 → 선반가공 → 실행]을 클릭한다.

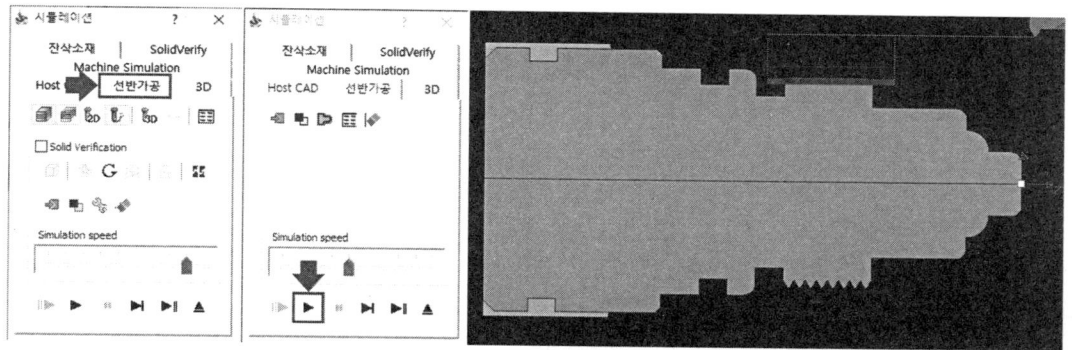

❸ [시뮬레이션 → SolidVerify → 실행]을 클릭하여 시뮬레이션을 확인한다.

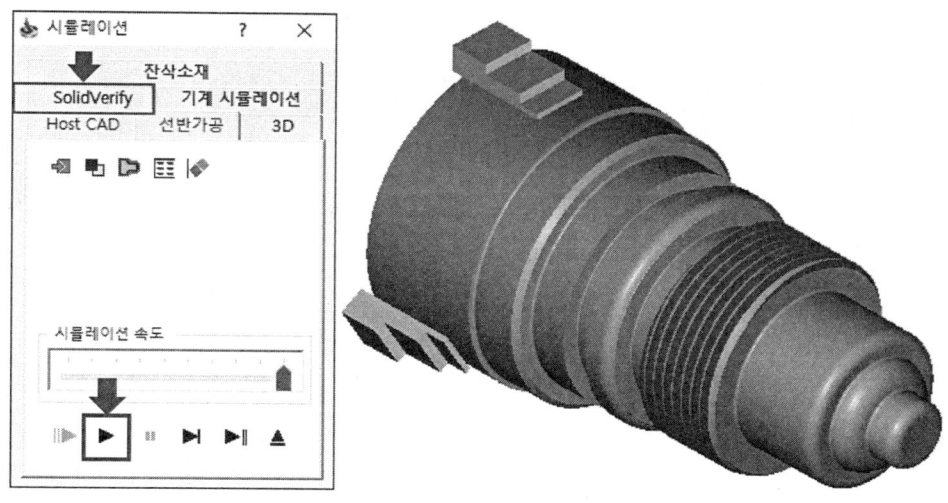

(10) 시뮬레이션 및 G코드 생성

❶ [솔리드캠 관리자 → 작업]을 클릭한다.

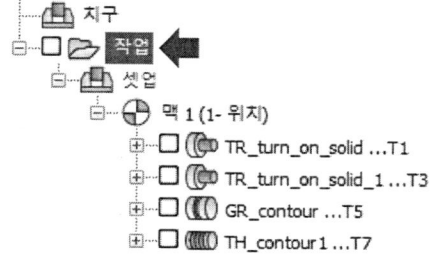

❷ 커맨드 매니저에서 [시뮬레이션]을 클릭한다.

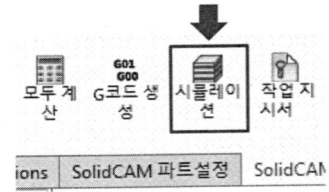

❸ [시뮬레이션 → 선반가공 또는 SoildVerify → 실행]을 클릭하여 모든 작업에 대한 시뮬레이션을 확인한다.

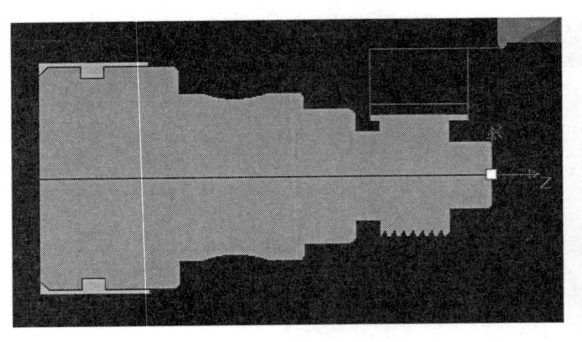
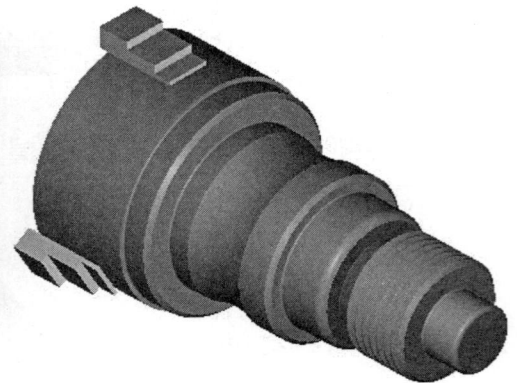

❹ [커맨드 매니저 → G코드 생성]을 클릭한다.

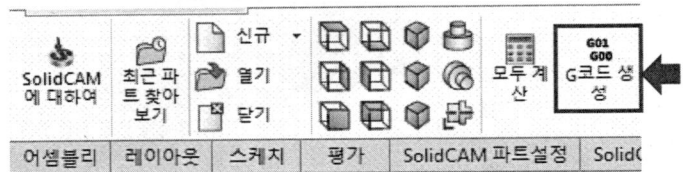

❺ G코드를 확인 후 [다른 이름으로 저장]으로 저장한다.

```
%
O0001
G28 U0 W0
N10 (turn:T01)
G50 S2000
T0101
G0 X55.0 Z3.0
G96 G99 S200 M3
   X49.4
G1 Z-74.4 F0.3
   X51.0
   X52.41 Z-74.33
G0 Z3.0
   X47.65
G1 Z-65.16
   X49.17 Z-65.92
G3 X49.4 Z-66.2 R0.4
G1 X50.4
G0 Z3.0
   X45.9
```

(11) 뒷면 가공 초기 설정하기

❶ [솔리드캠 관리자 → 공구 → 더블클릭 → 공구 내보내기]를 클릭한다.

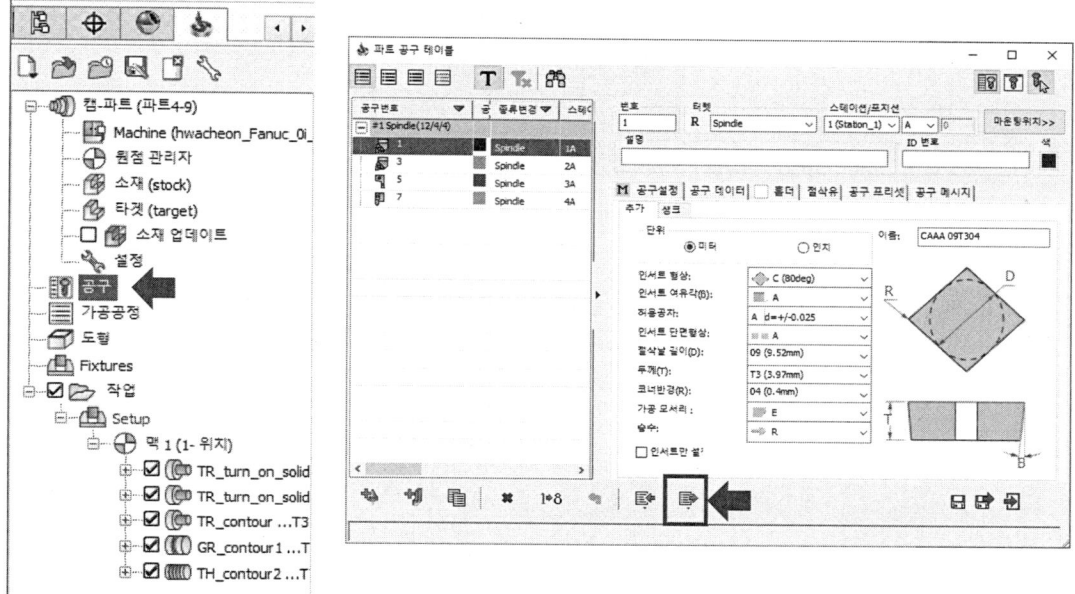

❷ [공구 내보내기 → Export All → 파일 이름 입력 → Export]를 클릭한다.

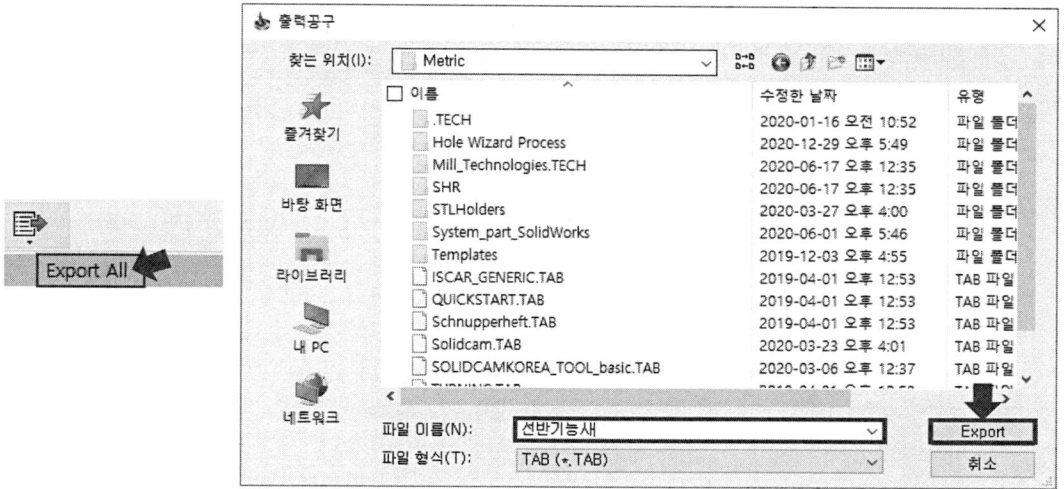

❸ [주메뉴 바 → 열기]를 통해 파일을 불러온다.

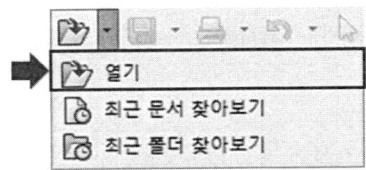

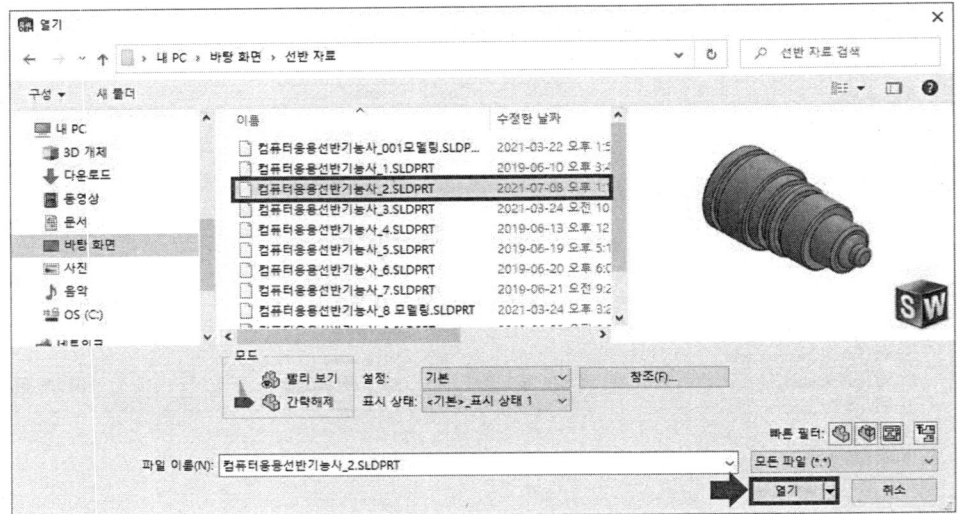

Tip 이미 모델링 파일이 열려있다면 해당 과정은 생략한다.

❹ [커맨드 매니저 → SolidCAM 파트 설정 탭 → 신규 → 터닝]을 클릭한다.

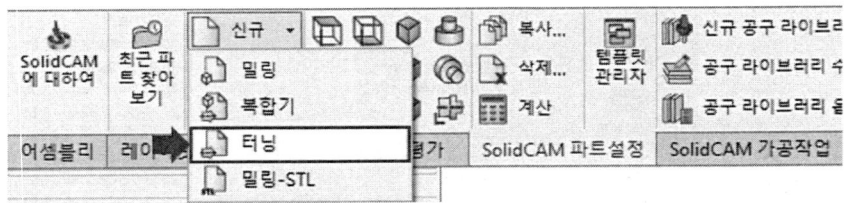

❺ [좌측 대화상자 → 캠-파트 생성방법 → 솔리드캠의 파일로 저장 → 단위 → 미터]를 선택하고 확인을 클릭한다.

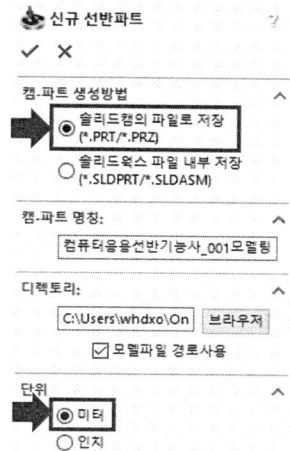

❻ [솔리드캠 관리자 → CNC-컨트롤러 → OKUMALL]을 설정한 후 [정의 → 원점]을 클릭한다.

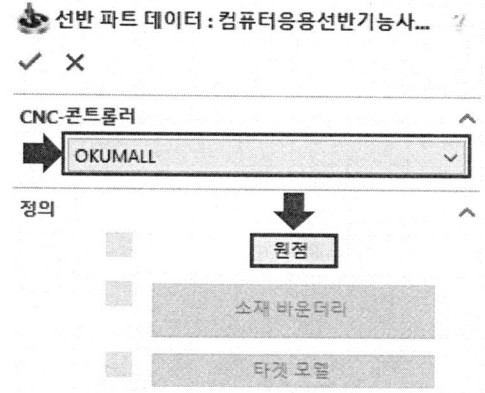

❼ 모델링을 클릭하여 원점을 생성한다.

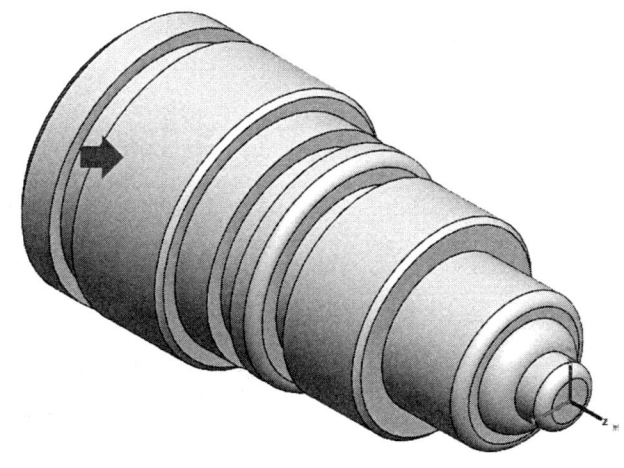

❽ [반대로 변경]을 클릭하고, 원점의 위치가 변경된걸 확인 후 [확인] 버튼을 클릭하여 원점 정의를 마친다.

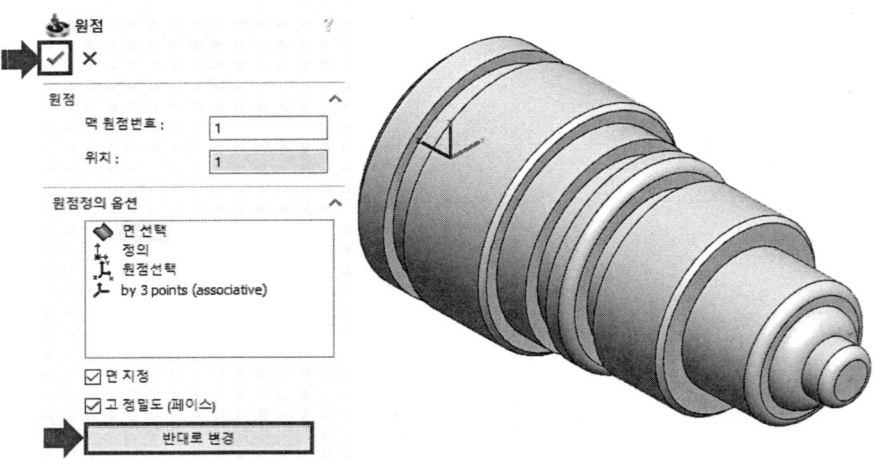

❾ [소재 바운더리]를 클릭한다.

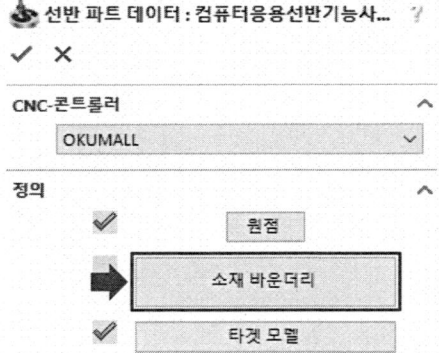

❿ 모델링을 클릭하여 형상을 정의하고, [옵셋 → 우측 및 외측 : 1]을 입력한 후 확인을 클릭하여 소재를 정의한다.

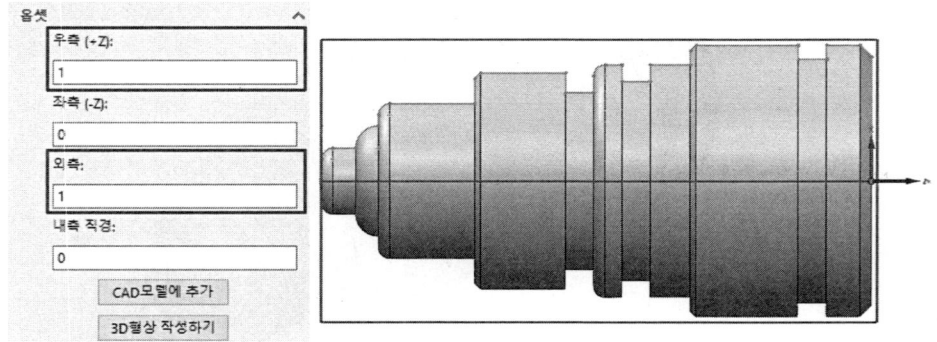

⓫ 원점, 소재, 타겟의 정의가 모두 완료되면 확인 버튼을 클릭하여 파트 정의를 마친다.

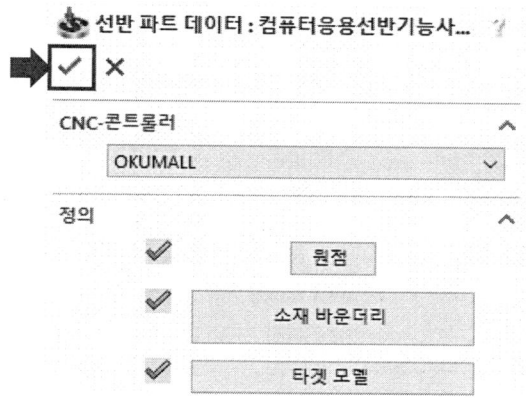

⓬ [공구 → 더블클릭 → 공구 불러오기]를 클릭한다.

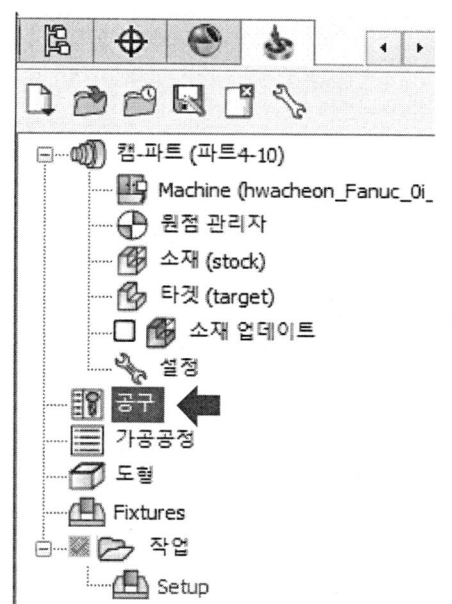
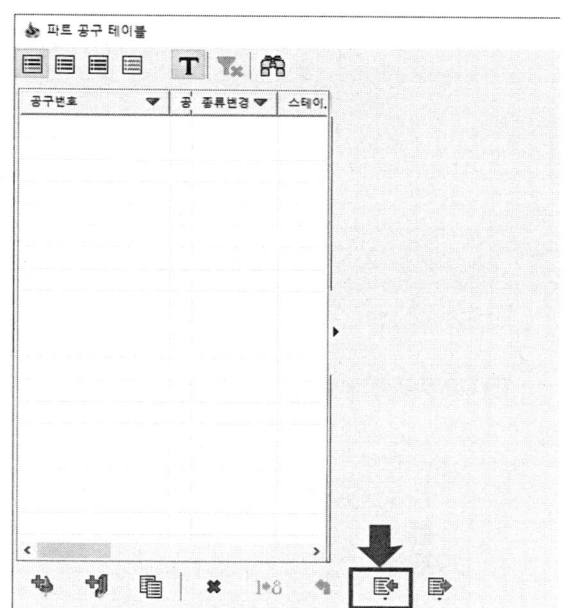

⓭ [공구 불러오기 → 라이브 → 저장 해놓은 공구 파일 이름]을 클릭한다.

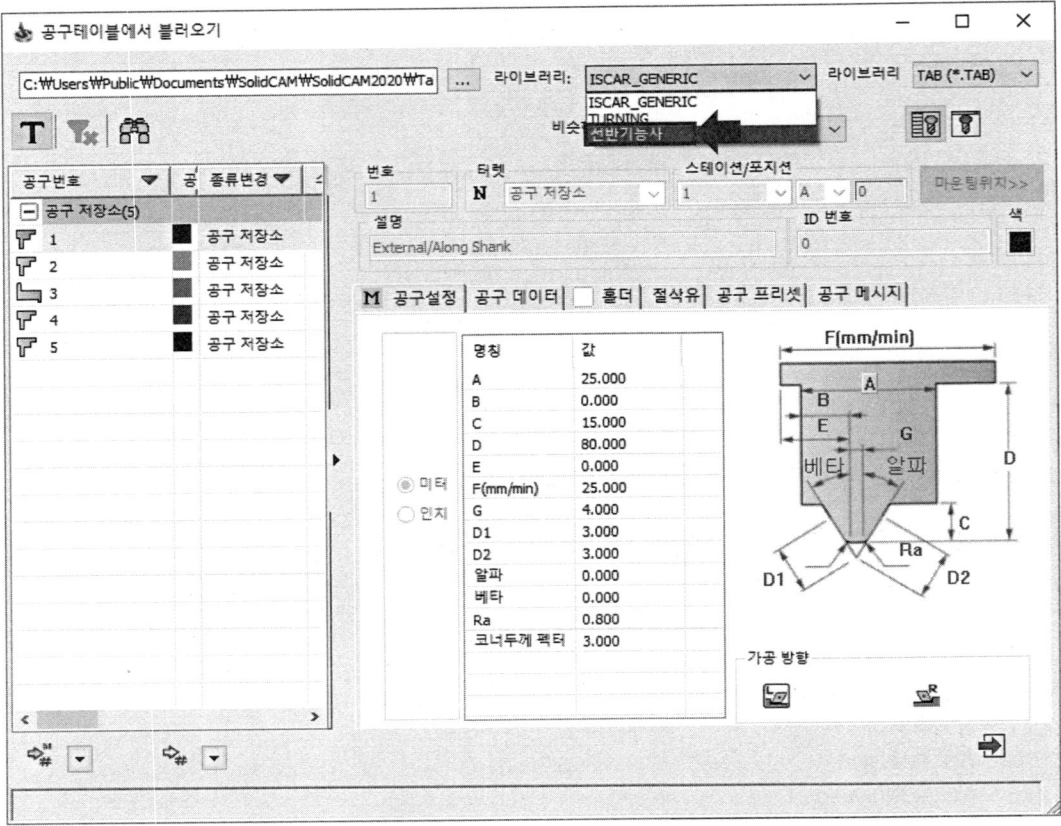

⓮ [공구목록 우클릭 → Import All tools → with tool numbering] 을 클릭한다.

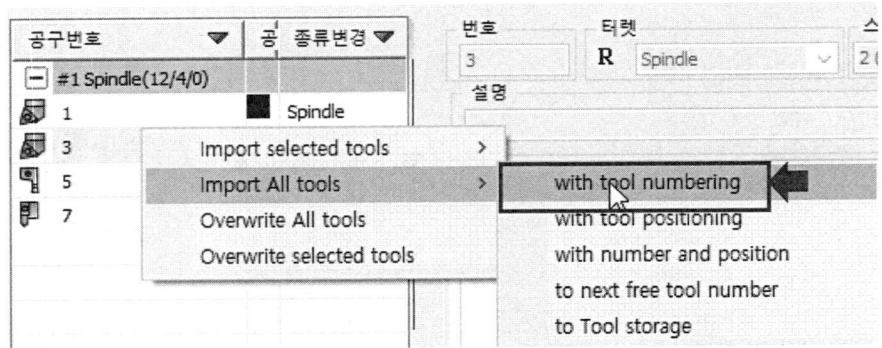

⓯ 공구테이블에서 불러오기 작업창을 닫은 후 파트 공구 테이블 작업창에서 [저장 & 나가기] 버튼을 클릭한다.

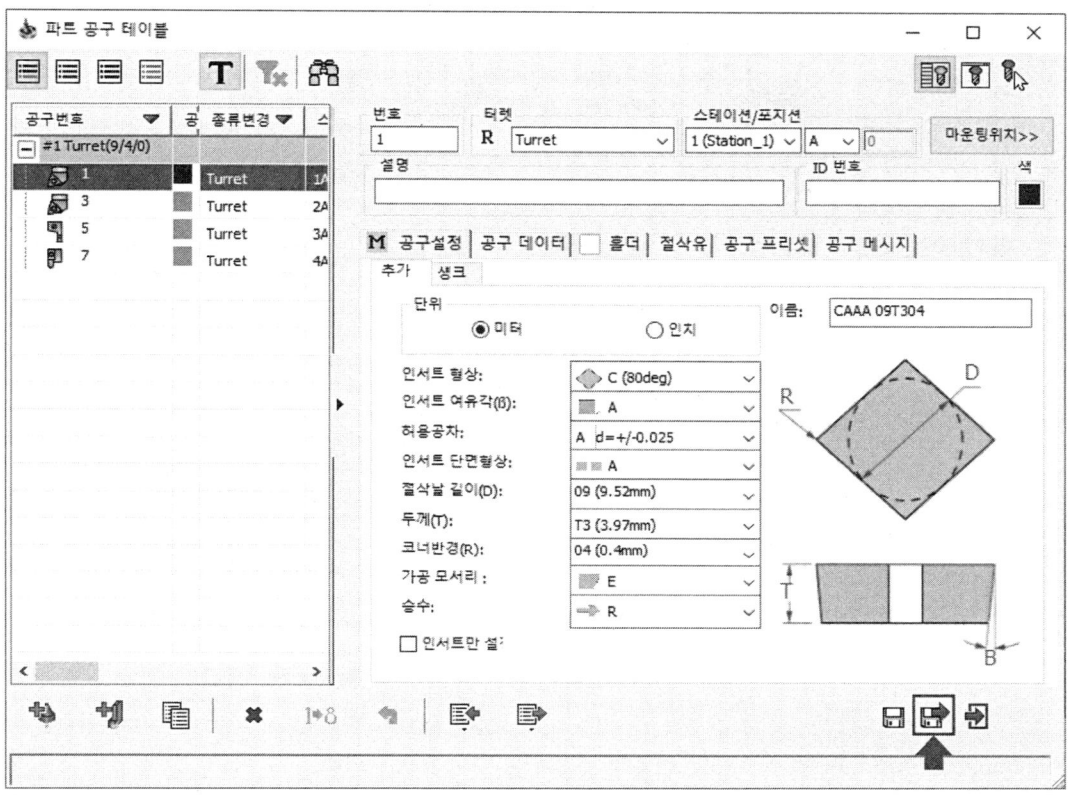

⓰ [Setup 우클릭 → 편집 → Table_Pos1]을 클릭하고, [Z : 80]으로 입력한다.

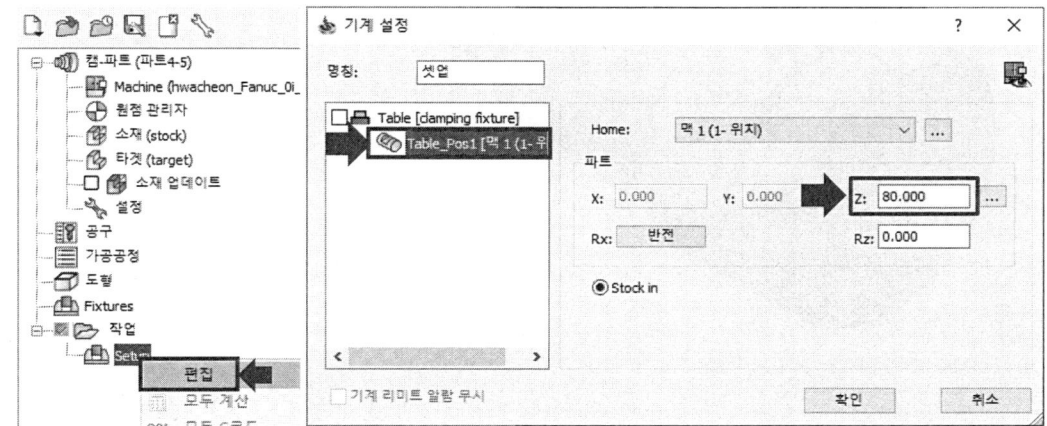

(12) 뒷면 황삭 가공

❶ [커맨드 매니저 → SolidCAM 선반 탭 → 터닝]를 클릭한다.

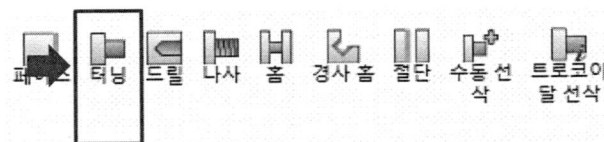

❷ [지오메트리 → 솔리드 → 신규]를 클릭한다.

 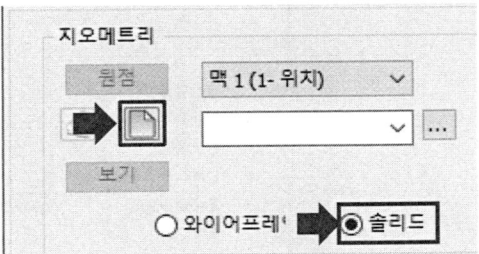

❸ 가공이 시작되는 면과 끝나는 면을 클릭하고, [수락] 버튼을 클릭하여 체인을 생성한다.

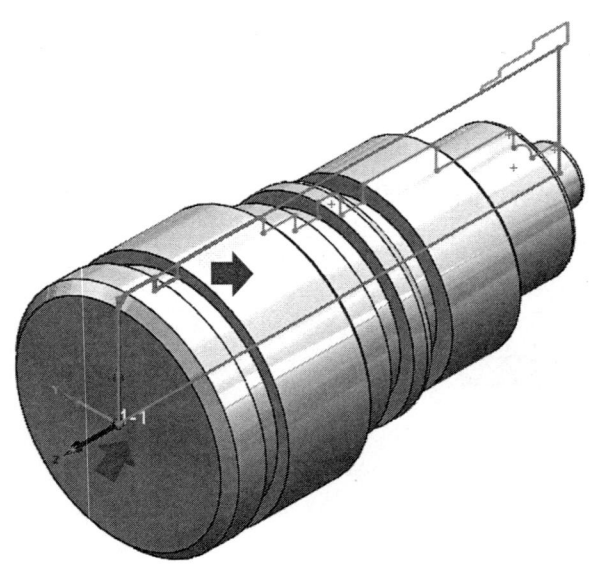 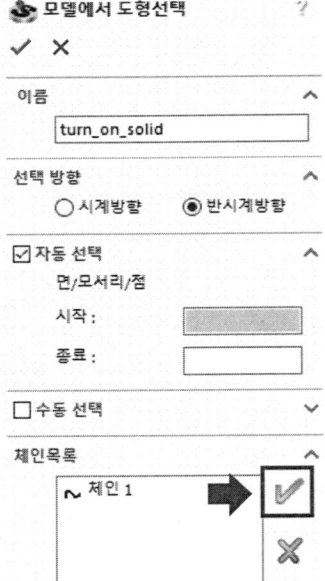

❹ [공구 → 선택]을 클릭한다.

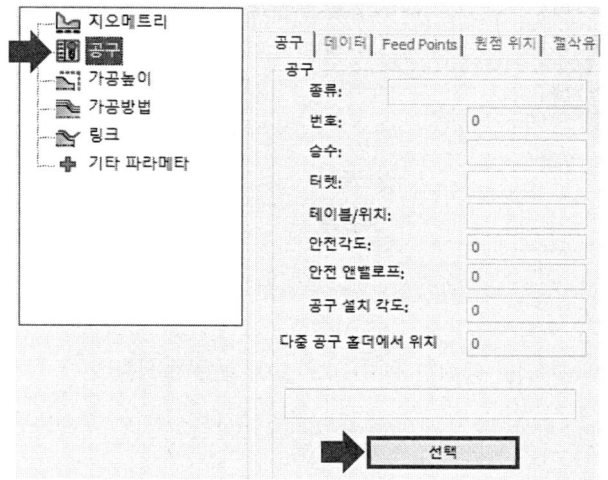

❺ 1번 공구를 더블클릭하여 선택한다.

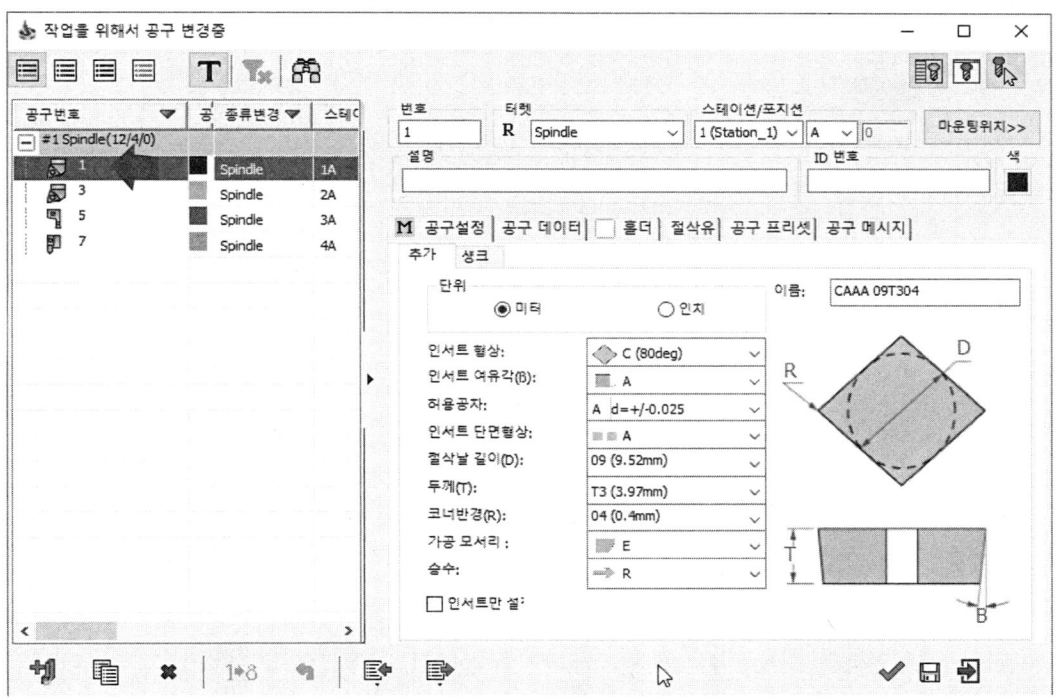

❻ [가공방법 → 작업종류 → 황삭]을 클릭한다.

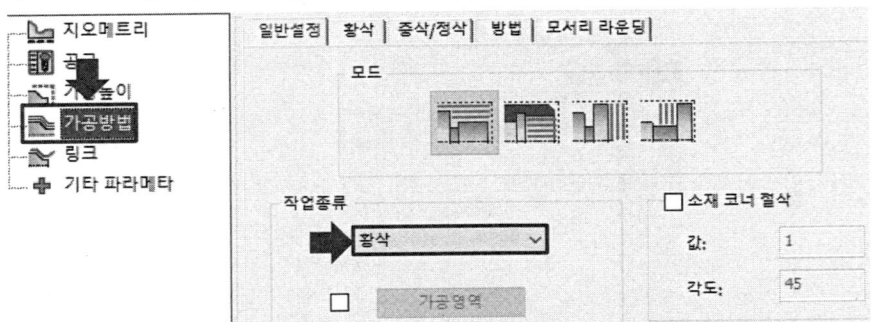

❼ [가공방법 → 황삭]을 클릭한 후 아래와 같이 값을 설정한다.

▸ x거리 : 0　　　　　　　　　　▸ z : 0

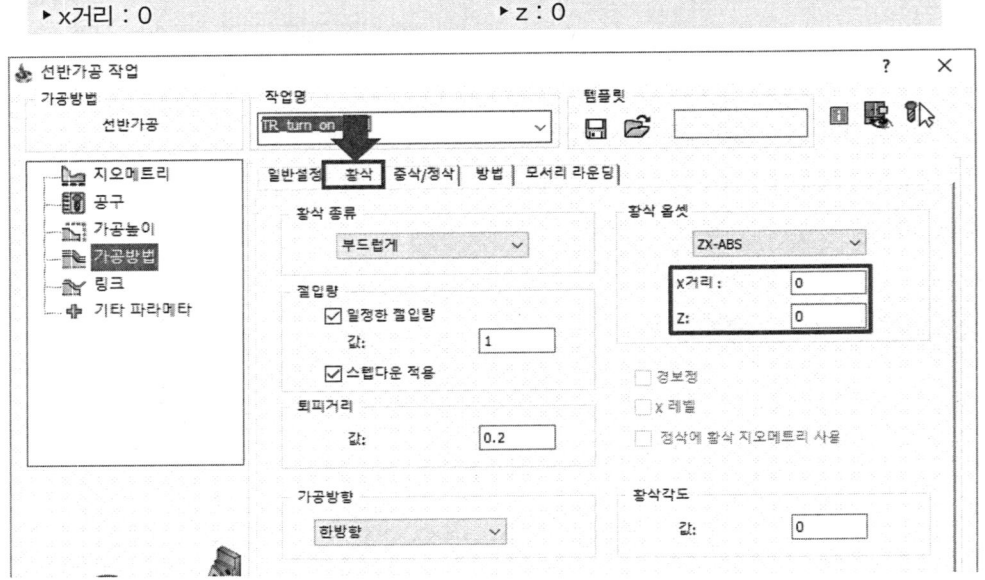

❽ [방법 → 하강 이동 하지 않음]을 클릭한다.

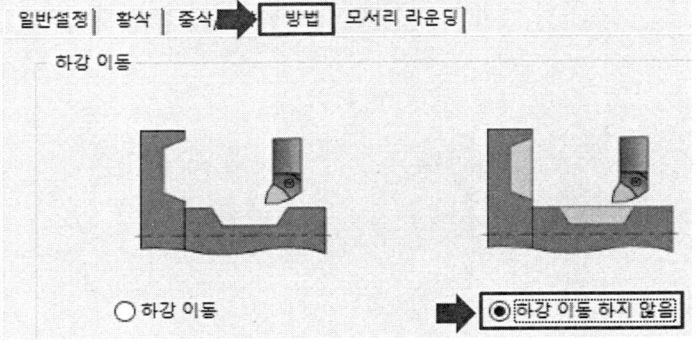

컴퓨터응용선반기능사 실기

❾ [저장&계산] 버튼을 클릭하여 공구경로를 생성한다.

(13) 뒷면 황삭 가공 시뮬레이션 실행

❶ [시뮬레이션] 버튼을 클릭한다.

❷ [시뮬레이션 → 선반가공 → 실행]을 클릭한다.

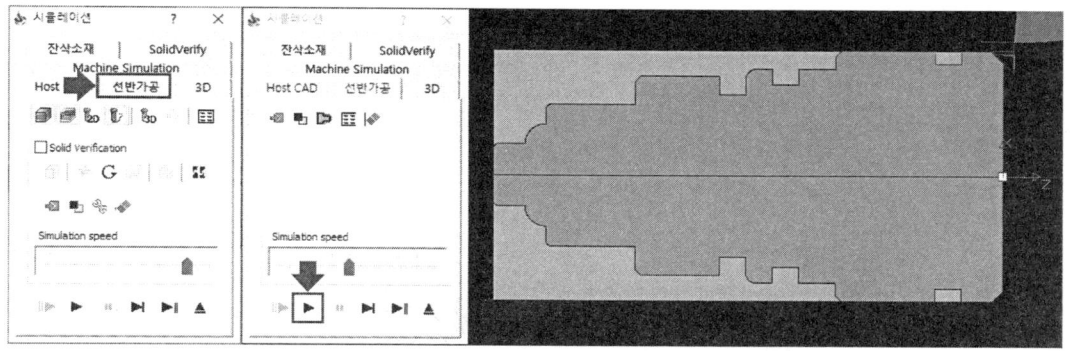

❸ [시뮬레이션 → SolidVerify → 실행]을 클릭하여 시뮬레이션을 확인한다.

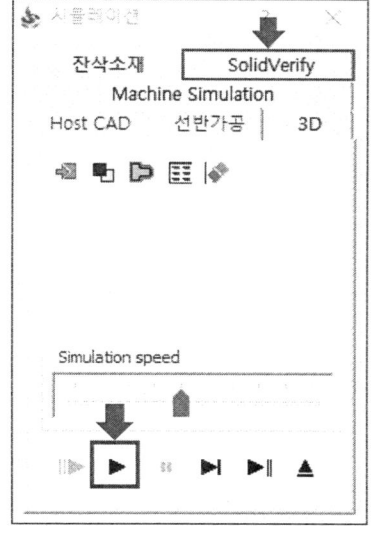
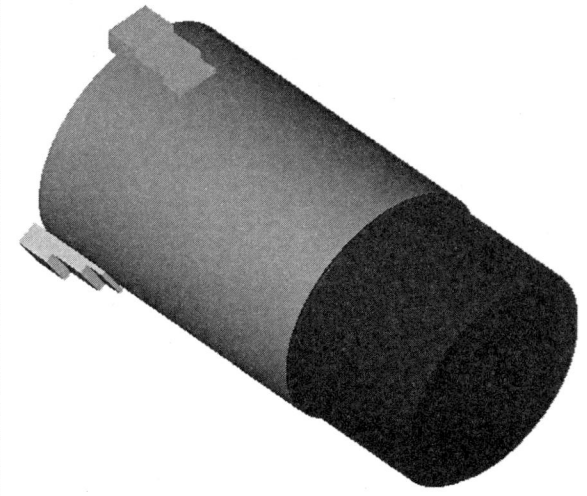

(14) 뒷면 홈 가공

❶ [SolidCAM 선반 탭 → 홈 → 와이어프레임 → 신규]를 클릭한다.

❷ 화살표가 향하는 선을 선택하고, 체인을 설정한 후 확인을 클릭한다.

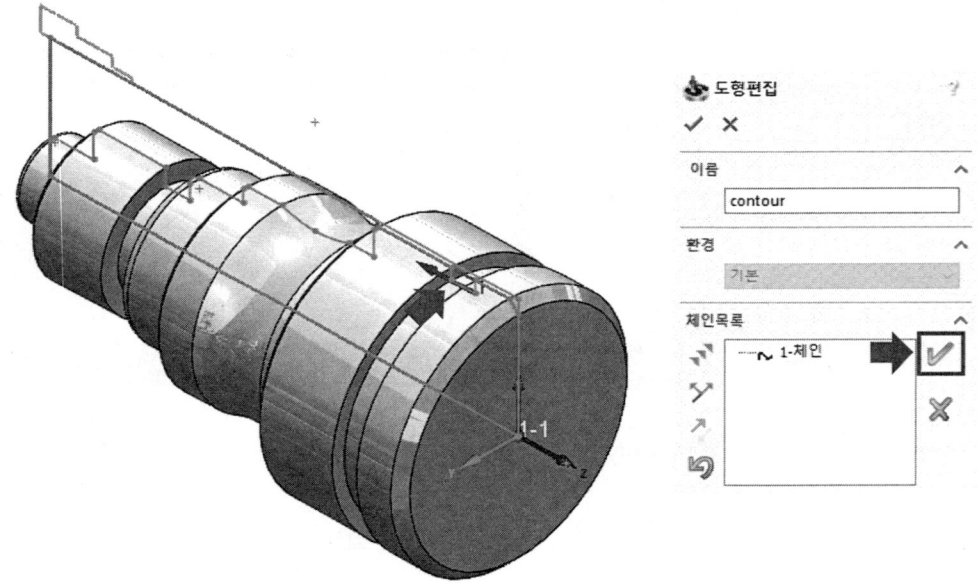

❸ [지오메트리 → 지오메트리 편집 → 지오메트리 수정] 클릭한다..

❹ [시작위치 소재에서부터 자동 연장 → 체크 해제 → 확인]을 클릭한다.

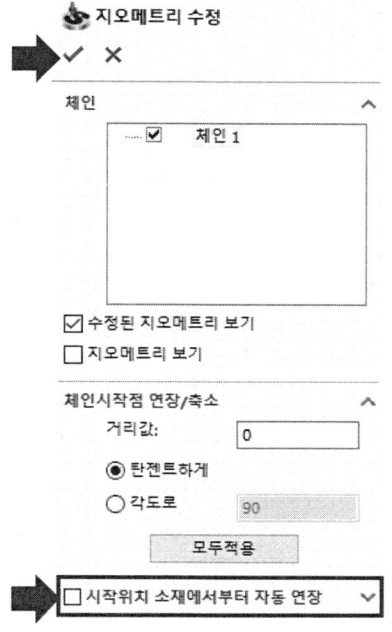

❺ [공구 → 선택]을 클릭한다.

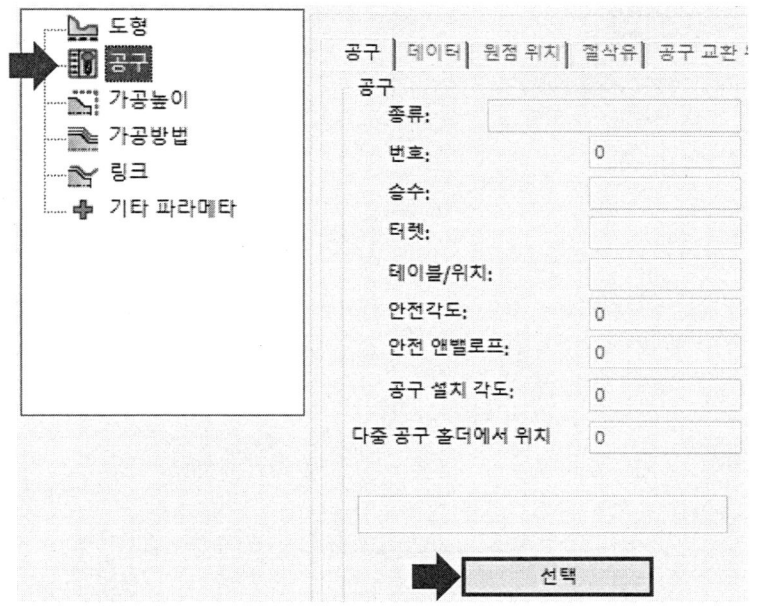

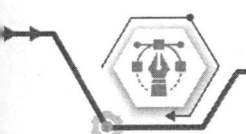

❻ 5번 공구 홈바이트를 선택한다.

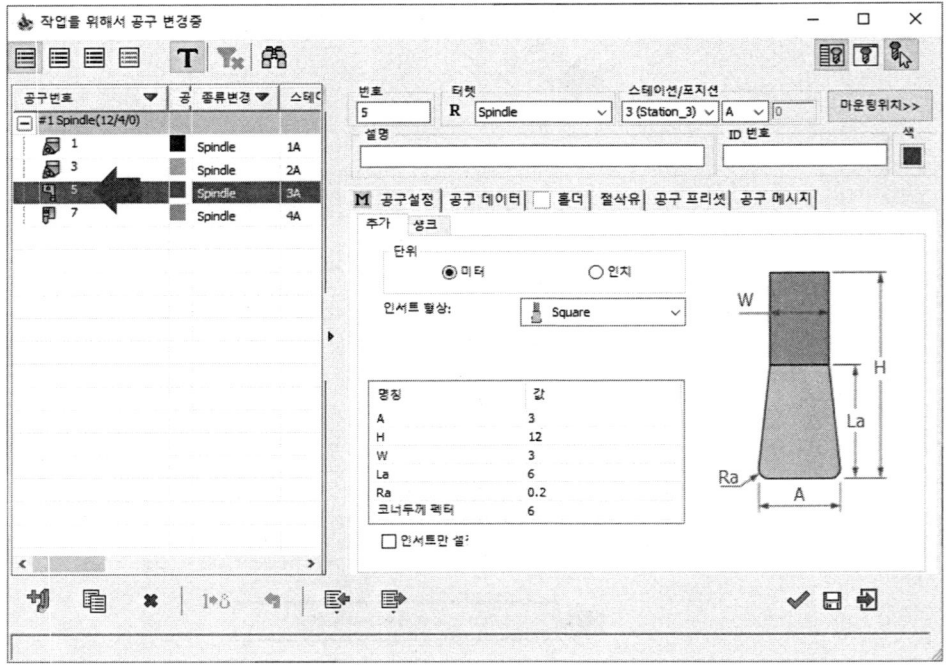

❼ [가공 높이 → 안전거리 : 5]를 입력한다.

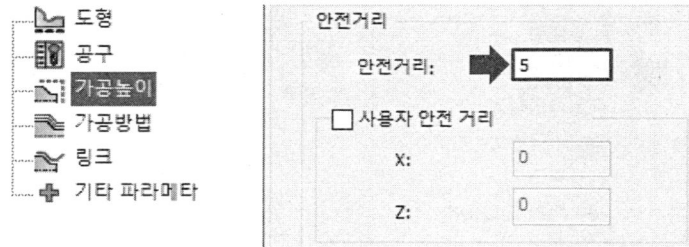

❽ [가공방법 → 작업종류 : 황삭 → 사이클 사용 : 아니오]를 선택한다.

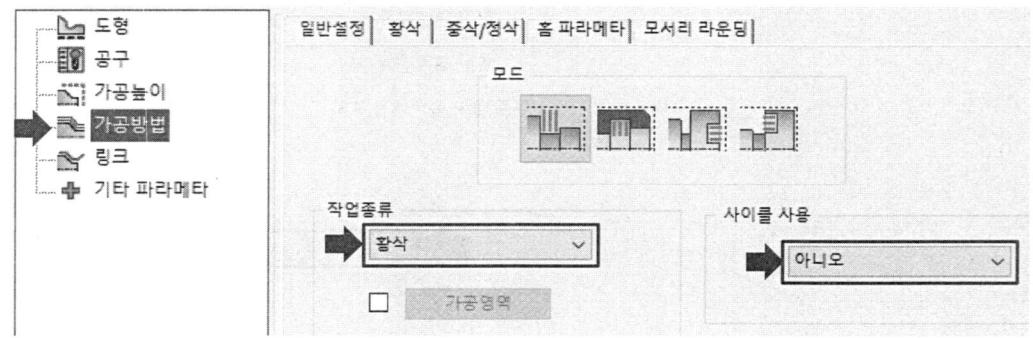

❾ [가공방법 → 황삭 → 절입량 → 없음 → 황삭 옵셋]을 다음과 같이 입력한다.

▸ x거리 : 0   ▸ z거리 : 0

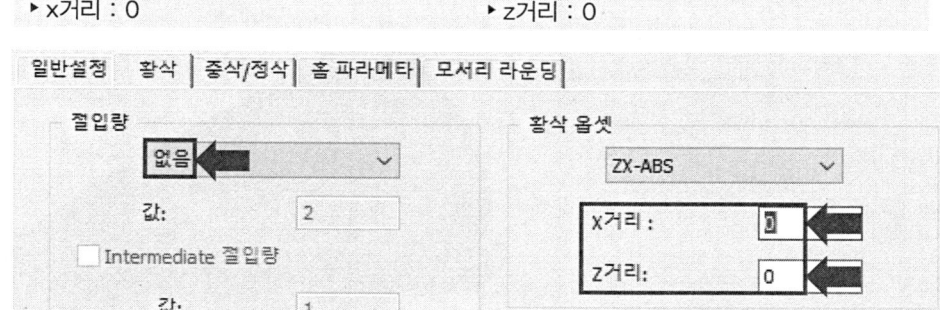

❿ [가공방법 → 중삭/정삭 → 정삭 → 아니오]을 클릭한다.

⓫ [저장&계산] 버튼을 클릭하여 공구경로를 생성한다.

(15) 뒷면 홈 가공 시뮬레이션 실행

❶ [시뮬레이션] 버튼을 클릭한다.

❷ [시뮬레이션 → 선반가공 → 실행]을 클릭한다.

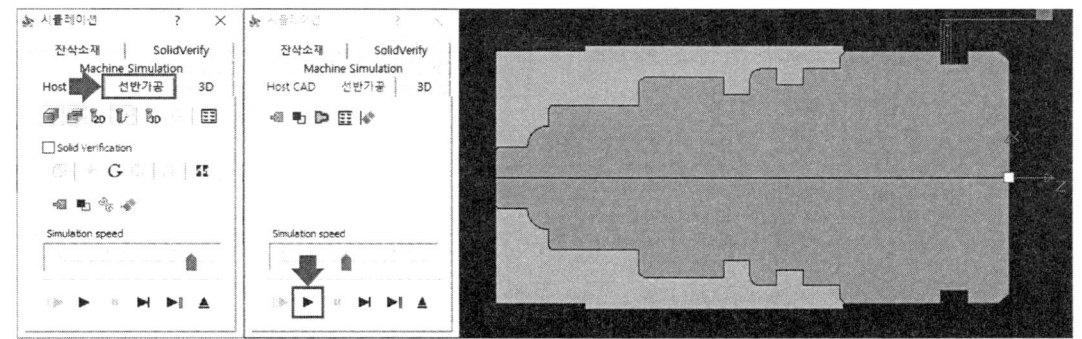

❸ [시뮬레이션 → SolidVerify → 실행]을 클릭하여 시뮬레이션을 확인한다.

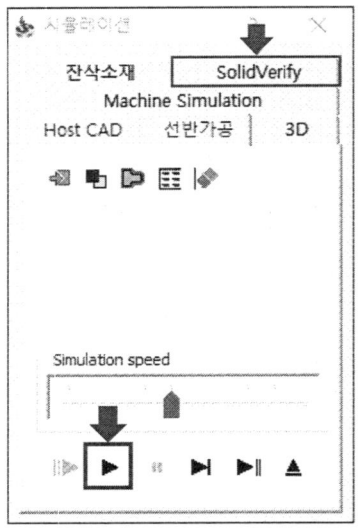
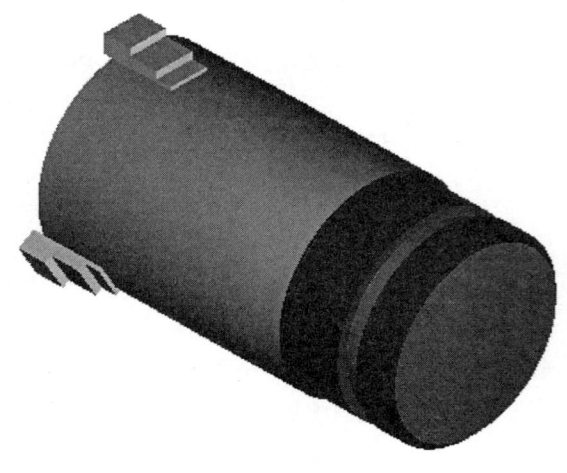

(16) 시뮬레이션 및 G코드 생성

❶ [솔리드캠 관리자 → 작업]을 클릭한다.

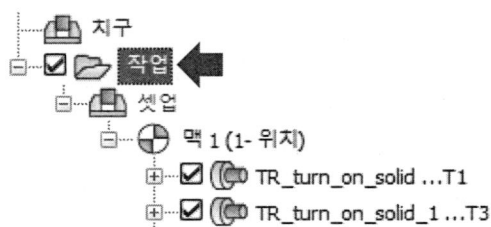

❷ [커맨드 매니저 → 시뮬레이션]을 클릭한다.

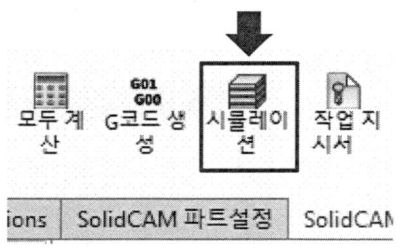

❸ [시뮬레이션 → 선반가공 또는 SoildVerify → 실행]을 클릭하여 모든 작업에 대한 시뮬레이션을 확인한다.

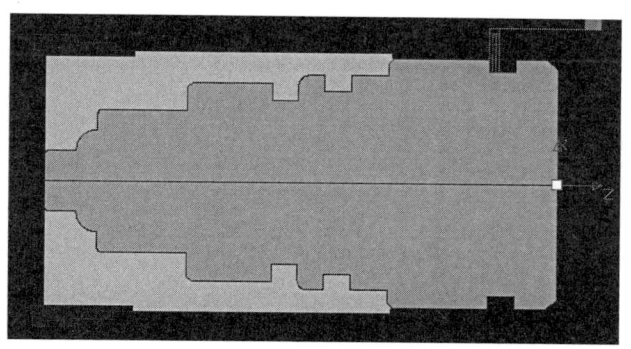
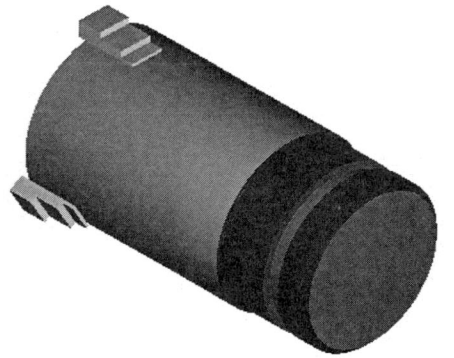

❹ [커맨드 매니저 → G코드 생성]을 클릭한다.

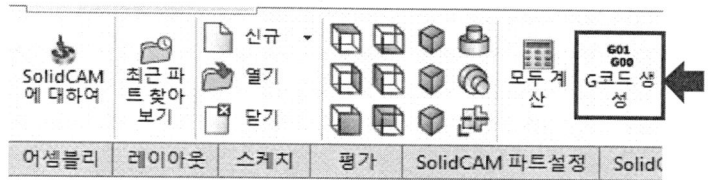

❺ G코드를 확인 후 [다른 이름으로 저장]으로 저장한다.

```
%
O0001
G28 U0 W0
N10 (turn:T01)
G50 S2000
T0101
G0 X55.0 Z2.0
G96 G99 S200 M3
   X49.0
G1 X49.0 Z-31.4 F0.3
   X51.0
   X51.56 Z-31.37
G0  Z2.0
   X47.51
G1  Z-1.49
   X48.77 Z-2.12
G3 X49.0 Z-2.4 R0.4
G1 X49.4
G0  Z2.0
   X46.02
```

MEMO

컴퓨터응용선반기능사

예제 도면

1. 컴퓨터응용선반기능사 예제 도면

도 명	척도	투상
컴퓨터응용선반기능사	N S	3각법

01

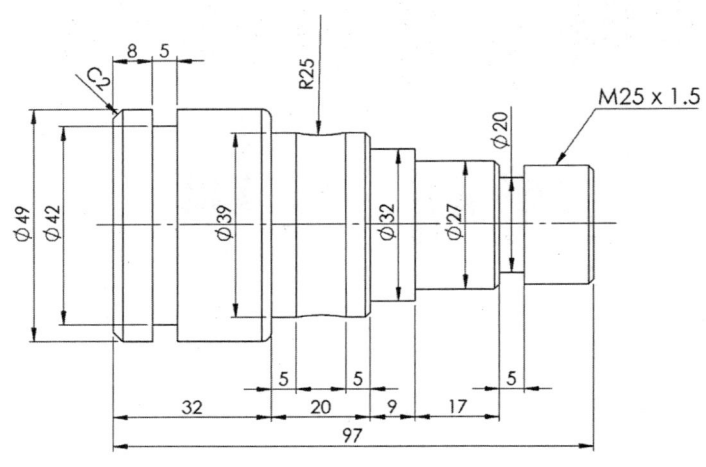

도시되고 지시없는 라운드 R2
도시되고 지시없는 모따기 C1

순서	공구종류	공구번호	절삭속도 (mm/rev)	회전속도 (RPM)
1	외경 황삭	T01	0.25	200
2	외경 정삭	T03	0.25	200
3	외경 홈	T05	0.06	500
4	외경 나사	T07	1.5	500

(주)솔리드캠코리아

② 컴퓨터응용선반기능사 예제 도면

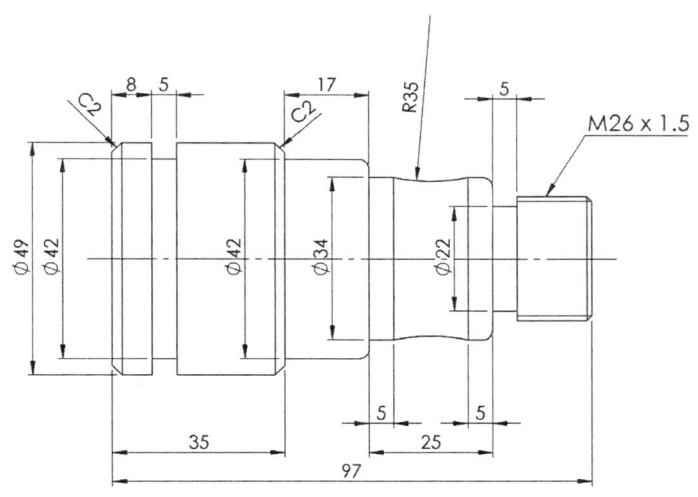

도 명	척도	투상
컴퓨터응용선반기능사	N S	3각법

도시되고 지시없는 라운드 R2
도시되고 지시없는 모따기 C1

순서	공구종류	공구번호	절삭속도 (mm/rev)	회전속도 (RPM)
1	외경 황삭	T01	0.2	180
2	외경 정삭	T03	0.2	180
3	외경 홈	T05	0.08	500
4	외경 나사	T07	1.5	500

(주)솔리드캠코리아

③ 컴퓨터응용선반기능사 예제 도면

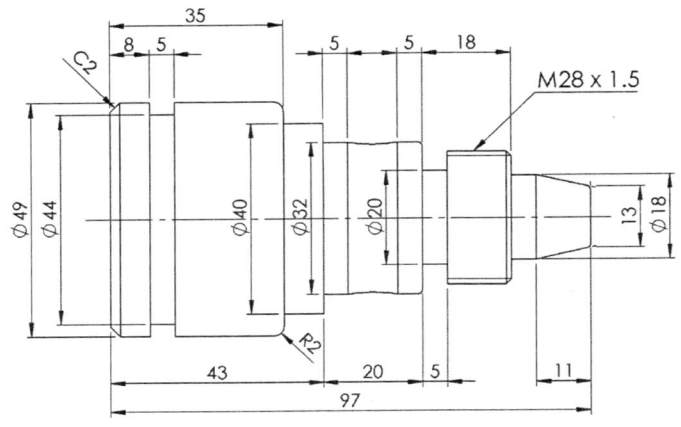

도 명	척도	투상
컴퓨터응용선반기능사	N S	3각법

○03

도시되고 지시없는 라운드 R1
도시되고 지시없는 모따기 C1

순서	공구종류	공구번호	절삭속도 (mm/rev)	회전속도 (RPM)
1	외경 황삭	T01	0.2	180
2	외경 정삭	T03	0.3	200
3	외경 홈	T05	0.08	500
4	외경 나사	T07	2.0	500

(주)솔리드캠코리아

4. 컴퓨터응용선반기능사 예제 도면

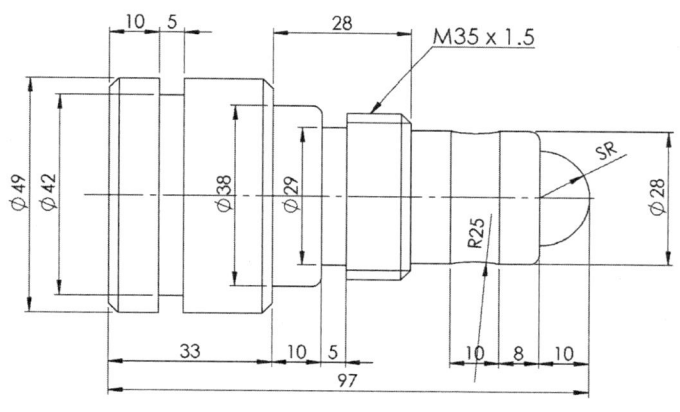

도 명	척도	투상
컴퓨터응용선반기능사	N S	3각법

도시되고 지시없는 라운드 R2
도시되고 지시없는 모따기 C2

순서	공구종류	공구번호	절삭속도 (mm/rev)	회전속도 (RPM)
1	외경 황삭	T01	0.3	180
2	외경 정삭	T03	0.3	200
3	외경 홈	T05	0.06	500
4	외경 나사	T07	1.5	500

⑤ 컴퓨터응용선반기능사 예제 도면

도 명	척도	투상
컴퓨터응용선반기능사	N S	3각법

(05)

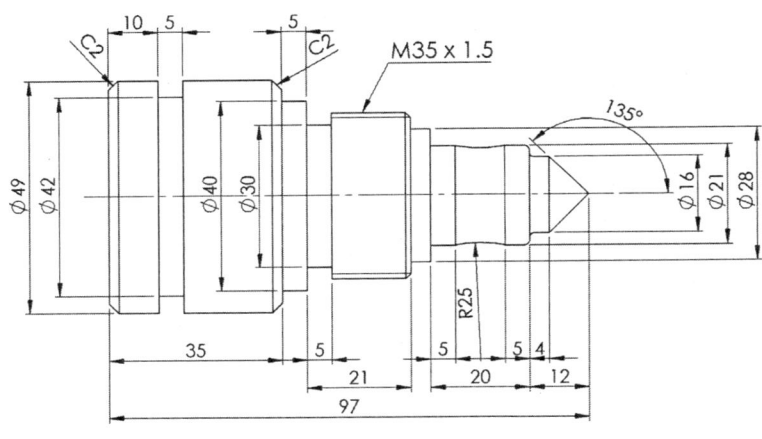

도시되고 지시없는 라운드 R2
도시되고 지시없는 모따기 C2

순서	공구종류	공구번호	절삭속도 (mm/rev)	회전속도 (RPM)
1	외경 황삭	T01	0.2	180
2	외경 정삭	T03	0.3	200
3	외경 홈	T05	0.08	500
4	외경 나사	T07	2.0	500

(주)솔리드캠코리아

SolidCAM을 활용한
컴퓨터응용가공산업기사 실기

정가 ▮ 21,000원

편저자 ▮ ㈜솔리드캠코리아
펴낸이 ▮ 차 승 녀
펴낸곳 ▮ 도서출판 건기원

2021년 9월 6일 제1판 제1인쇄
2021년 9월 10일 제1판 제1발행

주소 ▮ 경기도 파주시 연다산길 244(연다산동 186-16)
전화 ▮ (02)2662-1874~5
팩스 ▮ (02)2665-8281
홈페이지 ▮ http://www.kkwbooks.com
등록 ▮ 제11-162호, 1998. 11. 24

• 건기원은 여러분을 책의 주인공으로 만들어 드리며 출판 윤리 강령을 준수합니다.
• 본 수험서를 복제·변형하여 판매·배포·전송하는 일체의 행위를 금하며, 이를 위반할 경우 저작권법 등에 따라 처벌받을 수 있습니다.

ISBN 979-11-5767-604-0 13550

솔리드캠 교재 구매 고객 대상

구매할인쿠폰 지금받아가세요!

• SPECIAL COUPON •

솔리드캠 라이센스 구매 할인 쿠폰

DISCOUNT

※ 본 쿠폰은 솔리드캠 교재 구매 고객 한정 적용되며, 사용 시 쿠폰을 제시하여야 합니다.

사용 문의: 솔리드캠 코리아 | 032-876-8762

쿠폰은 1회 사용 가능하며(재사용 불가) 쿠폰을 판매하거나 양도하는 행위는 금지되어 있습니다. 또한, 타 프로모션과 중복 할인이 불가하오니 이용에 참고 부탁드립니다.